ÉLECTRICITÉ PRATIQUE

TYPOGRAPHIE FIRMIN-DIDOT ET Cⁱᵉ. — MESNIL (EURE).

APPLICATIONS DE L'ÉLECTRICITÉ DANS LA MARINE

ÉLECTRICITÉ PRATIQUE

COURS PROFESSÉ

A L'ÉCOLE SUPÉRIEURE DE MAISTRANCE

DE BREST

PAR

L. CALLOU

INGÉNIEUR DE LA MARINE

PROFESSEUR A L'ÉCOLE D'APPLICATION DU GÉNIE MARITIME

DEUXIÈME ÉDITION REVUE ET MISE A JOUR

PARIS

Augustin CHALLAMEL, Éditeur

17, RUE JACOB

LIBRAIRIE MARITIME ET COLONIALE

1897

PRÉFACE

DE LA DEUXIÈME ÉDITION

Enseigner les notions pratiques indispensables des diverses branches de la science navale moderne, tout en laissant de côté les
théories purement scientifiques, tel est le but du programme de
l'École supérieure de maistrance de la Marine. L'importance toujours croissante des installations électriques à bord des bâtiments
de guerre a conduit, en 1890, à introduire dans ce programme un
cours d'électricité pratique, destiné à initier le personnel ouvrier
aux multiples applications de cette science, et à le mettre à même
de monter, installer, conduire et réparer les divers appareils.

Nous n'avons pas eu, bien entendu, la prétention d'écrire un
traité complet d'électricité. De nombreux auteurs de grande valeur
nous ont précédé dans cette voie, et en outre le programme qui
nous était imposé exigeait l'exclusion absolue de tout développe-
ment mathématique incompatible avec l'enseignement spécial de
l'École supérieure de maistrance. Nous avons simplement cherché,
en nous affranchissant des préliminaires mathématiques qui en-
combrent trop souvent les ouvrages élémentaires, à rendre aussi
claire que possible l'exposition des principes généraux que l'on ne
doit jamais perdre de vue dans les applications. La faveur avec
laquelle a été accueillie la première édition de ce livre nous a
encouragé en nous montrant que nous avions peut-être réussi à

faire œuvre utile, et nous en publions aujourd'hui une nouvelle édition, remaniée et complétée.

Bien que nous nous soyons toujours placé au point de vue spécial des applications de l'électricité faites dans la Marine, le champ de ces applications est assez vaste pour embrasser la presque totalité des applications pratiques réalisées jusqu'à ce jour dans l'industrie. Notre ouvrage trouve donc sa place naturelle entre les traités d'électricité dont la lecture exige des connaissances mathématiques assez élevées et les manuels généralement trop brefs ou incomplets qui ne peuvent être utilisés qu'à la condition d'avoir déjà des notions assez étendues sur l'électricité. Il s'adresse non seulement aux ouvriers possédant une instruction élémentaire générale et ayant à installer, conduire ou entretenir des appareils électriques, mais à toutes les personnes qui, appelées par leur profession à employer ou manier des appareils de ce genre, veulent pouvoir se rendre compte rapidement et aisément de leur fonctionnement.

ÉLECTRICITÉ

PRATIQUE

CHAPITRE PREMIER

Courant électrique.

---

1. Définitions. — Dans l'état actuel de la science, on ne peut dire encore que l'on sait d'une façon absolument certaine quelle est la nature de l'électricité. Mais cette connaissance n'est pas indispensable pour l'étude pratique des phénomènes électriques. En les observant, en effet, on a pu les rattacher à une hypothèse unique, qui, si elle ne représente pas la réalité des faits, en fournit du moins une image assez claire et suffisamment exacte.

Pour préciser dans notre esprit la notion d'électricité, il est commode de la rapprocher de la notion de *chaleur*, qui nous est plus familière.

De même que tous les corps possèdent une certaine *température*, ils possèdent également un certain *potentiel* : c'est ce mot que l'on emploie pour caractériser l'état électrique d'un corps.

Les phénomènes calorifiques ne sont perçus par nos sens que par suite des *différences de température* qui existent entre les divers corps. Lorsque nous touchons un objet, nous disons qu'il est chaud ou qu'il est froid suivant que sa température est supérieure ou inférieure à celle de notre main. Pour mesurer la température d'un corps, nous le comparons à un autre corps bien déterminé, qui est la glace fondante, et c'est seulement la différence de température entre ce corps et la glace fondante que nous apprécions. Il en est de même pour l'électricité : nous apprécions seulement les *différences de potentiel* qui existent entre les divers corps, et c'est à l'ensemble des phénomènes provoqués par ces différences de potentiel que l'on donne dans le langage courant le nom général d'*électricité*.

De même que les corps conduisent plus ou moins bien la chaleur, ils conduisent plus ou moins bien l'électricité. Si on chauffe une tige de fer par une extrémité, la chaleur se propagera assez rapidement jusqu'à l'autre extrémité, et la tige finira par avoir la même température dans toute son étendue (en la supposant soustraite à l'action refroidissante de l'air extérieur). Si au contraire on répète la même opération avec une tige de bois, on constate que la propagation de la chaleur se fera beaucoup plus difficilement. On dit que le fer est *bon conducteur* et le bois *mauvais conducteur* de la chaleur. On constate pour l'électricité des phénomènes tout à fait semblables. Le cuivre, par exemple, est *bon conducteur* de l'électricité; le verre, au contraire, est *mauvais conducteur* de l'électricité.

De tous les corps, celui qui conduit le mieux l'électricité est l'argent. Le cuivre est un peu moins bon conducteur, mais est beaucoup plus employé à cause de son prix moins élevé. Les divers métaux sont en général bons conducteurs de l'électricité, mais à un moindre degré que l'argent et le cuivre. Le corps humain, l'eau, le sol humide, sont également des corps assez bons conducteurs. Parmi les corps mauvais conducteurs, nous citerons le verre, le caoutchouc, la gutta-percha, la résine, la porcelaine, l'huile, la paraffine.

L'analogie entre l'électricité et la chaleur se poursuit jusque dans le mode de transmission. On sait que la chaleur peut se propager par conductibilité ou par rayonnement. Si nous touchons un corps chaud avec la boule d'un thermomètre, nous voyons le mercure monter dans la tige, ce qui indique une élévation de température du thermomètre; la chaleur se propage ici par conductibilité. Mais il n'est pas nécessaire que le thermomètre soit amené au contact du corps chaud pour que l'élévation de température se fasse sentir; l'expérience peut être répétée sous la cloche d'une machine pneumatique, et montre que la chaleur se transmet à distance, même dans le vide; c'est la propagation par rayonnement. Il en est de même pour l'électricité, mais nous nous occuperons d'abord seulement de la propagation par conductibilité.

Lorsque deux corps ayant une température différente sont mis en contact ou réunis par un corps bon conducteur, il y a échange de chaleur entre les deux corps jusqu'à ce que l'équilibre de température se soit établi. De même si deux corps ayant un potentiel différent sont mis en contact ou réunis par un corps bon conducteur, il y a échange d'électricité jusqu'à ce que les deux corps soient au même potentiel. Dans le cas de l'électricité, cet échange s'effectue dans un temps très court, et constitue ce qu'on appelle une *décharge* électrique.

Une comparaison simple va nous permettre de nous rendre compte de ce qui se passe. Considérons deux réservoirs R et R' (fig. 1) remplis d'un gaz quelconque. Supposons qu'on comprime ce gaz dans ces réservoirs à des pressions différentes, P et P', la pression P par exemple étant plus forte que la pression P'. Si on réunit les deux réservoirs par un tuyau T, il y aura production dans ce tuyau d'un *courant* de gaz allant de R vers R' et dû à la différence de

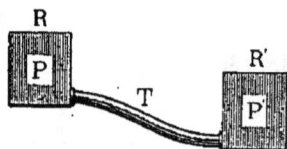

Fig. 1.

pression existant entre les deux réservoirs. Le courant cessera lorsque la pression sera la même dans R et R'. De même, si R et R' sont deux corps à des potentiels différents P et P', et qu'on les réunisse par un conducteur T, il y aura production d'un *courant électrique* dans ce conducteur. Ce courant cessera lorsque R et R' seront au même potentiel.

Si la différence entre les potentiels P et P' était maintenue constante, on voit qu'il y aurait production d'un courant constant. Le but de tous les appareils destinés à produire de l'électricité est de créer et de maintenir entre deux points appelés *pôles* une différence de potentiel déterminée. Pour reprendre la comparaison de deux réservoirs, nous pouvons supposer qu'au lieu de les remplir de gaz on les remplisse d'eau (fig. 2), et que l'on maintienne une

différence constante h entre le niveau de l'eau dans ces deux réservoirs. Il suffira pour cela que le débit du tuyau A soit exactement le même que celui du trop-plein
A', et que la section de T soit au moins
égale à celle de A et A'. Il y aura alors
dans le tuyau T production d'un courant constant. De même, si on réunit
par un conducteur deux points entre
lesquels il existe une différence de
potentiel constante, ce conducteur
sera traversé par un courant électrique constant, allant du corps qui a
le potentiel le plus élevé à celui qui
a le potentiel le plus faible. Dans une source d'électricité, on
appelle *pôle positif* le pôle dont le potentiel est le plus élevé, et
pôle négatif celui dont le potentiel est le plus faible. Si on réunit
ces pôles par un conducteur, le courant qui circule dans ce conducteur va donc du pôle positif au pôle négatif.

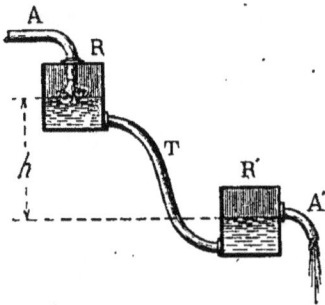

Fig. 2.

On comprend d'après ce qui précède que si on laisse en contact
avec l'air humide un corps ayant un certain potentiel plus élevé
que celui de l'air, il y aura déperdition d'électricité de même qu'il
y aurait déperdition de chaleur pour un corps chaud. L'air humide
est en effet assez bon conducteur de l'électricité. Aussi est-il en
général nécessaire de protéger les conducteurs dans lesquels on
fait passer un courant par une enveloppe *isolante*, c'est-à-dire
constituée par des matières offrant une grande résistance au passage de l'électricité, telles que le caoutchouc ou la gutta-percha.
Cependant, lorsque le conducteur est placé à l'air libre, on peut,
en le fixant bien entendu sur des supports en matière isolante, en
porcelaine par exemple, supprimer la gaine protectrice. Lorsque
l'air est suffisamment sec, il est peu conducteur, et la déperdition
d'électricité est insignifiante.

Nous nous sommes servis jusqu'ici du mot *potentiel* pour caractériser l'état électrique d'un corps. On emploie quelquefois des
appellations différentes, basées sur les analogies dont nous venons
de parler. C'est ainsi que le potentiel est souvent appelé *température électrique, pression électrique, niveau électrique, tension*

électrique. Nous continuerons néanmoins à nous servir du mot *potentiel*, qui est le plus ordinairement employé.

2. Étude du courant électrique. — Reprenons la comparaison des deux réservoirs (fig. 2). Nous avons vu qu'il existait dans le tuyau T un courant constant. L'intensité de ce courant dépendra non seulement de la différence entre les deux niveaux, mais aussi du plus ou moins de résistance que le tuyau oppose à son passage. Cette résistance opposée par le tuyau dépend évidemment de ses dimensions, longueur et section. Il est clair que plus le tuyau sera gros et court, plus la résistance qu'il oppose au passage du courant sera faible. Il en est de même pour un corps conducteur de l'électricité. Un fil de cuivre, par exemple, offrira d'autant plus de résistance au passage d'un courant électrique qu'il sera plus long et plus fin.

La résistance opposée par le tuyau au passage du courant d'eau dépend d'ailleurs aussi du frottement exercé par l'eau contre ses parois. Plus ces parois seront lisses, plus la résistance sera faible. Il y a donc à envisager dans l'évaluation de la résistance une certaine part afférente à la nature même du tuyau, que l'on peut appeler la *résistance spécifique* de ce tuyau. De même, si l'on considère un conducteur parcouru par un courant électrique, la résistance qu'il oppose au passage de ce courant dépend du degré de conductibilité de la matière qui constitue le conducteur. Un fil de fer, par exemple, opposera une résistance plus grande qu'un fil de cuivre de mêmes dimensions.

Nous avons donc à considérer dans l'étude d'un courant électrique trois éléments principaux :

1° La différence de potentiel existant entre les deux extrémités du conducteur traversé par le courant;

2° La résistance de ce conducteur ;

3° L'intensité du courant, qui dépend à la fois de ces deux quantités.

La différence de potentiel entre les deux extrémités du conducteur agit en réalité comme force produisant le courant. Aussi lui a-t-on donné le nom de *force électro-motrice.* Il importe de se souvenir que les deux désignations, *force électro-motrice* et *différence de potentiel,* sont très souvent employées indifféremment l'une pour l'autre dans la pratique.

3. Unités électriques. — Les trois éléments caractéristiques
d'un courant électrique sont des quantités susceptibles de mesure.
Pour les mesurer, on a dû les comparer à des unités choisies arbi-
trairement, de même que pour mesurer les longueurs nous les
comparons à une certaine unité appelée le *mètre*.

L'unité de force électro-motrice a reçu le nom de *volt* (du nom
du physicien Volta). On dira par exemple que la force électro-
motrice d'une pile (1) est de 2 volts, ce qui signifie que la pile est
construite de telle sorte qu'elle maintient entre ses deux pôles une
différence de potentiel de 2 volts. On fait des piles étalons dont
la force électro-motrice est exactement connue, et qui peuvent servir
à mesurer par comparaison une force électro-motrice quelconque.

L'unité de résistance a reçu le nom de *ohm* (du nom du physicien Ohm). L'ohm est la résistance d'une colonne de mercure de
un millimètre carré de section et de 1063 millimètres de longueur
à la température de 0° C. On dira qu'un conducteur a une résistance de 3 ohms, par exemple, si sa résistance est trois fois plus
grande que celle de la colonne de mercure définie comme il vient
d'être dit.

Pour les grandes résistances, on emploie comme unité secondaire le *megohm*, qui vaut 1 000 000 d'ohms. Pour les résistances
très petites, on emploie le *microhm*, qui vaut $\frac{1}{1000000}$ d'ohm.

Lorsqu'il s'agit d'un conducteur cylindrique, ce qui est le cas
le plus ordinaire, sa résistance dépend comme nous l'avons vu de
sa longueur, de sa section et de sa résistance spécifique. Si on
désigne par l la longueur, par s la section, et par K un certain
coefficient dépendant de la nature du conducteur, appelé *coefficient de résistance spécifique*, la résistance R est donnée par la
formule :

$$R = K \frac{l}{s}$$

La valeur numérique du coefficient K dépend des unités adoptées pour R, l et s. On l'exprime habituellement en *microhms-*

___
(1) Nous verrons plus loin qu'on désigne sous le nom général de *piles* une classe particulière d'appareils destinés à produire un courant électrique. En réalité, la force électro-
motrice d'une pile en fonctionnement et la différence de potentiel entre ses pôles sont
deux éléments un peu différents; nous reviendrons sur ce sujet en étudiant la pile.

centimètres, c'est-à-dire qu'il représente la résistance en microhms pour un centimètre de longueur et un centimètre carré de section.

A chaque corps correspond une certaine valeur de K (1), qui est sensiblement constante, mais varie cependant un peu avec la température. Pour les conducteurs métalliques, la résistance spécifique augmente en général avec la température, au moins tant que celle-ci n'atteint pas une valeur très élevée. Pour les corps non métalliques, au contraire, la résistance diminue à mesure que la température augmente.

L'unité d'intensité a reçu le nom d'*ampère* (du nom du physicien français Ampère). Elle peut être définie de la façon suivante. Si on produit aux extrémités d'un conducteur de résistance égale à 1 ohm une différence de potentiel égale à 1 volt, le courant qui traverse ce conducteur aura une intensité de 1 ampère. Un courant deux fois plus fort aura une intensité de 2 ampères, et ainsi de suite.

Pour les courants d'intensité très faible, on emploie comme unité secondaire le *milliampère*, qui vaut $\frac{1}{1000}$ d'ampère.

4. Loi de Ohm. — Les trois quantités, *force électro-motrice*, *résistance* et *intensité*, sont liées entre elles par une loi très simple qui a été découverte par Ohm, et qui est la loi fondamentale de l'électricité pratique. Cette loi est la suivante :

L'intensité du courant qui traverse un conducteur est égale au quotient de la différence de potentiel aux deux extrémités de ce conducteur par la résistance du conducteur.

Ainsi, si un courant est produit par une différence de potentiel E dans un conducteur de résistance R, son intensité I sera donnée par la formule :

$$I = \frac{E}{R}$$

Cette relation permet de déterminer une quelconque des trois quantités quand on connaît les deux autres. On a en effet E = R × I et R = $\frac{E}{I}$. On peut ainsi résoudre un grand nombre de problèmes.

Exemple I. — On a une source d'électricité donnant une diffé-

(1) Voir à la fin du volume la table indiquant les résistances spécifiques des principaux corps usuels.

rence de potentiel égale à $1^v,5$. On réunit ses deux pôles par un conducteur dont la résistance est de $0^\omega,3$ (1). Quelle sera l'intensité du courant?

$$\text{On a : } I = \frac{1,5}{0,3} = 5 \text{ ampères.}$$

Exemple II. — On fait passer un courant de 40 ampères dans un conducteur de cuivre de 20 $^m/_m{}^2$ de section et de 100 mètres de longueur. Quelle est la différence de potentiel entre les deux extrémités de ce conducteur?

En consultant la table placée à la fin du volume, on voit que le coefficient de résistance spécifique du cuivre pur est à peu près égal à 1,7 à la température ordinaire. Dans la pratique, le cuivre que l'on emploie n'est jamais absolument pur. Pour le cuivre dit de haute conductibilité, on peut admettre une résistance spécifique égale à 1,8. Dans ces conditions, la résistance du conducteur qui nous occupe sera :

$$R = 1,8 \times \frac{10\,000}{0,20} = 90\,000 \text{ microhms} = 0,09 \text{ ohms.}$$

On a ensuite :

$$E = R \times I = 0,09 \times 40 = 3,6 \text{ volts.}$$

5. Travail et puissance d'un courant. — Par analogie avec le courant d'eau existant entre les deux réservoirs, on conçoit que le courant électrique qui passe dans un conducteur effectue un certain travail mécanique. La valeur de ce travail est donnée par la loi suivante, due au physicien Joule :

Le travail produit en une seconde par un courant électrique est représenté par le produit de la force électro-motrice de ce courant par son intensité.

On sait que le travail effectué pendant une seconde, c'est-à-dire pendant l'unité de temps, représente ce qu'on appelle la *puissance* (2). On a donné le nom de *watt* (du nom du célèbre

---

(1) On emploie en abréviation la lettre grecque ω pour désigner l'ohm, et la majuscule Ω pour désigner le megohm. Ainsi 3^ω signifie 3 ohms, 10^Ω signifie 10 megohms.

(2) Il importe de bien saisir la différence qui existe entre les mots travail, puissance et énergie. On appelle *travail* le produit d'une force par le chemin parcouru par son point d'application dans la direction de la force. Ainsi une machine qui soulève un poids de 100 kilogr. à la hauteur de 2 mètres effectue un travail de 200 kilogrammètres. Supposons que la machine mette 5 secondes à effectuer ce travail. Si nous avons une

mécanicien Watt) à l'unité de puissance électrique. Ainsi, si on a une machine électrique fournissant un courant de 200 ampères avec une force électro-motrice de 75 volts, on dit qu'elle a une puissance de $200 \times 75 = 15\,000$ watts. On se sert souvent comme unité secondaire du *kilowatt,* qui vaut 1 000 watts.

On emploie d'ordinaire en mécanique une autre unité de puissance, qui est le *kilogrammètre par seconde.* Un kilogrammètre par seconde vaut 9,81 watts. Il résulte de là que pour exprimer une puissance électrique en kilogrammètres par seconde, il suffit de diviser le nombre de watts par 9,81. Dans la pratique, on se contente souvent de diviser par 10, ce qui donne un résultat suffisamment approché. Ainsi, dans l'exemple cité plus haut, la puissance de la machine sera de $\frac{15\,000}{10} = 1\,500$ kilogrammètres par seconde environ.

On peut aussi avoir besoin d'exprimer la puissance en *chevaux-vapeur.* On sait qu'un cheval-vapeur est égal à 75 kilogrammètres par seconde. Or 1 kilogrammètre par seconde vaut 9,81 watts; donc un cheval-vapeur vaut $9,81 \times 75 = 736$ watts. Ainsi, la machine déjà considérée ayant une puissance de 15 000 watts, on voit que cette puissance représente $\frac{15\,000}{736}$, soit approximativement 20 chevaux.

6. Effet calorifique du courant. — Le physicien Joule a découvert également une autre loi importante. Lorsqu'un courant électrique traverse un conducteur, on constate qu'il y produit un certain échauffement, et que la température de ce conducteur s'élève. La loi de Joule s'exprime de la façon suivante :

La quantité de chaleur développée par le passage d'un courant dans un conducteur, exprimée en calories, s'obtient en divisant par 4 160 le produit de la résistance du conducteur par le carré

deuxième machine qui effectue le même travail en 2 secondes, nous dirons évidemment qu'elle est plus *puissante* que la première, et cependant le travail accompli est le même. On appelle *puissance* la quantité de travail effectuée pendant l'unité de temps. Ainsi la première machine a une puissance de 40 kilogrammètres par seconde, tandis que la seconde a une puissance de 100 kgm. par seconde. Enfin on appelle *énergie* la quantité totale de travail dont est susceptible un corps ou un système quelconque. Si la première des deux machines, par exemple, est capable d'effectuer son travail de 200 kgm. pendant une heure, à raison de 40 kgm. par seconde, on dira qu'elle possède une quantité d'énergie égale à $40 \times 3\,600 = 144\,000$ kilogrammètres.

*de l'intensité du courant et par la durée de passage de ce courant
exprimée en secondes.*

Si on désigne par J cette quantité de chaleur, et par t le temps
pendant lequel on fait passer le courant, on a :

$$J = \frac{R\,I^2\,t}{4\,160}$$

On voit que la quantité de chaleur dégagée augmente avec la
durée de passage du courant. En fait, la température du conducteur augmente jusqu'à ce que la quantité de chaleur dégagée
soit devenue égale à la quantité de chaleur perdue par rayonnement ou par conductibilité.

7. Montage des conducteurs — Nous avons supposé jusqu'ici que l'on se servait d'un conducteur unique pour réunir
deux points entre lesquels il existe une différence de potentiel.
Voyons maintenant ce qui se passe lorsqu'on emploie plusieurs
conducteurs au lieu d'un. Soient A et B deux points entre lesquels
il existe une différence de potentiel E, et supposons que nous
employions trois conducteurs dont les résistances sont respectivement r_1, r_2, et r_3. Nous pouvons les mettre bout à bout (fig. 3) ou

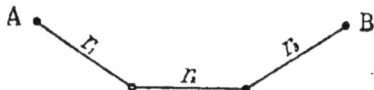

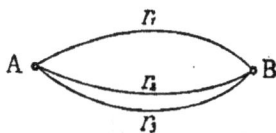

Fig. 3. Fig. 4.

réunir leurs extrémités aux points A et B (fig. 4). Considérons
d'abord le cas de la fig. 3. L'ensemble des trois conducteurs agit
ici évidemment comme un conducteur unique dont la résistance
est $r_1 + r_2 + r_3$. Par suite, d'après la loi de Ohm, les conducteurs
seront traversés par un courant d'intensité I égale à $\dfrac{E}{r_1 + r_2 + r_3}$.
Le courant aura la même intensité dans tous les conducteurs, qui
sont dits dans ce cas montés en *série*.

Dans le cas de la fig. 4, au contraire, le courant va se partager
entre les différents chemins qui lui sont offerts. En appliquant
toujours la loi de Ohm, on voit que les intensités du courant dans
chaque conducteur seront respectivement $i_1 = \dfrac{E}{r_1}$, $i_2 = \dfrac{E}{r_2}$, $i_3 = \dfrac{E}{r_3}$.

Les conducteurs sont dits dans ce cas montés en *dérivation*.

Soit un conducteur (fig. 5) parcouru par un courant d'intensité I. Supposons qu'on coupe ce conducteur aux points C et D, et qu'on réunisse ces points C et D par deux conducteurs montés en dérivation, ayant pour résistances r_1 et r_2. Le courant se par-

Fig. 5.

tagera en deux parties, d'intensités i_1 et i_2, et on a évidemment :

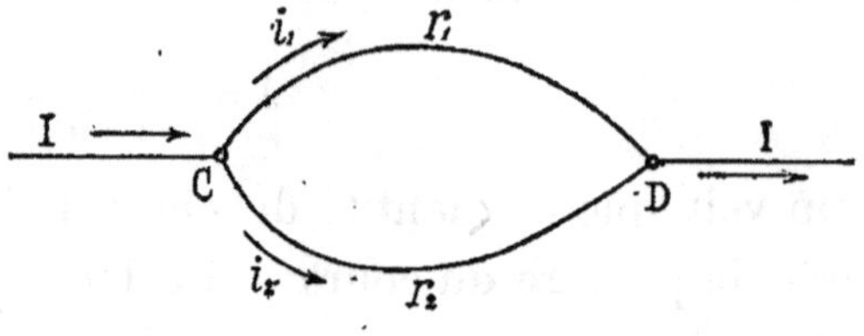

$$I = i_1 + i_2.$$

D'autre part, si E est la différence de potentiel entre les points C et D, on a :

$$i_1 = \frac{E}{r_1} \qquad i_2 = \frac{E}{r_2}.$$

On tire de là :

$$I = \frac{E}{r_1} + \frac{E}{r_2} = E\left(\frac{1}{r_1} + \frac{1}{r_2}\right) = \frac{E}{\left(\dfrac{1}{\dfrac{1}{r_1} + \dfrac{1}{r_2}}\right)}$$

ce qui montre que l'ensemble des deux conducteurs de résistance r_1 et r_2 est équivalent à un conducteur unique dont la résistance R serait égale à $\dfrac{1}{\dfrac{1}{r_1} + \dfrac{1}{r_2}}$. La quantité R définie par cette relation, qu'on peut mettre sous la forme plus commode :

$$\frac{1}{R} = \frac{1}{r_1} + \frac{1}{r_2}$$

est ce qu'on appelle la *résistance réduite* des deux conducteurs. Dans le cas de trois conducteurs, on trouverait de même :

$$\frac{1}{R} = \frac{1}{r_1} + \frac{1}{r_2} + \frac{1}{r_3}$$

et ainsi de suite. On voit que si tous les conducteurs ont la même résistance, c'est-à-dire si $r_1 = r_2 = r_3 = r$, on a :

$$R = \frac{r}{3}.$$

CHAPITRE II

---

8. Définitions. — Avant de pousser plus loin l'examen des phénomènes électriques, nous devons dire quelques mots d'une autre classe de phénomènes dont l'étude est intimement liée à celle de l'électricité.

On donne le nom d'*aimant* à tout corps capable d'attirer le fer et certains métaux analogues. L'ensemble des propriétés des aimants et leur étude constituent le *magnétisme*.

Il existe des *aimants naturels*. Certains minerais de fer, constitués par un oxyde de fer ayant pour formule chimique Fe^3O^4, jouissent de la propriété d'attirer le fer. Mais on peut comme nous le verrons tout à l'heure obtenir des *aimants artificiels*.

Considérons un aimant en forme de barreau prismatique, et plaçons au-dessus de lui une feuille de papier. Si on projette sur cette feuille de la limaille de fer, on voit tous les petits fragments qui constituent cette limaille se distribuer suivant une figure assez régulière (fig. 6) formée d'une série de lignes convergeant vers deux points qui coïncident à peu près avec les extrémités du barreau. Ces deux centres d'attraction ont reçu le

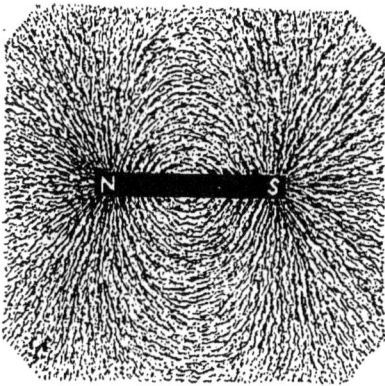

Fig. 6.

nom de *pôles* de l'aimant. On donne le nom de *champ magnéti-que* à la portion de l'espace dans laquelle l'influence des pôles de l'aimant a une valeur sensible.

Les deux pôles d'un aimant sont distincts au point de vue des actions magnétiques qu'ils exercent. Si nous considérons un barreau aimanté, suspendu par un fil fixé en son centre ou monté sur un pivot, et par conséquent libre de se mouvoir, nous constaterons qu'une de ses extrémités, *toujours la même*, tend à se placer dans une direction qui est à peu près celle du nord géographique. Si on écarte le barreau de sa position d'équilibre, il la reprend après avoir exécuté une série d'oscillations. On donne le nom de *pôle nord* au pôle qui tend ainsi à se diriger vers le nord; l'autre pôle est appelé *pôle sud*. Tout aimant est ainsi caractérisé par l'existence d'un pôle nord et d'un pôle sud.

9. Loi des actions magnétiques. — Les pôles d'un aimant étant ainsi différenciés, si on présente un aimant devant le barreau aimanté suspendu à un fil, on constate les phénomènes suivants. Si on présente le pôle nord de l'aimant au pôle nord du barreau, celui-ci est repoussé. Si au contraire on présente le pôle sud, le pôle nord du barreau est attiré vers l'aimant. On peut varier l'expérience de diverses façons, mais les résultats obtenus sont toujours les mêmes. La loi des attractions et répulsions magnétiques s'exprime donc de la manière suivante :

Deux pôles magnétiques de même nom se repoussent, deux pôles magnétiques de nom contraire s'attirent.

Les actions magnétiques de deux pôles diminuent très rapidement quand la distance de ces pôles augmente. On a reconnu que la force d'attraction ou de répulsion était inversement proportionnelle au carré de la distance des pôles, c'est-à-dire que si la force a une certaine valeur f pour une distance d, pour une distance d' on aura une force f' telle que :

$$\frac{f'}{f} = \frac{d^2}{d'^2}.$$

Nous avons dit plus haut qu'un barreau aimanté libre de se mouvoir prenait une direction invariable. Ce phénomène est dû à une action magnétique exercée par le globe terrestre, qui peut

être considéré comme un aimant puissant, dont les pôles coïnci-
deraient à peu près avec les pôles géographiques.

Il ne faut pas oublier que, puisque nous avons appelé *pôle
nord* de l'aimant celui qui est attiré vers le nord géographique,
le pôle magnétique terrestre qui se trouve en ce point et qui
l'attire est un *pôle sud*. De même le pôle magnétique terrestre qui
se trouve au sud géographique est un *pôle nord*. Pour éviter cette
ambiguïté, on a quelquefois appelé *pôle boréal* le pôle magnétique terrestre qui se trouve au nord géographique, et *pôle austral* celui qui se trouve au sud. On appellera alors pôle austral
d'un aimant celui qui se dirige vers le nord, et pôle boréal celui
qui se dirige vers le sud. Mais il vaut mieux employer la désignation que nous avons donnée d'abord, et appeler pôle nord d'un
aimant celui qui se dirige vers le nord, et pôle sud celui qui se dirige vers le sud. Sur un barreau aimanté, les deux pôles doivent
toujours être marqués pour éviter toute confusion, soit à l'aide des
lettres N et S (nord et sud), soit quelquefois à l'aide des lettres A et
B (austral et boréal). On emploie aussi fréquemment une couche
de peinture de couleur différente. La convention adoptée est de
peindre en *rouge* le pôle nord, et en *bleu* le pôle sud.

10. Aimantation temporaire du fer doux. — Nous venons
de voir ce qui se passe lorsqu'on met en présence deux pôles d'aimant,
de même nom ou de nom contraire. Supposons maintenant que
nous prenions un barreau de fer *doux*, c'est-à-dire constitué par
du fer à peu près chimiquement pur, et que nous présentions devant une de ses extrémités un pôle d'aimant, un pôle nord par
exemple. Si nous approchons alors une aiguille aimantée mobile du
barreau de fer doux, nous constaterons qu'il est devenu lui-même
un véritable aimant, présentant deux pôles comme le barreau aimanté. En approchant l'aiguille aimantée, nous observerons une
attraction ou une répulsion, suivant le cas, et nous pourrons ainsi
distinguer ces deux pôles. On reconnaît de cette manière que l'extrémité du barreau la plus voisine du pôle nord de l'aimant est
devenue un pôle sud, tandis que l'autre extrémité est devenue un
pôle nord. Si nous enlevons maintenant l'aimant, nous trouverons
que le barreau de fer doux ne présente plus aucune trace de phénomènes magnétiques, et qu'aucun de ses points n'attire ni ne re-

pousse l'aiguille aimantée (1). Si nous rapprochons de nouveau l'aimant, en présentant cette fois son pôle sud, nous verrons de même que l'extrémité voisine du fer doux devient un pôle nord, et l'autre extrémité un pôle sud, et que toute trace d'aimantation cesse dès qu'on enlève le barreau aimanté qui l'a créée.

Pendant tout le temps que le barreau de fer doux est aimanté, il peut agir sur un autre barreau de fer doux à la manière d'un aimant ordinaire, et développer en lui une certaine aimantation. Ce second barreau peut agir de même sur un troisième, et ainsi de suite. On peut ainsi, par l'emploi d'un seul barreau aimanté, supporter plusieurs morceaux de fer doux qui demeureront suspendus l'un à l'autre (fig. 7). Si on enlève le barreau aimanté, tous les morceaux se séparent, parce qu'ils cessent d'être aimantés.

Nous voyons donc que le fer doux possède la propriété de recevoir une *aimantation temporaire*, qui cesse dès qu'on fait disparaître la cause qui l'a provoquée.

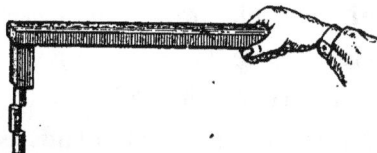

Fig. 7.

Cette aimantation temporaire du fer doux nous donne l'explication de la distribution des fragments de limaille de fer dans l'expérience décrite au commencement de ce chapitre (fig. 6). Sous l'influence du barreau aimanté, chaque fragment de limaille devient lui-même un aimant, et tous ces petits aimants se distribuent en obéissant à la loi des actions magnétiques, deux pôles de nom contraire s'attirant jusqu'à venir au contact.

11. Aimantation permanente de l'acier. — Si nous répétons les expériences précédentes avec un barreau d'acier, au lieu d'un barreau de fer doux, nous observons des phénomènes différents. Le barreau d'acier s'aimantera comme le barreau de fer doux sous l'influence d'un aimant, mais cette aimantation persistera après enlèvement de l'aimant excitateur, avec plus ou moins d'intensité suivant que l'action de cet aimant aura été plus ou moins prolongée.

_____

(1) En réalité, l'aiguille aimantée agit sur le barreau de fer doux exactement de la même manière que l'autre aimant. Mais si elle est suffisamment petite par rapport au barreau, cette action sera tellement faible qu'elle sera insensible et qu'on pourra la négliger.

Au point de vue magnétique, il y a donc une différence capitale entre le fer doux et l'acier. Le premier ne peut recevoir qu'une *aimantation temporaire*, tandis que le second est susceptible d'acquérir une *aimantation permanente*. Cette propriété de l'acier est utilisée pour la fabrication des aimants artificiels, qui sont formés de barres d'acier pouvant d'ailleurs recevoir des formes variées.

Le fer et l'acier sont à peu près les seuls corps doués de la propriété magnétique. Certains métaux, tels que le nickel et le cobalt, possèdent également cette propriété, mais à un degré beaucoup moindre que le fer. Les autres substances sont dites *non magnétiques* (1), mais l'action des aimants peut s'exercer au travers de ces substances. C'est ainsi que dans l'expérience de la limaille de fer, on a vu que l'action du barreau aimanté s'exerçait au travers de la feuille de papier.

_____

(1) En réalité, si l'on emploie des aimants artificiels extrêmement puissants, on reconnaît que l'action magnétique existe pour la plupart des corps, mais que certains d'entre eux, tels que le zinc, le plomb, le cuivre, le charbon, sont repoussés par les aimants au lieu d'être attirés.

CHAPITRE III

Actions mutuelles des aimants et des courants électriques. Induction.

---

12. Action des courants sur les aimants. — Si on fait passer un courant électrique dans un conducteur placé dans le voisinage d'une aiguille aimantée mobile (fig. 8), on constate que cette

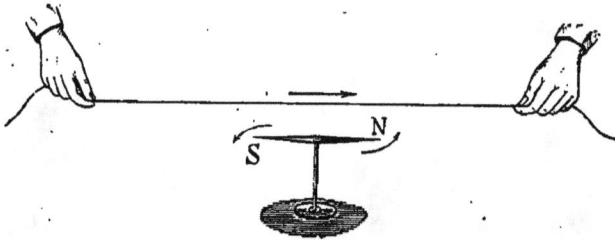

Fig. 8.

aiguille est déviée de sa position d'équilibre et que cette déviation persiste tant que le courant traverse le conducteur. La déviation est d'ailleurs d'autant plus grande que l'intensité du courant est plus forte.

Le sens de la déviation de l'aiguille dépend du sens du courant et de la position de l'aiguille par rapport au conducteur. La règle suivante, donnée par Ampère, permet de trouver rapidement dans tous les cas le sens de la déviation.

Supposons un individu couché sur le fil que traverse le courant. de manière que le courant entre par ses pieds et sorte par sa tête, et regardant l'aiguille aimantée. Le pôle nord de l'aiguille sera dévié vers la *gauche* de cet individu.

Si au lieu d'un seul fil placé dans le voisinage de l'aiguille nous considérons un fil faisant un ou plusieurs tours autour de l'aiguille (fig. 9), et parcouru par un courant, nous voyons en appliquant la règle d'Ampère que les actions déviatrices des diverses portions de conducteur s'ajoutent; la déviation totale de l'aiguille sera donc augmentée, et sera d'autant plus énergique que le nombre de tours du fil sera plus grand. L'aiguille aimantée nous fournit ainsi un moyen d'apprécier le sens et l'intensité d'un courant. Nous reviendrons plus tard sur ce fait, qui est précisément utilisé pour la mesure des courants.

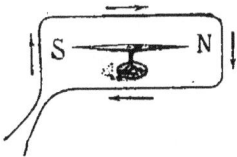

Fig. 9.

On remarque que si l'action du courant est suffisamment énergique, l'aiguille aimantée tendra à se placer transversalement à la direction du courant, le pôle nord étant dévié aussi loin que possible du conducteur.

13. Actions des aimants sur les courants. — L'action exercée entre le courant et l'aimant est réciproque, c'est-à-dire que si le fil traversé par le courant est mobile et l'aimant fixe, c'est le fil qui se déplacera et non l'aimant. Le sens du déplacement est toujours donné par la règle d'Ampère, qui permet de reconnaître si une portion quelconque du courant est repoussée ou attirée par un des pôles de l'aimant.

14. Aimantation par les courants. — Nous venons de voir que, sous l'influence d'un courant suffisamment énergique, l'aiguille aimantée tend à se placer transversalement à la direction du conducteur. Un physicien français, Arago, reconnut qu'inversement si on place un barreau de fer doux ou d'acier non aimanté en croix avec un conducteur traversé par un courant, ce barreau est aimanté, le pôle nord étant placé à la gauche du courant, définie au moyen de la règle d'Ampère. Ampère eut l'idée d'augmenter cette aimantation en faisant faire au conducteur plusieurs tours autour du barreau. Dans ce but, il enroula un fil de cuivre en hélice, et plaça à l'intérieur de cette hélice un barreau d'acier non aimanté (fig. 10); il constata qu'en faisant passer un courant dans le fil, le

barreau s'aimantait. Cette aimantation persistait d'ailleurs après que l'on avait cessé de faire passer le courant. En remplaçant le barreau d'acier par un barreau de fer doux,
Ampère obtint également une aiman-
tation, mais cette aimantation dispa-
raissait dès qu'on supprimait le courant, ce qui coïncide bien avec ce que
nous avons déjà dit relativement à la propriété d'aimantation temporaire du fer doux.

Fig. 10.

15. Électro-aimants. — On a donné le nom d'*électro-aimants* aux aimants temporaires ainsi obtenus à l'aide d'un courant élec-trique. On conçoit qu'en augmentant suffisamment le nombre de tours du fil et l'intensité du courant, on puisse arriver à une ai-mantation considérable. On a pu obtenir par ce moyen des aimants incomparablement plus puissants que tous les aimants naturels et que tous les aimants artificiels fabriqués jusqu'alors. Les fils qui entourent un électro-aimant doivent être bien entendu protégés par une enveloppe isolante, pour qu'il n'y ait pas contact entre les différentes spires. Le barreau de fer doux porte le nom de *noyau* (1).

L'emploi d'un électro-aimant est particulièrement commode lors-qu'on veut produire à distance un certain mouvement mécanique. Supposons qu'en regard d'une des extrémités d'un noyau d'électro-aimant on dispose un barreau de fer doux A (fig. 11) mobile autour d'une de ses extrémités, et maintenu appliqué par un ressort R contre un butoir B.
Si on vient à lancer un courant dans le fil,
le pôle de l'électro-aimant développera dans
le barreau un pôle de nom contraire, qui
sera attiré, et, si la force d'aimantation est
suffisante, le barreau sera attiré jusqu'à

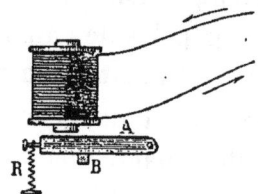

Fig. 11.

venir au contact du noyau. Si maintenant l'on interrompt le pas-sage du courant, l'aimantation du noyau disparaît, et le barreau est ramené par la tension du ressort au contact du butoir. Le

---

(1) On constate expérimentalement qu'un noyau de fer d'une nature donnée et d'un volume donné est susceptible de prendre un certain degré d'aimantation déterminé, qu'il ne peut dépasser. L'aimantation, d'abord proportionnelle à l'intensité du courant excita-teur, acquiert assez rapidement une valeur sensiblement constante, quelle que soit l'in-tensité du courant. Le fer doux est dit alors *saturé*.

barreau de fer doux ainsi disposé porte le nom d'*armature* de l'é-
lectro-aimant. En rétablissant et supprimant successivement le
courant, on voit qu'on produit chaque fois un déplacement de
l'armature dans un sens ou dans l'autre. Ce mouvement alternatif
peut ensuite être transmis, s'il est besoin, à d'autres organes.

Pour augmenter l'action de l'électro-aimant, on recourbe en général le noyau en forme d'U (fig. 12) de telle sorte que les deux
pôles soient placés en regard de l'armature et agissent concurrem-
ment sur elle. Dans la pratique, on emploie le plus souvent la forme

 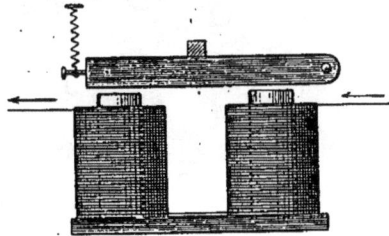

Fig. 12.   Fig. 13.

représentée par la figure 13; l'électro-aimant se compose alors de
deux noyaux parallèles entourés de fil, réunis par une traverse en
fer.

La force attractive des électro-aimants a été appliquée pour la
construction de porte-forets dans lesquels le point d'appui nécessaire pour le serrage de l'outil est obtenu à l'aide d'électro-aimants,
dont les noyaux reposent sur la tôle qu'il s'agit de percer, et qui
constitue ici l'armature. La figure 14 représente un des modèles
en usage à l'arsenal de Brest. La poulie A reçoit un mouvement de
rotation à l'aide d'une corde et actionne le foret B. Le volant C sert
à donner le serrage. Le porte-outil est muni de trois noyaux, ce
qui assure le centrage du trou lorsque la tôle à percer présente une
surface convexe. En supprimant le courant, on détruit l'adhérence
qui existe entre la tôle et le porte-outil, et celui-ci peut être facilement déplacé.

16. Induction. — Nous avons vu dans l'expérience d'Ampère
qu'un barreau de fer doux placé dans l'axe d'une hélice formée
par un conducteur s'aimantait dès qu'un courant traversait ce con-

ducteur. Un physicien anglais, Faraday, fit l'expérience inverse,
qui lui fournit l'occasion de découvertes importantes.

Fig. 14.

Faraday enroula en hélice un fil de cuivre recouvert d'une enveloppe isolante autour d'une bobine de bois creuse intérieurement (fig. 15). En enfonçant un barreau aimanté dans l'intérieur de la bobine, il reconnut qu'il se produisait dans le fil de cuivre un courant électrique, déviant une aiguille aimantée. Le courant était instantané et cessait dès que l'aimant était immobile. En enlevant brusquement l'aimant, on produisait un courant également instantané, mais de sens contraire. En mettant un noyau de fer doux dans

Fig. 15.

la bobine, et approchant ou éloignant l'aimant de ce fer doux, Faraday observa les mêmes effets, mais plus intenses. Cela tient à ce que le fer doux s'aimante sous l'influence du barreau aimanté, et que son action s'ajoute ainsi à celle de ce barreau.

En variant cette expérience, on reconnaît que toutes les fois qu'on modifie l'intensité d'un champ magnétique dans le voisinage d'un conducteur fermé sur lui-même, c'est-à-dire formant un *circuit,* ce conducteur est traversé par un courant, dont la durée est égale à la durée de la variation de l'intensité du champ magnétique. Nous verrons plus loin comment on peut déterminer le sens du courant produit.

Les mêmes phénomènes se reproduisent bien entendu si on laisse l'aimant fixe, et si on déplace dans son voisinage un conducteur formant un circuit fermé.

On a donné le nom de phénomènes d'*induction* aux phénomènes ainsi découverts par Faraday. L'aimant qui produit le courant est dit *aimant inducteur.* Le courant développé dans le conducteur est dit *courant induit.*

Les courants induits se superposent bien entendu à ceux qui pouvaient déjà exister dans le conducteur. Si un conducteur est traversé par un courant, et qu'on y développe un courant induit, l'effet de ce courant s'ajoutera à celui du courant primitif s'ils sont de même sens, ou s'en retranchera s'ils sont de sens contraire.

De même que les aimants agissant sur les courants ou les courants agissant sur les aimants donnent lieu à des phénomènes d'induction, des courants agissant sur d'autres courants donnent lieu à des phénomènes tout à fait analogues (1). On peut le vérifier en substituant au barreau aimanté de la fig..15 une bobine recouverte de fil enroulé en hélice et parcouru par un courant. En approchant ou éloignant cette bobine de la bobine fixe, on reproduit les phénomènes obtenus avec l'aimant. Le courant initial qui détermine la production d'un courant dans le circuit voisin est dit *courant inducteur.* Le courant produit est dit *courant induit.*

Pour pouvoir englober dans une règle générale précise tous les

(1) Il résulte de là que si on considère un conducteur faisant partie d'un circuit fermé et parcouru par un courant, et que l'on vienne à interrompre brusquement ce courant en coupant le circuit en un point, cette suppression donnera naissance à un courant induit qui cessera aussitôt. Ce courant induit est de même sens que le courant primitif, et a reçu le nom d'*extra-courant* de rupture. De même, si l'on rétablit le courant primitif, il y a production d'un extra-courant de fermeture instantané, de sens contraire. Lors de la fermeture d'un circuit, tout se passe donc comme s'il y avait augmentation *apparente* momentanée de la résistance de ce circuit.

phénomènes d'induction, il est nécessaire que nous revenions un peu sur l'étude du champ magnétique produit par un aimant.

Nous avons vu (fig. 6) qu'en projetant de la limaille de fer sur une feuille de papier recouvrant un barreau aimanté, on obtenait une figure formée de lignes assez régulières convergeant vers les deux pôles. En plaçant le barreau debout, on obtient sur la feuille de papier une figure formée de lignes rayonnantes partant des pôles (fig. 16). Ces diverses lignes tracées par la limaille de fer peuvent être considérées comme représentant la direction de la force magnétique aux divers points du champ produit par la présence de l'aimant. On leur a donné le nom de *lignes de force*. On admet que la force magnétique peut être considérée comme produisant une sorte de *courant magnétique* allant du pôle

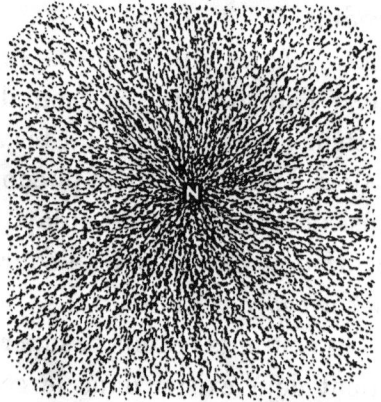

Fig. 16.

nord au pôle sud à l'extérieur de l'aimant. On dira donc qu'à l'extérieur de l'aimant les lignes de force vont du pôle nord au pôle sud. Ces lignes de force, invisibles tant qu'on ne les révèle pas en saupoudrant le champ de limaille de fer, existent en réalité toujours, et constituent le champ magnétique. On dit qu'un champ magnétique est plus ou moins *intense*, suivant que ses lignes de force sont plus ou moins nombreuses et serrées.

Si on recourbe un aimant de manière que ses pôles nord et sud soient en regard l'un de l'autre et à faible distance, le champ magnétique sera à peu près totalement concentré dans l'espace qui sépare les deux pôles, et on aura des lignes de force sensiblement parallèles allant du pôle nord vers le pôle sud (fig. 17).

Si on perce un trou dans une

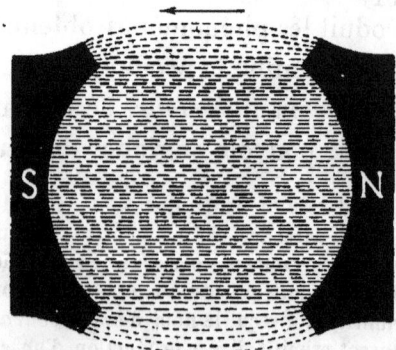

Fig. 17.

feuille de carton ou de papier et qu'on fasse passer dans ce trou un conducteur traversé par un courant, on observe que ce courant crée un champ magnétique bien caractérisé (fig. 18). En saupoudrant le papier de limaille de fer, on voit les grains de limaille se disposer en cercles concentriques suivant des lignes de force entourant complètement le fil.

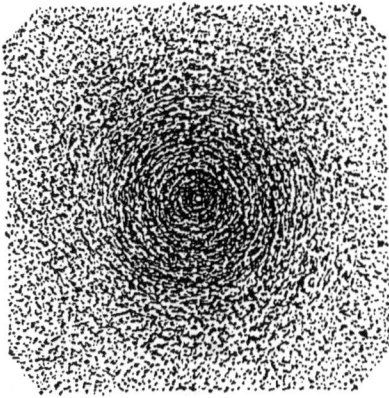

Cela posé, la loi générale des phénomènes d'induction peut s'exprimer de la façon suivante :

Toutes les fois qu'on modifie le nombre des lignes de force interceptées par un conducteur faisant partie d'un circuit fermé, il y a production dans ce conducteur d'un courant induit.

Fig. 18.

L'intensité du courant induit est proportionnelle à la grandeur de la variation du nombre des lignes de force et à la vitesse avec laquelle s'effectue cette variation. Quant au sens de ce courant, on peut le déterminer au moyen de la règle suivante, analogue à celle d'Ampère.

Supposons un individu couché le long du conducteur, de manière que le sens du mouvement soit indiqué par son bras droit. Si la face de cet individu est tournée du côté du pôle sud, le courant induit entrera par ses pieds et sortira par sa tête. Si au contraire sa face est tournée vers le pôle nord, le courant entrera par sa tête et sortira par ses pieds.

CHAPITRE IV

Mesures électriques.

---

17. — Nous avons dit que les trois éléments d'un courant électrique, intensité, résistance et force électro-motrice, étaient des quantités susceptibles de mesure. Nous allons maintenant étudier les appareils que l'on construit dans ce but ainsi que leur mode d'emploi.

18. **Mesure des intensités. Galvanomètres.** — Nous avons vu que le passage d'un courant électrique dans un conducteur placé dans le voisinage d'une aiguille aimantée mobile déterminait une déviation de cette aiguille d'autant plus grande que l'intensité du courant était plus forte.

C'est sur ce principe qu'est fondée la construction des appareils servant à la mesure des courants, que l'on désigne sous le nom général de *galvanomètres*.

Il existe une très grande variété de galvanomètres. L'un des plus

Fig. 19.

simples est celui qui est représenté par la figure 19. L'aiguille aimantée est suspendue à l'aide d'un fil de soie au milieu d'un cadre rectangulaire en bois sur lequel est enroulé un fil de cuivre recouvert de soie formant un certain nombre de spires. Cette dis-

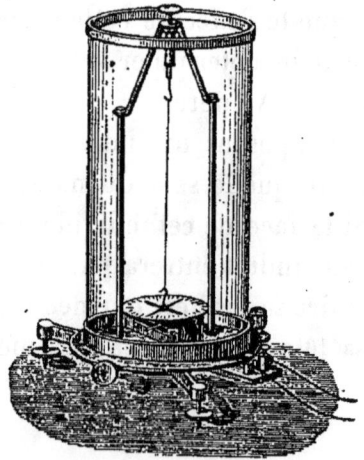

position a pour but, comme nous l'avons vu, d'augmenter l'action du courant sur l'aiguille. Les deux extrémités libres du fil aboutissent à des *bornes* métalliques qui permettent d'intercaler le galvanomètre sur le parcours du courant que l'on veut mesurer. L'aiguille et le cadre sont enfermés dans une cloche de verre qui les préserve des agitations de l'air ambiant.

Si on fait passer un courant dans le cadre, il y aura déviation de l'aiguille aimantée. D'autre part, il se produit une torsion du fil de suspension, qui tend à ramener l'aiguille à sa position initiale. L'aiguille restera immobile lorsque la force de déviation et la force de torsion se feront équilibre. Pour rendre les lectures plus faciles, on fixe au fil de suspension un petit index qui se déplace au-dessus d'un cadran divisé. Si on a fait une graduation préalable de l'instrument en le faisant traverser par des courants d'intensité connue, on pourra connaître l'intensité du courant à mesurer d'après le degré de déviation de l'index.

Dans d'autres appareils, l'aiguille aimantée est simplement mobile sur un pivot, ce qui permet de réduire la hauteur de l'instrument, mais diminue beaucoup la sensibilité.

Dans beaucoup de galvanomètres, c'est l'aimant qui est fixe et le cadre qui est mobile. Un des meilleurs appareils de ce genre est le galvanomètre de MM. Deprez et d'Arsonval (fig. 20). Dans ce galvanomètre, le cadre est suspendu entre les branches d'un aimant en fer à cheval placé verticalement, et supporté par deux fils d'argent légèrement tendus. Le courant, arrivant par une des bornes, se rend d'abord par

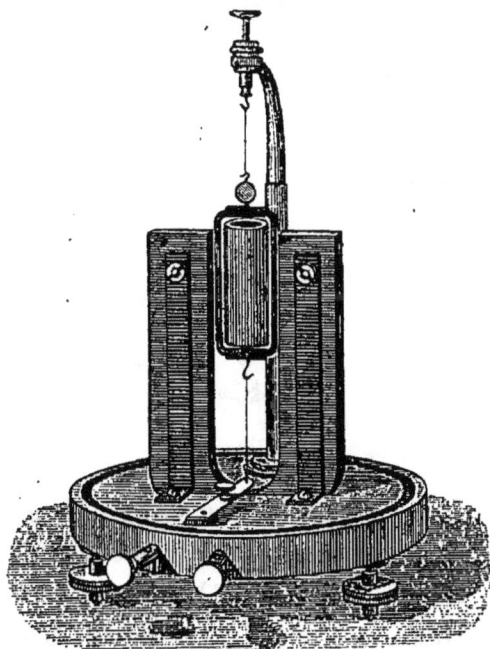

Fig. 20.

exemple au fil supérieur, traverse le cadre, ressort par le fil inférieur et arrive à la deuxième borne. Un tube de fer doux placé à l'intérieur du cadre, entre les branches de l'aimant, a pour effet de concentrer les lignes de force de l'aimant, comme nous le verrons plus tard (§ 45). Pour observer la déviation du cadre, on emploie un dispositif imaginé par le physicien anglais W. Thomson. Un petit miroir formé d'un disque de verre mince argenté est collé sur le fil auquel est suspendu le cadre. En face de l'appareil, à une distance convenable, sont placées une lampe et une échelle graduée transparente (fig. 21). Le pied de l'échelle porte une ouverture rectangulaire traversée par un fil métallique très fin, tendu verticalement. Derrière cette ouverture est placé un miroir rectangulaire dont on peut régler à volonté la position. La lumière de la lampe, réfléchie sur ce miroir, traverse l'ouver-

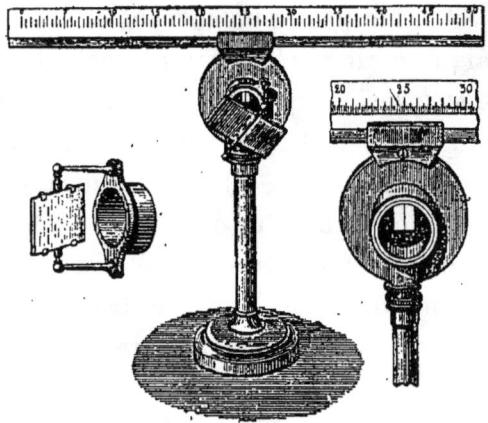

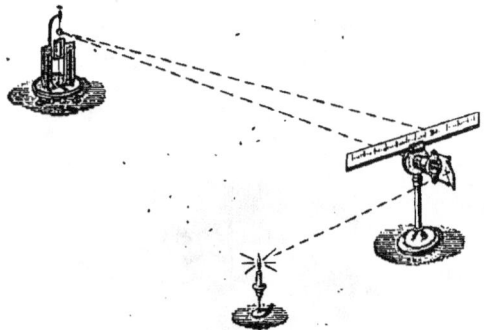

Fig. 21.

ture rectangulaire, tombe sur le miroir mobile fixé au fil de suspension du cadre galvanométrique, s'y réfléchit, et revient sur l'échelle en donnant une petite tache lumineuse (1), au centre de laquelle est une ligne noire verticale qui est l'image du fil métallique. On dispose l'échelle de façon que lorsque le galvanomètre n'est traversé par aucun courant, l'image du fil vienne coïncider avec le zéro de la graduation. Si maintenant on lance un courant

---

(1) Cette tache lumineuse est souvent désignée sous le nom de *spot* (mot anglais qui signifie tache).

dans le galvanomètre, le cadre est dévié et donne au fil qui le sou-
tient une certaine torsion. Cette torsion déplace le petit miroir fixé
à ce fil, et par suite la tache lumineuse réfléchie sur l'échelle. On
lit sur la graduation les déplacements de cette tache lumineuse.
Le sens de ces déplacements indique le sens du courant qui traverse le galvanomètre.

Le galvanomètre que nous venons de décrire possède la propriété d'être *apériodique*, c'est-à-dire de revenir rapidement au
zéro, sans oscillation du cadre, lorsqu'on réunit les deux bornes
par une bande métallique conductrice; quand on effectue cette
opération, on dit qu'on met le galvanomètre *en court circuit*.

19. Shuntage des galvanomètres. — On désigne sous le
nom de *shunt* (mot anglais qui signifie dérivation) une dérivation
établie entre les bornes d'un galvanomètre pour en réduire la
sensibilité dans une certaine proportion connue, et ramener ses
déviations dans les limites de la graduation. En d'autres termes,
cette disposition a pour but de ne faire traverser le galvanomètre
que par une fraction connue du courant à mesurer.

Soit A une source d'électricité (fig. 22), produisant un courant

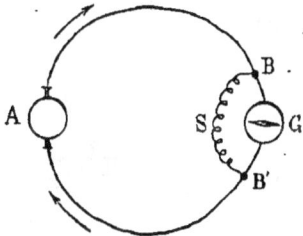

Fig. 22.

d'intensité I dans le sens indiqué par
la flèche. Soit G un galvanomètre, et S
une résistance établie en dérivation
entre les bornes B et B' de ce galvanomètre. Le courant va se diviser en
deux parties, dont l'une traversera la
résistance S et l'autre le galvanomètre.
Désignons par G la résistance du galvanomètre. D'après ce que nous avons
vu dans le chapitre Ier, si E est la différence de potentiel entre
les points B et B', i_1 l'intensité du courant qui traverse le galvanomètre, i_2 l'intensité du courant qui traverse le shunt, on
aura :

$$i_1 = \frac{E}{G} \qquad\qquad i_2 = \frac{E}{S}$$

d'où :

$$i_1 \times G = i_2 \times S$$

Supposons qu'on veuille réaliser la condition $i_1 = \dfrac{I}{m}$, m étant un nombre quelconque fixé à l'avance. On aura :

$$i_1 = \frac{I}{m} \qquad i_2 = I - i_1 = 1 - \frac{I}{m} = I\left(1 - \frac{1}{m}\right)$$

et

$$\frac{I}{m} \times G = I\left(1 - \frac{1}{m}\right) \times S$$

d'où l'on tire :

$$S = \frac{G}{m} \times \frac{m}{m-1} = \frac{G}{m-1}$$

relation qui permet de calculer S lorsqu'on connaît G et m.

Si G et S sont donnés, on a :

$$m = 1 + \frac{G}{S}.$$

Le coefficient m est appelé *pouvoir multiplicateur* du shunt.

Ordinairement, chaque galvanomètre est muni d'une boîte de shunts, au nombre de trois, ayant pour effet de réduire le courant qui traverse le galvanomètre au $\frac{1}{10}$, au $\frac{1}{100}$ et au $\frac{1}{1000}$ de sa valeur. Ces shunts sont généralement constitués par des bobines en fil de maillechort. Leurs valeurs respectives sont, d'après ce qui précède,

$$\frac{G}{9}, \quad \frac{G}{99}, \quad \frac{G}{999},$$

G étant la résistance du galvanomètre.

La fig. 23 montre le schéma de la boîte de shunts. Soient $B\,B_1$ et $B'\,B'_1$ des bandes de laiton aboutissant d'une part aux bornes B et B' du galvanomètre, de l'autre aux bornes B_1 et B'_1 de la boîte de shunts, auxquelles est fixé le conducteur parcouru par le courant à mesurer, d'intensité I. Une fiche métallique peut être placée à volonté dans l'un des trous C, C_1, C_2, C_3. Si tous les trous sont débouchés, le courant passe dans le galvanomètre comme si la boîte de shunts n'existait pas. Si la fiche est placée en C_1, l'in-

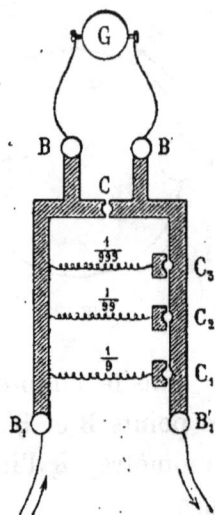

Fig. 23.

tensité du courant qui traverse le galvanomètre est $\dfrac{I}{10}$. Si elle est en C_2 ou C_3, cette intensité est réduite à $\dfrac{I}{100}$ ou $\dfrac{1}{1000}$. Si la fiche est placée en C, le galvanomètre est mis en court circuit.

La fig. 24 représente la disposition pratique. Les bornes B et B₁, B′ et B′₁, sont confondues en une seule borne double. Chacune de ces bornes est reliée à la fois à une des bornes du galvanomètre et à une extrémité du circuit parcouru par le courant à mesurer. La vue en plan du couvercle indique la manière dont sont faites-les connexions. Les résistances sont renfermées dans l'intérieur de la boîte.

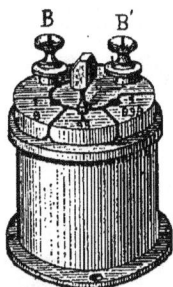

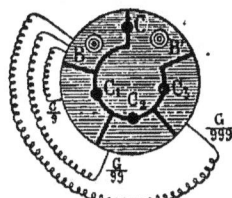

20. Ampère-mètres. — Lorsqu'il s'agit de mesurer l'intensité dans des applications industrielles, on a recours à des appareils étalonnés faisant connaître par une lecture directe la valeur en ampères du courant qui les traverse, et suffisamment exacts pour les besoins de la pratique. Ces appareils ont reçu le nom d'*ampère-mètres*. On les intercale directement sur le parcours du courant à mesurer.

Fig. 24.

Un des plus usités est l'ampère-mètre de MM. Deprez et Carpentier (fig. 25), qui présente l'aspect extérieur d'un manomètre de chaudière. Dans un champ magnétique formé par deux aimants demi-circulaires, est un cadre galvanométrique fixe constitué par deux bobines cylindriques très rapprochées l'une de l'autre. Entre ces bobines est placée une petite pièce de fer doux f mobile autour d'un axe a perpendiculaire au plan de la figure, et portant une aiguille indicatrice A qui se déplace sur un cadre divisé. Les aimants tendent à diriger le barreau de fer doux

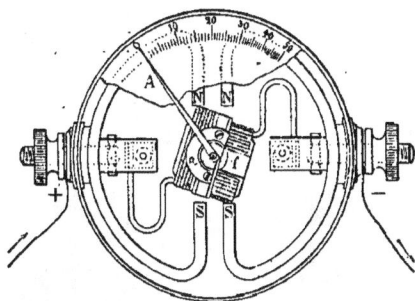

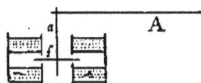

Fig. 25.

suivant les lignes de force, c'est-à-dire suivant N S. Lorsque le courant passe dans le cadre galvanométrique, les lignes de force du champ sont modifiées, et le barreau de fer doux se déplace en entraînant l'aiguille. Les bobines galvanométriques sont formées de lames de cuivre rouge de 10 $^m/_m$ de largeur, et d'épaisseur variable suivant les courants auxquels l'appareil est destiné. L'axe de ces bobines est incliné sur la direction des lignes de force; cette disposition a pour but d'égaliser autant que possible, pour toutes les positions de l'aiguille, la force déviatrice due au courant qui traverse le cadre et la force antagoniste due aux aimants fixes. Pour que l'aiguille se déplace dans le sens convenable sur la graduation, il faut avoir soin que le courant traverse toujours le cadre dans le même **sens**. On doit donc toujours disposer les conducteurs de telle sorte que le courant traverse l'appareil dans le sens convenable. Le courant doit arriver par la borne marquée ╋ (qui est en général celle de gauche), et sortir par la borne marquée. — Dans ces conditions, le courant semble pousser la partie supérieure de l'aiguille de l'ampère-mètre. Les deux bornes sont bien entendu isolées de la boîte métallique qui enveloppe l'appareil, au moyen de bagues en ébonite.

Lorsqu'on a à mesurer des courants très intenses, on peut shunter un ampère-mètre comme un galvanomètre ordinaire. On emploie le plus ordinairement un shunt qui se compose d'une lame de cuivre de même section et de même longueur que celle de l'ampère-mètre. Ce shunt porte le nom de *réducteur*. Il est enfermé dans une boîte cylindrique sur laquelle on place l'ampère-mètre, comme l'indique la fig. 26. On serre les lames de cuivre m et n sous les boutons A et B, et on fixe les conducteurs aux boutons C et D, en tenant compte des marques ╋ et —, comme nous l'avons dit plus haut. Le réducteur ayant même résistance que l'ampère-mètre, celui-ci est

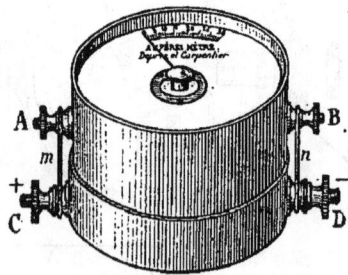

Fig. 26.

traversé par la moitié seulement du courant total. Il suit de là qu'on doit alors multiplier par 2 les indications de l'aiguille. Si le réducteur avait une résistance R différente de la résistance A de l'ampère-mètre, il faudrait multiplier les indications de l'aiguille par $1 + \dfrac{A}{R}$, comme nous l'avons vu au § 19. En général, pour éviter les erreurs de lecture, on enferme le réducteur dans la même boîte que l'ampère-mètre, et on dispose la graduation de telle sorte qu'on lise directement la valeur exacte de l'intensité à mesurer.

La présence d'un champ magnétique fixe n'est pas indispensable, et l'on fait quelquefois des ampère-mètres sans aimants. Dans ce cas, l'action déviatrice du champ magnétique créé par le passage du courant est équilibrée soit par un contre poids, soit par un ressort spiral, dont la tension ramène au zéro l'aiguille de fer doux lorsque le courant est supprimé. Tels sont par exemple les ampère-mètres employés pour le bateau sous-marin le *Gustave Zédé*, qui sont traversés par des courants dont l'intensité peut atteindre 2 000 ampères. Le cadre galvanométrique est réduit dans ces appareils à une grosse barre de laiton recourbée en forme d'U, entre les branches de laquelle se trouve l'aiguille de fer doux.

L'emploi d'un aimant fixe a l'avantage de soustraire assez bien l'aiguille de fer doux aux influences perturbatrices extérieures, provoquées par exemple par le voisinage d'autres aimants. Aussi cette disposition est-elle en général préférée. Il est seulement nécessaire de vérifier de temps en temps la graduation, parce que les aimants directeurs s'affaiblissent à la longue.

La Marine emploie à peu près exclusivement les ampère-mètres Deprez-Carpentier. Il en existe divers modèles, pour lesquels l'intensité maxima du courant varie de 1 à 100 ampères. Pour mesurer des courants plus intenses, on se sert de l'ampère-mètre de 100 ampères en lui associant un réducteur de résistance convenable. Si l'on veut avoir, par exemple, un ampère-mètre de 0 à 400 ampères, on prend un réducteur dont la résistance est égale au tiers de celle du cadre de l'ampère-mètre de 100 ampères. Ces réducteurs, comme nous l'avons dit, ne sont pas amovibles et font partie intégrante de l'appareil, dont la graduation est alors modifiée convenablement.

M. Carpentier construit également des ampère-mètres de forme rectangulaire, dont les dispositions intérieures sont analogues, permettant de mesurer jusqu 'à 200 ampères sans réducteur.

21. Ampère-mètres enregistreurs. — On emploie quelquefois des ampère-mètres enregistreurs, qui inscrivent automatiquement et d'une manière continue les variations du courant

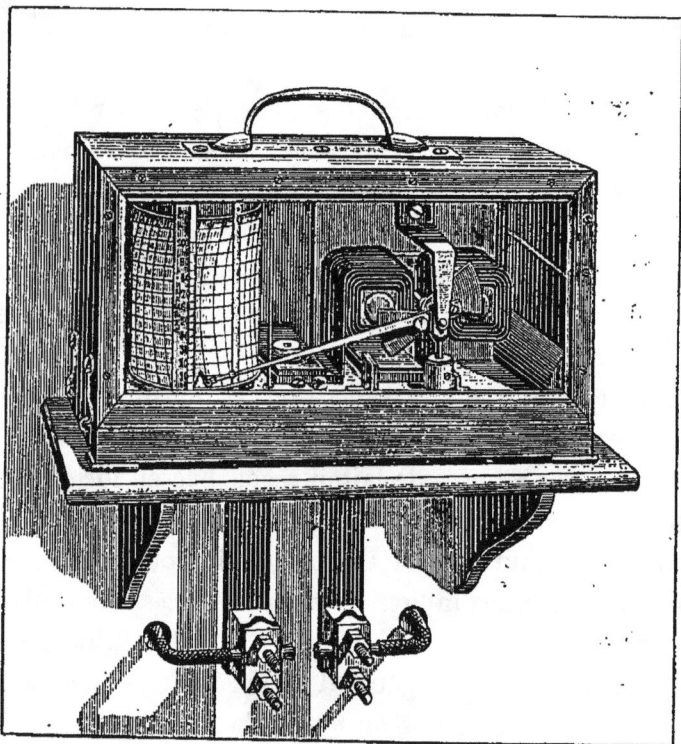

Fig. 27.

qui les traverse. Des appareils de ce genre, construits par MM. Richard frères, ont été installés sur le *Borda*. Ils sont représentés par la fig. 27. Dans le circuit est intercalé un électro-aimant formé de noyaux sur lesquels sont enroulés des lames de cuivre. Devant l'électro-aimant est placée une pièce en fer ayant à peu près la forme d'une hélice à deux ailes. Cette pièce est mobile autour d'un axe parallèle aux noyaux de l'électro-aimant. Lorsque l'intensité du courant varie, elle fait varier. le champ magnétique de l'électro-aimant, et par suite la position de l'hélice qui tend à tourner autour de son axe. D'autre part, l'hélice est sollicitée par un couple antagoniste formé d'un poids suspendu à l'extrémité d'un petit levier. A chaque valeur de l'intensité correspond une position de l'hélice, qui est en équilibre sous l'action des deux forces qui la sollicitent. L'hélice porte un long levier terminé par une plume chargée d'encre qui appuie sur une feuille de papier enroulée sur un tambour mû par un mouvement d'horlogerie, et inscrit ainsi la courbe des intensités. Une échelle graduée tracée à l'avance permet de lire à un instant quelconque le nombre d'ampères.

22. Mesure indirecte de l'intensité. — On peut aussi mesurer l'intensité d'une manière indirecte. On mesure, par les procédés que nous indiquerons plus loin, la résistance R d'une certaine portion du conducteur, et la différence de potentiel E entre les extrémités de cette portion de conducteur. On a alors, en appliquant la loi de Ohm :

$$I = \frac{E}{R}.$$

23. Mesure des résistances. — La méthode la plus communément employée pour la mesure des résistances est la méthode dite du *pont de Wheatstone*, qui repose sur le principe suivant. Traçons un losange A B C D (fig. 28), dont nous supposons les côtés formés par quatre conducteurs ayant des résistances représentées respectivement par a, b, c, x. Sur la diagonale AD intercalons une pile P (1), et sur la diagonale BC un galvanomètre G. Supposons que ce galvanomètre soit au zéro. Cela indique qu'il ne passe aucun courant dans le conducteur BC, et par suite que les points B et C sont au même potentiel. Soit i_1 l'intensité du courant qui traverse D B A, et i_2 celle du courant qui traverse D C A. La différence de potentiel entre D et B est égale à $c \times i_1$. De même la différence de potentiel entre D et C est égale à $x \times i_2$. Les points B et C étant au même potentiel, on doit avoir :

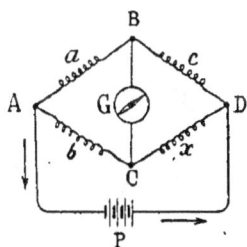
Fig. 28.

---

(1) Dans les figures schématiques, on représente d'habitude une pile comme l'indique la fig. 28. Nous verrons dans le chapitre suivant qu'une pile se compose d'un certain nombre d'éléments. Chaque élément se représente à l'aide du signe ⊢, le trait long et mince indiquant le pôle positif, et le trait court et épais le pôle négatif.

$$x \times i_2 = c \times i_1$$

On a de même :

$$b \times i_2 = a \times i_1$$

d'où en divisant ces égalités l'une par l'autre :

$$\frac{x}{b} = \frac{c}{a} \qquad x = c \cdot \frac{b}{a}$$

On voit que si a et b sont des résistances connues, et c une résistance variable, il suffira de donner à c la valeur nécessaire pour que le galvanomètre reste au zéro. Lorsque cette condition sera remplie, on aura la relation $x = c \cdot \frac{b}{a}$, qui donne la résistance x cherchée. Si $a = b$, on a simplement $x = c$. Si a est différent de b, il faut, pour avoir x, multiplier c par le rapport $\frac{b}{a}$. Les deux résistances a et b portent le nom de *bras* du pont.

Dans la pratique, on se sert d'appareils dits *boîtes de résistances à pont*, dont la disposition reproduit celle du pont de Wheatstone sous une forme plus commode. Les résistances sont formées par des séries de bobines en fil de maillechort, enfermées dans une caisse rectangulaire, et généralement noyées dans de la paraffine pour assurer leur isolement. Ces bobines sont réunies deux à deux par des bandes de laiton à grande section, ayant par suite une très faible résistance (fig. 29). Ces bandes présentent des entailles courbes dans lesquelles on peut enfoncer des fiches en laiton appelées *clefs*, qui établissent entre elles la communication directe, en mettant les bobines en court circuit. Lorsque toutes les clefs sont en place, le courant passe dans les bandes, dont la résistance est négligeable vis-à-vis de celle des bobines. Si

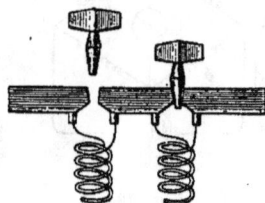

Fig. 29.

une clef manque, le courant traverse la bobine correspondante. L'enlèvement d'une clef produit donc l'introduction dans le circuit de la résistance indiquée à côté de l'entaille où elle était placée.

Dans le modèle le plus ordinaire de boîtes de résistances, dont la fig. 30 représente le schéma, les bras du pont sont formés chacun par trois bobines ayant respectivement des résistances de 10, 100 et 1000 ohms. La résistance variable c est formée par

14 bobines ayant pour résistances 1, 2, 2, 5, 10, 10, 20, 50, 100, 100, 200, 500, 1 000 et 2 000 ohms. On peut ainsi donner à c toutes les valeurs comprises entre 1 et 4 000 ohms. Par suite, le rapport $\frac{b}{a}$ pouvant prendre les valeurs $\frac{1}{100}$, $\frac{1}{10}$, 1, 10, 100, on voit que la boîte de résistances ainsi construite permettra de mesurer toutes les résistances comprises entre $\frac{1}{100}$ d'ohm et 400 000 ohms.

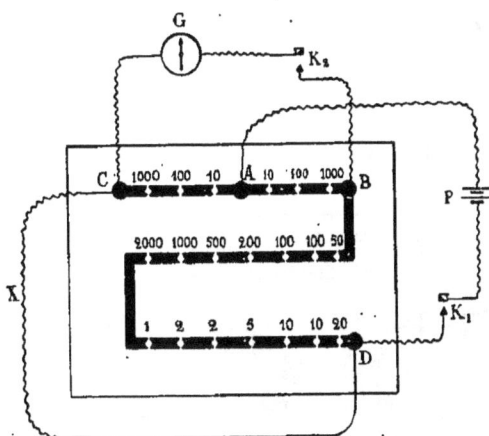

Fig. 30.

Pour se servir de l'appareil, on établit la pile entre les bornes A et D, et le galvanomètre entre les bornes B et C. Sur le circuit de chacun de ces appareils sont ménagés des *interrupteurs* K_1 et K_2, permettant de lancer ou de supprimer le courant à volonté. On intercale la résistance à mesurer entre les bornes C et D. Si on craint que le courant de la pile ne soit trop énergique, on shunte le galvanomètre.

Cela fait, on débouche les résistances convenables en A B et A C. Puis, sans rien déboucher sur le côté B D, on ferme l'interrupteur K_1 et on appuie un instant sur K_2 pour mettre le galvanomètre dans le circuit. On obtient une déviation dont on observe le sens. On débouche alors des résistances en B D, jusqu'à ce qu'on obtienne une déviation de sens contraire à la première. Il faut avoir soin dans chaque opération de fermer l'interrupteur K_1 avant d'appuyer sur K_2. Lorsque la déviation change de sens, cela indique que la résistance débouchée en ce moment en B D est trop forte. On la diminue, et on opère ainsi par tâtonnement, jusqu'à ce qu'en appuyant sur K_2 on ne produise aucune déviation du galvanomètre (1).

(1) On démontre que les conditions de sensibilité maxima sont obtenues lorsque les deux dérivations constituées d'une part par les côtés AB et AC, d'autre part par les côtés BD et CD, ont une résistance égale. Dans la pratique, on fait une première mesure approximative et on voit ainsi quelles sont les résistances qu'il convient de déboucher en AB et AC pour se rapprocher autant que possible de cette condition.

Dans les appareils destinés à donner une grande précision, on adopte en général une disposition un peu différente, dite *en décades*, qui permet de réduire au minimum le nombre des clefs. Avec la disposition précédente, il suffit en effet qu'une des clefs ne présente avec les bandes de laiton qu'un contact imparfait pour fausser la valeur de la résistance variable. La fig. 31 représente le couvercle d'une boîte à décades. Les résistances, formées de bobines enfermées dans la boîte, sont au nombre de 44, savoir :

bras : 2 de 10^ω — 2 de 100^ω — 2 de 1000^ω — 2 de $10\,000^\omega$

résistance variable : 9 de 1^ω — 9 de 10^ω — 9 de 100^ω — 9 de $1\,000^\omega$

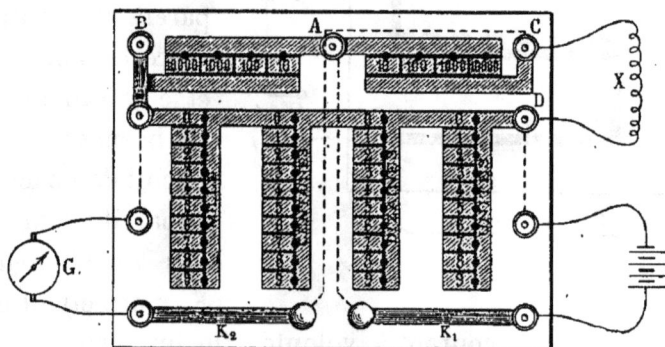

Fig. 31.

Chacune des touches en laiton des bras (1) est reliée à la barre placée au-dessous par une résistance de 10, 100, 1 000 ou 10 000 ohms. De même, chacune des touches disposées en colonnes est reliée à la suivante par une résistance. Dans ces conditions, on voit que c'est la mise en place d'une clef, et non son enlèvement, qui détermine l'introduction d'une résistance. Si l'on place des clefs, par exemple, en 4 sur la colonne de gauche, en 7 sur la deuxième colonne, en 5 sur la troisième et en 6 sur la quatrième, la valeur de la résistance variable est de 4756 ohms; la résistance se lit ainsi d'un coup d'œil comme un nombre ordinaire de quatre chiffres. Les clefs sont au nombre de six, deux pour les bras et quatre pour la résistance variable.

La boîte représentée par la fig. 31 permet de mesurer jusqu'à

---

(1) Ces touches, et en général toutes les touches métalliques qui servent de point de départ aux circuits dans les divers appareils, sont fréquemment désignées sous le nom de **plots**.

9 999 × 1 000 = 9 999 000 ohms. Néanmoins, dans la pratique, il
est assez difficile de mesurer avec précision, par ce procédé, des
résistances supérieures à 1 megohm .

La méthode du pont de Wheatstone ne permet pas de mesurer .
la résistance d'un conducteur, quand ce conducteur fait déjà partie d'un circuit électrique parcouru par un courant. Car il faut
alors interrompre ce circuit et prendre les mesures *à froid*, c'est-
à-dire en ne faisant traverser l'appareil que par le faible courant
de la pile annexée à la boîte de résistance. Or la résistance d'un
conducteur n'est pas la même *à chaud* et *à froid*, car nous avons
vu que le passage d'un courant échauffe un conducteur et que la
résistance varie avec la température. Pour connaître la résistance
à chaud, le procédé habituel consiste à prendre l'intensité du courant avec un ampère-mètre, et la différence de potentiel entre les
deux extrémités de la résistance inconnue avec un *volt-mètre*, appareil que nous décrirons tout à l'heure. En faisant le quotient de ces
deux quantités, on a la résistance cherchée. Il existe d'ailleurs
des appareils, appelés *ohm-mètres*, qui donnent directement le
quotient de la différence de potentiel par l'intensité, et permettent
ainsi de mesurer les résistances à chaud.

24. Mesures d'isolement. — Nous avons dit qu'avec le pont
de Wheatstone il est difficile de mesurer avec précision des résistances supérieures à 1 megohm. Lorsqu'on a à mesurer des résistances plus considérables, par exemple la résistance des matières

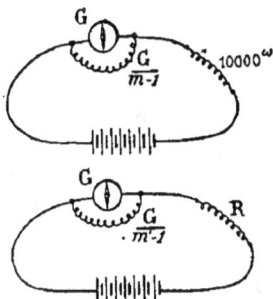

Fig. 32.

isolantes qui entourent un conducteur, il
faut, en général, avoir recours à d'autres
méthodes.

La méthode la plus rapide et la plus
fréquemment employée est la suivante.
On fait passer le courant d'une pile
(fig. 32) dans un galvanomètre de résistance G et dans une résistance connue
assez considérable, de 10 000 ohms par
exemple. On a une certaine déviation du
galvanomètre. On recommence l'opéra-
tion en faisant passer le courant dans le même galvanomètre et dans la
résistance R à mesurer. On a une autre déviation du galvanomètre.

On s'arrange de façon que cette deuxième déviation soit peu différente de la première. On arrive à ce résultat en shuntant convenablement le galvanomètre dans les deux cas. On peut alors admettre
que les déviations sont proportionnelles aux intensités, ce qui permet de calculer R. Soient en effet d et d' les déviations observées
au galvanomètre, m et m' les pouvoirs multiplicateurs des shunts
employés. Soit e la différence de potentiel fournie par la pile. Le
courant qui traverse le galvanomètre est, en négligeant la résistance du galvanomètre et du shunt vis-à-vis des résistances très
grandes $10\,000^{\omega}$ et R,

$$1^{er} \text{ cas} \qquad i = \frac{e}{m \times 10\,000} \qquad \text{déviation } d$$

$$2^{me} \text{ cas} \qquad i' = \frac{e}{m' \times R} \qquad \text{déviation } d'$$

d'où

$$\frac{i}{i'} = \frac{m' \times R}{m \times 10\,000} = \frac{d}{d'}$$

d'où enfin

$$R = \frac{d}{d'} \times \frac{m}{m'} \times 10\,000.$$

Cette méthode est loin d'être rigoureuse, mais elle donne des
résultats suffisamment approchés dans la pratique. Il faut employer une pile assez forte pour que e soit au moins égal à une
trentaine de volts, afin que les courants aient une intensité suffisante.

Pour mesurer la résistance de la gaine isolante qui recouvre un
conducteur, on dispose ce conducteur dans un récipient contenant
de l'eau acidulée par un peu d'acide sulfurique pour la rendre
plus conductrice, les deux extrémités du conducteur étant maintenues hors du récipient. On relie le pôle positif de la pile, par
exemple, à une des bornes du galvanomètre, et le pôle négatif à
une plaque métallique plongée dans l'eau acidulée. On relie ensuite la seconde borne du galvanomètre à une des extrémités du
conducteur, l'autre extrémité restant libre, et on mesure la résistance comme nous venons de l'indiquer. En multipliant la résistance trouvée par la longueur du conducteur, exprimée en kilomètres, on a ce qu'on appelle l'*isolement kilométrique* K de la

gaîne. Pour un conducteur d'une longueur de L kilomètres, recouvert de cette gaîne, la résistance totale d'isolement sera égale à $\frac{K}{L}$.

Lorsqu'il s'agit de circuits mis en place, de circuits d'éclairage, par exemple, on se contente en général de vérifier que l'isolement est suffisant. On emploie dans ce cas la méthode du pont de Wheatstone, en reliant le point C par exemple (fig. 30) à une extrémité du circuit, et le point D à la terre, c'est-à-dire pratiquement à une plaque métallique enfoncée dans le sol humide, ou à un tuyau de conduite d'eau, ou, dans le cas d'un navire en fer, à une partie métallique de la coque. La résistance d'isolement d'un circuit bien installé varie beaucoup avec la longueur et avec la température de ce circuit. Pour des circuits d'éclairage à bord des navires, on ne peut guère compter sur une résistance d'isolement supérieure à 100 000 ohms. Après un passage prolongé du courant, cette résistance peut descendre à 50 000 ohms environ. Si l'on trouve des chiffres plus élevés, on considère que les circuits sont en bon état. Si on trouvait une résistance notablement inférieure, cela prouverait qu'il existe en un ou plusieurs points des communications du circuit avec la coque, c'est-à-dire des défauts que l'on doit rechercher et réparer.

Nous indiquerons dans le chapitre X une méthode fondée sur l'emploi du volt-mètre qui permet de se rendre compte de la résistance d'isolement d'un circuit d'éclairage pendant son fonctionnement.

25. Boîtes d'essai portatives. — Pour rendre plus faciles les mesures de résistance ou d'isolement, on a cherché à créer des instruments aisément transportables qui, s'ils sont un peu moins précis, sont du moins d'un maniement plus commode que les appareils précédents. Il existe plusieurs modèles de ces *boîtes d'essai*. L'appareil connu sous le nom de *boîte de Silvertown*, par exemple, se compose d'une pile de 30 éléments Leclanché associés en tension (voir chapitre V), et d'une boîte renfermant un pont de Wheatstone et un galvanomètre. La fig. 33 représente le dessus de cette boîte. Les deux bras du pont sont disposés comme ceux de la boîte représentée par la fig. 30. Les résistances variables sont disposées d'une façon analogue à celles de la boîte à décades. La boîte porte deux cadrans formés chacun d'un disque de laiton, entouré d'un anneau coupé en dix segments, ou plots. Chaque plot est relié au voisin par une bobine de résistance. Les bobines du premier cadran, marqué "Units" (unités), ont toutes une résistance de 1 ohm. Celles du second cadran, marqué "Tens" (dizaines), ont toutes une résistance de 10 ohms. La valeur maxima que peut prendre la résistance variable est donc 99 ohms. En K

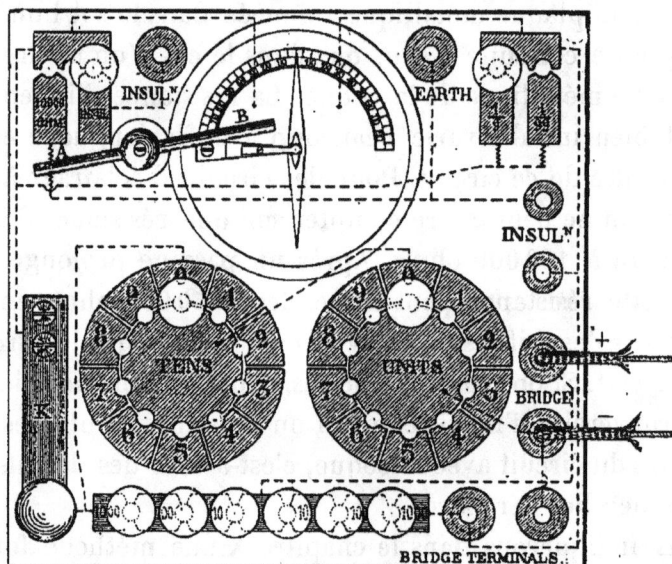

Fig. 33.

est un interrupteur permettant de ne lancer le courant qu'à volonté. Un barreau aimanté A B, fixé à une tige de laiton engagée à frottement dur dans une douille, peut être orienté et élevé ou abaissé de façon à ramener l'aiguille du galvanomètre au zéro, au début de l'expérience. Enfin la boîte comprend deux shunts de $\frac{1}{9}$ et $\frac{1}{99}$ et une bobine de résistance de 10 000 ohms pour les mesures d'isolement.

Pour mesurer les résistances, on place les fiches qui terminent les conducteurs de la pile dans les trous marqués "Bridge" (pont), et on relie les extrémités de la résistance à mesurer aux bornes marquées "Bridge terminals" (extrémités du pont). On opère ensuite de la façon que nous avons déjà indiquée, en cherchant à obtenir que l'aiguille reste au zéro lorsqu'on abaisse l'interrupteur K. L'appareil permet de mesurer des résistances comprises entre $0^\omega,01$ et 9 900 ohms.

Pour les mesures d'isolement, on applique la méthode que nous avons donnée plus haut. On place les extrémités des conducteurs de la pile dans les trous marqués ''Insulation'' (isolement), et on met une fiche dans l'entaille marquée ''10 000 ohms'', à l'angle supérieur gauche de la boîte. On shunte au besoin le galvanomètre en plaçant une fiche dans une des entailles $\frac{1}{9}$ ou $\frac{1}{99}$, et on note la déviation d. Pour la seconde opération, on relie la borne marquée ''Insulation'' à l'extrémité du conducteur ou du circuit dont on veut mesurer la résistance d'isolement, et la borne marquée ''Earth'' (terre) à la terre. On enlève la fiche 10 000, et on la place dans l'entaille voisine marquée ''Insulation''. On change le shunt si c'est nécessaire, et on note la déviation d'. On a :

$$R = \frac{d}{d'} \times \frac{m}{m'} \times 10\,000$$

m et m' ayant suivant le cas les valeurs 10 ou 100, ou 1 si on ne s'est pas servi des shunts.

Un autre modèle, construit par M. Carpentier, comporte une boîte de 20 éléments Leclanché et une boîte disposée seulement pour les mesures par la méthode du pont. Cette dernière boîte peut être montée sur un trépied pliant analogue à celui des appareils de photographie. La fig. 34 représente le couvercle de l'appareil et le schéma des connexions. Il n'y a pas de clefs, et le réglage des bras et de la résistance variable s'obtient au moyen de manettes à contact glissant. Les résistances des bras sont groupées de telle sorte que le mouvement d'une seule manette suffit pour obtenir la valeur voulue du rapport. On a en effet :

$$110^\omega + 900^\omega + 4545^\omega + 4545^\omega = 10\,(900^\omega + 110^\omega).$$
$$110^\omega + 900^\omega + 4545^\omega + 4545^\omega + 900^\omega = 100 \times 110^\omega.$$

Les interrupteurs sont commandés par des boutons K_1 et K_2. Le galvanomètre, du système Deprez-d'Arsonval, est placé dans l'intérieur de la boîte, et l'index seul est visible en G. Un verrou R permet de supprimer la tension du fil qui supporte le cadre, lorsqu'on veut transporter l'appareil. Avant de faire une mesure, on tend le fil au moyen du verrou, et on règle sa torsion à l'aide d'une vis V, de manière à amener l'index au zéro.

26. Mesure des forces électro-motrices. — Les forces

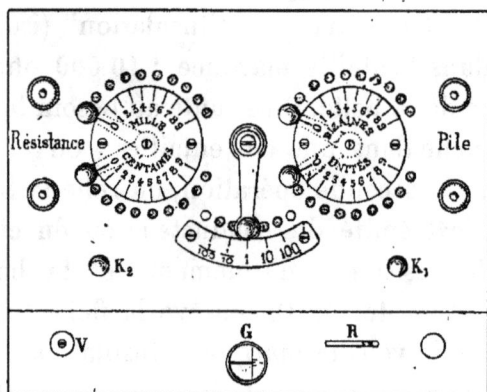

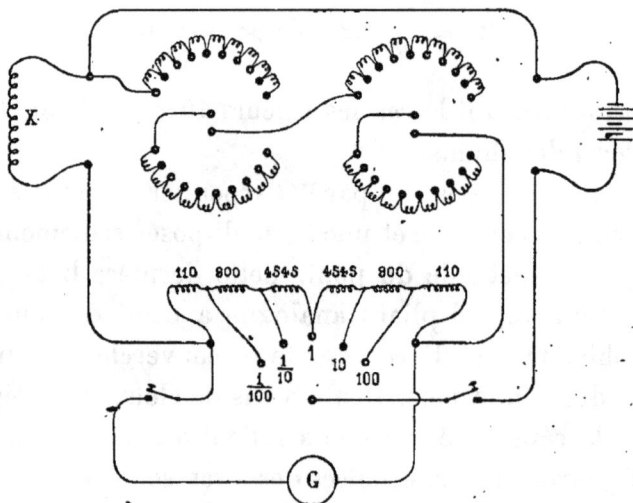

Fig. 34.

électro-motrices se mesurent au moyen d'appareils appelés *élec-tromètres*. Mais tous ces appareils sont des instruments de laboratoire, d'un maniement très délicat, et dans la pratique on emploie exclusivement des appareils un peu moins exacts, mais plus simples et plus maniables, donnant par une seule lecture le nombre de volts cherché. Ces instruments sont appelés *volt-mètres*.

Un des volt-mètres les plus employés est celui de MM. Deprez et Carpentier. Cet appareil est construit sur le même principe et présente le même aspect que l'ampère-mètre que nous avons déjà décrit (fig. 25). La seule différence réside dans les conducteurs qui garnissent les bobines : au lieu de lames de cuivre, on emploie un fil très long et très fin dont la résistance est en général de 2000 à 2500 ohms. Cette résistance doit toujours être inscrite sur l'instrument.

Les volt-mètres se placent en dérivation entre les deux points dont on veut connaître la différence de potentiel. En réalité, un volt-mètre n'est autre chose qu'un galvanomètre dont la déviation mesure l'intensité du courant qui le traverse. Mais la résistance du volt-mètre étant en général très grande par rapport à celle des autres parties du circuit, on peut admettre que son introduction en dérivation entre deux points ne change pas la valeur e de la différence de potentiel entre ces deux points. Si ρ est la résistance du volt-mètre, i l'intensité du courant qui le traverse, on a :

$$e = \rho \times i$$

et par suite les déviations, à peu près proportionnelles aux intensités, sont également à peu près proportionnelles aux différences de potentiel à mesurer. L'appareil est gradué une fois pour toutes au moyen d'électromètres très précis.

Conformément à ce que nous avons dit pour les ampère-mètres, le volt-mètre doit être établi de telle sorte que le courant entre par la borne marquée + et sorte par la borne marquée —. Il faut en outre avoir soin d'intercaler sur le circuit du volt-mètre un interrupteur à ressort, sur lequel on agit de manière à ne fermer le circuit qu'au moment d'effectuer une lecture. Cette disposition a pour but de ne pas dépenser constamment une fraction du courant dans les bobines du cadre galvanométrique, et surtout d'éviter l'échauffement du fil, qui fausserait les indications.

On construit également des volt-mètres sans aimants permanents, ainsi que nous l'avons dit pour les ampère-mètres.

La Marine emploie à peu près exclusivement les volt-mètres Deprez-Carpentier. La valeur maxima de la force électro-motrice mesurable varie, suivant les modèles, de 5 à 160 volts. Au-dessus de ce chiffre, on est obligé d'employer des réducteurs (fig. 35), mais ces réducteurs sont intercalés en série, et non en dérivation comme ceux des ampère-mètres. Si R est la résistance du réducteur, on a :

$$e = (\mathrm{R} + \rho)\, i = \rho\, i \times \left(1 + \frac{\mathrm{R}}{\rho}\right).$$

Pour un volt-mètre de 0 à 300 volts, par exemple, on emploiera un réducteur dont la résistance soit égale à deux fois celle du volt-mètre de 100 volts, et les indications de l'aiguille devront être multipliées par 3. Dans les modèles les plus récents, le réducteur n'est pas amovible et la graduation est modifiée en conséquence.

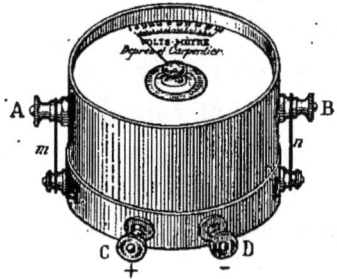

MM. Richard frères construisent des volt-mètres enregistreurs disposés comme l'ampère-mètre enregistreur que nous avons décrit. Ces volt-mètres ont une résistance de 1 500 ohms et sont construits de telle sorte qu'ils peuvent être maintenus constamment en circuit sans échauffement sensible.

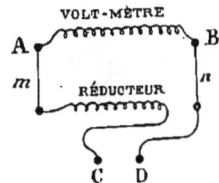

Fig. 35.

27. Appareil d'essai. — On emploie sous ce nom dans la Marine des appareils portatifs trop peu sensibles pour permettre de mesurer l'intensité d'un courant, mais servant simplement à constater le passage d'un courant dans un circuit, et par conséquent à s'assurer que ce circuit est en bon état et que les contacts ont été convenablement établis. Ces appareils se composent d'une pile à eau (voir chapitre V) et d'un galvanomètre réunis dans une même boîte. Le galvanomètre (fig. 36) est constitué par une aiguille aimantée horizontale mobile dans l'intérieur d'un cadre multiplicateur. Les

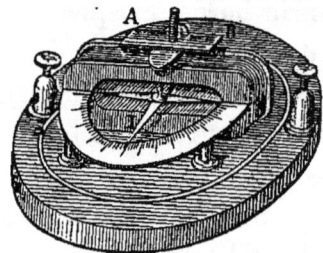

Fig. 36.

déviations de l'aiguille sont observées au moyen d'un index I qui lui est fixé perpendiculairement, et qui parcourt un demi-cercle divisé. Un barreau aimanté A B permet de ramener au début de l'expérience l'aiguille mobile dans le plan du cadre, c'est-à-dire l'index I au zéro de la graduation.

CHAPITRE V

Piles.

---

28. — Les sources d'électricité employées dans la pratique se divisent en deux classes principales. Les unes utilisent les phénomènes, physiques et chimiques, qui sont produits par la mise en contact de certains corps : ce sont les *piles*. Les autres utilisent les phénomènes d'induction et transforment en courant électrique le travail d'un moteur en restituant sous forme d'énergie électrique l'énergie mécanique qui leur est fournie : ce sont les *générateurs mécaniques d'électricité*. Enfin nous dirons quelques mots des *accumulateurs*, qui ne sont pas à proprement parler des appareils producteurs d'électricité, et qui jouent simplement le rôle de réservoirs susceptibles d'emmagasiner de l'énergie électrique.

29. Étude générale de la pile. — Si dans un vase contenant de l'eau additionnée d'acide sulfurique on plonge une lame de zinc pur et une lame de cuivre, et qu'on réunisse ces deux lames par un conducteur métallique, on constate qu'elles présentent une certaine différence de potentiel, c'est-à-dire que le conducteur est parcouru par un courant électrique allant de la lame de cuivre à la lame de zinc (fig. 37). On constate en même temps que la production du courant est accompagnée d'une décomposition chimique du liquide, l'oxygène se portant à la lame de zinc en donnant naissance à de l'oxyde de zinc, et l'hydrogène se dégageant sous forme de bulles le long de la lame de cuivre. L'expérience peut être répétée avec des métaux quelconques inégalement oxydables; il y aura toujours production d'un courant électrique allant, dans le conducteur extérieur, du métal le moins oxydable au métal le plus oxydable. On peut aussi se servir d'un liquide quelconque, pourvu qu'on y plonge deux corps inégalement attaqués par ce liquide.

L'appareil que nous venons de décrire constitue une *pile* ou plus exactement un *élément de pile*. Nous verrons tout à l'heure l'origine de ces désignations. Les lames métalliques plongées dans le liquide portent le nom d'*électrodes*. Les extrémités des électrodes où se fixe le conducteur extérieur qui relie les deux lames sont appelées *pôles*. Suivant la convention universellement adoptée, on appelle *pôle positif* celui d'où part le courant qui parcourt le conducteur, et *pôle négatif* celui où arrive le courant après avoir traversé

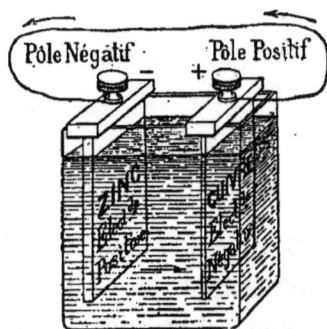

Fig. 37.

le conducteur. En considérant la pile et le conducteur comme formant un circuit fermé, on voit que le courant va dans l'intérieur de la pile de la lame de zinc à la lame de cuivre. Aussi, pour respecter la convention précédente, on appelle *électrode positive* celle qui est reliée au pôle négatif, et *électrode négative* celle qui est reliée au pôle positif. L'électrode positive est toujours constituée par le métal le plus oxydable.

Nous voyons immédiatement qu'il ne faut pas confondre la force électro-motrice d'une pile avec la différence de potentiel entre ses deux pôles. Il se passe en effet dans une pile deux phénomènes distincts : l'un par lequel elle produit la force qui donne naissance au courant, l'autre par lequel elle absorbe une partie de cette force en raison de la résistance que ses plaques métalliques et son liquide opposent au passage du courant, et à laquelle on a donné le nom de *résistance intérieure*. Il y a là quelque chose de tout à fait analogue à ce qui se passe dans une machine, où une partie du travail est absorbée par les résistances passives.

Il résulte de là que la force électro-motrice d'une pile est égale à la différence de potentiel qui existe entre ses deux pôles lorsqu'elle est en *circuit ouvert*, c'est-à-dire lorsque ses deux électrodes ne sont pas réunies par un conducteur. Mais si on vient à fermer le circuit, une fraction de cette force électro-motrice est absorbée par la résistance intérieure, et l'autre partie reste disponible dans le circuit extérieur sous forme de différence de potentiel entre les deux extrémités de ce circuit. Ces deux quantités sont d'ailleurs liées entre elles par une relation simple. Soit E la force électro-motrice de la pile, e la différence de potentiel entre les pôles, r la résistance intérieure, R la résistance du conducteur extérieur. La fraction de force électro-motrice absorbée par la résistance intérieure sera, d'après la loi de Ohm, égale à $i\,r$, i étant l'intensité du courant. On a donc :

$$E = e + i\,r$$

Or, en appliquant la loi de Ohm au circuit extérieur, on voit que $i = \dfrac{e}{R}$. On peut donc écrire :

$$E = e + \frac{e}{R} \cdot r$$

d'où :

$$E = e\left(1 + \frac{r}{R}\right) \qquad e = E.\frac{R}{R + r}$$

Ce que nous venons de dire pour les piles s'applique également à toutes les autres sources d'électricité. Pour un circuit extérieur donné, la force électro-motrice disponible, c'est-à-dire la différence de potentiel aux pôles en circuit fermé, est d'autant plus grande que la résistance intérieure est plus petite.

Il résulte de ce qui précède qu'une pile est définie par deux quantités : sa force électro-motrice E et sa résistance intérieure r (1). Ces deux quantités sont ce qu'on appelle les *constantes* de la pile. La valeur de E dépend uniquement de la nature du liquide et des électrodes; la valeur de r dépend en outre des dimensions et de la disposition relative des électrodes.

Si on applique la loi de Ohm à l'ensemble du circuit formé par

---

(1) Il est bien évident qu'il faut entendre par résistance intérieure la résistance de toute la portion du circuit comprise entre les pôles, c'est-à-dire non seulement la résistance de la pile proprement dite, mais aussi la résistance des conducteurs qui peuvent relier les lames aux pôles.

une pile et par le conducteur reliant ses pôles, on a $i = \dfrac{E}{R + r}$. Cette formule montre que le débit maximum d'une pile, correspondant à la mise en court circuit de ses pôles (R = 0), est égal à $\dfrac{E}{r}$. Ce maximum est purement théorique, et il convient de rester toujours notablement au-dessous, sous peine de désorganiser rapidement la pile. En pratique, les constructeurs doivent toujours indiquer, en même temps que les constantes d'un élément de pile, l'intensité maxima qu'il est susceptible de fournir normalement. Cette intensité est en général sensiblement égale à $\dfrac{E}{2\,r}$.

Si on ne connaît pas les constantes d'un élément de pile, on peut les mesurer avec une exactitude suffisante par le procédé suivant. On établit en circuit un élément de pile étalon, dont la force électro-motrice E' est connue, un galvanomètre, et une résistance variable, à laquelle on donne une certaine valeur assez considérable, 5000 ohms par exemple. On a une certaine déviation du galvanomètre. On remplace ensuite dans le circuit la pile étalon par l'élément dont on veut mesurer la force électro-motrice E, et on cherche par tâtonnement la valeur R de la résistance variable qui donne la même déviation du galvanomètre. On a alors :

$$\frac{E}{E'} = \frac{R}{5\,000}$$

Pour mesurer la résistance intérieure, on prend deux éléments, et on les monte *en opposition*, c'est-à-dire en reliant l'un à l'autre les deux pôles positifs par exemple. Si les deux éléments sont bien identiques, l'ensemble n'est traversé par aucun courant, et se comporte comme un conducteur ordinaire, dont on mesure la résistance par la méthode du pont de Wheatstone ; en divisant le résultat par 2, on a la résistance intérieure d'un élément.

On peut encore mesurer E et r en montant successivement entre les bornes de la pile un volt-mètre et un ampère-mètre. Dans le premier cas, la résistance du volt-mètre étant très grande par rapport à celle de la pile, l'aiguille indique directement la valeur de E. Dans le second cas, la résistance de l'ampère-mètre étant né-

gligeable vis-à-vis de celle de la pile, on a $r = \dfrac{E}{i}$, i étant la valeur
de l'intensité lue sur l'appareil. Il faut seulement avoir soin de ne
laisser la pile en court-circuit sur l'ampère-mètre que juste le temps
nécessaire pour lire la déviation; sans cette précaution, les mesures
seraient faussées par l'usure rapide de la pile.

La théorie de la pile n'a pas encore été donnée d'une manière
certaine, ou plus exactement on se trouve en présence de deux
théories qui permettent également d'expliquer les phénomènes ob-
servés. La première de ces théories, due à Volta, admet que le
contact de deux corps de nature différente produit entre eux une
différence de potentiel. Dans la pile que nous avons décrite, la
force électro-motrice serait alors la somme des forces électro-motrices créées au contact du zinc et de l'eau acidulée d'une part,
de l'eau acidulée et du cuivre d'autre part. L'autre théorie,
donnée pour la première fois par Fabroni, attribue la production
d'électricité aux actions chimiques s'exerçant entre les métaux
et les liquides. Nous ne pouvons examiner ici en détail ces
théories. Nous constaterons simplement ce fait, que lorsqu'on
plonge deux corps métalliques mis au contact ou réunis par un
conducteur dans un liquide qui les attaque inégalement, il y a
production d'un courant électrique. L'ensemble des deux métaux
et du liquide constitue alors un élément de pile, ou, comme
on dit quelquefois, un *couple*. C'est ce qui a lieu par exemple
dans les coques des navires lorsque des morceaux de fer et de
cuivre se trouvent en contact en présence de l'eau salée. Il y a formation d'un couple, et le fer, qui est le métal le plus attaquable,
est rapidement oxydé.

30. Accouplement des piles. — Nous avons vu que l'ensemble formé par une lame de zinc et une lame de cuivre plongeant dans de l'eau acidulée constituait un élément de pile.
Voyons maintenant ce qui se passe lorsqu'on considère une pile
formée par la réunion de plusieurs éléments.

Deux éléments de pile peuvent être associés de deux façons
différentes. Nous pouvons réunir le pôle négatif d'un des éléments au pôle positif de l'autre, et prendre comme pôles de la
pile ainsi formée les pôles extrêmes des éléments (fig. 38). On dit

alors que les deux éléments sont groupés *en série,* ou *en tension.*
Si au contraire nous réunissons ensemble les deux pôles positifs
et les deux pôles négatifs (fig. 39), nous formerons une pile dont
les éléments sont dits
groupés *en dérivation*
ou *en quantité* (1).

De même, si on
prend un nombre quel-
conque d'éléments de
pile, on pourra les as-

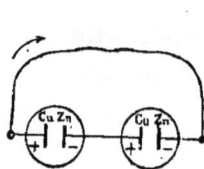

Fig. 38.

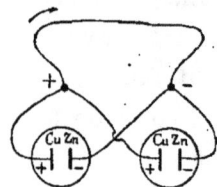

Fig. 39.

socier soit en série, soit en dérivation, ou même associer en dérivation un certain nombre de groupes formés d'éléments associés en
série. Ce sera par exemple le cas de la fig. 40, qui représente une
pile formée de deux groupes de trois éléments montés en série.

Considérons d'abord le groupement en série. Pour bien comprendre ce qui se passe dans ce cas, reprenons la comparaison des
réservoirs d'eau qui nous a servi au § 1. Considérons trois réservoirs (fig. 41) placés à des niveaux différents, tels que la diffé-

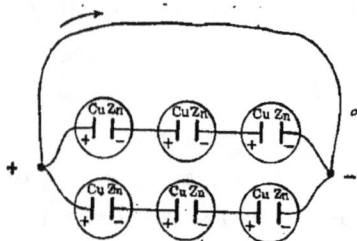

Fig. 40.

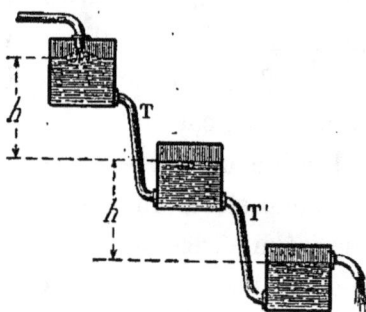

Fig. 41.

rence de niveau entre le premier et le deuxième réservoir soit
la même qu'entre le deuxième et le troisième. Supposons que les
tuyaux T et T' aient même section et même longueur. L'ensemble se comportera évidemment comme si l'on avait seulement
deux réservoirs présentant entre eux une différence de niveau
égale à 2h, et reliés par un tuyau formé de la réunion des
tuyaux T et T' mis bout à bout. De même, lorsqu'il s'agit d'élé-

(1) On emploie aussi quelquefois les expressions de groupement *en surface,* groupement *en arc parallèle,* groupement *en arc multiple.*

ments de pile montés en série, nous voyons que l'ensemble de
ces éléments se comportera comme une pile unique ayant pour
force électro-motrice la somme des forces électro-motrices des
divers éléments, et pour résistance intérieure la somme des résistances intérieures de ces éléments. Si nous considérons n éléments identiques, dont les constantes sont E et r, en les montant
en série nous formerons une pile dont la force électro-motrice
sera n E et la résistance intérieure nr. Si nous réunissons les pôles
de cette pile par un conducteur de résistance R, ce conducteur
sera parcouru par un courant d'intensité I, telle que

$$I = \frac{n\ E}{n\ r\ +\ R}.$$

Considérons maintenant le groupement en quantité. Ici les pôles
de même nom sont tous réunis entre eux pour former un pôle
unique (fig. 42). Il est donc évident qu'il ne peut exister entre les
deux pôles A et B ainsi formés que la même différence de potentiel que celle qui existait entre les deux pôles de chaque élément
pris séparément. Réunissons ces deux pôles
par un conducteur; un courant va circuler
dans ce conducteur et dans les éléments.
En nous reportant à ce qui a été dit au
§ 7, nous voyons que l'ensemble des trois
éléments se comporte comme une résistance ρ telle que :

$$\frac{1}{\rho} = \frac{1}{r} + \frac{1}{r} + \frac{1}{r} = \frac{3}{r}$$

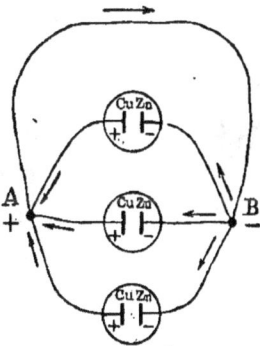

Fig. 42.

r étant la résistance intérieure de chaque
élément. On tire de là $\rho = \dfrac{r}{3}$. Tout se passe
comme si on avait une pile unique de résistance intérieure $\dfrac{r}{3}$ et
de force électro-motrice E (E étant la force électro-motrice d'un
élément). Si donc nous prenons n éléments de pile, en les associant
en quantité nous formons une pile de force électro-motrice E et
de résistance intérieure $\dfrac{r}{n}$. Si nous réunissons les pôles de cette
pile par un conducteur de résistance R, ce conducteur sera traversé
par un courant d'intensité I, telle que :

$$I = \frac{E}{\dfrac{r}{n} + R} = \frac{n\,E}{r + n\,R}.$$

Quant au courant qui traverse chaque élément de pile, son intensité est seulement $i = \dfrac{I}{n} = \dfrac{E}{r + n\,R}$.

Soient maintenant n éléments répartis en q groupes associés en quantité, chaque groupe étant composé de t éléments associés en tension. Chaque groupe de t éléments se comporte comme une pile de force électro-motrice $t\,E$ et de résistance intérieure $t\,r$. Si nous associons ces groupes en quantité, nous aurons une pile de force électro-motrice $t\,E$ et de résistance intérieure $\dfrac{t\,r}{q}$. Le courant qui traversera le circuit extérieur aura pour intensité :

$$I = \frac{t\,E}{\dfrac{t\,r}{q} + R} = \frac{t\,q\,E}{t\,r + q\,R} = \frac{n\,E}{t\,r + q\,R}.$$

car on a évidemment $t\,q = n$.

Les équations qui précèdent peuvent servir à résoudre un grand nombre de problèmes. Supposons par exemple que l'on veuille alimenter une lampe à incandescence, exigeant une différence de potentiel de 25 volts et une intensité de $3^A,8$, à l'aide d'éléments de pile ayant pour constantes $E = 1^v, 47$ et $r = 0^\omega, 6$, et proposons-nous de chercher le nombre d'éléments nécessaire et le groupement qu'il faudra adopter.

La résistance de la lampe, c'est-à-dire du circuit extérieur, est évidemment égale à $\dfrac{25}{3,8} = 6^\omega,58$. On a donc l'équation :

$$3,8 = \frac{t\,q \times 1,47}{t \times 0,6 + q \times 6,58}$$

Pour les éléments dont il s'agit, on peut admettre $1^A,2$ comme débit pratique maximum. On voit donc qu'avec 4 groupes en quantité le débit de $3^A,8$ dont nous avons besoin ne sera pas exagéré, puisque l'intensité du courant circulant dans chaque groupe sera $\dfrac{3,8}{4} = 0^A,95$. Faisons $q = 4$ dans l'équation précédente. Il vient :

$$3,8 = \frac{t \times 4 \times 1,47}{t \times 0,6 + 4 \times 6,58}$$

On tire de là $t = 27,78$. Nous prendrons donc 4 groupes de 28 éléments associés en tension et nous les monterons en quantité. Le nombre total d'éléments employés sera $4 \times 28 = 112$.

31. Pile de Volta. — Nous avons pris jusqu'ici comme forme type de la pile, en raison de sa simplicité, l'élément constitué par une lame de zinc et une lame de cuivre plongeant dans de l'eau acidulée. Mais la forme la plus ancienne, qui n'a plus aujourd'hui qu'un intérêt historique, est celle qui a été imaginée par Volta, inventeur de ce genre d'appareils. La pile de Volta (fig. 43) se compose de rondelles de zinc, de drap mouillé et de cuivre, posées successivement et toujours dans le même ordre l'une au-dessus de l'autre. La rondelle inférieure repose sur une lame ou un anneau de verre V, qui sert à isoler l'appareil, et la colonne est maintenue par trois montants également en verre. En se reportant à tout ce que nous avons dit précédemment, on voit que la pile de Volta était formée en réalité d'un certain nombre d'éléments associés en tension, chaque élément étant constitué par une rondelle de cuivre et une rondelle de zinc séparées par une rondelle de drap mouillé.

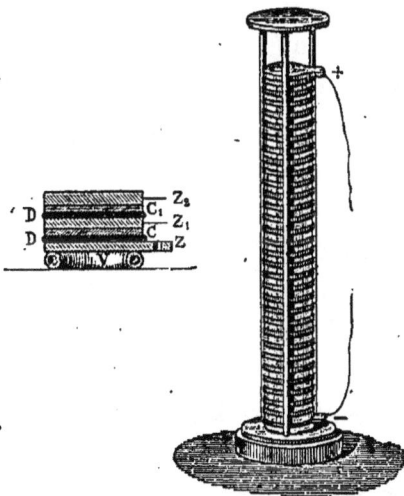

Fig. 43.

32. Polarisation des électrodes. — Reprenons l'élément type zinc-cuivre qui nous a servi jusqu'ici. Si on réunit les pôles de cet élément par un conducteur, on constate que le courant produit diminue très sensiblement quelques secondes après la fermeture du circuit. L'affaiblissement est d'autant plus rapide que le circuit extérieur offre moins de résistance, c'est-à-dire que le courant est plus intense.

Ce phénomène est dû à la présence de l'hydrogène sur le cuivre. Nous avons vu que le passage du courant produisait une décomposition chimique de l'eau, l'hydrogène se portant sur l'électrode négative, et l'oxygène sur l'électrode positive. Il arrive donc rapidement que l'électrode négative est entourée par une véritable atmosphère d'hydrogène, formée par un grand nombre de petites bulles adhérentes à la surface de l'électrode. Or l'hydrogène est un corps très facilement oxydable, et en particulier plus oxydable que le zinc. Il va donc former avec la lame de zinc un véritable couple, dans lequel le zinc sera cette fois l'électrode négative comme étant moins oxydable que l'hydrogène, qui constituera l'électrode positive. Il y aura donc tendance à la production d'un courant de sens inverse au premier, c'est-à-dire création d'une force électro-motrice de sens contraire à celle du couple zinc-cuivre, et à laquelle on a donné le nom de *force contre électro-motrice*. Au bout d'une courte période de fonctionnement, cette force contre électro-motrice fait équilibre à la force électro-motrice, et le courant devient nul. Ce phénomène a reçu le nom de *pola-risation*. On appelle *courant secondaire* ou *courant de polarisation* le courant inverse qui vient annuler l'effet du courant normal de la pile, et on dit alors que les électrodes sont *polarisées*.

Si on vient à enlever par un moyen quelconque l'hydrogène adhérent à la lame de cuivre, on voit le courant normal reprendre pendant quelque temps son intensité première; puis les phénomènes de polarisation se reproduisent de nouveau.

33. Dépolarisation. — Pour donner aux piles la régularité de débit essentielle dans presque toutes les applications, il suffit donc de supprimer la polarisation. Tel est le but des innombrables dispositions imaginées pour la pile depuis Volta, parmi lesquelles nous étudierons seulement les plus usitées.

L'enlèvement mécanique de l'hydrogène, qui a été quelquefois essayé (pile Erckmann), ne constitue pas une solution vraiment pratique du problème. Le moyen le plus sûr et le plus fréquemment employé consiste à absorber l'hydrogène au fur et à mesure de sa formation dans une combinaison chimique.

Considérons par exemple l'élément zinc-cuivre. Si on le met en circuit fermé, on voit, comme nous l'avons dit, le courant diminuer rapidement. Mais si l'on verse autour du cuivre quelques gouttes d'acide azotique, le courant reprend son intensité

première. Cela tient à ce que l'acide azotique, qui est un oxydant
énergique, s'est emparé de l'hydrogène en formant de l'eau et
du bioxyde d'azote.

Si, au lieu de verser l'acide azotique directement dans l'eau
acidulée, on l'en sépare par une cloison poreuse, et qu'on mette
l'électrode négative, non plus dans l'eau acidulée, mais dans
l'acide azotique, le même effet se produira encore. On aura alors
un élément composé avec deux liquides séparés l'un de l'autre;
le premier contient la lame de zinc (1) et est destiné à attaquer
ce métal; c'est le liquide *actif*. L'autre, qui est le liquide *dépola-*
risant, sert à former avec l'hydrogène une combinaison qui reste
en dissolution dans la liqueur, et reçoit l'électrode négative.

Tel est le principe des piles dites *à deux liquides*. Diverses dispositions et diverses réactions chimiques, autres que celle de l'a-
cide azotique, ont été essayées pour obtenir la dépolarisation.
On fait également usage de corps dépolarisants à l'état solide.
Nous allons décrire quelques-unes des piles les plus employées
dans la pratique.

34. Pile Daniell. — La pile Daniell se compose d'un vase

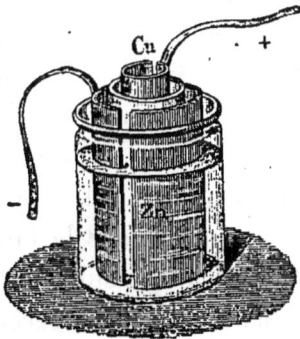

Fig. 44.

en grès ou en verre dans l'intérieur
duquel est placé un second vase poreux
en porcelaine (fig. 44). L'espace annulaire compris entre les deux vases est
rempli d'eau additionnée d'acide sulfurique (2), dans laquelle plonge l'é-
lectrode positive formée d'une lame
de zinc amalgamé (3), enroulée en
forme de cylindre. Le vase poreux
contient une dissolution saturée de
sulfate de cuivre, dans laquelle plon-

ge un cylindre de cuivre formant l'électrode négative. Les réac-

(1) On remarquera que dans presque toutes les piles on choisit le zinc pour constituer l'électrode positive. Cela tient à ce que ce métal est facilement attaquable et
qu'on peut l'obtenir à peu près pur sans difficulté et à un prix peu élevé. Cette dernière
considération est importante, car c'est l'électrode positive qui se détruit peu à peu en
s'oxydant, et qui constitue par suite ce qu'on peut appeler le combustible de la pile.

(2) 92 grammes environ d'acide sulfurique à 66° Baumé pour 1000 grammes d'eau.

(3) On prend ordinairement la précaution d'amalgamer les électrodes de zinc, c'est-à-
dire de les recouvrir d'une mince pellicule de mercure, parce que le zinc du commerce,

tions qui se passent sont les suivantes. L'eau est décomposée : le zinc s'oxyde, et l'oxyde de zinc s'unissant à l'acide sulfurique donne du sulfate de zinc ; l'hydrogène produit décompose le sulfate de cuivre ; il s'unit à l'oxygène de l'oxyde de cuivre pour reformer de l'eau, et le cuivre mis en liberté se dépose à l'état métallique. On voit donc qu'il se produit un double phénomène : l'eau acidulée contenue dans le vase poreux se charge de plus en plus de sulfate de zinc, qui finit par absorber tout l'acide sulfurique, et d'autre part la dissolution de sulfate de cuivre devient de moins en moins concentrée. Aussi la résistance intérieure de cette pile varie-t-elle rapidement, ce qui est un inconvénient grave. Par contre la force électro-motrice est très sensiblement constante. Elle est égale à 1',07. Aussi emploie-t-on souvent la pile Daniell, avec quelques légères modifications, comme étalon de force électro-motrice. Il faut seulement avoir soin de ne monter la pile qu'au moment où on veut s'en servir pour faire des mesures, car elle pourrait à la longue se polariser légèrement.

35. Pile Callaud. — Pour diminuer la résistance intérieure des piles construites d'après le principe de Daniell, on a eu l'idée de supprimer complètement la cloison poreuse interposée entre les deux liquides, et pour opérer leur séparation on a mis à profit la différence de leurs densités. Telle est la pile Callaud, appelée aussi pile Meidinger, qui se compose (fig. 45) d'un vase de verre dans lequel se trouve placé à la partie supérieure un cylindre de zinc amalgamé supporté par des crochets s'appuyant sur le bord du verre ; au fond du vase est une bande mince de cuivre enroulée en cylindre et fixée à une tige verticale de cuivre recouverte de gutta-percha, qui forme le pôle positif. Le liquide inférieur est une dissolution saturée de sulfate de cuivre, le liquide supérieur est constitué par de l'eau pure additionnée d'une petite quantité de sulfate de zinc.

La figure 46 représente le modèle le plus récent des piles de ce genre, qui est construit d'une façon un peu différente. Pour monter

toujours un peu impur, est attaqué par le liquide même quand le circuit n'est pas fermé, tandis que le zinc amalgamé n'est pas sensiblement attaqué tant que la pile ne fonctionne pas.

cette pile, on dispose les électrodes comme l'indique la figure, et on remplit le récipient d'eau pure jusqu'au niveau supérieur de l'électrode de zinc. On renverse ensuite le ballon, rempli de cristaux de sulfate de cuivre, de manière que son goulot pénètre dans le gobelet en verre qui contient l'électrode de cuivre. Le bal-

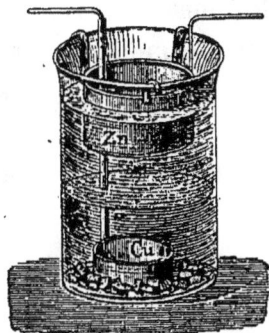

Fig. 45.

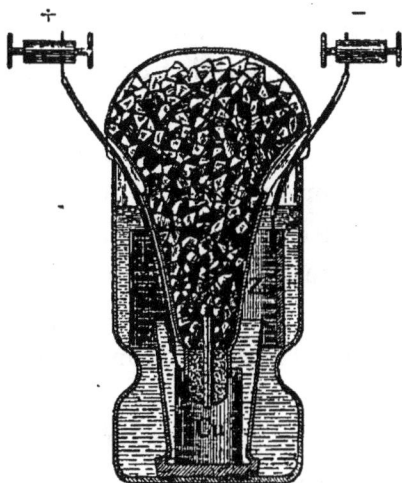

Fig. 46.

lon est fermé par un bouchon traversé par un petit tube de verre, de sorte que l'eau monte dans le ballon d'une certaine quantité. Une partie du sulfate de cuivre se dissout, et la dissolution, plus lourde que l'eau, déplace peu à peu celle-ci en remplissant le gobelet. La pile est alors prête à fonctionner, le zinc étant plongé simplement dans l'eau. La dissolution de sulfate de cuivre est maintenue saturée tant qu'il reste dans le ballon des cristaux de sulfate de cuivre.

36. Pile Bunsen. — La pile de Bunsen, très fréquemment employée, est disposée d'une manière analogue à la pile de Daniell. Elle en diffère seulement en ce que le liquide contenu dans le vase poreux est de l'acide azotique à 36° Baumé, et que l'électrode négative est formée par un prisme de charbon de cornue. Nous avons indiqué plus haut les réactions qui se produisent. Un inconvénient de cette pile, c'est que le bioxyde d'azote qui se dégage se transforme au contact de l'air en donnant des fumées d'acide hypoazotique (vapeurs nitreuses) assez désagréables à respirer. La force électro-motrice d'un élément est d'environ 1ᵛ,9. La résistance intérieure varie entre 0ᵂ,08 et 0ᵂ,11.

37. Pile Leclanché. — Dans la pile Leclanché, les électrodes sont constituées, l'une par du zinc amalgamé, l'autre par du charbon de cornue ou du charbon aggloméré. Le corps dépolarisant employé est à l'état solide : c'est le bioxyde de manganèse, qui est très facilement réductible. Le liquide actif est une dissolution de chlorhydrate d'ammoniaque (1), ou, dans les modèles les plus récents, une dissolution de chlorhydrate d'ammoniaque et de chlorure de zinc.

Il y a deux genres de piles Leclanché; les unes comprennent un vase poreux, les autres n'en ont pas. Dans le modèle à vase poreux, l'électrode de charbon est placée au centre d'un vase poreux rempli d'un mélange de bioxyde de manganèse et de charbon en poudre. Ce vase poreux et l'électrode de zinc sont plongés dans la dissolution de chlorhydrate d'ammoniaque.

Dans le modèle sans vase poreux (fig. 47), on emploie des plaques agglomérées de charbon et de bioxyde de manganèse, composées de 40 parties de bioxyde, 55 de charbon et 5 de gomme laque, et soumises à une très forte pression. L'électrode de charbon est placée entre deux de ces plaques, contre lesquelles elle est serrée par des bagues en caoutchouc. Ces bagues en caoutchouc maintiennent également l'électrode de zinc, séparée par un isolateur en bois ou en porcelaine. L'ensemble des deux électrodes et des plaques agglomérées est placé dans un vase conte-

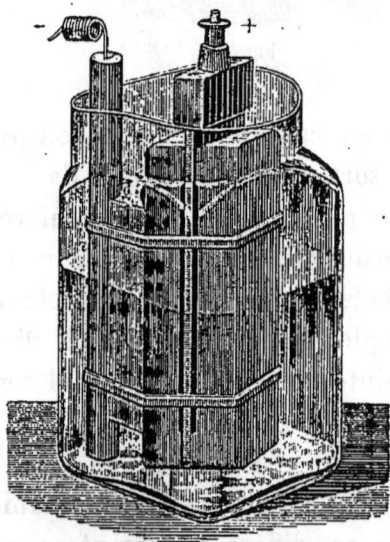

Fig. 47.

nant la dissolution de chlorhydrate d'ammoniaque. Ce vase, en

---

(1) Chaque élément reçoit en général 125 gr. de chlorhydrate d'ammoniaque qu'on fait dissoudre dans 250 gr. d'eau.

verre, est fermé par un couvercle en cire noire ou en bois verni
dans lequel passent les extrémités des électrodes.

Certains modèles n'ont qu'une seule plaque agglomérée ; d'autres en ont trois. Dans les modèles les plus récents, désignés sous
le nom d'éléments Leclanché-Barbier, la pâte agglomérée est
façonnée en forme de cylindre creux (fig. 48). Ce cylindre est
terminé à sa partie supérieure par une bague en plomb munie

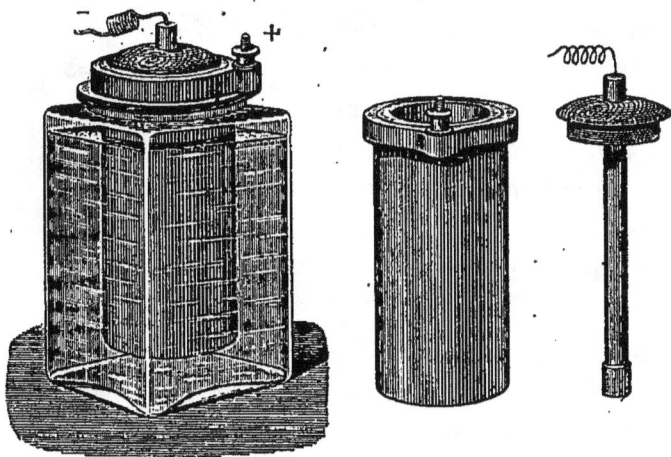

Fig. 48.

d'une borne, et garnie d'une plaque de caoutchouc qui s'appuie
sur le col du vase en verre, et forme joint à peu près hermétique.
Le crayon de zinc, monté sur un bouchon en bois, est placé au
centre du cylindre. L'extrémité inférieure du crayon est garnie
d'un petit tube en caoutchouc pour éviter qu'un contact accidentel
entre le zinc et le cylindre de charbon ne fasse travailler la pile
en court circuit. Le liquide est une dissolution saturée de chlorhydrate d'ammoniaque et de chlorure de zinc.

La pile Leclanché, très fréquemment employée à cause de sa
facilité d'entretien, est excellente lorsqu'on n'a besoin que d'un
fonctionnement intermittent. Si on la laisse longtemps en circuit
fermé, elle finit par se polariser. Elle est employée dans un grand
nombre d'applications, par exemple pour les sonneries électriques,
les réseaux téléphoniques, etc.

Une circulaire ministérielle du 21 janvier 1892 a rendu réglementaire dans la Marine la pile Leclanché-Barbier à aggloméré cylin-

drique. La Marine emploie également deux modèles de pile Leclanché
à deux plaques aglomérées. La
pile télégraphique, qui sert pour
les épreuves des conducteurs et
les communications télégraphiques
entre les postes, est composée de
6 éléments associés en tension. La
pile de bord modèle 1880, employée pour la mise en feu des
torpilles, se compose de 8 éléments
associés en tension. Dans ces éléments (fig. 49), l'électrode de zinc
est enroulée en cylindre, et le vase
en verre est fermé par un couvercle en ébonite serré par trois
écrous.

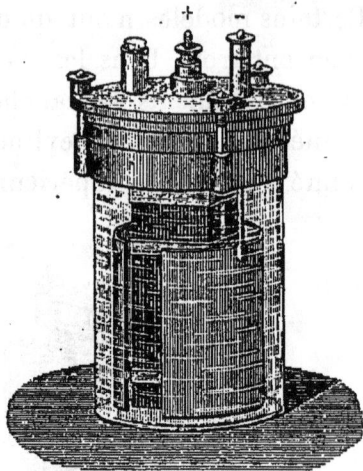

Fig. 49.

Pour rendre les éléments facilement transportables, on a imaginé
d'ajouter dans le liquide une dissolution d'*agar-agar* (sorte d'algue
qu'on trouve dans les pays orientaux). Cette dissolution, appelée
gélatine végétale, se prend en refroidissant en une gelée solide et
élastique. On a ainsi les éléments dits *à liquide immobilisé,* qui
peuvent être maniés sans aucune précaution. Dans d'autres modèles, dits *éléments secs,* l'électrode positive est formée d'un vase
cylindrique en zinc, à l'intérieur duquel est placé le cylindre
aggloméré. L'espace annulaire compris entre les deux cylindres
est rempli par une pâte formée de chlorhydrate d'ammoniaque
gâché avec du plâtre.

La force électro-motrice d'un élément Leclanché varie de $1^v,4$ à
$1^v,5$. La résistance intérieure est très variable suivant les modèles,
comme l'indique le tableau ci-dessous :

	Résistance intérieure.
Élément à aggloméré cylindrique............	$0^\omega,7$ à $0^\omega,8$
Élément de pile télégraphique.............	1,1 à 1,4
Élément de pile de bord	0,3 à 0,5
Élément sec...............	0,3 à 0,6
Élément à vase poreux	2 à 6

38. Pile au bichromate de potasse. — La pile au bichromate de potasse, imaginée par Poggendorff et fréquemment modifiée depuis, emploie comme liquide dépolarisant une dissolution
de bichromate de potasse (ou quelquefois de soude), additionnée
d'acide sulfurique. Les électrodes sont formées l'une de zinc,
l'autre de charbon. Dans la pile Poggendorff, le liquide dépolarisant est placé dans un vase poreux, où plonge l'électrode de charbon : l'autre liquide est de l'eau acidulée. Le modèle le plus usité,
dû à M. Grenet, ne comprend qu'un seul liquide (1). Il se compose
d'une bouteille sphérique en verre (fig. 50), fermée par un couvercle en ébonite qui porte deux plaques de charbon parallèles
descendant dans le vase et plongeant dans la dissolution de bichromate. Entre ces plaques est disposée une plaque de zinc amal-

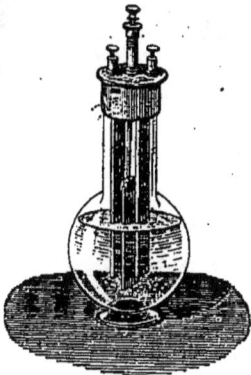

gamé, attachée par son extrémité supérieure
à une tige de laiton qui peut glisser dans
le couvercle et est maintenue par une vis
de pression. On peut ainsi retirer la lame
de zinc lorsqu'on ne veut pas faire fonctionner la pile. Cette pile est souvent employée pour de petites installations d'éclairage. Sa force électro-motrice est d'environ
$1^v,9$. Sa résistance intérieure est de $0^\omega,07$
à $0^\omega,08$.

La *pile d'inflammation* ou *pile vigilante*,
employée dans la Marine pour l'inflamma-
tion des torpilles, n'est qu'une légère modification de la pile de
Poggendorff. Elle diffère seulement en ce que le liquide actif,
contenu entre le vase poreux et le vase extérieur, est formé par
de l'eau douce saturée de sel marin (2). Sa force électro-motrice
est de $1^v,9$ à 2^v; sa résistance intérieure est d'environ $0^\omega,25$.

(1) C'est-à-dire que le liquide actif et le liquide dépolarisant sont mélangés l'un à
l'autre. La composition du mélange est en général la suivante :

Eau...............................	1000 gr.
Bichromate de potasse.....................	100 gr.
Acide sulfurique..........................	300 gr.

(2) La composition du liquide dépolarisant est en général la suivante :

Eau...............................	1000 gr.
Bichromate de potasse.....................	200 gr.
Acide sulfurique..........................	240 gr.

La pile vigilante réglementaire est formée de 30 éléments associés en tension, répartis en 6 boîtes de 5 éléments chacune.

39. Pile Renard. — La pile Renard, comme la pile Grenet,
ne comporte qu'un seul liquide, constitué par un mélange du
liquide actif et du corps dépolarisant. Ce liquide est un mélange d'eau, d'acide sulfurique, d'acide chlorhydrique et d'acide chromique. C'est ce dernier qui joue le rôle de dépolarisant (1). L'électrode positive est formée par un crayon de zinc de 9 $^m/_m$ de diamètre : ce zinc n'a pas besoin d'être amalgamé. L'électrode négative est constituée par un cylindre d'argent recouvert d'une mince couche de platine; ce cylindre est

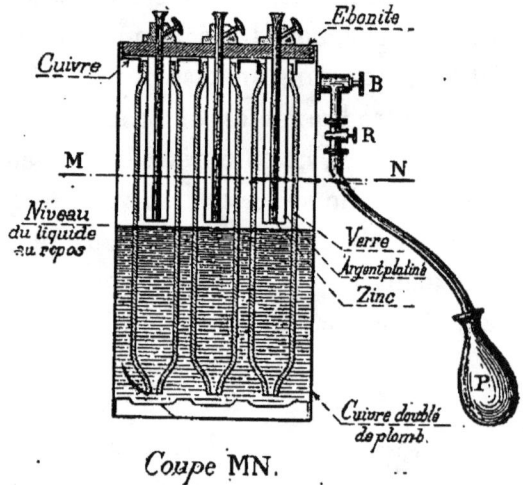

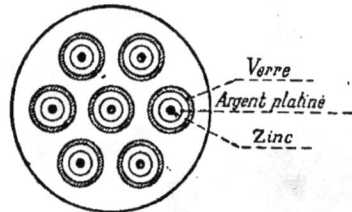

Coupe MN.

Fig. 51.

creux et entoure le crayon de zinc; il a 25 $^m/_m$ de diamètre extérieur, et $\frac{1}{10}$ de millimètre d'épaisseur. Le modèle de pile repré-

(1) On prépare les trois liquides suivants :

Liquide A. — Eau............................ 770 gr.
Acide chromique................ 530 gr.
Liquide B_{CL}. — Acide chlorhydrique du commerce ramené à 18° Baumé par
addition d'eau.
Liquide B_S. — Acide sulfurique à 66°.......... 450 gr.
Eau............................ 800 gr.

On mélange les liquides B_S et B_{CL}, la proportion du second liquide étant d'autant plus
grande qu'on veut avoir une pile plus forte. On a ainsi le liquide B. Enfin on mélange à
volumes égaux les liquides A et B.

Le débit varie avec la proportion d'acide sulfurique. Avec un liquide B contenant
80 % du liquide B_S, on a 10 à 15 ampères par décimètre carré de zinc. Avec le liquide
B_{CL} seul, sans acide sulfurique, on peut atteindre 50 à 60 ampères par dm². Mais la pile
s'épuise alors très vite.

senté par la fig. 51, qui peut être employé pour de petites installations d'éclairage, se compose de 7 éléments associés en tension. Chaque cylindre d'argent platiné est encastré dans un vase cylindrique en verre terminé à sa partie inférieure par un ajutage étroit. Les 7 vases de verre sont scellés à la partie supérieure dans une plaque de cuivre formant le couvercle d'un vase cylindrique en cuivre mince, doublé intérieurement de plomb. Au-dessus du couvercle en cuivre est fixé un bouchon d'ébonite dans lequel les crayons de zinc sont maintenus au moyen de vis de pression ; les connexions des divers éléments sont établies à l'intérieur de ce bouchon. Le liquide est introduit par un trou percé dans le couvercle, et qu'on peut fermer hermétiquement. Lorsque la pile est au repos, le niveau du liquide est dans la position représentée sur la figure, et le liquide ne baigne pas les électrodes. Pour rendre la pile active, on insuffle de l'air dans le vase de cuivre au moyen de la poire de caoutchouc P ; le liquide monte dans les vases de verre et vient baigner les électrodes. On ferme alors le robinet R pour empêcher l'air de s'échapper, et la pile est prête à fonctionner. Pour la ramener au repos, on dévisse le bouchon de décharge B : l'air s'échappe et le liquide redescend.

Cette pile a été inventée par le commandant Renard pour alimenter le moteur électrique de son ballon dirigeable. Le poids total du modèle de 7 éléments est de 16^k. Sa force électro-motrice est de 10 à 11 volts, soit 1^v,43 environ par élément.

On a essayé dans la Marine un modèle de 24 éléments pour alimenter les signaux électriques à bord de certains navires qui ne possèdent pas d'autre source d'électricité, notamment à bord des torpilleurs. Dans cette pile, le couvercle en ébonite qui porte les électrodes peut être soulevé au moyen d'un petit treuil. On peut ainsi maintenir les électrodes hors du liquide de manière à mettre la pile au repos. L'emploi de cette pile est peu pratique à bord des petits navires, à cause des mouvements brusques auxquels peut être soumis le liquide.

40. Pile à eau. — La Marine emploie sous le nom de *pile à eau* une pile formée d'une lame de zinc et d'une lame de charbon plongeant dans de l'eau de mer ou de l'eau saturée de sel marin. Cette pile est celle des appareils d'essai dont nous avons parlé au chapitre IV. Elle se polarise très lentement par suite de la faiblesse du courant qui la traverse. Dans les appareils d'essai les plus récents, la pile est simplement formée d'une cuvette en zinc contenant une éponge imbibée d'eau de mer, sur laquelle presse une plaque de cuivre formant couvercle, isolée de la cuvette de zinc par un cadre en ébonite.

41. Indicateurs de pôles. — Nous avons dit que dans les modèles de piles les plus usuels, l'électrode positive était toujours constituée par du zinc. Lorsqu'on emploie des électrodes d'une autre nature, il peut arriver que l'on hésite sur la désignation des pôles, et par suite sur le sens du courant produit.

On distingue facilement les pôles d'une source d'électricité quelconque par le procédé suivant. On attache à chaque pôle un fil de cuivre, et on plonge les extrémités des deux fils dans un vase contenant de l'eau acidulée. On voit un des fils noircir, et des parcelles d'oxyde de cuivre noir se détacher. Ce fil est celui qui est relié au pôle positif.

Plus simplement, on relie les pôles aux bornes d'un volt-mètre à aimant permanent. La déviation de l'aiguille se produit dans le sens de la graduation si la borne + du volt-mètre est reliée au pôle positif, en sens contraire si elle est reliée au pôle négatif.

On emploie aussi dans le même but des appareils spéciaux appelés *indicateurs de pôles*. Tel est par exemple l'indicateur de Berghausen, qui est constitué par un tube de verre de $15^m/_m$ de diamètre (fig. 52), rempli d'un liquide spécial (1), et renfermant deux électrodes métal-

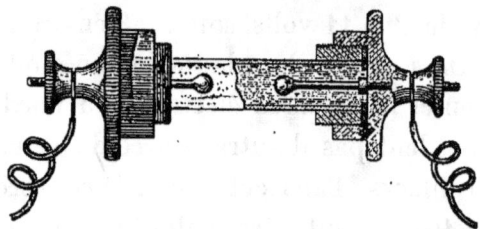

Fig. 52.

liques distantes de $25 ^m/_m$. Lorsqu'on fait passer un courant dans l'appareil, le liquide prend une coloration pourpre dans le voisi-

(1) La composition du liquide est la suivante :

Glycérine chimiquement pure à 30° Baumé.........	30 cm³.
Phtaléine du phénol en dissolution dans l'alcool à 12,5 %, décolorée au noir animal.................	2 cm³.
Solution aqueuse d'azotate de potasse à 24 %......	30 cm³.

nage de l'électrode qui est reliée au pôle négatif. Cette coloration
disparaît lorsqu'on agite le tube. Pour que l'appareil fonctionne
bien, il faut que la différence de potentiel entre ses bornes soit au
minimum de 5 volts.

On se sert aussi d'appareils basés sur l'expérience décrite au
§ 12, qui indiquent le sens du courant par le sens du déplacement d'une aiguille aimantée mobile.

CHAPITRE VI

Générateurs mécaniques d'électricité.

---

42. — L'exemple numérique que nous avons donné dans le chapitre précédent montre que dès qu'il s'agit d'obtenir à l'aide d'une pile une force électro-motrice ou une intensité un peu considérable, on est conduit à employer un très grand nombre d'éléments et par suite à avoir une source d'électricité lourde et encombrante. Aussi dans beaucoup de cas, et notamment pour les installations d'éclairage, a-t-on recours à des générateurs mécaniques d'électricité. Le plus grand nombre de ces générateurs sont basés sur les phénomènes d'induction produits par le déplacement d'un conducteur dans un champ magnétique. Ce champ magnétique peut être produit par des aimants permanents, et on a alors les machines dites *magnéto-électriques,* ou par des électro-aimants, auquel cas on a les machines dites *dynamo-électriques*, ou par abréviation *dynamos*.

43. Théorie des machines électro-magnétiques. — Toute machine électro-magnétique comprend deux parties essentielles : un *inducteur* destiné à produire un champ magnétique, et un *induit*, ou *armature*, constitué par la portion du circuit où se produit le courant sous l'action du champ magnétique. Dans la plupart des machines, l'inducteur est fixe et l'induit reçoit un mouvement de rotation devant les pôles de cet inducteur.

La machine idéale la plus simple que l'on puisse concevoir est représentée par la figure 53. L'inducteur est formé de deux pôles d'aimant placés en regard l'un de l'autre. L'induit est constitué par un fil de cuivre *m n* dont les extrémités sont repliées de manière à former une boucle fermée, et qui peut recevoir un mouvement de rotation autour de l'axe *oo'* entre les pôles de l'inducteur.

Supposons que l'on imprime à la boucle un mouvement de rotation uniforme dans le sens indiqué par la flèche. D'après ce que nous avons vu, le champ magnétique inducteur est constitué par des lignes de force sensiblement parallèles, allant de N vers S. Lorsque *m n* sera dans la positition *a b*, dans le plan perpendiculaire à la direction des lignes de force,

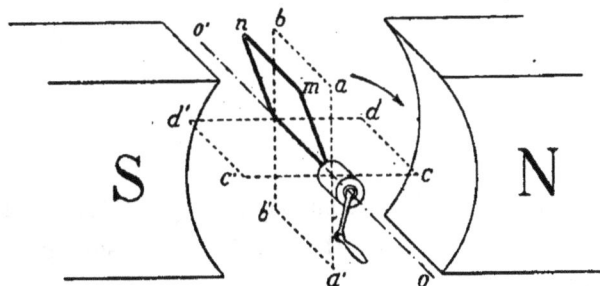

Fig. 53.

le nombre de lignes de force intercepté par la boucle sera maximum. Il ira ensuite en décroissant, et deviendra nul lorsque *m n* sera en *cd*. Puis il croîtra pour passer de nouveau par un maximum en *a'b'*, et ainsi de suite. Le fil *m n* sera donc parcouru par des courants induits.

Pour trouver le sens de ces courants, appliquons la règle que nous avons donnée au §.16. Supposons un individu couché sur le fil *m n*, ayant par exemple la tête en *m* et les pieds en *n*, et placé de telle sorte que son bras droit indique le sens du mouvement. On voit immédiatement que, durant toute la demi-révolution pendant laquelle *m n* passera devant le pôle nord, l'individu regardera ce pôle nord. Le courant sera donc dirigé dans le sens *m n*. De même, durant toute la demi-révolution qui fait passer *m n* devant le pôle sud, l'individu regardera ce pôle sud, et le courant induit sera par suite dirigé dans le sens *n m*.

Donc, si le mouvement de rotation est continu, le fil *m n* sera parcouru par des courants *alternatifs,* le sens du courant changeant chaque fois que le fil passe dans le plan *aba'b'*. Ce plan est désigné sous le nom de *zone neutre.* De part et d'autre de la zone neutre, la force électro-motrice d'induction est de sens différent.

La valeur de cette force électro-motrice n'est d'ailleurs pas constante, et varie périodiquement pendant le mouvement de rotation. Prenons comme point de départ la position $a\,b$. Le fil $m\,n$ se trouve alors dans la zone neutre, et la force électro-motrice, en changeant de sens, passe par zéro. La force électro-motrice va ensuite en augmentant progressivement, jusqu'en $c\,d$, où elle passe par un maximum. Puis elle décroît, et redevient nulle en $a'b'$, après une rotation de 180°.

Elle change alors de sens, et repasse de nouveau par un maximum en $c'd'$. Un diagramme très sim-

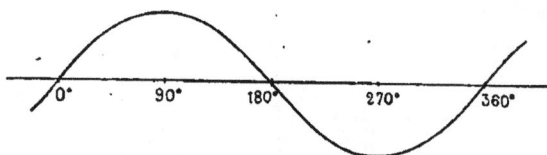

Fig. 54.

ple (fig. 54) représente cette variation du sens et de la grandeur de la force électro-motrice, ou, ce qui revient au même, du sens et de l'intensité du courant dans le fil $m\,n$.

Pour que les courants ainsi produits puissent être utilisés, il faut pouvoir les faire circuler dans un circuit fixe quelconque, indépendant de la machine. On peut employer dans ce but la disposition suivante. Supposons que l'on coupe la boucle en un point, et que l'on soude les extrémités libres du fil à deux manchons en cuivre isolés l'un de l'autre, et montés sur l'arbre de rotation (fig. 55). Imaginons deux lames métalliques frottant sur ces manchons de manière à leur permettre de tourner tout en restant constamment en contact avec eux, et réunissons les extrémités A et A' de ces lames par un conducteur. Le fil mn fait alors partie d'un circuit fermé, et ce circuit, dont une portion est fixe et extérieure à la machine, sera par-

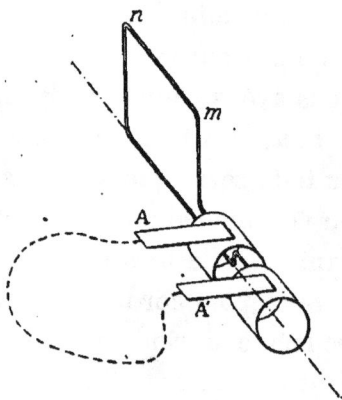

Fig. 55.

couru par les mêmes courants alternatifs que le fil $m\,n$. Les deux extrémités A et A' des lames métalliques constitueront les *pôles* de la machine, chacun de ces pôles étant tantôt positif, tantôt négatif, puisque le sens du courant est variable. L'ensemble des deux manchons qui servent à recueillir les courants produits dans le fil *m n* est désigné sous le nom de *collecteur*. Les lames métalliques qui frottent sur ces manchons portent le nom de *balais*.

Les machines à courants alternatifs, ou *alternateurs*, sont fondées sur le principe que nous venons d'exposer. Ces courants sont utilisés dans certaines applications, mais dans un grand nombre de cas on a besoin de courants *continus*, c'est-à-dire parcourant toujours le circuit extérieur dans un même sens. On arrive à ce résultat en modifiant le collecteur de manière à lui faire jouer en même temps le rôle de *commutateur*, c'est-à-dire d'appareil ser-

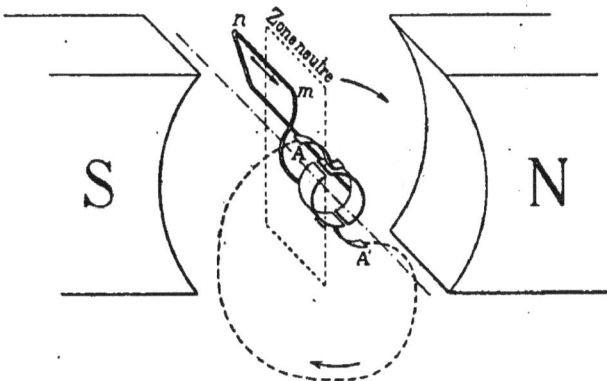

Fig. 56.

vant à changer convenablement le sens du courant. Imaginons que les deux extrémités de la boucle soient reliées, non plus à deux manchons séparés comme dans le cas précédent, mais à deux demi-manchons entourant l'arbre de rotation et isolés l'un de l'autre (fig. 56), et plaçons sur le collecteur ainsi formé deux balais dont les points de contact soient diamétralement opposés. On voit que si les choses sont disposées de telle sorte que chaque balai abandonne un des demi-manchons pour venir en contact avec l'autre au moment précis où le fil *m n* passe dans la zone neutre, un conducteur réunissant les pôles A et A' sera parcouru par un courant continu. En effet, au moment où *m n* passe dans la zone neutre, le sens du courant induit change, mais au même instant le point *m*, par exemple, se trouve relié au balai A et non plus au balai A'. Les courants alternatifs produits dans le fil *m n* sont donc *redressés* dans le circuit extérieur, qui est alors parcouru par un courant d'intensité variable, mais de sens constant, A' étant le pôle

positif et A le pôle négatif. Le diagramme de la figure 57 représente la variation du courant dans le circuit extérieur, celui de la
figure 54 représen-
tant toujours la va-
riation du courant
dans le fil $m\ n$. Si ρ
est la résistance du
fil $m\ n$, R celle du
circuit extérieur,

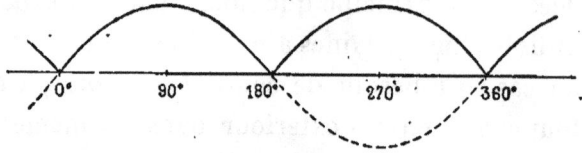

Fig. 57.

E la force électro-motrice, l'intensité du courant est, à un instant
quelconque,

$$I = \frac{E}{R + \rho} \cdot$$

la valeur de E, et par suite celle de I, variant comme l'indique la
courbe représentative de la figure 57.

Cette variation d'intensité des courants obtenus à l'aide d'une
armature constituée comme nous venons de l'indiquer rendrait
ces courants difficilement utilisables dans la pratique, où l'on a
besoin en général de courants constants. On atteint ce résultat, au
moins avec une approximation suffisante, en combinant ensemble
un certain nombre d'éléments identiques au fil $m\ n$, et en les groupant convenablement. Suivant la disposition de ces éléments, on
obtient soit l'armature *en anneau*, soit l'armature *en tambour*, que
nous allons étudier successivement.

**44. Théorie de l'armature en an-
neau.** — Reprenons la figure 56, et
mettons-la sous une forme plus simple en
supposant le fil $m\ n$ rabattu dans un plan
perpendiculaire à l'axe de rotation (fig.
58). Tant que $m\ n$ sera à gauche de la
zone neutre, la flèche indiquant le sens
du courant ira de la circonférence vers le
centre; à droite de la zone neutre, elle
ira du centre vers la circonférence. Appelons E_1, E_2, E_3, les valeurs de la force
électro-motrice d'induction lorsque $m\ n$
est à 30°, 60°, 90° de la zone neutre. On peut représenter comme

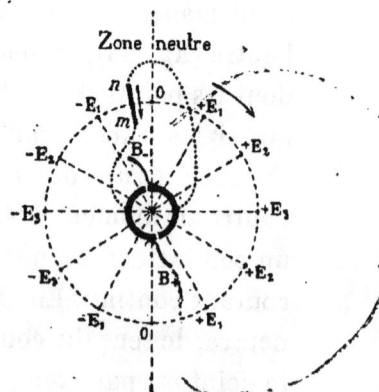

Fig. 58.

l'indique la figure les différentes valeurs que prendra la force électro-motrice pendant une rotation complète, en remarquant que, de part et d'autre de la zone neutre, la force électro-motrice est de sens contraire. Nous désignerons par B_+ le balai positif, par B_- le balai négatif.

Imaginons maintenant qu'au lieu d'un fil unique m n on en ait 12 répartis régulièrement, à 30° l'un de l'autre. A un instant quelconque, si l'un des fils est dans la zone neutre, les autres seront parcourus par des courants de force électro-motrice égale à E_1, E_2, E_3, E_2, etc. Associons tous ces fils en tension (fig. 59) et divisons le collecteur en 12 segments reliés chacun au fil de jonction de deux éléments voisins. Plaçons les balais de telle sorte qu'au moment où un élément passe dans la zone neutre, le sens dans lequel il est relié aux balais soit interverti. De chaque côté de la zone neutre, les forces électro-motrices seront de même sens et s'ajouteront. On voit immédiatement sur la figure que l'ensemble des 12 fils peut être considéré à un instant quelconque comme partagé en deux groupes de 6, associés en quantité. En effet, au moment où un élément franchit la zone neutre, il en est de même de l'élément diamétralement opposé, de sorte que chaque groupe est toujours composé de 6 éléments parcourus par des courants de même sens et associés en tension. Désignons par E la somme des forces électro-motrices des éléments d'un même groupe, par ρ la résistance d'un élément. En se reportant à ce que nous avons dit au sujet des groupements d'éléments de pile (§ 30), on voit que l'on aura à chaque instant :

$$I = \frac{E}{R + \dfrac{6\rho}{2}}.$$

Voyons maintenant comment varie la valeur de E. Pour un élé-

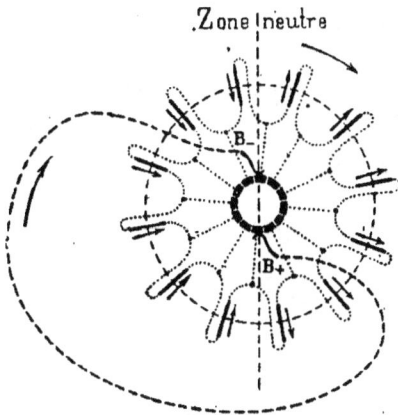

.Zone neutre

Fig. 59.

ment considéré isolément, la variation de la force électro-motrice
est représentée par la courbe de la figure 54. L'écart angulaire des
éléments étant égal à 30°, la variation de la force électro-motrice
dans les autres éléments sera représentée par la même courbe déplacée de 30°,
60°, 90°, etc. En
traçant ainsi (fig.
60) les six cour-
bes relatives aux
six éléments d'un
groupe, et en fai-
sant la somme
des ordonnées de
ces courbes, on
aura la courbe
représentative de

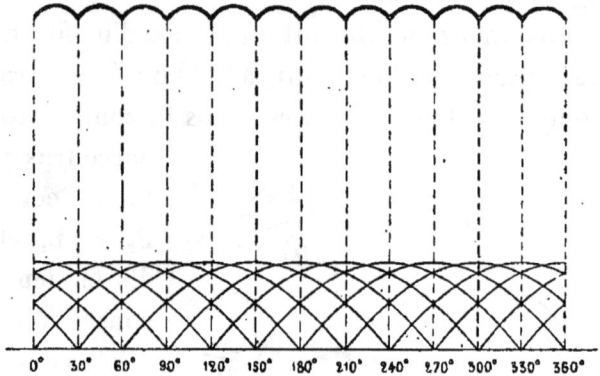

Fig. 60.

E, c'est-à-dire la courbe représentant la variation de l'intensité dans
le circuit extérieur.

On voit sur la figure que cette courbe présente des ondulations
beaucoup moins accentuées que la courbe obtenue avec un seul
élément. Si, au lieu de 12 éléments, on en prenait un nombre plus
considérable, on obtiendrait une courbe dont les ondulations seraient encore plus faibles. En augmentant suffisamment le nombre
des éléments, on arrivera donc à une courbe différant très peu
d'une ligne droite, et la force électro-motrice pourra alors être
considérée comme sensiblement constante.

D'après ce que nous avons dit, le nombre d'éléments devra toujours être un nombre *pair*, et le collecteur devra être fractionné
en autant de segments ou *lames* qu'il y a d'éléments.

Lorsque les éléments sont très nombreux, et par suite très rapprochés les uns des autres, on peut admettre sans erreur sensible
qu'un certain nombre d'éléments juxtaposés passent ensemble
dans la zone neutre. On peut alors diminuer le nombre de lames
du collecteur, en considérant comme un seul élément l'ensemble
formé par ces éléments juxtaposés groupés en tension. Cet élément
multiple, auquel s'appliquent tous les raisonnements que nous
avons faits jusqu'ici, est désigné sous le nom de *section*. La figure 61

représente le schéma d'une armature ainsi formée. Pour ne pas compliquer la figure, l'armature a été supposée réduite à 6 sections composées chacune de 3 éléments. Le collecteur est alors divisé en 6 lames.

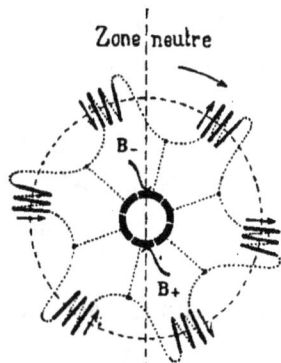

Fig. 61.

En réalité, le nombre des sections est toujours beaucoup plus considérable, et elles sont juxtaposées de manière à former un anneau continu. On peut aussi, dans une même section, superposer plusieurs éléments distribués suivant des couches concentriques à l'axe de rotation. D'une manière générale, si n est le nombre de sections, ρ la résistance d'une section, et E la somme des forces électro-motrices des sections formant une moitié de l'armature, on aura :

$$ I = \frac{E}{R + \dfrac{n\,\rho}{4}} $$

R étant la résistance du circuit extérieur.

Il est important de remarquer que le collecteur, tout en étant calé sur l'arbre, peut être orienté d'une manière quelconque par rapport à l'armature, et que par conséquent le diamètre des points de contact des balais ne coïncide pas forcément avec la zone neutre. C'est ce que représente la figure 62, qui est au fond identique à la figure 61. La seule condition à remplir, c'est que chaque fois qu'une section passe dans la zone neutre, le sens dans lequel elle est reliée aux balais soit interverti.

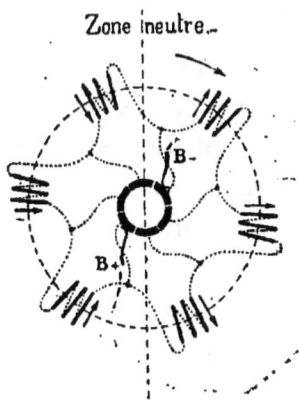

Fig. 62.

45. Induit Gramme. — Pour réaliser l'armature dont nous venons d'exposer le principe, on peut employer le procédé suivant. Imaginons un anneau cylindrique sur lequel sont enroulés un certain nombre de tours de fil. Ce fil devra être bien entendu recouvert d'une

gaine isolante pour qu'il n'y ait pas contact entre les différentes
spires. Chaque fil dirigé suivant une génératrice du cylindre constitue un élément, et un certain nombre de fils constituent une section. En prenant un collecteur composé d'autant de lames qu'il
y a de sections, et en reliant chaque lame au point de jonction
de deux sections adjacentes, on aura l'armature en anneau,
telle qu'elle a été construite par Gramme, à qui revient l'hon-
neur d'avoir conçu et réalisé la première machine dynamo-élec-
trique pratique. La figure 63 représente par exemple une armature à 8 sections composées chacune de 3 éléments.

Avec cette disposition d'armature, on voit que chaque section

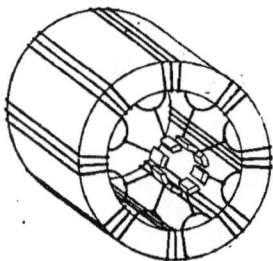

Fig 63.

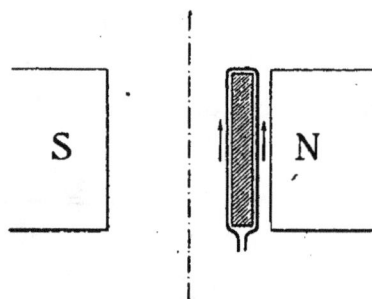

Fig. 64.

est formée d'un certain nombre de spires rectangulaires, dont les
côtés internes constituent des éléments auxquels s'appliquent tous
les raisonnements relatifs aux côtés externes, que nous avons seuls
envisagés jusqu'ici. Si nous considérons une de ces spires (fig. 64),
l'induction dans le fil interne sera à chaque instant de même sens
que celle qui est produite dans le fil externe; il y aura donc dans
la spire production de deux courants opposés. Le courant résultant
ne sera pas nul, parce que l'induction est plus faible dans le fil interne, plus éloigné des pôles de l'inducteur, mais son intensité
sera sensiblement diminuée. Pour obvier à cet inconvénient, on
modifie la distribution du champ magnétique en faisant l'anneau
en fer doux. La figure 65, obtenue expérimentalement avec de la
limaille, montre la modification apportée au champ magnétique
normal, représenté par la figure 17, par la présence de l'anneau
ainsi constitué. Les lignes de force sont concentrées dans l'espace

compris entre l'anneau et les pôles inducteurs. A l'intérieur de l'anneau, elles n'existent plus qu'en très petit nombre, et ne donnent
lieu par conséquent qu'à une induction extrêmement faible dans
les fils internes des spires.

L'anneau Gramme est aujourd'hui encore employé comme armature dans un grand nombre de machines. On le construit habituellement de la manière suivante. La carcasse ou *âme* de fer
doux A (fig. 66) est constituée par un fil de fer trempé dans du
bitume, et enroulé de manière à former un tore à section aplatie,
dont le diamètre intérieur est en général égal aux $\frac{2}{3}$ du dia-

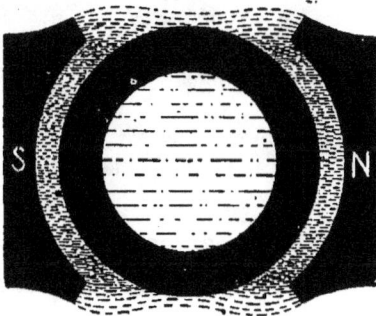
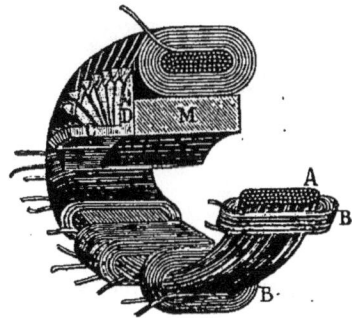

Fig. 65.　　　　　　　　　　.Fig. 66.

mètre extérieur (1). Le tore ainsi formé est garni de mastic isolant,
séché au four et tourné extérieurement. Les spires B de fil de cuivre
isolé qui recouvrent la carcasse sont formées de plusieurs couches
superposées. Ce bobinage est fait à la main, aussi régulièrement
que possible. L'anneau est divisé en un nombre pair de sections.
Le collecteur se compose d'une série de lames de cuivre C, taillées
en coin, isolées les unes des autres à l'aide de mica, de carton, ou
de tout autre corps mauvais conducteur, et réunies de manière à
former un cylindre unique, fretté au moyen d'une bague égale-

---

(1) Le but de cette disposition est le suivant. L'anneau de fer doux s'aimante sous
l'influence des pôles de l'inducteur. Pendant la rotation, les pôles de l'anneau se déplacent dans l'intérieur du fer doux, mais restent fixes dans l'espace, à cause de la fixité
des pôles inducteurs. Cette variation périodique d'aimantation d'un point quelconque
de l'anneau donne naissance à des courants particuliers, découverts par Foucault, qui
échauffent le métal et tendent à détruire sa faculté d'aimantation. On atténue la production de ces courants en employant, au lieu d'un noyau massif, un noyau formé soit de
plaques minces isolées l'une de l'autre, soit comme nous venons de le voir de fils de fer
vernis et assemblés en faisceau.

ment isolée. A chaque lame du collecteur est soudée une lame en
cuivre D, terminée par un crochet auquel se fixent les extrémités
de deux sections adjacentes. La figure 67 représente l'ensemble du
collecteur. Dans l'espace resté libre à l'intérieur de l'anneau on
introduit un moyeu en bois M, et l'armature ainsi formée est montée sur un arbre en acier, soit au moyen
d'un tambour en bois, soit au moyen d'un
manchon à ailettes en bronze claveté sur
l'arbre. Des fils de laiton sont enroulés
par places autour de l'armature, afin d'é-

Fig. 68.

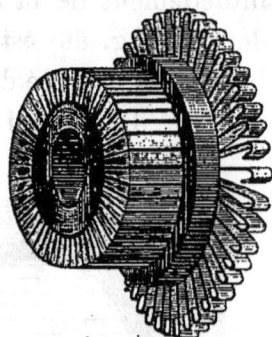

Fig. 67.

viter que la force centrifuge ne puisse désorganiser le bobinage.
La figure 68 représente l'aspect extérieur de l'armature ainsi
construite.

46. Théorie de l'armature en tambour. — L'armature en

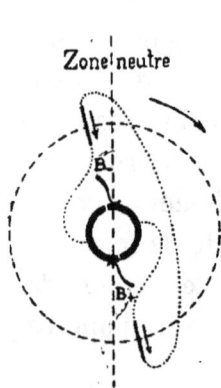

Fig. 69.

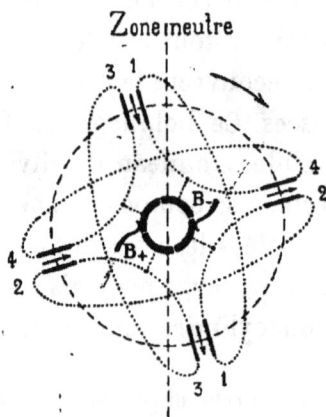

Fig. 70.

tambour diffère de l'armature en anneau en ce qu'un élément, au
lieu d'être constitué par un fil unique, est constitué par deux fils
diamétralement opposés, associés en tension (fig. 69). En répétant
les raisonnements que nous avons déjà faits pour l'armature en

anneau, on voit que pour obtenir une force électro-motrice sensiblement constante, il faudra prendre un nombre pair d'éléments,
les associer en tension, et relier le point de jonction de deux éléments consécutifs à une lame du collecteur. Il y a lieu seulement
de remarquer que deux éléments placés à 180° l'un de l'autre se
trouveront dans ce cas superposés. Sur la figure 70, qui représente
le schéma d'une armature en tambour à 4 éléments, nous les avons
juxtaposés pour rendre la figure plus
claire.

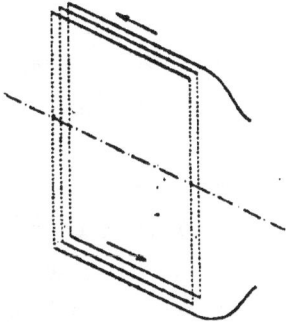

Comme pour l'armature en anneau,
les balais doivent être placés de telle
sorte qu'au moment où un élément passe
dans la zone neutre le sens dans lequel
il est relié aux balais soit interverti.
De même aussi, au lieu d'éléments simples, on a en général des éléments multiples composés de plusieurs paires de

Fig. 71.

fils (fig. 71), et formant ce que nous avons appelé des *sections*.

47. Induit Siemens. — Le type des armatures en tambour
est l'armature Sie-
mens qui est cons-
tituée de la manière
suivante. Les fils
sont enroulés sur
une carcasse en fer
doux, dont l'effet
est de concentrer
les lignes de force,
et d'augmenter par
suite l'induction
dans les différentes
spires. L'âme est
un tambour cylin-

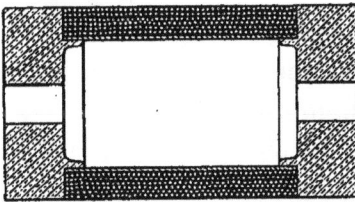

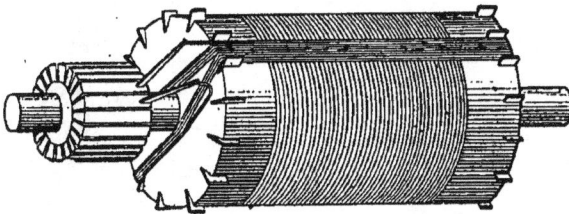

Fig. 72.

drique, dont les bases sont formées par deux tourteaux en bronze
(fig. 72), clavetés sur l'arbre de rotation. Les parois du tambour
sont constituées par une feuille de tôle enroulée cylindriquement,
sur laquelle sont bobinées plusieurs couches superposées de fil de

fer doux verni, de manière à obtenir un diamètre égal à celui des tourteaux. Comme dans l'anneau Gramme, cette disposition a pour but de prévenir la formation de courants nuisibles dans le fer doux. Des entailles pratiquées à la périphérie des tourteaux, et régulièrement espacées, servent à fixer des cales en bois destinées à faciliter l'enroulement des fils de cuivre.

La figure 72 représente une partie de l'enroulement d'une armature à 16 sections, composées chacune de 8 éléments. Le fil d'une section part d'une lame du collecteur, entoure huit fois la section méridienne du tambour (quatre spires passant à droite de l'arbre et les quatre autres à gauche), et vient se souder à la lame suivante. De cette seconde lame part la seconde section, analogue à la première et venant aboutir à la troisième lame; et ainsi de suite. La huitième section finit à la neuvième lame; la surface du cylindre se trouve alors entièrement recouverte de fil. A ce moment, on fait faire au cylindre un demi-tour sur lui-même, et on enroule huit nouvelles sections, dont la première part de la lame n° 9, tandis que la dernière aboutit à la lame n° 1; cette seconde série de sections se trouve superposée à la première. L'armature est ensuite frettée au moyen de fils de laiton, comme nous l'avons vu à propos de l'anneau Gramme.

48. Armature des machines multipolaires. — Nous avons supposé jusqu'ici que le système inducteur était constitué simplement par deux pôles de nom contraire placés en regard l'un de l'autre. Cette disposition est employée sur un grand nombre de machines qui sont appelées pour cette raison machines *bipolaires*. Mais on peut aussi former le système inducteur au moyen d'un nombre quelconque de paires de pôles, régulièrement distribués, et on obtient alors des machines dites *multipolaires*.

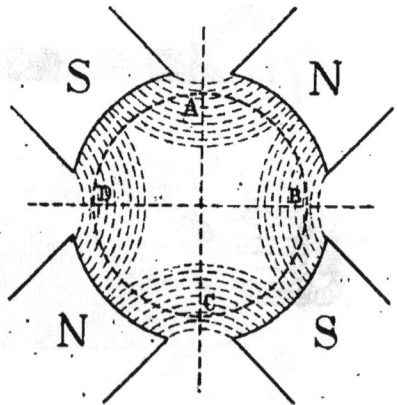

Fig. 73.

Considérons par exemple quatre pôles, distribués à 90° l'un de l'autre autour de l'armature (fig. 73). Les lignes de force suivront le trajet indiqué par la figure. En répétant les raisonnements que nous avons déjà faits, on voit qu'un élément de l'armature sera parcouru pendant le mouvement de rotation par des courants induits de sens et d'intensité variables. Si nous partons par exemple du point A, la force électro-motrice ira d'abord en croissant, puis décroîtra et deviendra nulle en B. Elle changera alors de sens, passera par un maximum, et redeviendra nulle en C; et ainsi de suite. Les plans AC et BD constituent donc des zones neutres, placées à 90° l'une de l'autre.

Dans les machines multipolaires, comprenant un nombre pair quelconque de pôles, on peut employer avec une légère modification l'un ou l'autre des systèmes d'armature que nous avons décrits, pourvu que le nombre d'éléments soit un multiple du nombre de pôles. Considérons par exemple une machine à 4 pôles (fig. 74), avec une armature en anneau formée de 12 éléments. On voit que l'on peut envisager l'anneau comme partagé à chaque instant en quatre groupes de trois éléments chacun. Deux éléments quelconques distants de 90° sont au même moment parcourus par des courants de sens différent, mais de même force électro-motrice. Si on désigne par E la somme des forces électro-motrices des éléments d'un même groupe, on a à chaque instant, dans l'armature, quatre courants égaux de force électro-motrice E. Considérons l'armature dans la position représentée par la figure 74. Pour recueillir les quatre courants, associés en quantité, dans le circuit extérieur, il faudra relier :

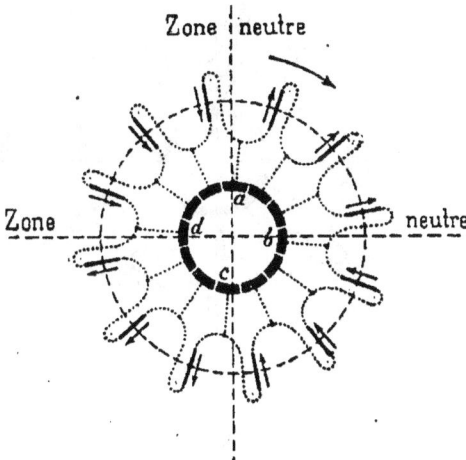

Fig. 74.

la lame a du collecteur avec le balai B_

—	b	—	—	B$_+$
—	c	—	—	B_
—	d	—	—	B$_+$

On pourra donc, si l'on veut, placer quatre balais, à 90° l'un de l'autre, et réunir les deux balais B$_+$ à la borne de départ du circuit extérieur et les deux balais B$_-$ à la borne d'arrivée de ce circuit. Les balais devront, bien entendu, être placés de telle sorte qu'au moment où un élément franchit une zone neutre le sens de ses communications avec les balais soit interverti.

Mais on peut aussi remarquer que les connexions précédemment indiquées se réduisent à relier en même temps a et c à B$_-$, b et d à B$_+$. Il résulte de là qu'on peut se contenter de deux balais, en les plaçant à 90° l'un de l'autre et en reliant d'une manière fixe chaque lame du collecteur à celle qui lui est diamétralement opposée. La figure 75 représente l'armature ainsi disposée. A un moment quelconque de la rotation, le fil de jonction de deux lames qui ne sont en contact avec aucun balai n'est parcouru

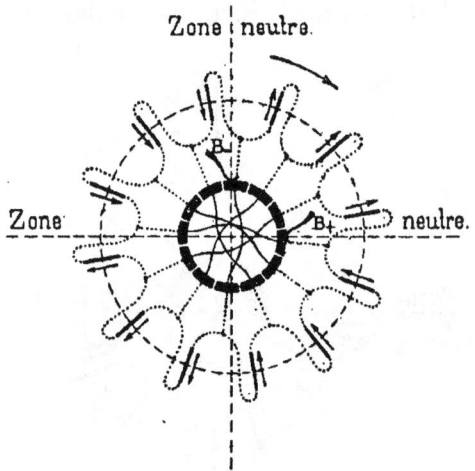

Fig. 75.

par aucun courant, puisqu'il relie deux points qui sont exactement dans la même situation par rapport aux champs magnétiques inducteurs, et qui par conséquent sont exactement au même potentiel.

Dans la pratique, les éléments simples sont en général remplacés par des sections composées d'un certain nombre d'éléments. En appelant ρ la résistance d'une section, n le nombre de sections, et E la somme des forces électro-motrices des sections formant un quart de l'armature, on a :

$$ I = \frac{E}{R + \dfrac{n\rho}{16}}. $$

Considérons maintenant une machine à 6 pôles. En répétant les mêmes raisonnements, nous voyons qu'il y a 3 zones neutres, à

60° l'une de l'autre. Le nombre des sections de l'armature (en anneau ou en tambour) devra être ici un multiple de 6. Prenons par exemple (fig. 76) une armature en anneau à 12 éléments. Cette armature peut être considérée comme partagée à chaque instant en 6 groupes, et, pour recueillir les six courants, il faudra relier :

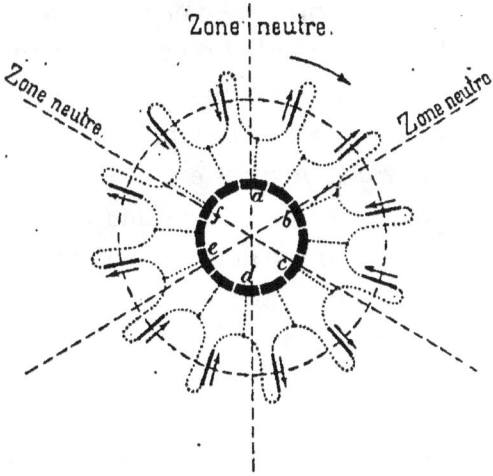

Fig. 76.

$$a, c, e \quad \text{à} \quad B_-$$
$$b, d, f \quad \text{à} \quad B_+$$

On pourra donc employer 6 balais placés à 60° l'un de l'autre, les trois balais positifs étant reliés en quantité ainsi que les trois balais négatifs. On pourra également n'employer que deux balais, en reliant ensemble les lames du collecteur telles que a, c, e et b, d, f, c'est-à-dire les lames placées au sommet d'un même triangle équilatéral, à 120° l'une de l'autre (1). Ces deux balais peuvent être placés à volonté soit à 60°, soit à 180° l'un de l'autre (fig. 77). En appelant E la

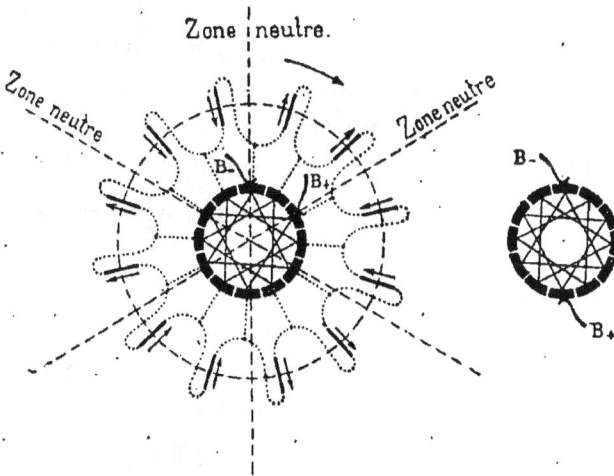

Fig. 77.

somme des forces électro-motrices des sections formant un sixième de l'armature, on aura :

(1) Avec ces jonctions intérieures, on pourrait également mettre quatre balais, l'écart angulaire étant de 120° entre deux balais de même nom, et de 60° entre deux balais de nom contraire.

$$I = \frac{E}{R + \dfrac{n\rho}{36}}.$$

49. Enroulement en polygone étoilé. — Lorsque le nombre de pôles d'une machine est égal au double d'un nombre impair, on peut employer un autre genre d'enroulement, dit en *polygone étoilé*. Soit $2\,p$ le nombre de pôles, p étant un nombre impair quelconque. Le nombre de zones neutres est, comme nous l'avons vu, égal à p. On peut démontrer que, pour que l'enroulement soit possible, le nombre n d'éléments doit être tel que l'on ait

$$n = p\,k \pm 1$$

ou

$$n = 2\,(p\,k \pm 1)$$

k étant un nombre impair quelconque. L'enroulement s'obtient alors en joignant les éléments de k en k. Avec la première formule on a une armature du type en anneau, avec la seconde une armature du type en tambour.

Considérons par exemple une machine à 6 pôles ($p = 3$), et prenons $k = 5$. La première formule montre que nous pouvons prendre $n = 14$. Plaçons l'armature dans une position quelconque, et indiquons par des flèches le sens des courants induits qui parcourent à ce moment les divers éléments (fig. 78). Joignons les éléments de 5 en 5 comme le montre la figure. On voit immédiatement que l'armature peut être considérée comme partagée en deux moitiés associées en quantité et aboutissant aux points a et b. L'une de ces moitiés comprend les éléments 1 - 10 - 5 - 14 - 9 - 4 - 13, l'autre les éléments 6 - 11 - 2 - 7 - 12 - 3 - 8. Deux éléments diamétralement opposés appartiennent chacun à un des deux demi-circuits. Comme ces éléments sont dans des situations identiques par rapport aux champs magnétiques inducteurs, les forces électromotrices qui y sont développées sont égales, et par suite la force électro-motrice totale de chacun des deux demi-circuits est la même. Pour recueillir dans le circuit extérieur les courants produits dans l'armature, il faudra donc relier a au balai négatif et b au balai positif, comme le montre la figure.

On serait conduit ainsi à former le collecteur de 14 lames re-

liées chacune au fil de jonction de deux éléments. Mais il est facile
de voir que ce nombre serait insuffisant. En effet, au moment où
les éléments 1 et 8 franchissent la zone neutre, le sens du courant
y est inversé, et les points de séparation des deux demi-circuits
se trouvent alors reportés sur les fils de jonction 1-10 et 3-8.
Le balai B_ doit alors entrer en communication avec la lame c

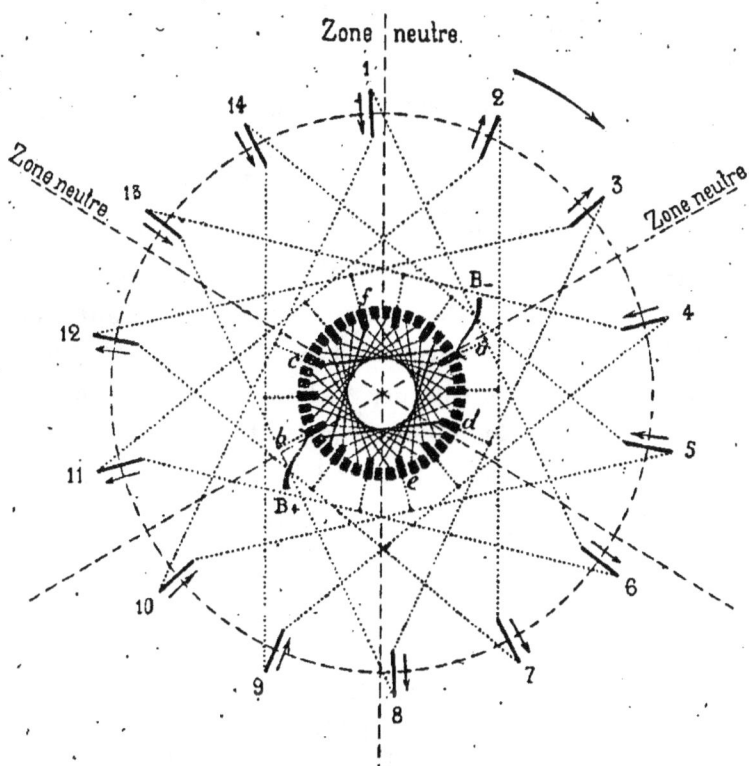

Fig. 78.

du collecteur, et le balai B+ avec la lame d. Le mouvement de
rotation continuant, les éléments 3 et 10 franchissent à leur tour
une zone neutre, et les points de séparation se trouvent reportés
sur les fils 5-10 et 12-3. Le balai B_ doit être alors relié à la
lame e, et B+ à la lame f. Puis ce sont les éléments 5 et 12 qui
franchissent une zone neutre, et les balais doivent alors être reliés
aux fils 5-14 et 12-7. On voit ainsi qu'il faut intercaler entre
deux lames du collecteur primitif deux lames supplémentaires, reliées chacune, comme l'indique la figure, à une lame du collecteur
primitif. Le collecteur devra par suite être composé de $3 \times 14 = 42$

lames, chaque lame étant reliée aux deux lames qui en sont distantes de 120° de part et d'autre (pour rendre la figure plus claire, les lames reliées directement aux fils de jonction ont été représentées avec des dimensions plus grandes).

Deux lames distantes de 120° étant toujours en communication, il en résulte, comme nous l'avons déjà vu sur la figure 77, que l'on peut indifféremment placer les balais à 180° ou à 60° l'un de l'autre.

L'enroulement que nous venons de décrire peut être réalisé en disposant les éléments suivant les génératrices extérieures d'un anneau cylindrique, d'une manière analogue à celle qui est représentée sur la figure 63 ; on aura soin seulement de joindre les éléments ou les sections dans l'ordre convenable. Pour faire ces jonctions, on est obligé de ramener toujours le fil sur la face antérieure de l'anneau. On obtient des enroulements plus faciles à réaliser pratiquement en adoptant l'armature en tambour, qui permet de faire les jonctions alternativement sur l'une et l'autre face du cylindre.

. Faisons par exemple $k = 3$ dans la seconde des formules que nous avons indiquées plus haut ; nous pouvons prendre $n = 16$. Plaçons comme d'habitude les flèches indiquant le sens du courant dans chaque élément (fig. 79), et joignons les éléments de 3 en 3, en alternant chaque fois le sens de connexion. En répétant les raisonnements précédents, on voit que l'enroulement est à chaque instant partagé en deux moitiés parcourues par des courants de même force électro-motrice totale, et que, dans la position représentée, le balai positif doit être en communication avec le fil 1-4, et le balai négatif avec le fil 9-12. Il résulte de là que le collecteur doit comprendre au moins 8 lames, correspondant aux fils de jonction intérieurs à la circonférence. On voit également qu'il faudra intercaler entre deux lames ainsi disposées cinq lames supplémentaires. En effet, au moment où les éléments 1 et 9 franchissent la zone neutre, le sens dans lequel ils sont reliés aux balais doit être interverti. Le balai B_+ doit donc être alors mis en communication avec le fil 1-14, et B_- avec le fil 6-9. Puis, les éléments 6 et 14 passant dans une zone neutre, B_+ doit être relié au fil 14-11 et B_- au fil 3-6. On voit en continuant que B_+ doit être relié successivement aux fils 11-8, 8-5, 5-2, 2-15, et B_-

aux fils 3-16, 16-13, 13-10, 10-7. Le collecteur devrait donc être formé de $6 \times 8 = 48$ lames.

Dans la pratique, on supprime en général les lames reliées aux fils de jonction extérieurs à la circonférence. Les connexions de ces lames seraient difficiles à réaliser commodément, et leur suppression n'apporte d'ailleurs aucun trouble sensible dans le

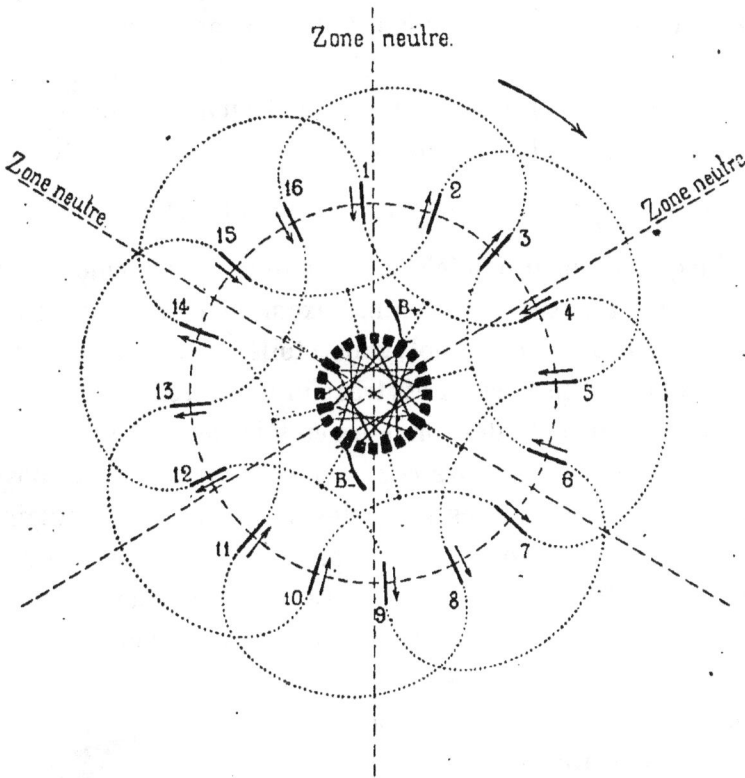

Fig. 79.

fonctionnement de l'armature. On remarquera en effet que, au moment où le balai B_+ par exemple doit être relié au fil 1-14, les éléments 1 et 14 sont tous deux très voisins d'une zone neutre et que par conséquent la force électro-motrice y est extrêmement faible. On peut donc conserver sans inconvénient la jonction de B_+ avec 1-4 et le relier ensuite à 14-11. Pendant une période très courte, il se développera dans l'élément 1, puis dans l'élément 14, une force électro-motrice de sens contraire à la force électro-motrice du groupe auquel appartiennent ces éléments, mais cette force électro-motrice sera, comme nous venons de le dire, absolument négligeable. On sera conduit ainsi à former le collecteur de $3 \times 8 = 24$ lames, reliées les unes aux autres comme l'indique la figure 79. De même que dans le cas précédent, les balais pourront être placés indifféremment à 60° ou à 180° l'un de l'autre.

Il y a lieu de remarquer que l'enroulement en polygone étoilé peut être appliqué aux machines bipolaires ($p = 1$). On doit avoir alors $n = k \pm 1$ ou $n = 2 (k \pm 1)$. Dans le premier cas, on retombe sur l'armature en anneau telle que nous l'avons déjà décrite. On a en effet $k = n \pm 1$, c'est-à-dire qu'on doit joindre les éléments de $n - 1$ en $n - 1$ ou de $n + 1$ en $n + 1$, ou, ce qui revient au même, joindre chaque élément au suivant. Dans le second cas, on a $k = \dfrac{n}{2} \pm 1$, c'est-à-dire que chaque élément doit être relié à celui qui suit ou qui précède l'élément diamétralement opposé.

50. Induit Brown. — Comme exemple d'armature en tambour avec enroulement en polygone étoilé, nous citerons l'induit Brown, dont la construction est très simple et très robuste. La carcasse est constituée par des rondelles en tôle de fer doux de $0^{m}/_{m}, 6$ d'épaisseur, serrées les unes contre les autres avec interposition d'une feuille de papier. Ces rondelles sont de forme annulaire, et portent chacune 6 encoches ; elles sont enfilées sur un moyeu en bronze à 6 ailettes, claveté sur l'arbre (fig. 80). Chaque rondelle est percée d'un certain nombre de trous régulièrement distribués et placés aussi près que possible du bord extérieur. Lorsque toutes les rondelles sont assemblées, la carcasse est ainsi traversée par une série de conduits cylindriques ; dans chacun de ces conduits on enfile une tige de cuivre, recouverte d'une gaine isolante formée généralement de caoutchouc et de papier verni ; chaque tige constitue un élément de l'armature. Les jonctions des tiges entre elles et avec les lames du collecteur sont établies au moyen de rubans en cuivre. Les extrémités des tiges sont fendues à la scie, et les extré-

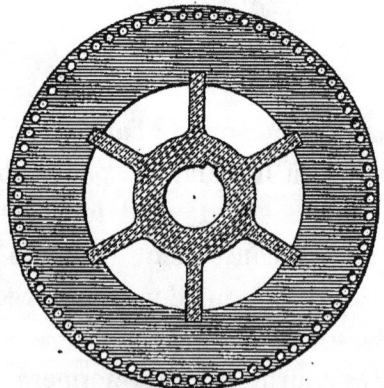

Fig. 80.

mités des rubans s'engagent dans ces fentes, où elles sont rivées et soudées (1).

Supposons par exemple qu'il s'agisse d'une armature à 16 éléments, destinée à une machine à 6 pôles. En se reportant à la figure 79, on voit que l'élément 1, par exemple, doit être relié à l'élément 14, la jonction 1-14 étant reliée à une lame du collecteur. Ces connexions sont obtenues au moyen d'un ruban fendu (fig. 81) qui part de la tige 1, va à la lame du collecteur, pénètre dans une fente qui y est pratiquée et dans laquelle il est main-

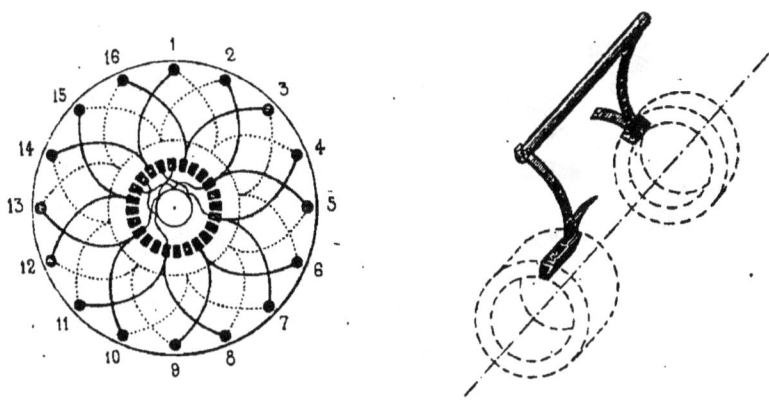

Fig. 81.

tenu par une soudure, et aboutit à la tige 14. Les branches du ruban sont ployées en formes de *développantes de cercle* (2). Tous les rubans sont ainsi disposés suivant deux plans, chaque plan étant constitué par des rubans parallèles et dirigés dans le même sens. Les jonctions telles que 1-4, 3-6, etc. (représentées en pointillé sur la figure), sont établies de la même façon sur l'autre face du tambour, à l'aide de rubans disposés également suivant deux plans, et d'une pièce qui porte le nom de *connecteur*. Ce connecteur est formé, comme le collecteur, de lames assemblées en cylindre et isolées l'une de l'autre, mais plus courtes, puisqu'elles ne doivent pas recevoir de balais (voir fig. 131).

Les jonctions intérieures des lames du collecteur sont établies de

---

(1) Ce système de construction a été également appliqué à des induits en anneau.

(2) On désigne sous le nom de *développante de cercle* la courbe que trace l'extrémité libre d'un fil dont l'autre extrémité est fixée en un point d'une circonférence et qu'on maintient toujours appuyé sur cette circonférence.

la même manière au moyen d'un connecteur intérieur (une partie seulement de ces jonctions a été représentée pour ne pas surcharger la figure).

La figure 82 montre les connexions d'un induit Brown à 24 éléments destiné à une machine bipolaire. On a représenté seulement les connexions placées du côté du collecteur, qui est formé dans ce cas de 12 lames, sans jonctions intérieures. Les balais doivent être placés à 180° l'un de l'autre.

51. Armature en disque. — Dans les types d'armature que

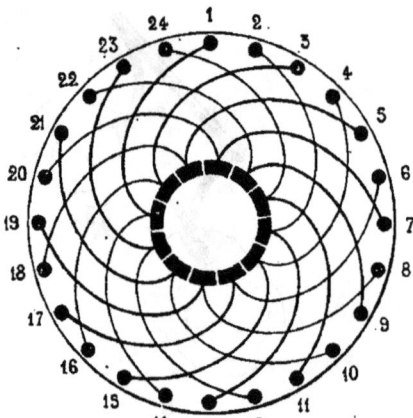

Fig. 82.

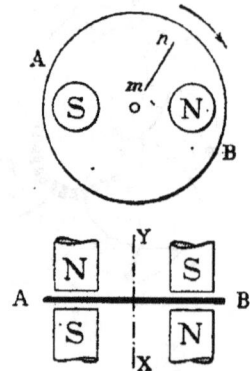

Fig. 83.

nous avons étudiés jusqu'ici, nous avons vu que l'on était obligé de disposer l'enroulement sur une carcasse en fer doux. En effet, l'air présentant une très grande résistance au passage des lignes de force magnétiques, il est nécessaire, pour empêcher l'éparpillement de ces lignes de force, d'interposer entre les pôles un corps bon conducteur (au point de vue magnétique). Pour la même raison, il convient de réduire autant que possible le jeu existant entre l'armature et les pôles inducteurs, jeu qui porte le nom d'*entrefer*. C'est pour cela qu'on termine les pôles par des pièces alésées cylindriquement, entre lesquelles vient se loger l'armature.

On peut supprimer complètement la carcasse en fer doux en employant un système particulier d'armature, qui porte le nom d'armature *en disque*. Cette armature a la forme d'un disque plat AB (fig. 83) tournant entre des pôles d'aimant disposés de telle sorte que les lignes de force traversent normalement le plan du disque. Ces pôles doivent être rapprochés autant que possible du disque, pour diminuer l'entrefer. Un élément est constitué par un fil tel que *mn*, dirigé suivant un rayon du disque.

Pour réduire autant que possible la période pendant laquelle un élément ne coupe aucune ligne de force, et est par suite inactif, il convient d'employer une machine multipolaire, comprenant plusieurs paires de pôles groupées régulièrement. On prendra par exemple 6 paires de pôles, disposées aux sommets d'un hexagone régulier (fig. 84). Il y aura dans ce cas 6 champs magnétiques, et par suite 3 zones neutres, à 60° l'une de l'autre. L'armature sera constituée par un certain nombre d'éléments dirigés suivant des rayons, et convenablement reliés.

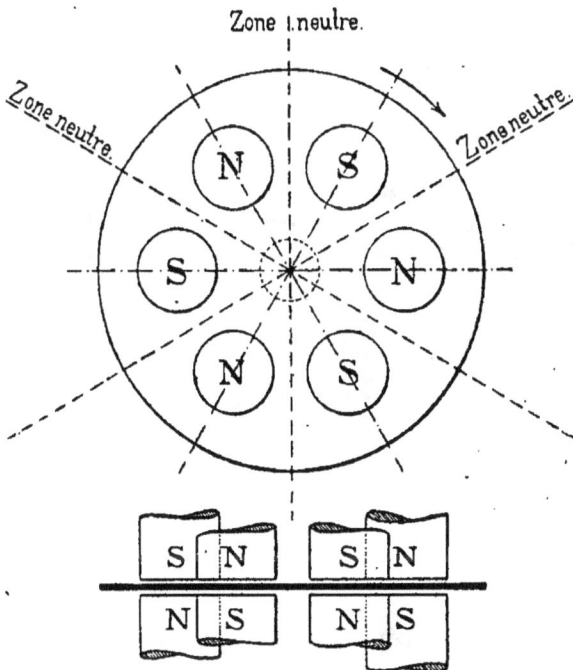

Fig. 84.

52. Induit Desroziers. — Le type des armatures en disque est l'induit Desroziers, dont nous allons indiquer le mode de construction. L'enroulement est fait de telle sorte qu'aucun fil de jonction ne coupe les lignes de force des champs magnétiques inducteurs. En se reportant à la figure 79, on voit qu'il suffit pour cela d'adopter l'enroulement en polygone étoilé avec la formule

$$n = 2 \, (p \, k \pm 1)$$

p étant le nombre de zones neutres, c'est-à-dire ici la moitié du nombre de paires de pôles, et non la moitié du nombre de pôles comme dans les armatures en anneau et en tambour.

L'induit Desroziers est construit en général de manière à être adapté à des machines comprenant 6 paires de pôles. On a alors :

$$n = 2 \, (3 \, k \pm 1)$$

Faisons par exemple $k = 3$ et prenons $n = 16$ (1); les éléments doivent être joints de 3 en 3, en alternant chaque fois le sens de connexion. Ces jonctions sont obtenues au moyen d'arcs de déve-

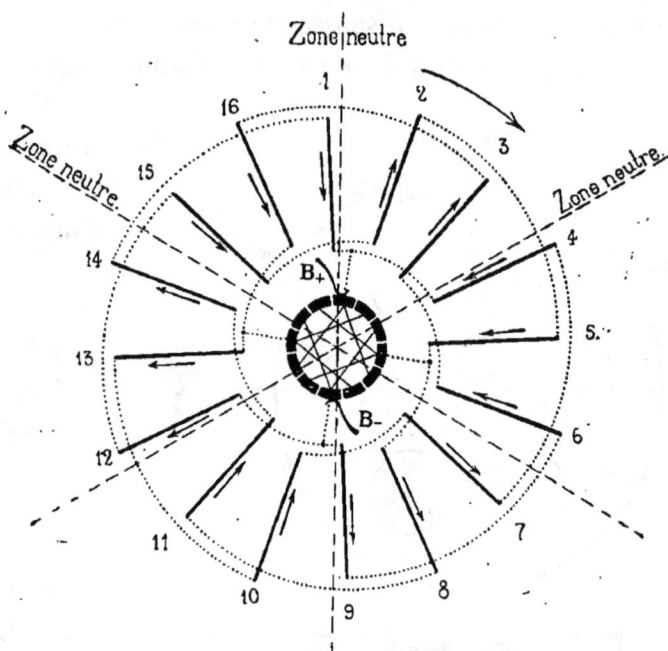

Fig. 85.

loppante de cercle (fig. 85). En répétant les raisonnements que nous avons déjà faits, on voit que le collecteur devrait être composé de $6 \times 8 = 48$ lames. Dans le cas de la figure, le balai positif, par exemple, devrait être relié au fil 1-4. Puis, l'armature effectuant son mouvement de rotation, il devrait être relié successivement aux fils 1-14, 14-11, 11-8, 8-5, 5-2, 2-15, et ainsi de suite. Mais, pour éviter des jonctions allant du centre à la circonférence du disque, on est conduit à supprimer, comme nous l'avons déjà

(1) On verra tout à l'heure que le nombre de lames du collecteur est pris habituellement égal à $\frac{3n}{4}$ Dans ce cas, pour que l'enroulement soit possible, il faut que $\frac{3n}{4}$ soit un nombre pair, c'est-à-dire que n soit un multiple de 8. Il est facile de démontrer que l'un des deux nombres $2 \, (3 \, k + 1)$ ou $2 \, (3 \, k - 1)$, k étant impair, est toujours un multiple de 8. La valeur de n est alors déterminée quand on se donne k.

indiqué, les jonctions avec les fils tels que 1-14, 11-8, etc. Dans la pratique, comme le nombre d'éléments est en général assez considérable, on supprime même les jonctions restantes de deux en deux; on supprimera par exemple les jonctions avec 14-11, 2-15, etc., et le balai positif sera relié successivement à 1-4, 8-5, 12-9, 16-13, etc. Cela revient à admettre que, lorsqu'un élément passe dans une zone neutre, les deux éléments qui le suivent dans

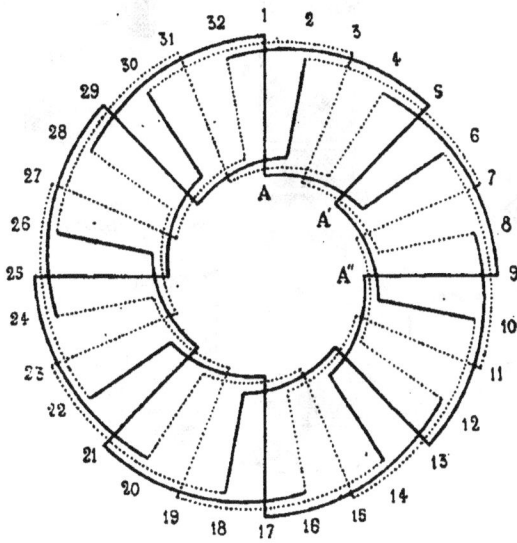

Fig. 86.

l'ordre de l'enroulement sont eux-mêmes assez voisins d'une zone neutre pour que la force électro-motrice qui y est développée soit négligeable vis-à-vis de la force électro-motrice totale du groupe auquel appartiennent ces éléments. Le collecteur sera alors composé de 12 lames $\left(\dfrac{3n}{4}\right.$ s'il y a n éléments$)$, une lame quelconque étant reliée aux deux lames qui en sont distantes de 120° de part et d'autre. Il suit de là, comme nous l'avons déjà vu, que les balais peuvent être placés indifféremment à 60° ou à 180° l'un de l'autre.

L'enroulement de l'induit Desroziers est disposé sur une carcasse en carton formée de deux plateaux circulaires. Chacun de ces plateaux reçoit une moitié de l'enroulement, comme le montre la figure 86, qui représente une armature à 32 éléments. Les traits pleins indiquent les fils d'un plateau, les traits pointillés ceux de l'autre plateau. Chaque plateau est percé de trous aux extrémités des fils radiaux qui constituent les éléments; les bouts de ces fils passent par les trous, et les jonctions d'élément à élément se font sur l'autre face du plateau, de sorte que d'un côté du plateau tous les fils sont radiaux, et que de l'autre côté sont placés tous les arcs de développante. Les deux plateaux sont ensuite juxtaposés, les faces portant les fils radiaux étant mises en regard, et on in-

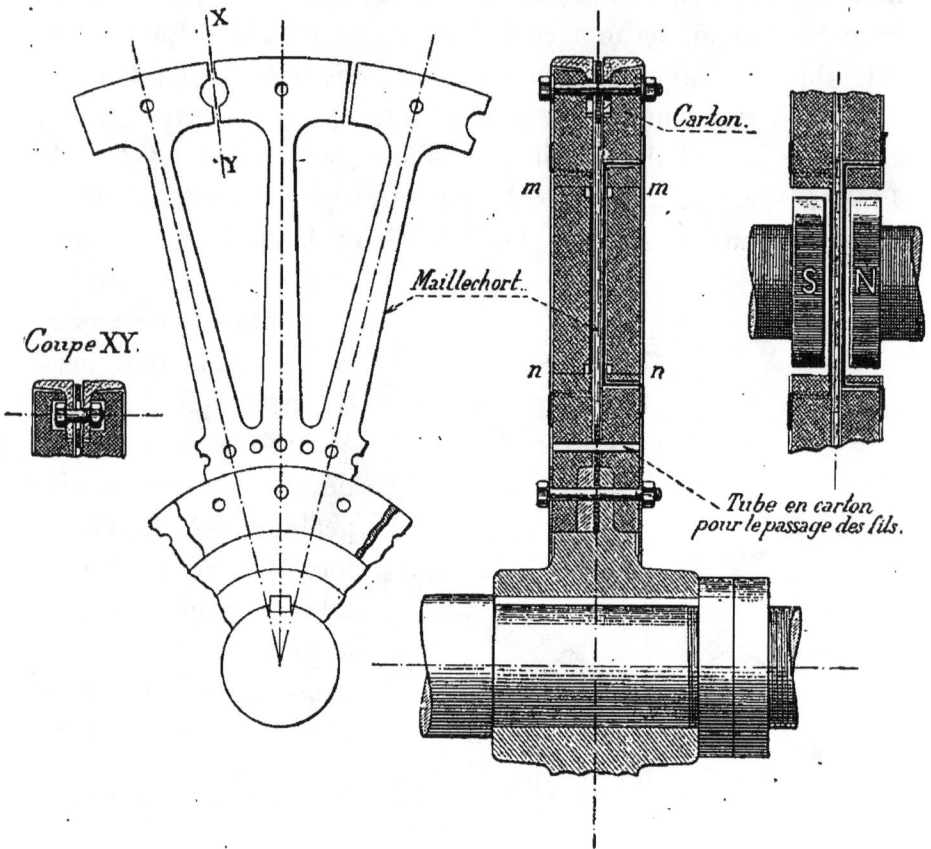

Fig. 87.

terpose entre eux un disque mince de maillechort (fig. 87). Puis on enlève au tour les parties *m n* des plateaux de carton recouvrant les fils radiaux, de sorte que la partie active de l'induit est réduite à un disque plat formé d'une plaque de maillechort entre deux épaisseurs de fil, tournant entre les pôles inducteurs.

En réalité, les induits Desroziers sont en général formés, non pas d'éléments simples, mais d'éléments triples formés de trois fils radiaux, comme le montre la figure 88.

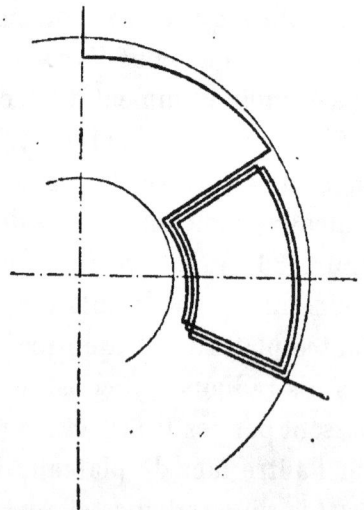

Fig. 88.

Pour relier l'enroulement au collecteur, il faut, comme nous l'avons vu plus haut, joindre chacun des points tels que A, A′, A″... (fig. 86), placés tous sur une même face du disque, à trois lames situées à 120° les unes des autres. Ces jonctions sont facilitées par un connecteur formé d'un plateau en bois claveté sur l'arbre. A chacun des points tels que A est soudé un fil de cuivre qui se partage en trois brins (fig. 89). Le brin n° 1, qui doit aller directement de l'induit au collecteur, traverse simplement le plateau et aboutit à la lame placée en face de lui; le brin n° 2, qui doit aller

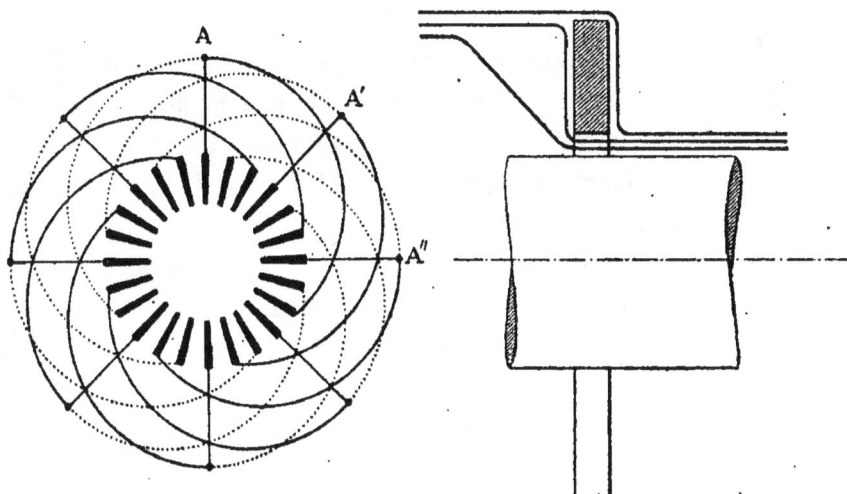

Fig. 89.

à la lame qui est à 120° à droite de la précédente, s'arrête sur la face avant du plateau, parcourt un arc de développante qui l'amène en face de cette lame, et se redresse ensuite normalement au plateau; le brin n° 3, qui doit aller à la lame qui est à 120° à gauche, traverse le plateau, parcourt sur la face arrière un arc de développante égal et de sens contraire à celui de la face avant, et se redresse normalement pour aller au collecteur.

53. Calage des balais. — Quel que soit le genre d'armature, nous avons vu que lorsqu'un élément passait dans une zone neutre le sens de ses jonctions avec les balais devait être interverti. Au moment où s'opère cette commutation, l'élément, qui était parcouru par un courant d'un certain sens, se trouve brusquement parcouru par un courant de sens contraire. Cette variation instantanée du sens du courant dans l'élément donne naissance à un extra-courant, dont l'effet est de faire jaillir une étincelle entre le balai et la lame du collecteur. Le même fait se reproduisant à chaque passage d'un élément dans une zone neutre, il en résulte une production continue d'étincelles entre les balais et le collecteur, ce qui provoque l'échauffement et l'usure rapide de ces deux organes.

Pour remédier à cet inconvénient, il suffit de donner aux balais une position légèrement différente de leur position théorique, en les déplaçant dans le sens du mouvement de rotation de l'induit. Il en résulte que, au moment où s'opère l'interversion du sens des connexions d'un élément avec les balais, cet élément est déjà à une certaine distance au-delà de la zone neutre, et est par suite le siège d'une certaine force électro-motrice. On conçoit qu'en réglant convenablement le déplacement du balai on puisse s'arranger de manière que cette force électro-motrice annule à peu près celle qui donne lieu à la production d'étincelles. Comme il serait très difficile de déterminer à l'avance la position exacte qu'il convient de donner aux balais pour atteindre ce résultat, on se contente de chercher par tâtonnement la position qui réduit au minimum la production des étincelles. On se réserve pour cela la faculté de déplacer à volonté les balais, tout en maintenant constante leur distance angulaire. Nous verrons plus loin les dispositifs adoptés dans ce but.

Ce que nous venons de dire s'applique à un induit quelconque. Avec les induits à noyau de fer doux, il se produit en outre un autre phénomène qui oblige à donner aux balais un déplacement un peu plus considérable que celui qui résulterait des considérations précédentes. Le noyau en fer doux sur lequel sont enroulés les fils de l'induit s'aimante sous l'influence des courants qui circulent dans ces fils, et il en résulte la création d'un champ magnétique dont la présence modifie un peu la distribution des lignes de force du champ magnétique inducteur, et par suite la position des zones neutres. L'écart angulaire entre les zones neutres réelles et les zones neutres théoriques est d'autant plus faible que le champ magnétique inducteur est plus intense par rapport au champ magnétique développé par le noyau de l'armature.

Là valeur de cet écart varie d'ailleurs avec la vitesse de rotation de l'induit et avec l'intensité du courant débité par la machine. Dans le cas où il est nécessaire de pouvoir faire subir au débit des variations brusques et fréquentes, on serait par suite amené à déplacer constamment les balais, et ces déplacements ne seraient jamais assez rapides pour empêcher la production de fortes étincelles. Pour éviter cet inconvénient, on a imaginé d'employer un champ magnétique auxiliaire constamment égal et de sens contraire à celui développé par l'aimantation du noyau de l'induit. Ce champ magnétique est obtenu au moyen d'électro-aimants supplémentaires, intercalés entre les pôles inducteurs; nous verrons au chapitre VII des exemples de cette disposition. Le calage des balais peut alors être maintenu constant, quelles que soient les variations du débit.

54. Inducteurs. — Nous avons dit au début de ce chapitre que le champ magnétique inducteur pouvait être produit soit au moyen d'aimants permanents, soit au moyen d'électro-aimants. Malgré sa complication un peu plus grande, ce dernier procédé est à peu près le seul employé aujourd'hui. Il permet en effet d'obtenir aisément des champs magnétiques très puissants, et même, dans certains cas, de faire varier à volonté leur intensité.

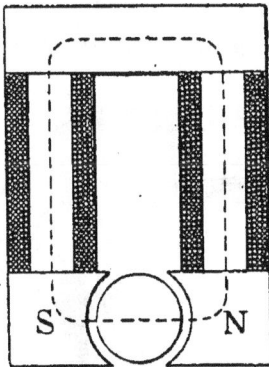

Fig. 90.

La disposition des électro-aimants inducteurs varie beaucoup suivant les constructeurs, et nous en verrons dans le chapitre suivant un certain nombre d'exemples. La seule condition générale qui doive toujours être remplie, c'est que l'armature soit intercalée sur le parcours d'un circuit magnétique fermé. Une disposition souvent employée pour les machines bipolaires consiste à former l'électro-aimant inducteur de deux noyaux parallèles en fer doux (fig. 90), sur lesquels est enroulé le fil parcouru par le courant excitateur; ces deux noyaux sont réunis à une de leurs extrémités par une culasse en fer ou en fonte et sont prolongés à l'autre bout par des pièces massives alésées cylindriquement, entre lesquelles est placée l'armature. Le sens de l'enroulement du fil qui recouvre les noyaux et le sens du courant excitateur doivent être réglés de telle sorte que les deux pièces qui comprennent entre elles l'armature constituent deux pôles de nom contraire. Le trait ponctué indique le trajet des lignes de force. On peut aussi n'avoir qu'un seul noyau (fig. 91).

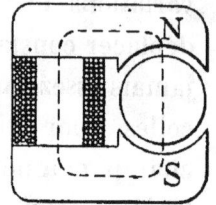

Fig. 91.

Une autre disposition très usitée consiste à prendre deux noyaux parallèles, et à faire l'enroulement de telle sorte que la partie supérieure de chaque noyau, par exemple, constitue un pôle nord, et la partie inférieure un pôle sud. Si l'on réunit ces noyaux par deux culasses parallèles (fig. 92), la culasse supérieure constituera un pôle nord double, ou comme on dit généralement un pôle *conséquent*, et la culasse inférieure constituera de même un pôle sud. Les deux culasses sont alésées cylindriquement et comprennent entre elles l'armature.

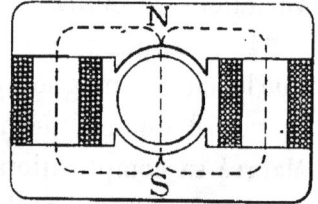

Fig. 92.

Pour les machines multipolaires, on emploie des dispositifs analogues. La figure 93 représente par exemple les inducteurs d'une machine à quatre pôles conséquents.

55. Excitation des inducteurs. — Pour produire le circuit magnétique dans les électro-aimants inducteurs, il faut faire circuler un courant de sens convenable dans le fil qui est enroulé autour des noyaux. Ce courant peut être em-

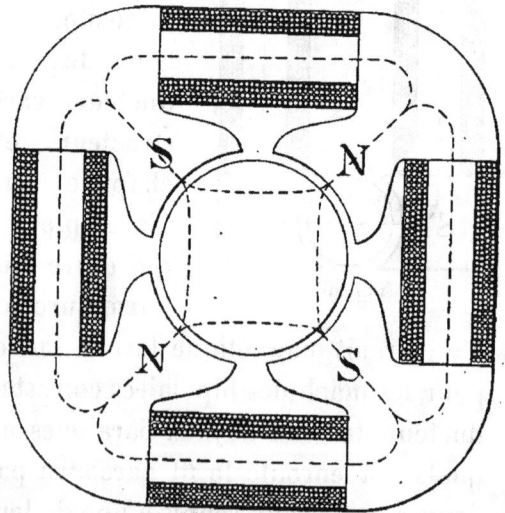

Fig. 93.

prunté à une source auxiliaire, par exemple à une pile ou à une machine magnéto-électrique à courant continu. On a ainsi ce qu'on appelle les dynamos *à excitation indépendante*. Ce procédé offre l'avantage de fournir un champ magnétique inducteur parfaitement indépendant, et dont on peut régler à volonté l'intensité en faisant varier l'allure de la machine excitatrice ou en intercalant des résistances auxiliaires sur le circuit excitateur. Mais il est très peu employé à cause de sa complication.

Pour les dynamos à courant continu, on adopte en général un procédé plus simple, qui consiste à faire circuler autour des inducteurs un courant emprunté à la machine elle-même. La dynamo est dite alors *auto-excitatrice*.

56. Dynamos en série. — On peut, par exemple, intercaler directement le fil des inducteurs sur le circuit extérieur. On a ainsi ce qu'on appelle les *dynamos en série* (fig. 94). Il est clair que si le fer des noyaux des inducteurs était parfaitement doux, la machine tournerait dans ce cas sans produire aucun courant. Mais, dans la pratique, on constate que le noyau d'un électro-aimant ne se désaimante jamais d'une façon totale, et qu'il conserve toujours une petite quantité de magnétisme, dite *magnétisme rémanent*. C'est ce magnétisme rémanent qui est utilisé au début pour *amorcer* la machine. Le champ magnétique est d'abord très faible, et ne donne naissance qu'à un courant induit également très faible. Mais

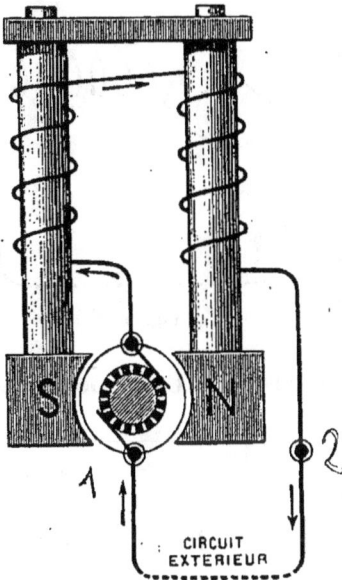

CIRCUIT EXTERIEUR

Fig. 94.

ce courant induit, en circulant dans le circuit extérieur et par suite autour des inducteurs, renforce leur aimantation ; cette aimantation et l'intensité du courant induit s'augmentent ainsi progressivement jusqu'à ce qu'elles atteignent les valeurs correspondant au régime permanent. Dans le cas d'une machine n'ayant jamais fonctionné, l'action magnétique de la terre est souvent suffisante pour produire le champ inducteur initial : s'il n'en est pas ainsi, il suffit de toucher les électro-aimants avec un aimant permanent, ou de faire circuler pendant quelques instants autour des inducteurs un courant emprunté à une source auxiliaire.

L'équation du courant fourni par une dynamo en série est facile à obtenir. Si on désigne par I l'intensité du courant, par R la résistance du circuit extérieur, par E la force électro-motrice de la machine, par e la différence de potentiel entre les pôles, par r_a et r_s les résistances de l'armature et du circuit excitateur des inducteurs, on aura évidemment :

$$I = \frac{e}{R} = \frac{E}{R + r_s + r_a}$$

Ces résultats se voient encore plus clairement si l'on met la fig. 94 sous la forme schématique de la fig. 95. Si on veut avoir la différence de potentiel z entre les balais, on aura :

$$z = (R + r_s) \, I = \frac{E \, (R + r_s)}{R + r_s + r_a}$$

Il y a intérêt bien entendu à ce que la perte de force électro-motrice occasionnée par le passage du courant à travers l'inducteur soit aussi faible que possible. Cette perte est égale à $z - e$. Or on a :

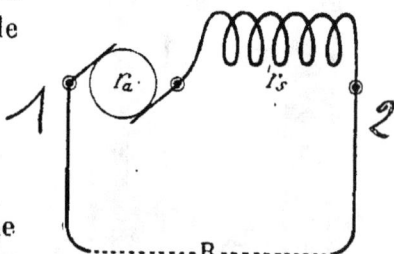

Fig. 95.

$$z - e = \frac{E \, (R + r_s)}{R + r_s + r_a} - \frac{E \, R}{R + r_s + r_a} = \frac{E \, r_s}{R + r_s + r_a}$$

Cette perte sera d'autant plus faible que la résistance r_s sera plus petite. On est donc conduit à employer pour le circuit des inducteurs un fil relativement court et à grande section.

57. Dynamos en dérivation. — On peut également obtenir l'excitation en mettant le circuit des inducteurs en dérivation, c'est-à-dire en ne le faisant traverser que par une fraction du courant produit dans l'armature. On a ainsi ce qu'on appelle les *dynamos en dérivation* (fig. 96). Dans ce cas, pour n'affecter aux inducteurs que la fraction de courant juste suffisante pour leur donner l'aimantation convenable et ne pas dépenser inutilement du courant

dans le circuit inducteur, on est conduit à employer pour ce circuit un fil très long et fin.

Pour obtenir l'équation du courant, mettons la fig. 96 sous la
forme schématique de la fig. 97. Ap-
pelons r_d la résistance du circuit inducteur, i_d l'intensité du courant qui
traverse ce circuit, I l'intensité du courant dans le circuit extérieur, i_a l'intensité du courant produit dans l'armature, et conservons aux symboles E, e,
R, r_a leur signification habituelle (on
remarquera qu'ici e et ε se confondent).
Le courant développé dans l'armature
se partageant entre le circuit extérieur
et le circuit inducteur, on aura :

$$i_a = I + i_d$$

On a évidemment d'autre part :

$$I = \frac{e}{R} \qquad i_d = \frac{e}{r_d}$$

ce qui donne :

$$i_a = \frac{e}{R} + \frac{e}{r_d}$$

La force électro-motrice totale de la dynamo se divise également
en deux parties : l'une, égale à $r_a\,i_a$, est
absorbée par la résistance intérieure de
l'induit, et l'autre constitue la force
électro-motrice disponible, c'est-à-dire
la différence de potentiel e entre les
pôles. On a donc :

$$E = e + r_a\,i_a$$

d'où :

$$i_a = \frac{E}{r_a} - \frac{e}{r_a}$$

En égalant les deux expressions de i_a, il vient :

$$\frac{E}{r_a} - \frac{e}{r_a} = \frac{e}{R} + \frac{e}{r_d}$$

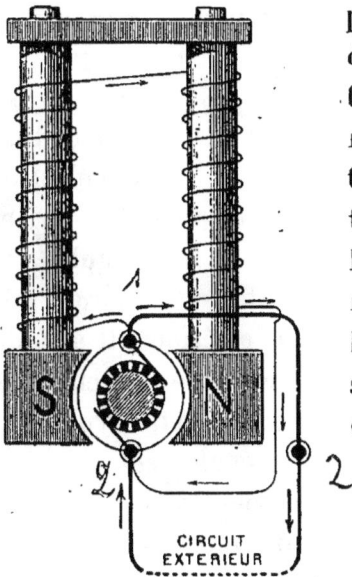

Fig. 96.

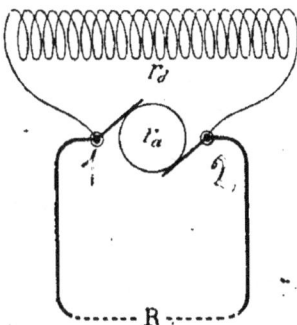

Fig. 97.

d'où

$$E = e \; r_a \left(\frac{1}{R} + \frac{1}{r_a} + \frac{1}{r_d} \right)$$

et

$$1 = \frac{e}{R} = \frac{E}{R \; r_a \left(\dfrac{1}{R} + \dfrac{1}{r_a} + \dfrac{1}{r_d} \right)} = \frac{E}{r_a + R + \dfrac{R \; r_a}{r_d}} \;.$$

58. Régulateurs de champ.

— Si l'on suppose que l'armature soit animée d'une vitesse de rotation constante, la force électro-motrice dépend de l'intensité du champ magnétique inducteur, et par suite de l'intensité du courant d'excitation. Or les formules que nous venons de donner montrent que l'intensité de ce courant dépend de la valeur de la résistance du circuit extérieur. Il suit de là que lorsqu'on modifie la résistance du circuit intercalé entre les bornes d'une dynamo, la force électro-motrice de cette dynamo et l'intensité du courant qu'elle fournit varient également.

Dans la pratique, on a fréquemment besoin de disposer soit d'un courant constant, soit d'une différence de potentiel aux bornes constante, quelles que soient les variations de la résistance du circuit extérieur. On peut arriver à ce résultat en intercalant sur le parcours du circuit d'excitation un *rhéostat*, c'est-à-dire une résistance auxiliaire que l'on peut faire varier à volonté. Ce rhéostat est souvent appelé *régulateur de champ*.

Pour une dynamo en série, le rhéostat doit être intercalé sur le circuit extérieur, qui est en même temps le circuit d'excitation. Mais la difficulté d'établir des résistances variables susceptibles d'être traversées par des courants intenses rend cette installation peu pratique en général, et l'excitation en série n'est employée ordinairement que pour les machines à régime fixe, destinées à alimenter un circuit dont la résistance n'a pas à subir de variations sensibles.

Avec l'enroulement en dérivation, au contraire, il est très facile d'intercaler sur le circuit d'excitation, qui n'est jamais parcouru que par des courants d'assez faible intensité, une résistance réglable à volonté. Cette résistance sera constituée par exemple (fig. 98) par des fils de fer ou de maillechort enroulés en spirale, dont les extrémités sont reliées à des plots en laiton sur lesquels on peut déplacer à la main un curseur A. En faisant varier la position de ce curseur, on fera varier à volonté la valeur de la résistance r_a du circuit excitateur. On pourra ainsi régler l'intensité du champ magnétique inducteur de manière à maintenir constante soit l'intensité du courant dans le circuit extérieur, soit la différence de potentiel entre les bornes de la machine.

On fait quelquefois des régulateurs automatiques, dans lesquels le déplacement du curseur est commandé par la machine elle-même. Ils se composent en principe d'un électro-aimant muni d'une armature, intercalé soit en série sur le circuit extérieur, soit en dérivation entre les bornes, suivant que l'on veut maintenir constante l'inten-

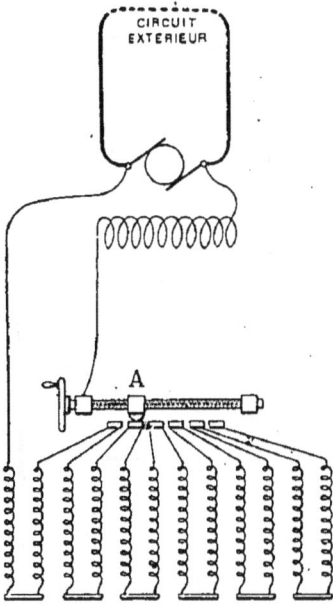

Fig. 98.

sité ou la différence de potentiel. Toute variation de l'intensité du courant dans cet électro-aimant se traduit par un déplacement de son armature, qui est reliée par une transmission convenable au curseur du rhéostat. Dans d'autres appareils, le déplacement de l'armature est transmis aux porte-balais et agit de manière à modifier le calage des balais.

59. Dynamos compound. — Pour se dispenser de l'installation d'un régulateur de champ, on se contente fréquemment d'une solution approchée qui consiste à disposer sur les noyaux inducteurs un double enroulement, c'est-à-dire à les exciter au moyen de deux circuits, l'un faisant partie du circuit extérieur, l'autre pris en dérivation sur les balais de la machine (fig. 99). On a ainsi ce qu'on appelle l'enroulement *compound*, ou compensé. On peut démontrer en effet que, entre certaines limites d'excitation, la force électro-motrice tend à croître quand la résistance du circuit extérieur diminue, pour une machine en série, tandis que pour une machine en dérivation elle varie au contraire dans le même sens que cette résistance. On conçoit donc qu'en réglant convenable-

ment les deux enroulements on puisse arriver à réaliser une différence de potentiel aux bornes constante, quelle que soit la variation de la résistance du circuit exté-
rieur. On peut aussi, mais dans de
moins bonnes conditions, réaliser de
la même façon une machine donnant un courant d'intensité constante,
quelle que soit la résistance extérieure.

Les dynamos compound sont aujourd'hui très fréquemment employées, principalement lorsqu'on a
besoin d'une différence de potentiel
constante. On construit couramment
des machines dans lesquelles les variations de différence de potentiel ne
dépassent pas 3 %, lorsque l'intensité
du courant fourni varie de zéro à la
valeur maxima que peut supporter la

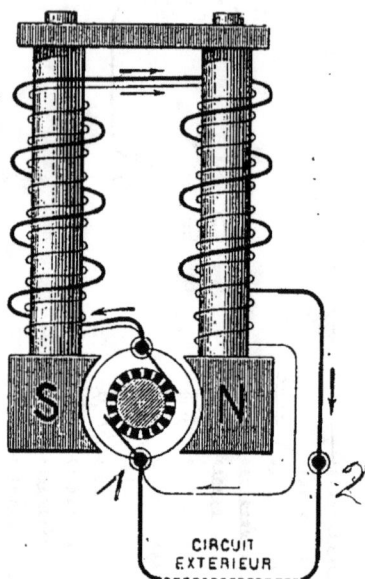

Fig. 99.

machine. On s'arrange quelquefois de manière que la différence
de potentiel croisse légèrement avec le débit de la machine. La
dynamo est dite dans ce cas *hypercompound*.

La compensation entre les deux enroulements ne peut être établie que
pour une vitesse de rotation déterminée de l'armature, et ne subsiste pas
forcément si l'on modifie l'allure. Il
y a donc, pour chaque dynamo compound, une vitesse normale que le constructeur s'est donnée à l'avance en
calculant sa machine, et à laquelle il
faut la maintenir pour obtenir les résultats prévus.

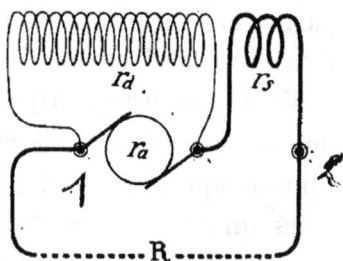

Fig. 100.

L'équation du courant d'une dynamo compound s'obtient de la
même façon que celle des dynamos en série ou en dérivation. Re-
présentons le schéma d'une semblable machine (fig. 100), et conservons les notations habituelles. On aura :

$$i_\mathrm{a} = \mathrm{I} + i_\mathrm{d} = \frac{\varepsilon}{\mathrm{R} + r_s} + \frac{\varepsilon}{r_\mathrm{d}}.$$

D'autre part

$$\mathrm{E} = \varepsilon + i_\mathrm{a}\, r_\mathrm{a}$$

d'où :

$$i_\mathrm{a} = \frac{\mathrm{E}}{r_\mathrm{a}} - \frac{\varepsilon}{r_\mathrm{a}}$$

et par suite :

$$\frac{\mathrm{E}}{r_\mathrm{a}} - \frac{\varepsilon}{r_\mathrm{a}} = \frac{\varepsilon}{\mathrm{R} + r_s} + \frac{\varepsilon}{r_\mathrm{d}}$$

ce qui donne :

$$\mathrm{E} = \varepsilon\, r_\mathrm{a} \left(\frac{1}{r_\mathrm{a}} + \frac{1}{\mathrm{R} + r_s} + \frac{1}{r_\mathrm{d}} \right)$$

$$\mathrm{I} = \frac{\varepsilon}{\mathrm{R} + r_s} = \frac{\mathrm{E}}{r_\mathrm{a}\,(\mathrm{R} + r_s) \left(\dfrac{1}{r_\mathrm{a}} + \dfrac{1}{\mathrm{R} + r_s} + \dfrac{1}{r_\mathrm{d}} \right)}$$

ou enfin :

$$\mathrm{I} = \frac{\mathrm{E}}{\mathrm{R} + r_s + r_\mathrm{a} + \dfrac{r_\mathrm{a}\,(\mathrm{R} + r_s)}{r_\mathrm{d}}}$$

Quant à la différence de potentiel entre les bornes, on a évidemment :

$$e = \mathrm{I}\,\mathrm{R}$$

ce qui permet de calculer e.

La dynamo compound dont nous venons de donner le principe est souvent appelée dynamo compound en *courte dérivation*, pour la distinguer d'une autre classe de dynamos compound, dans lesquelles la dérivation est prise, non plus entre les balais, mais entre les bornes extrêmes de la machine (fig. 101), et qu'on appelle pour ce motif dynamos compound en *longue dérivation*. L'équation du courant des dynamos en longue dérivation s'obtient d'une manière analogue à celle des dynamos en courte dérivation. On trouve finalement :

$$\mathrm{I} = \frac{\mathrm{E}}{\mathrm{R} + r_s + r_\mathrm{a} + \dfrac{\mathrm{R}\,(r_\mathrm{a} + r_s)}{r_\mathrm{d}}}$$

60. Balais. — Les balais destinés à recueillir les courants produits dans l'armature doivent satisfaire à deux conditions. Il faut d'abord qu'ils aient une section suffisante pour que le courant qui les traverse ne leur fasse pas subir un échauffement exagéré, et en second lieu qu'ils soient assez souples pour que leur frottement sur les lames ne donne lieu qu'à une usure aussi faible que possible du collecteur. L'étendue du contact doit en outre être inférieure à la largeur d'une lame du collecteur, mais supérieure à la largeur des isolants qui séparent les lames, de telle sorte qu'il n'y ait jamais interruption du courant.

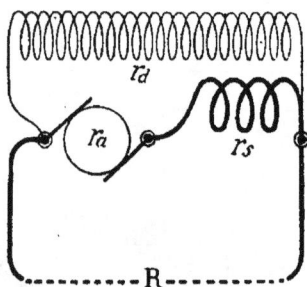

Fig. 101.

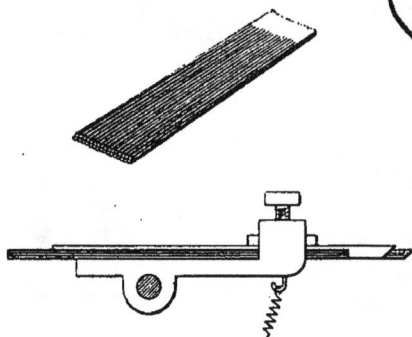

Fig. 102.

Une des premières dispositions, imaginée par Gramme et encore fréquemment employée aujourd'hui, a consisté à former chaque balai d'un faisceau de fils de cuivre ou de laiton, ayant 0 $^m/_m$ 3 de diamètre environ, juxtaposés sur plusieurs couches et soudés ensemble à une de leurs extrémités (fig. 102). Ces balais sont fixés dans une gaîne par une vis de pression, et un ressort les maintient appuyés sur le collecteur.

On a essayé de substituer au cuivre et au laiton le bronze d'aluminium argenté (balais Hervé). Les balais ainsi constitués ont un fonctionnement satisfaisant, sans cependant présenter une supériorité bien marquée. Une circulaire du 10 avril 1893 en a autorisé l'emploi dans la Marine.

Les balais en fils ont tous l'inconvénient de s'user d'une manière assez irrégulière. Il y a en outre fréquemment des rebroussements de fils, ce qui favorise la production d'étincelles. Dans le but de diminuer le frottement sur le collecteur, on a imaginé de former

les balais de plusieurs épaisseurs de toile métallique, en fil de
cuivre ou de laiton, repliée sur elle-même un certain nombre de
fois et fortement comprimée. Ces balais présentent l'avantage de
se tailler rapidement suivant un biseau bien régulier, et d'user peu
les collecteurs. Ils ont par contre une usure propre assez rapide,
et produisent des poussières métalliques qui se déposent sur le collecteur et peuvent y produire des dérivations nuisibles, si celui-ci
n'est pas très fréquemment nettoyé. Une circulaire du 7 novembre
1890 a rendu réglementaire l'emploi de ces balais pour les dynamos alimentant les projecteurs destinés à la défense des côtes.

Les balais en toile métallique ont l'inconvénient d'offrir au passage du courant une section notablement moindre qu'un balai en
fils de mêmes dimensions extérieures, et par suite, pour un courant
d'intensité donnée, d'exiger une largeur plus grande. On leur subs-
titue souvent avec avantage les balais feuilletés (balais Boudreaux),
dont l'usage tend à se généraliser. Ces balais sont constitués par
des feuilles de laiton recuit laminées à $\frac{2}{100}$ de millimètre d'épaisseur,
repliées sur elles-mêmes un grand nombre de fois pour obtenir la
section convenable, comprimées à la presse et enveloppées d'une
feuille de laiton argenté de même épaisseur ; un rivet en laiton assure l'assemblage des feuilles. Les balais feuilletés donnent un frottement très doux, usent peu les collecteurs, et ont une usure propre inférieure à celle des balais en fils. Leur emploi dans la Marine a été autorisé par une circulaire du 22 juin 1895.

On a essayé dans la Marine un système de balais légèrement différent, consistant dans l'emploi de feuilles de cuivre de quelques
centièmes de millimètre d'épaisseur séparées par des couches de
graphite en poudre fine incorporé dans une toile métallique en
cuivre (balais Henrion). Ces balais ont l'inconvénient d'avoir une
usure propre assez considérable, inférieure cependant à celle des
balais en toile métallique ordinaires. Une circulaire du 26 mars
1896 en a autorisé l'emploi dans la Marine.

On fait aussi usage de balais constitués par un bloc prismatique
de charbon aggloméré. Ces balais s'usent régulièrement, donnent
un bon contact, et sont à peu près les seuls qu'on puisse employer
lorsque le collecteur doit pouvoir tourner indifféremment dans un
sens ou dans l'autre, ce qui est le cas des électro-moteurs (voir cha-

pitre XI). Ils ont l'inconvénient de donner un frottement assez énergique, qui échauffe les collecteurs, et de déposer sur les lames des
poussières de carbone conductrices (1).

Lorsqu'il s'agit de machines destinées à débiter des courants
très intenses, on est conduit à donner aux balais une section assez
considérable, pour éviter leur échauffement. Dans ce cas, pour ne
pas leur donner une très grande largeur, ce qui rendrait leur ré-

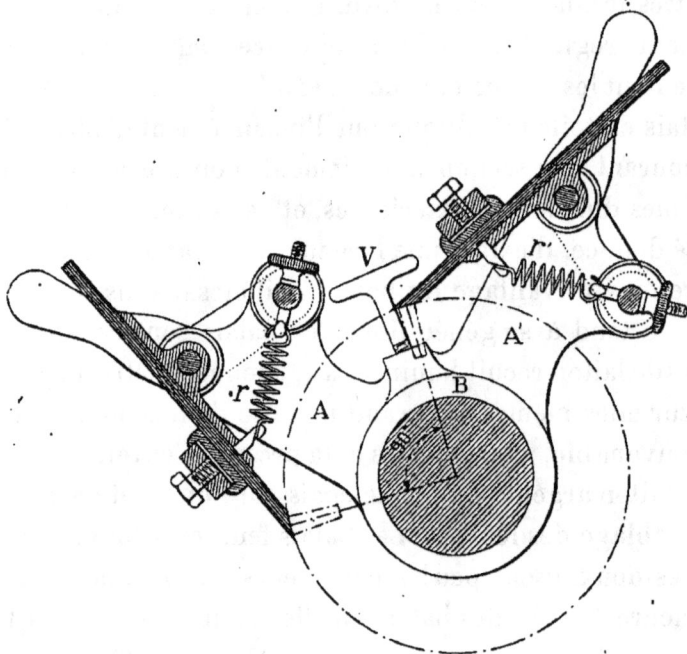

Fig. 103.

glage difficile, on les fractionne en général en plusieurs éléments
maintenus chacun dans une gaîne, et placés parallèlement à côté
les uns des autres.

Quel que soit le système de balais employé, il est utile, comme
nous l'avons vu au § 53, de pouvoir faire varier à volonté le
calage de ces balais, tout en leur conservant un écart angulaire
constant. Pour cela, les gaînes porte-balais sont fixées à des bras

(1) Il importe de remarquer qu'on ne peut pas indifféremment remplacer dans les
porte-balais d'une machine les balais métalliques par des balais en charbon. La densité
de courant (voir § 122) que peut supporter le charbon est en effet notablement inférieure
à celle qu'on peut admettre pour les balais métalliques. L'emploi de balais en charbon
nécessite par conséquent des collecteurs plus longs.

faisant partie d'un collier centré sur l'arbre de l'armature. La figure 103 représente par exemple la disposition des porte-balais d'une machine à quatre pôles, dont les balais doivent être à 90° l'un de l'autre (§ 48). Les balais sont pressés sur le collecteur par les ressorts r et r'. Les axes de rotation des gaines de ces balais sont portés par deux bras A et A', venus de fonte avec le collier B, et munis de poignées qui permettent de déplacer l'ensemble des deux balais. Une vis de serrage V sert à immobiliser le collier, et par suite les balais, lorsqu'on a trouvé par tâtonnement la position convenable.

64. Moteurs des dynamos. — L'enroulement de l'induit et des inducteurs une fois réglé, il faut imprimer à l'armature une vitesse de rotation déterminée. Pour calculer la puissance mécanique nécessaire, il faut connaître ce qu'on appelle le *rendement industriel* de la dynamo, c'est-à-dire le rapport entre la puissance électrique fournie par la dynamo et la puissance mécanique nécessaire pour faire tourner l'armature à la vitesse convenable. La valeur de ce rapport dépend du type de la dynamo et de son mode de construction. Pour une machine bien établie, le rendement ne doit pas être inférieur à 85 %, et atteint même sur certaines machines récentes 94 %.

Supposons par exemple qu'il s'agisse d'une machine donnant une différence de potentiel c aux bornes, et susceptible de débiter un courant de i ampères avec un rendement de 90 %. La puissance électrique fournie par la machine, exprimée en watts, est égale à ci (§ 5). Exprimée en chevaux de 75 kilogrammètres, ou comme on dit quelquefois en *chevaux électriques*, elle est égale à $\dfrac{c\,i}{736}$. Si l'on désigne par P la puissance à fournir sur l'arbre de l'armature, en chevaux-vapeur, on aura :

$$P = \frac{c\,i}{736 \times 0{,}90}$$

Le choix du type de moteur à employer dépend d'un grand nombre de circonstances, et en particulier de la vitesse normale pour laquelle la dynamo a été calculée, vitesse qui varie suivant les types de 300 à 2 000 tours par minute (1). De plus, la com-

_____

(1) Exceptionnellement, en employant des moteurs de construction spéciale, on a

mande peut être directe ou indirecte. Dans le premier cas, le moteur est attelé directement sur l'arbre de la dynamo; dans le second, cet arbre porte une poulie reliée à l'arbre du moteur par un système de courroies convenablement établi.

La commande par courroie est très fréquemment employée pour les installations faites à terre, dans lesquelles l'encombrement et le poids n'ont en général qu'une importance secondaire. A bord des navires, où ces deux questions sont au contraire capitales, il est avantageux de faire commander directement l'arbre de l'armature par le moteur. Les premières dynamos employées dans la Marine, dont les vitesses variaient de 500 à 1600 tours, exigeaient par suite l'adoption de moteurs spéciaux à grande vitesse (Brotherhood, Mégy, etc.). Ces moteurs sont d'un fonctionnement assez délicat et peu économique, et les dynamos que l'on installe actuellement à bord des navires sont calculées pour une vitesse normale de 300 à 350 tours par minute environ, ce qui permet de les actionner au moyen de moteurs à vapeur ordinaires, ayant une allure relativement modérée et susceptibles d'un fonctionnement durable et économique. Dans les machines récentes, la consommation de vapeur (avec échappement au condenseur) n'excède pas 12^k par heure et par cheval électrique aux bornes, c'est-à-dire qu'une machine de 16000 watts, par exemple, ne consomme que $\frac{16\,000 \times 12}{736}$, soit environ 260^k de vapeur par heure. Pour de petites dynamos, on peut admettre une allure un peu plus rapide, mais on ne dépasse guère 500 tours par minute.

62. Régulateurs de vitesse. — Quel que soit le type de moteur adopté, il est en général nécessaire, surtout pour les dynamos compound, que l'allure de ce moteur soit parfaitement régulière et indépendante de la puissance qu'il développe. On est conduit ainsi à munir les moteurs destinés à actionner les dynamos de *régulateurs de vitesse.*

La fig. 104 représente le régulateur des anciens moteurs construits par la maison Sautter Harlé et Cie. A l'extrémité de l'arbre du moteur est fixé un moyeu A muni de deux bras qui supportent

fait des dynamos dont l'armature tourne à des vitesses atteignant 10000 tours par minute, et dont nous parlerons dans le chapitre suivant.

les axes d'oscillation B de deux leviers coudés portant à une de
leurs extrémités des masses pesantes M. A leur autre extrémité, ces
leviers appuient sur des pointeaux D fixés à un manchon E en
deux parties qui peut glisser longitudinalement sur le moyeu A.
Au repos, les masses M sont dans la position de la figure, et
butent contre les extrémités de la clavette de fixation du moyeu A.
Lorsque l'arbre tourne, elles tendent à s'écarter sous l'action de la
force centrifuge, et à s'éloigner d'autant plus de l'axe de l'arbre
que le mouvement de rotation est plus rapide. Leur déplacement est transmis au manchon
E, qui porte un pointeau appuyant sur le levier coudé F. Ce

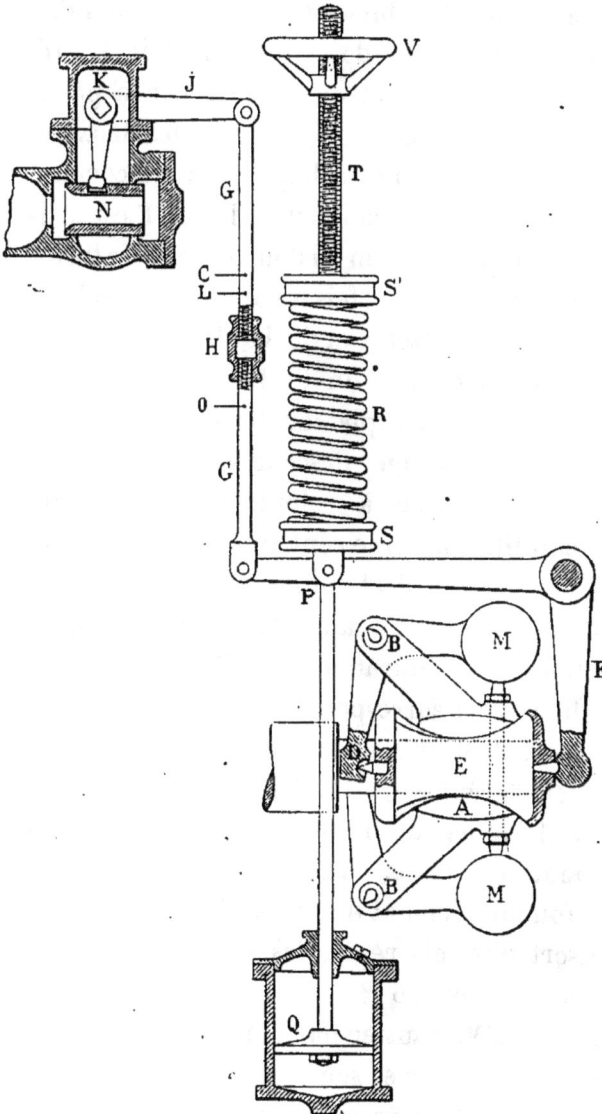

Fig. 104.

levier F est relié par la bielle verticale G au levier coudé J, qui
en tournant autour du point K actionne l'obturateur N, dont la
position règle la section des orifices d'arrivée de vapeur. La bielle
G est en deux parties réunies par un écrou H. Suivant que le

moteur marche avec échappement à l'air libre, ou avec échappement au condenseur, le régime est différent, et on ne peut obtenir la même allure constante qu'en modifiant la grandeur des recouvrements de l'obturateur. On se sert dans ce but de l'écrou H, qui permet de donner à la bielle G deux longueurs distinctes bien déterminées. La longueur de cette bielle doit être réglée de telle sorte que le coup de pointeau O, placé sur la partie inférieure de la bielle, soit écarté de 100 $^{m}/_{m}$ de l'un des deux repères L (échappement à l'air libre) ou C (échappement au condenseur) placés sur la tige supérieure. Au point P du levier F est articulée une tige terminée d'une part par un piston Q percé de trous, mobile dans un cylindre rempli d'huile et faisant ainsi obstacle à des oscillations trop brusques du régulateur, et de l'autre par un plateau S auquel est fixé un ressort à boudin R. L'extrémité supérieure de ce ressort est fixée à un plateau S' solidaire d'une tige filetée T qui peut monter ou descendre sous l'action du volant V. On peut ainsi régler à volonté la tension du ressort R. Cette tension équilibre la force centrifuge des masses M, et par suite détermine la position de l'obturateur N, c'est-à-dire l'allure du moteur. Si la vitesse vient à augmenter, par exemple, les masses s'écartent, actionnent l'obturateur, et l'allure se ralentit. À une certaine tension du ressort correspond une position d'équilibre déterminée des masses M, et par suite une allure déterminée du moteur. Une fois la bielle G réglée, c'est à l'aide du volant V seul que se règle l'allure. En le tournant dans le sens des aiguilles d'une montre on augmente la vitesse, en le tournant en sens inverse on la diminue. Le fonctionnement de ce régulateur est assez précis pour que, le ressort une fois réglé, les variations dans le nombre de tours ne dépassent pas 2,5 %.

Sur leurs moteurs récents, MM. Sautter Harlé et Cie ont modifié le régulateur de manière à accroître sa sensibilité. Le modèle actuel (fig. 105) diffère du précédent en ce que le déplacement de l'obturateur est commandé à la fois par le moteur et par les masses M. Cette action simultanée a pour but de permettre la variation de la position relative de l'obturateur et des masses du régulateur, l'obturateur devant pouvoir occuper toutes les positions depuis l'ouverture en grand (pleine marche) jusqu'à la fermeture

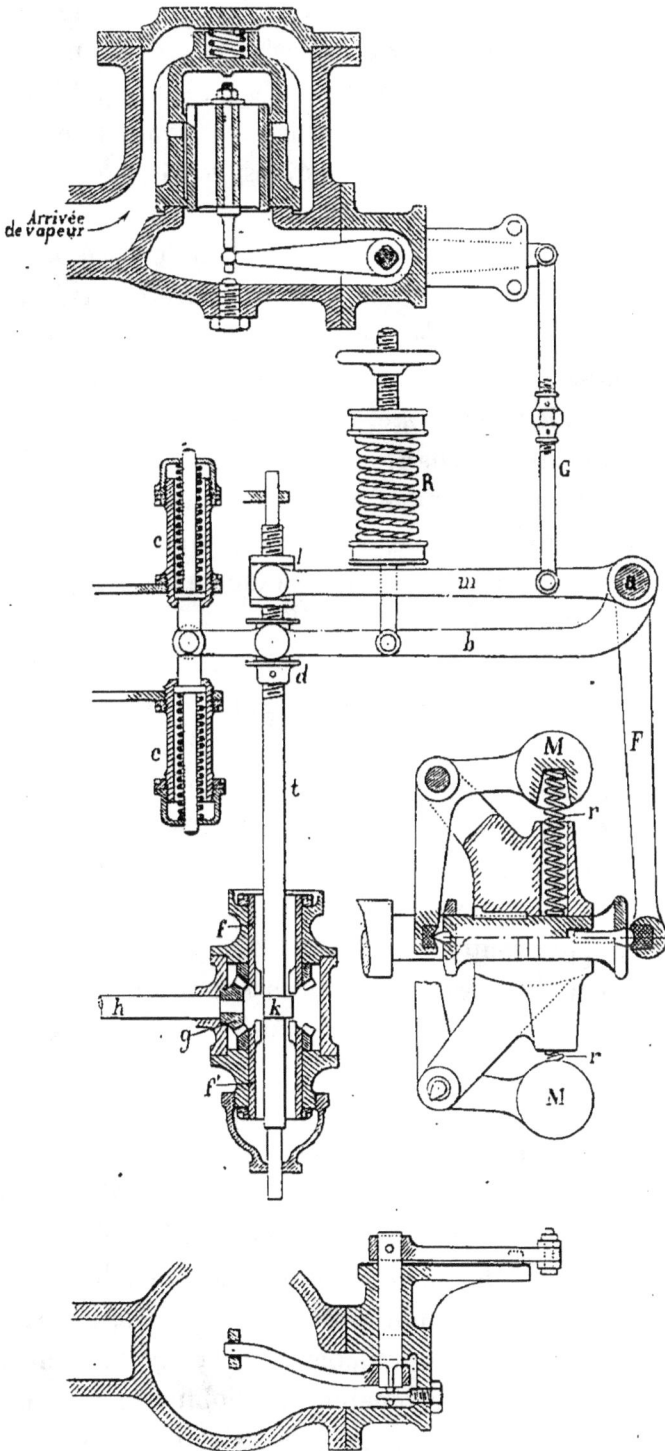

Fig. 105.

presque complète (marche à vide), tandis que le régulateur ne doit occuper qu'une seule position, celle qui, pour une vitesse de rotation déterminée, correspond à l'équilibre entre la tension du ressort antagoniste R et la force centrifuge des masses. C'est cette position d'équilibre qui est représentée par la figure 105. Le levier F, actionné par les masses M, entraîne dans son mouvement un levier b, claveté sur l'arbre a. Ce levier b, dont l'excursion est limitée par deux tampons à ressort c c fixés au bâti du moteur, est relié au ressort antagoniste R et se termine par une fourche qui s'emmanche dans une douille à gorge d goupillée sur une tige verticale t. Cette tige, filetée à sa partie supérieure, s'engage à l'autre extrémité dans deux douilles f f' munies de couronnes dentées, et constamment animées d'un mouvement de rotation, en sens inverse l'une de l'autre, par l'intermédiaire d'un pignon g et d'un arbre h mû par le moteur. La tige t porte une clavette saillante k qui, dans la position d'équilibre du régulateur, est à mi-distance entre les deux douilles. Lorsque le levier F se déplace, cette clavette pénètre dans l'une ou l'autre des douilles qui entraînent alors la tige t par l'intermédiaire de tocs placés à l'intérieur. La rotation de la tige t fait monter ou descendre un écrou à gorge l qui entraîne une fourche fixée à l'extrémité d'un levier m fou sur l'arbre a. C'est ce levier m qui commande l'obturateur par l'intermédiaire de la bielle G, dont la longueur est réglée une fois pour toutes et reste ici constante quel que soit le mode d'échappement. Des ressorts à boudin r empêchent le rapprochement trop brusque des masses lorsque l'allure vient à se ralentir rapidement.

Lorsque le moteur se met en marche, la tension du ressort R maintient la clavette k en prise avec la douille f, et l'écrou l se déplace de manière à ouvrir progressivement l'obturateur. Les masses s'écartent, et, lorsque la vitesse de régime est atteinte, elles sont dans une position telle que la clavette k échappe de la douille f; l'obturateur est alors immobile. Dès que la vitesse change, la position des masses change également, et la tige t est entraînée de manière à manœuvrer convenablement l'obturateur. Comme dans le cas de la figure 104, on peut faire varier en marche la vitesse de régime en agissant sur la tension du ressort R.

Le régulateur ainsi construit est assez sensible pour que les variations dans le nombre de tours ne dépassent pas 1%, lorsqu'on fait subir à la puissance développée des variations atteignant le quart de la puissance maxima. Lorsqu'on fait tourner le moteur à vide, l'augmentation de vitesse ne dépasse pas 2 %.

Les régulateurs des autres moteurs employés dans la Marine reposent tous sur l'action de la force centrifuge, et ne diffèrent du précédent que par des dispositions mécaniques de détail. Dans certains d'entre eux, le déplacement des masses pesantes agit, non pas sur un obturateur spécial, mais directement sur le tiroir d'admission (§ 72).

Le fonctionnement des régulateurs est quelquefois complété par l'adjonction d'un ou plusieurs volants calés sur l'arbre du moteur. Pour permettre le contrôle permanent de l'allure, les moteurs sont en général munis d'un tachymètre indiquant à chaque instant la vitesse de rotation.

63. Accouplement élastique. — Avant les derniers perfectionnements apportés aux régulateurs de vitesse, il pouvait arriver que les variations dans le débit de la dynamo, et par suite dans le travail effectué par le moteur, fussent trop brusques pour pouvoir être immédiatement amorties par le régulateur. Pour remédier à cet inconvénient, on interposait en général

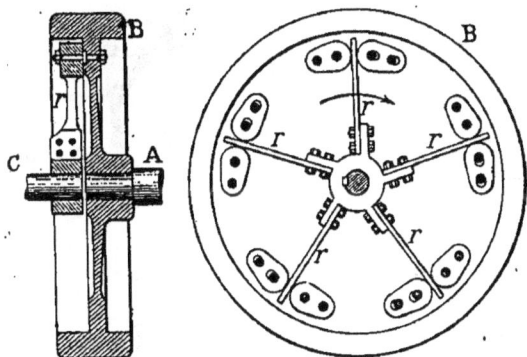

Fig. 106.

entre l'arbre de l'armature et celui du moteur une jonction élastique. La figure 106 représente la disposition employée sur leurs anciennes machines par MM. Sautter, Harlé et Cⁱᵉ. Sur l'arbre A du moteur est calé un plateau B formant volant qui entraîne l'arbre C de la dynamo par l'intermédiaire de cinq lames de ressort r, fixées d'une part à un collier claveté sur l'arbre C, et saisies à l'autre extrémité entre deux tocs boulonnés sur le plateau B.

La figure 107 représente une disposition un peu différente employée pendant longtemps par la maison Bréguet. L'arbre du moteur porte un volant V muni de 10 broches disposées suivant une circonférence. L'arbre de la dynamo porte un plateau P muni également de 10 broches semblables. Les broches du plateau et du volant sont réunies par des bagues en caoutchouc.

L'accouplement élastique présente l'avantage de permettre un léger déplacement de l'arbre de l'armature par rapport à celui

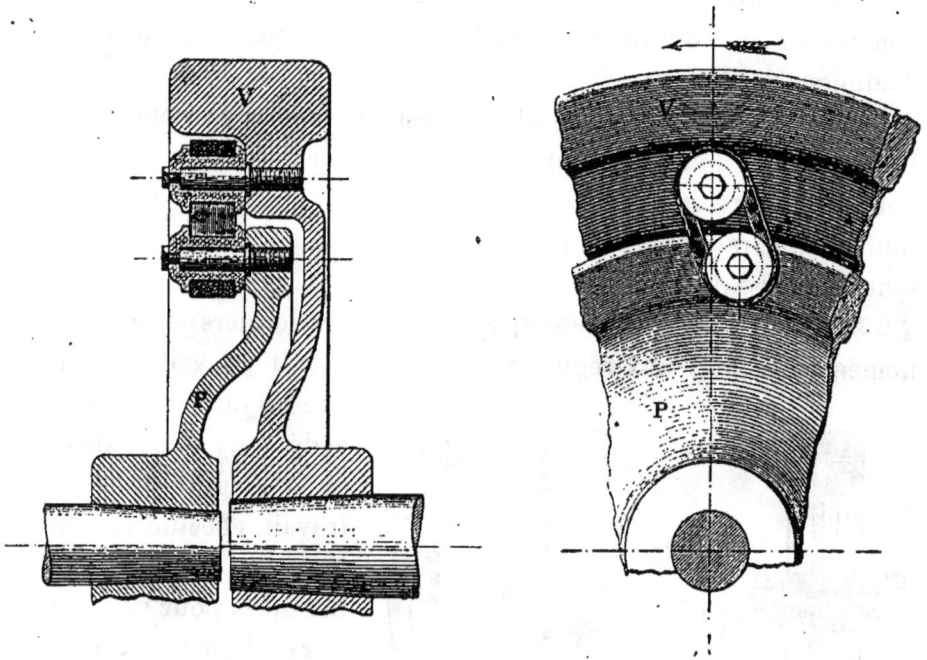

Fig. 107.

du moteur, ce qui facilite la reprise du jeu en cas d'usure des coussinets. Il constitue par contre un organe encombrant et un peu délicat, et sur les machines récentes, munies de régulateurs sensibles, il est toujours supprimé.

64. Couplage des dynamos. — De même que les éléments de pile, on peut associer en tension ou en quantité plusieurs dynamos identiques à courant continu. Le couplage en série n'offre aucune difficulté, et les figures 108, 109 et 110 représentent l'association en tension de deux dynamos en série, en dérivation, et à enroulement compound.

Le couplage en quantité ne doit être au contraire réalisé qu'avec

certaines précautions. Cela tient à ce que les dynamos ne sont jamais assez identiques pour avoir exactement la même force électro-motrice à la même vitesse. Si on vient alors les associer en
quantité, le courant de la plus énergique passera en partie dans la plus faible, comme pour des éléments de pile de force électro-motrice inégale. Avec des dynamos en dérivation (fig. 111), cet inconvé-nient est peu important, et n'a d'autre effet que de diminuer légèrement le débit total des machines. Considérons au contraire deux dynamos en série (fig. 112). Si la machine A, par exemple, a une force électro-motrice un peu supérieure à celle de la machine B, on voit qu'une partie du courant fourni par la première machine circulera dans les inducteurs de B en sens inverse du courant normal. Il en résultera une diminution du cou-rant excitateur, et par suite une diminution de force électro-motrice. L'é-cart entre les forces élec-

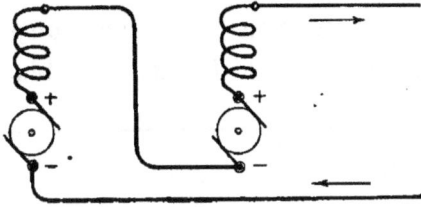

Fig. 108.

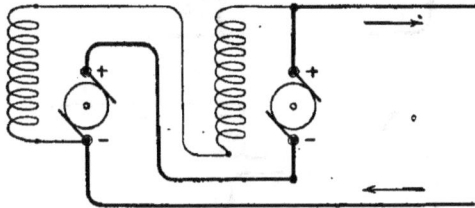

Fig. 109.

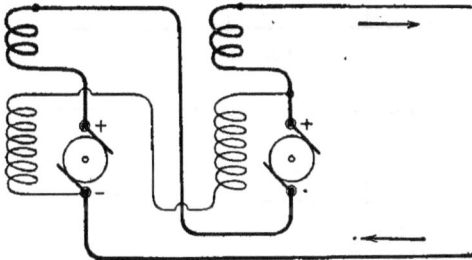

Fig. 110.

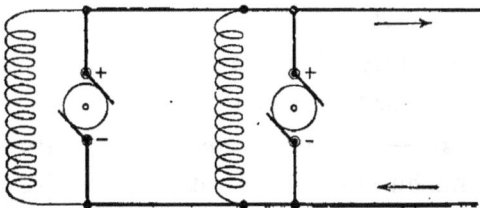

Fig. 111.

tro-motrices des deux machines ira donc en s'accentuant, et il arrivera un moment où le sens du courant sera renversé dans les
inducteurs de B. Les pôles de cette machine seront alors inversés,
et les deux machines A et B travailleront en opposition. Pour

éviter cet inconvénient, on peut employer la disposition représentée par la figure 113. Les armatures seules sont associées en quantité, et le sens du courant ne peut être inversé dans les inducteurs, qui sont associés en série. On peut aussi adopter un procédé plus simple, imaginé par Gramme, qui consiste à réunir par un fil les deux balais formant point de départ des circuits inducteurs (fig. 114). Ce fil, appelé *fil d'équilibre*, maintient l'égalité entre les différences de potentiel des deux machines, et prévient ainsi le renversement du sens du courant dans l'une d'elles.

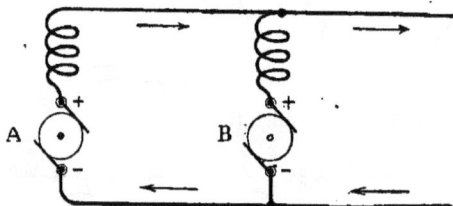

Fig. 112.

Lorsqu'il s'agit de machines compound, on peut réaliser sans grand inconvénient le couplage en quantité, grâce à la présence des circuits inducteurs dérivés. On peut d'ailleurs ajouter un fil d'équilibre, de telle sorte que deux balais de même nom soient toujours reliés par un conducteur de faible résistance.

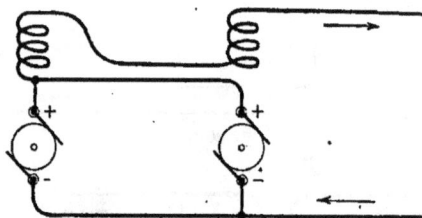

Fig. 113.

D'une manière générale, il est préférable d'éviter, lors-

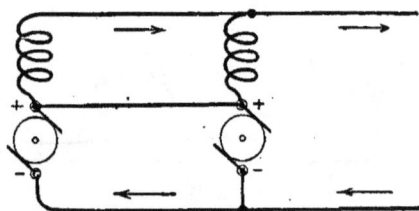

Fig. 114.

qu'on le peut, les couplages en quantité. Nous reviendrons sur ce sujet en parlant des installations à bord des navires.

65. Conduite des machines. — Les dynamos doivent être installées autant que possible dans un endroit frais et bien ventilé. Elles doivent être établies sur une base solide. A terre, on fait en général des fondations en maçonnerie; à bord des navires, on fixe la dynamo et son moteur sur un massif en bois solidement relié à la coque.

Lorsque la dynamo ne fonctionne pas, les balais doivent toujours être maintenus écartés du collecteur. Tous les porte-balais sont disposés de manière à permettre ce mouvement (1). Avant de mettre le moteur en route, on doit s'assurer que l'armature tourne librement, que les porte-balais sont placés approximativement dans la position de calage convenable, et que le circuit extérieur est ouvert. On met alors le moteur en marche, et on règle le régulateur de manière à l'amener à son allure normale. On abaisse alors les balais.

Si la dynamo est excitée en série, elle ne peut s'amorcer que lorsqu'on ferme le circuit extérieur. Les machines en dérivation ou compound peuvent au contraire s'amorcer à vide. On vérifie que la machine est amorcée au moyen d'un volt-mètre mis en dérivation entre les bornes. Lorsque la différence de potentiel a atteint sa valeur normale, on ferme le circuit extérieur, et on règle la position des balais de manière à réduire au minimum la production d'étincelles (2).

Lorsque le moteur est en marche, on doit veiller à ce que le graissage s'effectue d'une manière régulière. Il convient d'employer des burettes en cuivre de préférence aux burettes en fer, qui sont fortement attirées par les inducteurs. On vérifie de temps en temps à l'aide du tachymètre et du volt-mètre que la vitesse de rotation et la différence de potentiel conservent leur valeur normale.

Toutes les parties de la machine doivent être entretenues dans un parfait état de propreté. Le collecteur doit être nettoyé avec un soin particulier, et débarrassé des poussières métalliques résultant de l'usure des balais.

66. Machines à courant alternatif. — Nous n'avons parlé

(1) Une disposition simple et fréquemment employée est la suivante. La douille de la gaine qui porte le balai est munie d'une encoche. En soulevant la gaine et en la faisant courir légèrement sur son axe, on peut engager dans l'encoche la tête d'une vis faisant saillie sur cet axe. Le balai est alors maintenu écarté du collecteur.

(2) Si la machine ne s'amorce pas, il faut d'abord vérifier toutes les connexions. Si aucune erreur n'a été commise, on réussit généralement à amorcer la machine (dans le cas de l'enroulement compound) en la faisant travailler pendant quelques instants en court circuit, c'est-à-dire en réunissant les deux pôles par un conducteur de faible résistance. Pour ne pas risquer de détériorer l'armature en la faisant parcourir trop longtemps par un courant très intense, on se sert d'un fil de cuivre sur le parcours duquel on intercale un coupe-circuit à fil de plomb (voir § 126). Dès que la machine est amorcée, on en est averti par la fusion du fil de plomb, qui protège l'armature contre un échauffement exagéré.

jusqu'ici que des machines à courant continu, qui sont actuellement les seules employées dans la Marine. Mais il existe aussi des
machines à courant alternatif, ou *alternateurs*, qui dérivent directement de la machine idéale dont nous avons parlé au § 43. Jusqu'à ces dernières années, l'emploi des alternateurs était limité à
un petit nombre d'applications; une des principales difficultés
provenait de ce que, l'excitation des inducteurs ne pouvant, bien
entendu, être obtenue par des courants alternatifs, il était nécessaire
d'employer une machine excitatrice auxiliaire à courant continu,
à moins qu'on ne fît usage d'aimants permanents. Des découvertes récentes ont conduit à perfectionner notablement les alternateurs, qui commencent à recevoir des applications industrielles
importantes. Nous ne pouvons entreprendre ici cette étude et nous
décrirons seulement dans le chapitre suivant deux types d'alternateurs qui ont été quelquefois employés dans la Marine.

CHAPITRE VII

Description des différents types de dynamos employés dans la Marine.

---

67. Voltage adopté dans la Marine. — Nous verrons plus loin que, dans les installations faites à bord des navires, il est nécessaire que les dynamos soient réglées de manière à donner une différence de potentiel aux bornes constante, l'intensité du courant fourni dépendant alors uniquement de la résistance du circuit extérieur. Pour avoir des machines aussi simples et aussi peu encombrantes que possible, on a été conduit à adopter d'une manière uniforme des dynamos compound accouplées directement avec leur moteur. De plus, pour simplifier le matériel d'éclairage alimenté par ces machines, elles sont toutes construites de manière à donner normalement la même différence de potentiel aux bornes, ou comme on dit souvent le même *voltage*. Une circulaire du 17 novembre 1890 a adopté pour ce voltage le chiffre uniforme de 80 volts. Cette valeur a été déterminée par les considérations suivantes.

Un des principaux objets de l'installation des dynamos à bord des navires est l'alimentation des divers appareils d'éclairage, qui comprennent des lampes à arc et des lampes à incandescence. Nous verrons plus loin, en étudiant ces deux genres de lampes, que l'on peut construire des lampes à incandescence fonctionnant avec une différence de potentiel quelconque. Les lampes à arc, au contraire, exigent une différence de potentiel uniforme, qui est de 50 volts environ. De plus, si l'on fait usage de machines à faible résistance intérieure, ce qui est le cas des dynamos compound employées dans la Marine, la différence de potentiel aux bornes de la machine doit surpasser d'une certaine quantité la différence de potentiel aux bornes de la lampe, l'excédent de force électro-motrice étant absorbé par une résistance auxiliaire. Pour les lampes à arc de faible puissance, dans lesquelles l'intensité du courant ne dépasse pas 15 ampères, la valeur de la chute de potentiel entre la source d'électricité et la lampe doit être d'environ 10 à 15 volts. Mais lorsqu'il s'agit de lampes très puissantes, comme celles des grands projecteurs actuellement employés à bord des navires, ce chiffre devient insuffisant pour assurer un bon réglage de la lampe. Jusqu'en 1890, l'intensité du courant nécessaire pour les lampes des projecteurs ne dépassant pas 45 ampères, on avait adopté pour le voltage le chiffre uniforme de 70 volts, et un certain nombre de dynamos en service fonctionnent dans ces conditions. Depuis, en raison de l'emploi de foyers plus puissants exigeant des courants de 65 à 75 ampères, on a reconnu qu'il y avait intérêt à augmenter encore le voltage des dynamos, qui a été fixé comme nous l'avons dit plus haut à 80 volts (1). Il y a lieu de remarquer d'ailleurs que, comme nous le verrons plus tard, l'élévation du voltage permet de réaliser des canalisations d'incandescence moins coûteuses.

En outre, les machines récentes sont réglées de manière à donner une différence de potentiel constante, non pas entre leurs bornes, mais entre les barres du tableau de distribution (§ 145). Dans ce but, elles sont hypercompound (§ 59), la différence de potentiel aux bornes étant de 80ᵛ à vide et croissant de 1 volt pour 200 ampères d'augmentation du débit.

Ce que nous venons de dire s'applique seulement aux dynamos installées à bord des navires. Dans les installations à terre, le voltage est souvent déterminé par d'autres considérations, et peut recevoir suivant les cas des valeurs très différentes.

68. — Les constructeurs qui ont livré jusqu'ici des dynamos à la Marine sont les suivants :

Maison Sautter, Harlé et Cⁱᵉ (ancienne maison Sautter, Lemonnier et Cⁱᵉ).

Maison Bréguet.

Société L'Éclairage électrique.

(1) C'est également le chiffre adopté dans la Marine anglaise.

Société Alsacienne de constructions mécaniques.

Société des machines magnéto-électriques Gramme.

Compagnie continentale Edison.

Maison Fabius Henrion.

Maison Lombard-Gérin et Cie.

Nous décrirons successivement les types fournis par ces constructeurs, en indiquant au passage les principales particularités
qu'ils peuvent présenter.

69. Machines de la maison Sautter, Harlé et Cie. — Les
premières dynamos employées par la Marine ont été fournies par

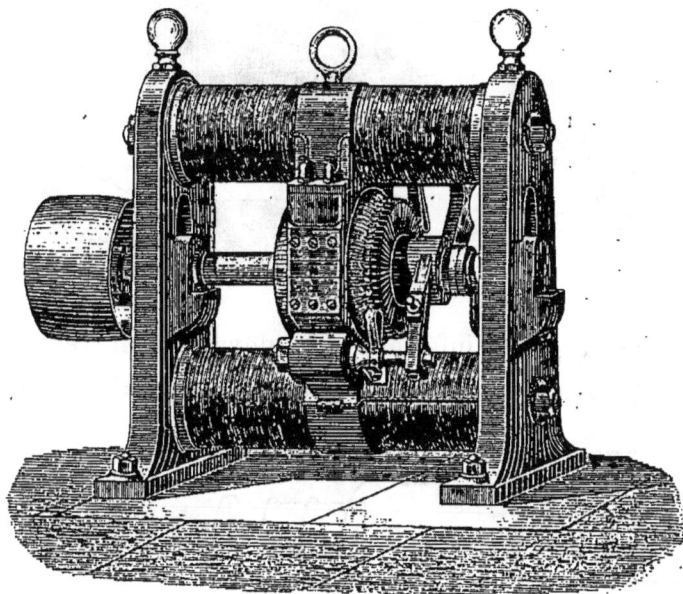

Fig. 115.

MM. Sautter, Harlé et Cie. Elles étaient exclusivement destinées à
l'alimentation des lampes à arc placées dans les projecteurs, et
chaque machine alimentait une seule lampe. Ces dynamos ayant
une grande résistance intérieure, la différence de potentiel aux
bornes variait seulement entre 50 et 60 volts. Quelques-unes de
ces machines sont encore en service; on les désigne souvent par
l'intensité lumineuse du projecteur qu'elles alimentent, exprimée
en becs Carcel (voir chapitre IX).

La figure 115 représente le type dit de 500 becs. Les noyaux
inducteurs, au nombre de quatre, sont supportés par deux flas-

ques parallèles en fonte, servant de bâtis à la machine et constituant en même temps les culasses des électro-aimants. La paire

Fig. 116.

supérieure et la paire inférieure de noyaux sont réunies par
des pièces polaires en fonte, et l'enroulement est fait de telle

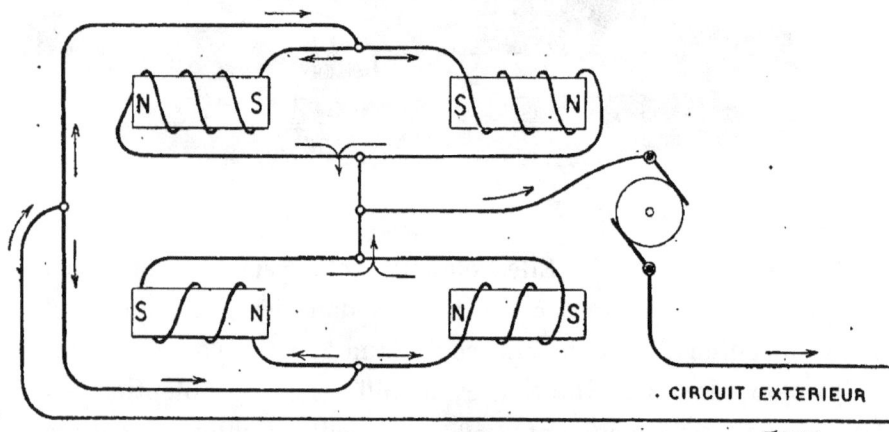

CIRCUIT EXTERIEUR

Fig. 117.

sorte que ces deux pièces constituent des pôles de nom contraire.
La machine est donc bipolaire (fig. 116). L'excitation est faite
en série, comme l'indique le schéma d'enroulement représenté
par la figure 117.

Le type de 1600 becs (fig. 118) présente la même disposition

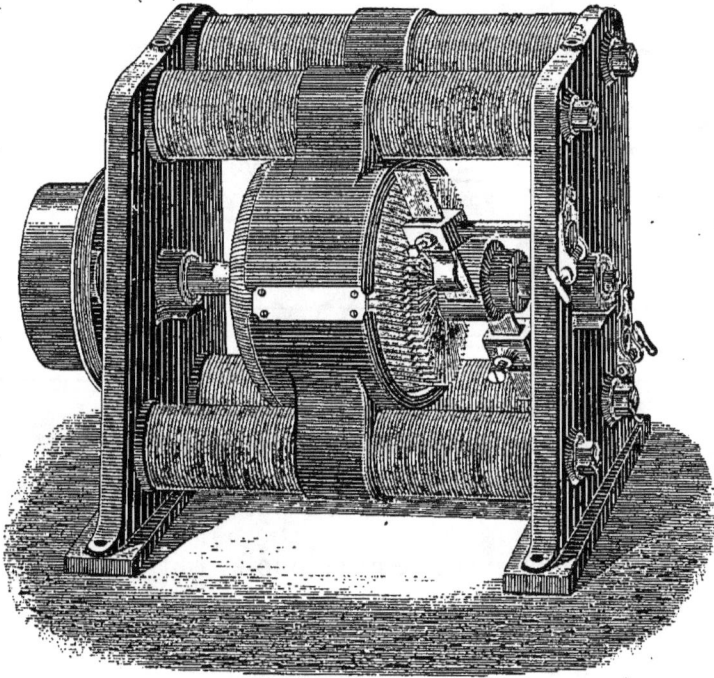

Fig. 118.

générale, mais il y a huit noyaux inducteurs, quatre noyaux terminés par un pôle de même nom étant réunis par une pièce polaire unique. Sur certaines de ces machines, l'excitation est faite en série (fig. 119). Sur d'autres, l'enroulement est com-

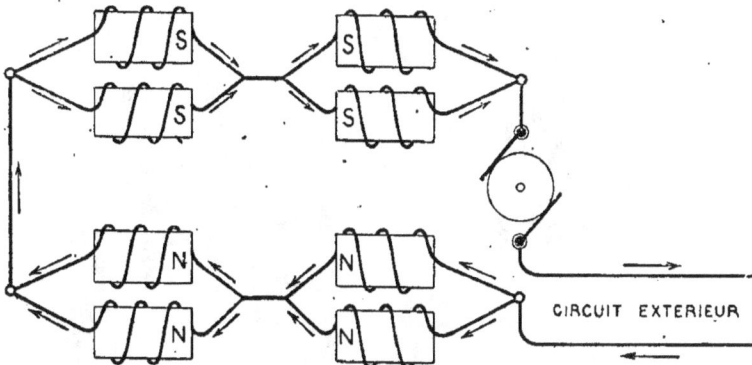

Fig. 119.

pound (fig. 120). Quelques-unes ont été faites avec un induit formé de deux anneaux enchevêtrés l'un dans l'autre; il y a alors deux collecteurs, un de chaque côté de l'armature. Les

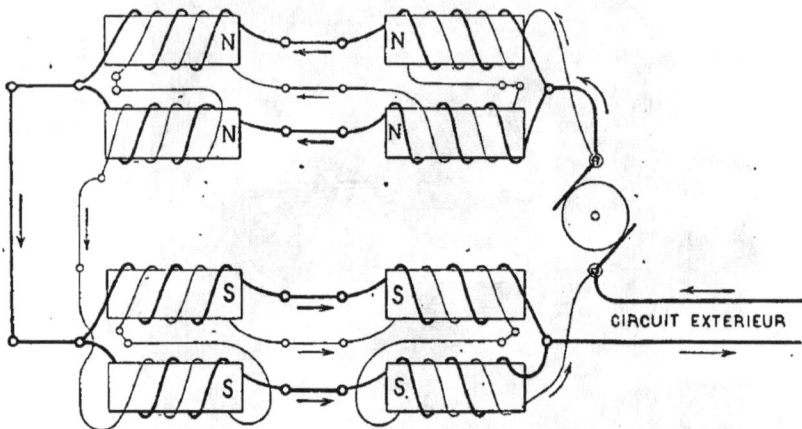

CIRCUIT EXTERIEUR

Fig. 120.

deux circuits induits peuvent être accouplés soit en tension, soit en quantité.

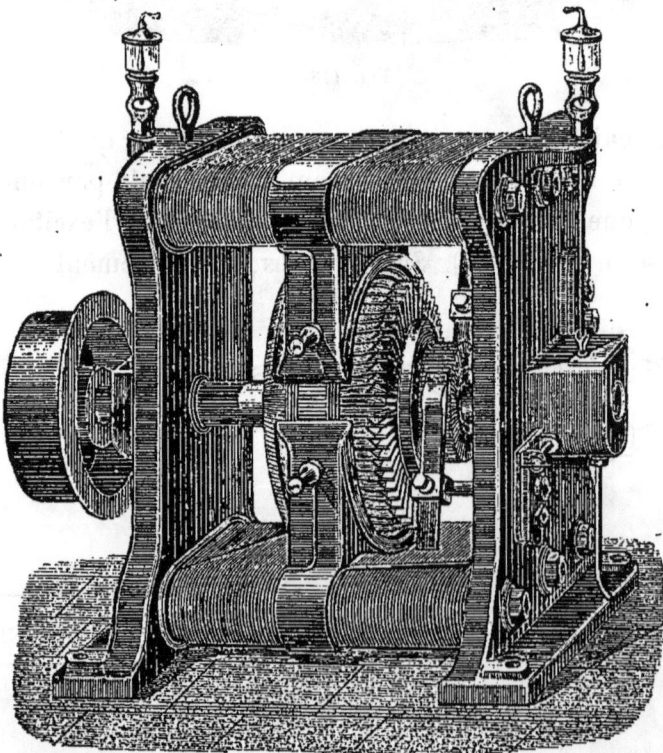

Fig. 121.

La machine de 4000 becs (fig. 121) est semblable à la machine
de 500 becs, mais les noyaux ont une section aplatie. Elle est
à enroulement compound, comme le représente le diagramme
de la figure 122.

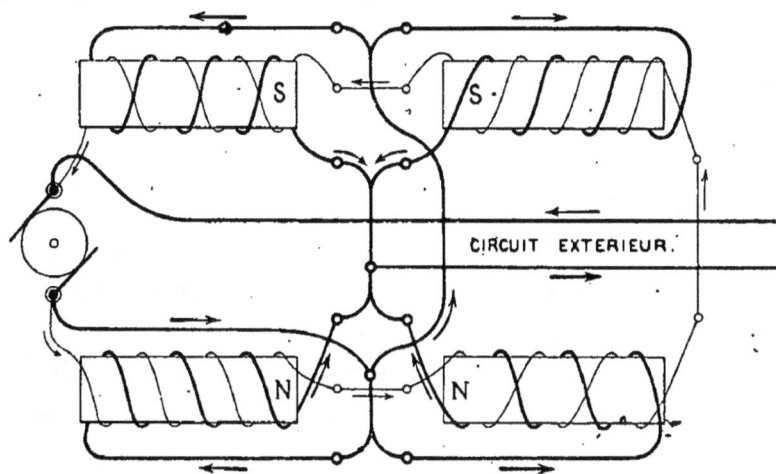

Fig. 122.

Un modèle identique au précédent, mais plus petit, constitue
le type dit de 200 becs, employé pour l'alimentation des projecteurs des canots à vapeur; les premières machines étaient excitées
en série, les plus récentes sont à enroulement compound.

Dans toutes ces machines, l'induit est un anneau Gramme ordinaire. A terre, le mouve-
ment de rotation est donné en
général au moyen d'une poulie et d'une courroie. A bord
des navires, l'arbre de l'armature est accouplé directement sur l'arbre d'un moteur
Brotherhood.

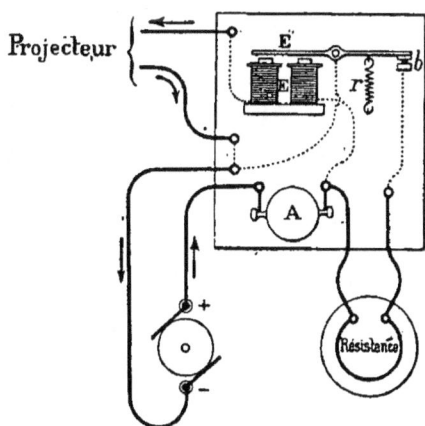

Fig. 123.

On trouve encore quelques
machines de 1600 becs en service à bord de certains navires.
Elles sont également em-
ployées, ainsi que les dyna-
mos de 4000 becs, pour l'alimentation des projecteurs destinés
à la défense des passes.

Avec les dynamos excitées en série, il est évident que si l'on vient à éteindre le projecteur, la machine se désamorce, puisque le circuit extérieur est alors ouvert. Pour éviter cet inconvénient, qui empêcherait le rallumage instantané du projecteur, on a employé un appareil dit *boîte de sûreté*, qui permet de conserver la machine amorcée en la faisant travailler sur une résistance équivalente à celle du projecteur. La fig. **123** représente la disposition de cette boîte. Le courant venant de la dynamo traverse un ampère-mètre A, puis un électro-aimant E dont l'armature E' est attirée. Au moment de l'extinction du projecteur, l'électro-aimant E devient inerte, et l'armature E', ramenée par le ressort r, vient en contact avec le butoir b. Le courant passe alors dans une série de spires en fil de maillechort ayant même résistance que la lampe du projecteur. Lorsqu'on rallume le projecteur, l'armature E' est attirée, et le courant cesse de passer dans la résistance auxiliaire.

Les données générales des machines que nous venons de décrire sont indiquées dans le tableau suivant :

	Machine de 200 becs en série.	Machine de 200 becs compound.	Machine de 500 becs.	Machine de 1600 becs en série.	Machine de 1600 becs compound.	Machine de 4000 becs.
Différence de potentiel aux bornes .... e	55^v	60^v	50^v	55^v	54^v	62^v
Débit maximum normal I	15^A	15^A	24^A	45^A	44^A	90^A
Résistance de l'armature ...... r_a	$1^\omega,22$	$0^\omega,52$	$0^\omega,42$	$0^\omega,22$	$0^\omega,18$	$0^\omega,13$
Résistance du gros fil des inducteurs .... r_s	$3^\omega,04$	$0^\omega,385$	$0^\omega,66$	$0^\omega,54$	$0^\omega,26$	$0^\omega,18$
Résistance du fil fin des inducteurs ..., ... r_d	»	19^ω	»	»	$18^\omega,6$	26^ω
Vitesse de rotation normale .. n	1600^t	1350^t	950^t	650^t	660^t	420^t

Un type plus récent est celui des dynamos dites *duplex* (fig. **124**). Ce sont des dynamos compound à quatre pôles conséquents. Il en existe trois modèles, dont les débits maxima sont respectivement 100,

Fig. 124.

150 et 175 ampères, la différence de potentiel aux bornes étant de 70 volts. Les inducteurs sont formés de quatre noyaux plats, réunis deux à deux par leurs pôles de même nom.

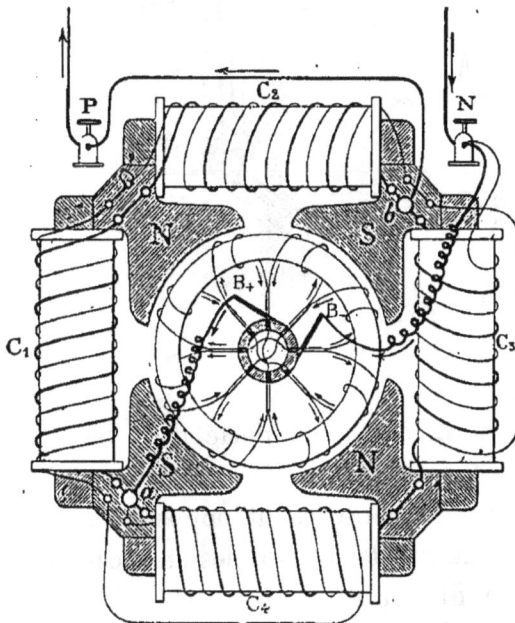

Fig. 125.

La figure 125 représente le schéma de l'enroulement des dynamos duplex de 100 ampères. Au point de vue du gros fil, les inducteurs sont divisés en deux groupes en tension associés en quantité. Partons par exemple du balai positif B_+. Le courant arrive à la borne a, où il se sépare en deux. Une moitié du courant circule dans le gros fil qui entoure les inducteurs C_1 et C_2; l'autre moitié excite les inducteurs C_3 et C_4. Ces deux moitiés se réunissent à la borne b, et le courant arrive à la borne positive P; il traverse le circuit extérieur, revient à la borne négative N, et arrive au balai négatif B_-. Au point de vue du fil fin, les inducteurs sont associés en série, c'est-à-dire que le courant les parcourt à la suite les uns des autres; ce fil fin est pris en dé-

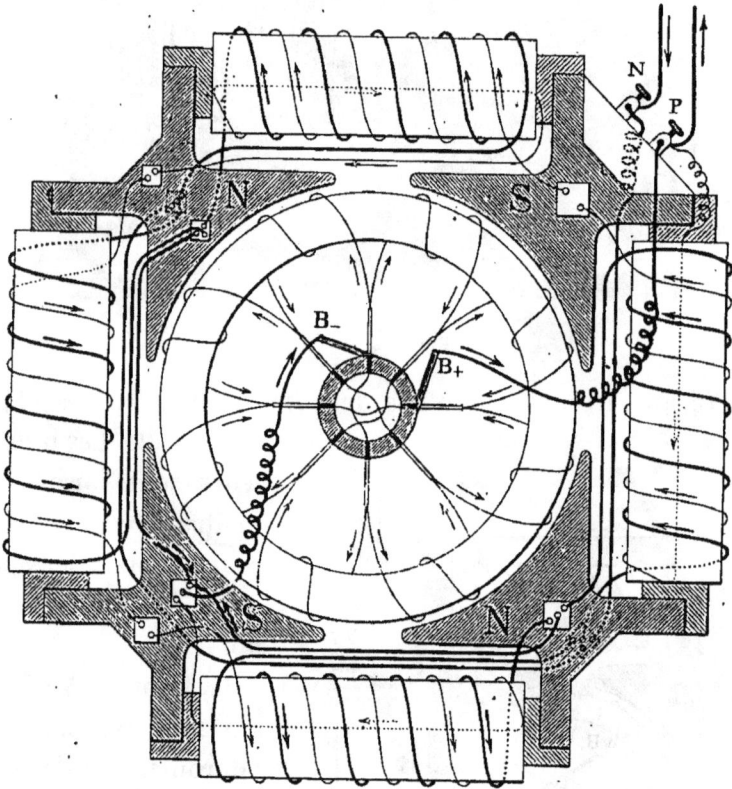

Fig. 126.

rivation entre les bornes a et N. Le collecteur porte deux balais à 90° l'un de l'autre (§ 48), et chaque lame doit être par conséquent reliée à celle qui lui est diamétralement opposée. Cette jonction est obtenue dans la pratique en reliant les amorces de ces deux lames au moyen d'un fil double dont les brins se séparent pour passer chacun d'un côté de l'arbre de l'armature.

Les dynamos duplex de 150 et 175 ampères ont un enroulement légèrement différent (fig. 126). Les quatre noyaux sont associés en quantité au point de vue du gros fil, et en série au point de vue du fil fin.

Les armatures de ces dynamos sont des anneaux Gramme (on a représenté seulement huit sections pour ne pas surcharger les figures). Les moteurs sont des machines à pilon compound, munies du régulateur de vitesse représenté par la figure 104. Entre l'armature et l'arbre du moteur est interposé un joint élastique, que nous avons déjà décrit.

Les données de ces machines sont les suivantes :

	Machine de 100 ampères.	Machine de 150 ampères.	Machine de 175 ampères.
e	70^v	70^v	70^v
1	100^A	150^A	175^A
r_a	$0^\omega,042$	$0^\omega,028$	$0^\omega,020$
r_s	$0^\omega,028$	$0^\omega,0165$	$0^\omega,018$
r_d	$7^\omega,4$	6^ω	$7^\omega,45$
n	350^t	350^t	350^t

MM. Sautter, Harlé et Cie ont également construit pour la Marine des machines triplex, à trois paires de pôles, dont la disposition générale est analogue à celle des machines précédentes. Les inducteurs, au nombre de six, sont formés de noyaux plats disposés suivant les côtés d'un hexagone régulier, deux pôles de même nom étant réunis par une même masse polaire, comme l'indique la figure 127. Les inducteurs sont groupés en série au point de vue du fil fin, et en quantité au point de vue du gros fil. A cet effet, la machine est munie de deux cercles métalliques auxquels aboutissent les extrémités du fil enroulé sur chaque noyau. L'un de ces cercles est relié à la borne négative, l'autre au balai négatif. Il y a deux balais à 60° l'un de l'autre. Les lames du collecteur doivent être par suite réunies entre elles comme nous l'avons indiqué au § 48. L'induit est un anneau Gramme.

Deux modèles de dynamos triplex, l'un de 150 ampères, l'autre de 260, ont été fournis à la Marine. Les dynamos de 260 ampères sont actionnées par des moteurs à pilon compound, avec accouplement élastique. Celles de 150 ampères, qui ont été installées à bord de navires où l'emplacement disponible était très réduit en

hauteur, sont actionnées par un moteur compound du type dit
à axe central (fig. 128). Les deux cylindres sont placés à la partie

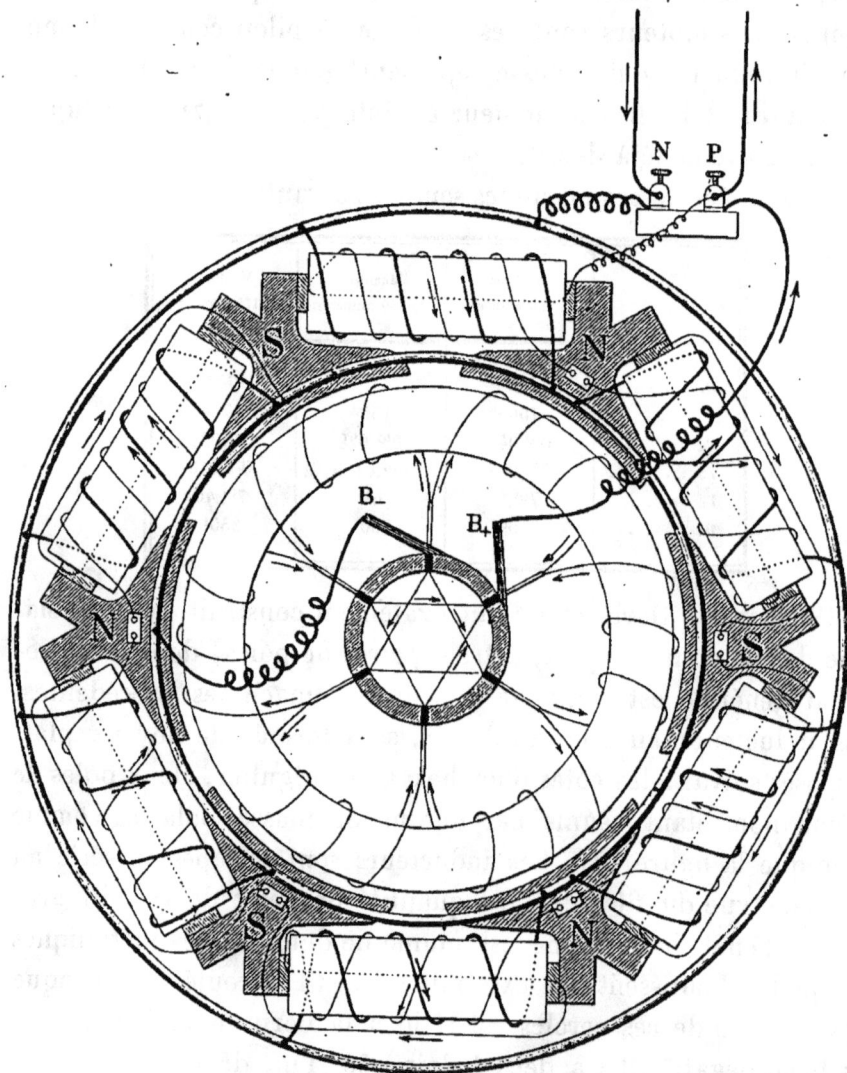

Fig. 127.

inférieure de l'ensemble, au-dessous de l'arbre, qui est mû par
des bielles renversées. Il n'y a pas d'accouplement élastique, et
l'induit est monté directement sur l'arbre du moteur.

Les données de ces machines sont les suivantes :

	Machine de 150 ampères.	Machine de 260 ampères.
e.	80^v	70^v
l.	150^A	260^A
r_a	$0^\omega,023$	$0^\omega,013$
r_s	$0^\omega,018$	$0^\omega,003$
r_d	$5^\omega,57$	$4^\omega,16$
n.	350	350^t

Deux dynamos triplex de $40^v\text{-}500^A$ ont été installées sur le *Ton-nant* pour fournir le courant nécessaire aux moteurs qui action-

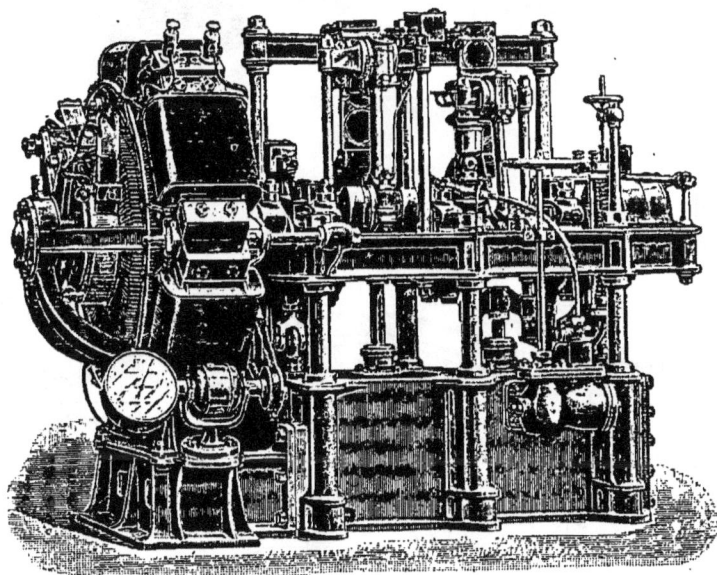

Fig. 128.

nent les mécanismes de pointage de la tourelle mobile. Elles sont commandées par un moteur horizontal tournant à 280 tours.

De 1890 à 1895, MM. Sautter, Harlé et Cie ont adopté d'une manière à peu près exclusive le type bipolaire à pôles conséquents, présentant la disposition d'inducteurs indiquée par la fig. 92. Les deux noyaux inducteurs sont à section carrée; l'enroulement est compound; l'induit est un anneau Gramme ordinaire. La différence de potentiel aux bornes est de 70 volts sur les premières machines, de 80 volts sur les plus récentes. Le débit maximum va-

Fig. 129.

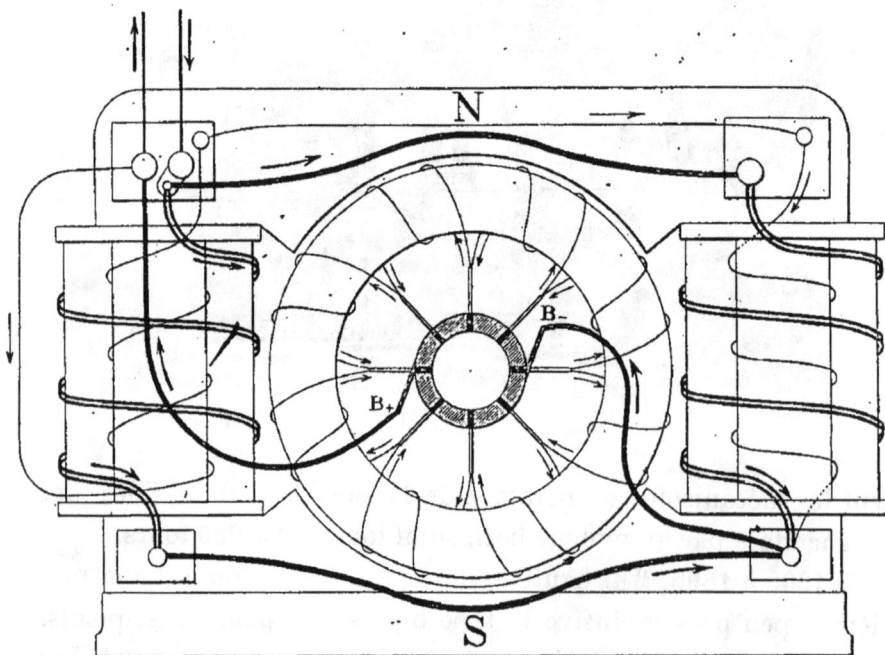

Fig. 130.

rie suivant les types de 25 à 400 ampères. Les dynamos de 25, 50 et 100 ampères sont mues par un moteur à pilon à un seul cylindre, ou compound à deux cylindres en tandem. Celles de 150 ampères et au-dessus sont actionnées par un moteur à pilon compound ou par un moteur Woolf horizontal. La figure 129 représente l'aspect extérieur de la dynamo de 200 ampères, et la figure 130 le schéma de son enroulement.

Les données de ces différents types de machines sont les suivantes :

e	70^v	70^v	70^v	70^v	70^v
I	25^A	50^A	100^A	150^A	200^A
r_a	$0^\omega,379$	$0^\omega,18$	$0^\omega,074$	$0^\omega,034$	$0^\omega,015$
r_s	$0^\omega,23$	$0^\omega,09$	$0^\omega,044$	$0^\omega,036$	$0^\omega,026$
r_d	$35^\omega,695$	$26^\omega,95$	$16^\omega,37$	$16^\omega,39$	$8^\omega,58$
n	550^t	550^t	450^t	450^t	350^t

e	80^v	80^v	80^v	80^v	80^v
I	50^A	150^A	200^A	300^A	400^A
r_a	$0^\omega,2$	$0^\omega,033$	$0^\omega,03$	$0^\omega,02$	$0^\omega,01$
r_s	$0^\omega,06$	$0^\omega,01$	$0^\omega,015$	$0^\omega,008$	$0^\omega,005$
r_d	$21^\omega,5$	$14^\omega,13$	$13^\omega,8$	$11^\omega,6$	$8^\omega,665$
n	550^t	350^t	350^t	350^t	320^t

Depuis 1895, MM Sautter, Harlé et Cie contruisent pour les bâtiments des dynamos multipolaires à quatre pôles. Ce sont des machines hypercompound, à induit Brown, débitant au maximum les unes 400, les autres 600 ampères. Celles de 400^A peuvent même supporter pendant deux heures un débit de 500^A sans échauffement nuisible. La figure 131 représente les dynamos de 600^A; ces machines sont munies d'électro-aimants supplémentaires donnant un champ additionnel (§ 53) destiné à annuler le champ magnétique développé par l'aimantation du noyau de l'induit. Ces électro-aimants supplémentaires portent un enroulement intercalé en série sur le circuit principal, de telle sorte que leur aimantation soit proportionnelle à l'intensité du courant débité par la machine; on obtient ainsi un calage fixe des balais, quel que soit le débit.

Des dynamos analogues, mais à six pôles, ont été installées sur le *Jauréguiberry* pour fournir le courant nécessaire à la manœu-

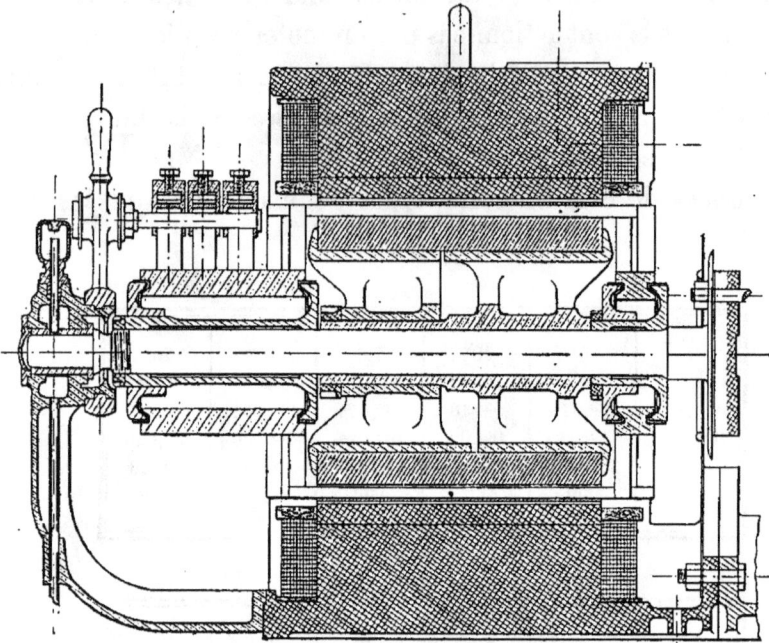

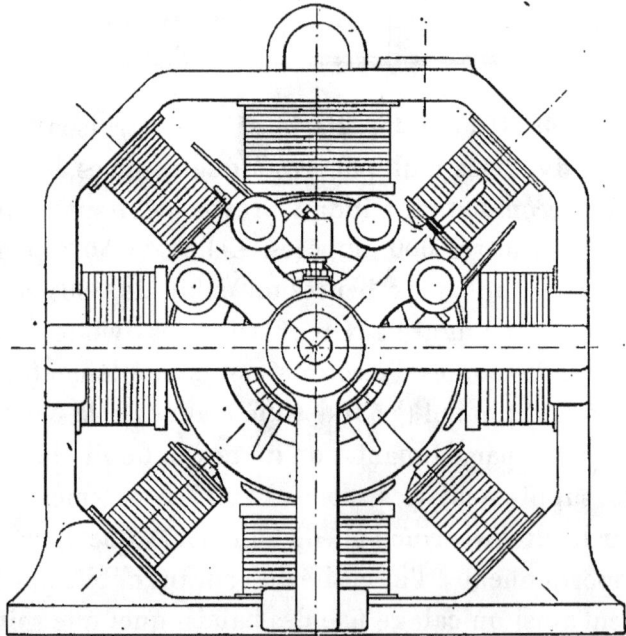

Fig. 131.

vre des tourelles. La figure 132 représente le schéma de leur enroulement.

Pour l'alimentation des feux de signaux à bord des petits bâtiments, MM. Sautter, Harlé et Cⁱᵉ ont construit un modèle de dyna-

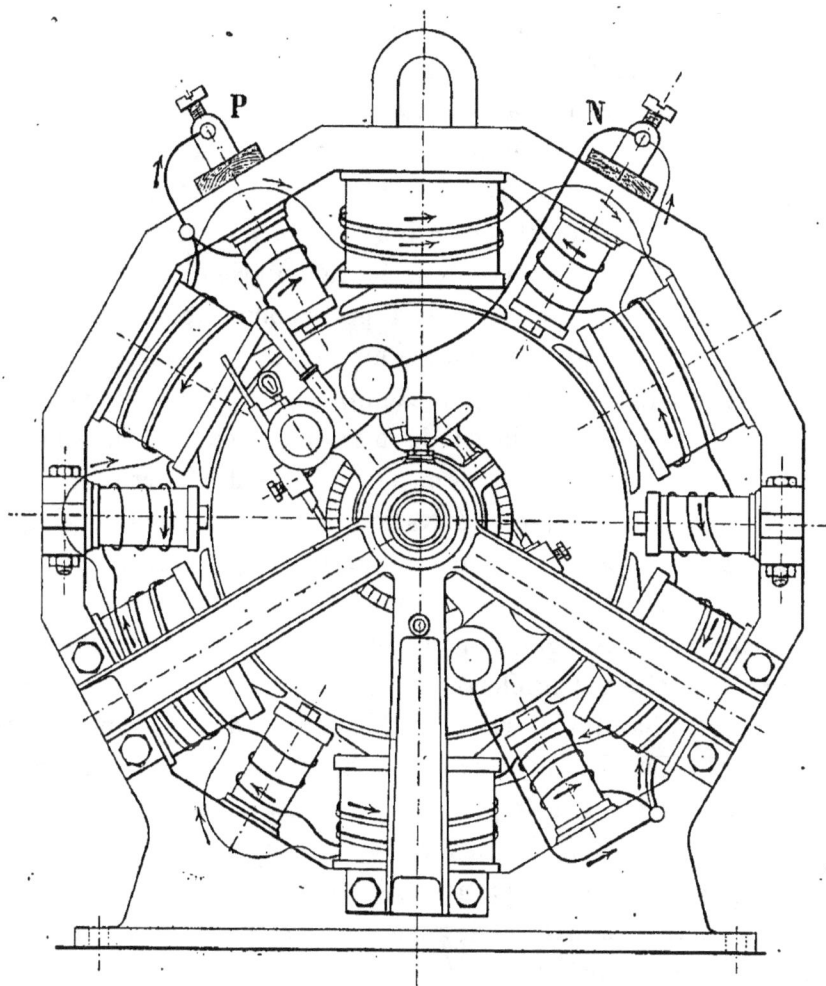

Fig. 132.

mo dont l'induit est actionné à bras par deux hommes, au moyen
de manivelles et d'engrenages. C'est une dynamo bipolaire à induit Gramme excitée en dérivation, pouvant débiter 4 ampères
avec une différence de potentiel de 27 volts. Les résistances intérieures sont :

$$r_{\text{a}} = 0^{\omega},445 \qquad r_{\text{d}} = 25^{\omega}.$$

Un modèle plus récent, actionné par quatre hommes, peut débiter un courant de $3^A,75$ avec une différence de potentiel de 80^V. Ce dernier type est actuellement en essai dans la Marine.

Citons également une petite dynamo bipolaire débitant 10 ampères avec une différence de potentiel de 12 à 15 volts, destinée à la charge des batteries d'accumulateurs alimentant les signaux à bord de certains navires. Cette dynamo est actionnée par un moteur Brotherhood tournant à 1700 tours. Enfin, un type de dynamo débitant 12^A avec une différence de potentiel de 80^V, et actionné par un moteur à vapeur tournant à 900 tours, est actuellement en essai comme source d'électricité à bord des torpilleurs.

Pour les installations à terre, MM. Sautter, Harlé et Cie ont fourni diverses dynamos du type bipolaire à pôles conséquents. Certaines de ces machines ont pour armature un anneau Gramme, d'autres un induit Brown. Telles sont par exemple les dynamos servant à l'éclairage des ateliers de la rive droite de la Penfeld, dans l'arsenal de Brest. Ce sont des dynamos de 120^V-800^A, tournant à 600 tours. Elles sont excitées en dérivation, avec rhéostat de réglage intercalé sur le circuit inducteur. L'induit est du système Brown, actionné par un moteur à pilon au moyen d'une courroie.

La Marine a essayé également l'emploi d'un type particulier de dynamo, inventé en Angleterre par M. Parsons, et construit en France par MM. Sautter, Harlé et Cie. L'originalité de cette machine réside surtout dans la construction de son moteur. Ce moteur, qui est désigné sous le nom de *turbo-moteur*, est actionné par la vapeur et peut être lancé à des vitesses incomparablement plus grandes que toutes celles qui avaient été réalisées jusqu'alors. En marche normale, l'allure est de 10 000 tours environ par minute, et dans certaines expériences on a atteint la vitesse de 30 000 tours par minute.

Le turbo-moteur (fig. 133, 134 et 135) se compose d'une série de turbines enfilées sur l'arbre moteur. A l'intérieur d'un cylindre en fonte sont fixées une série de couronnes munies d'ailettes dirigées obliquement; entre ces couronnes fixes sont placées une série de couronnes mobiles, calées sur l'arbre moteur, et portant à leur circonférence des ailettes dirigées à angle droit de celles des couronnes fixes (fig. 135). Si on lance un courant de vapeur dans

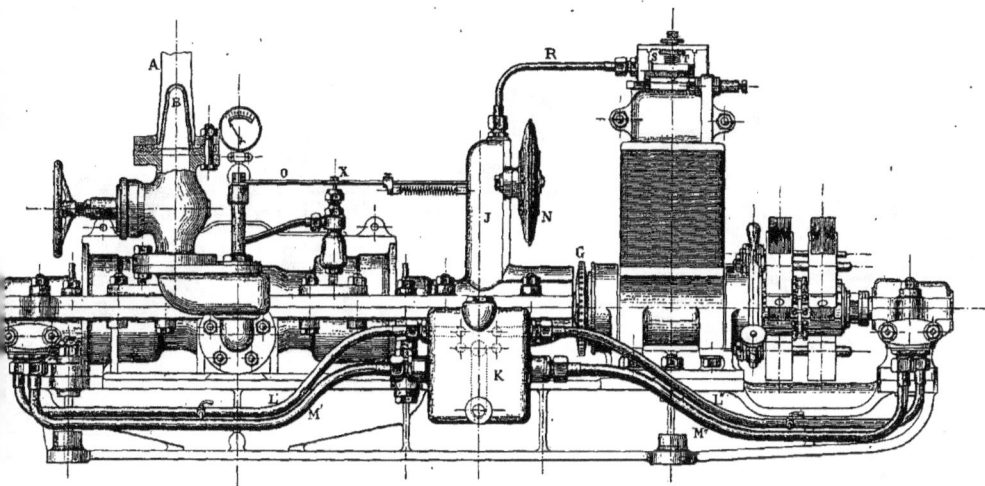

Fig. 133.

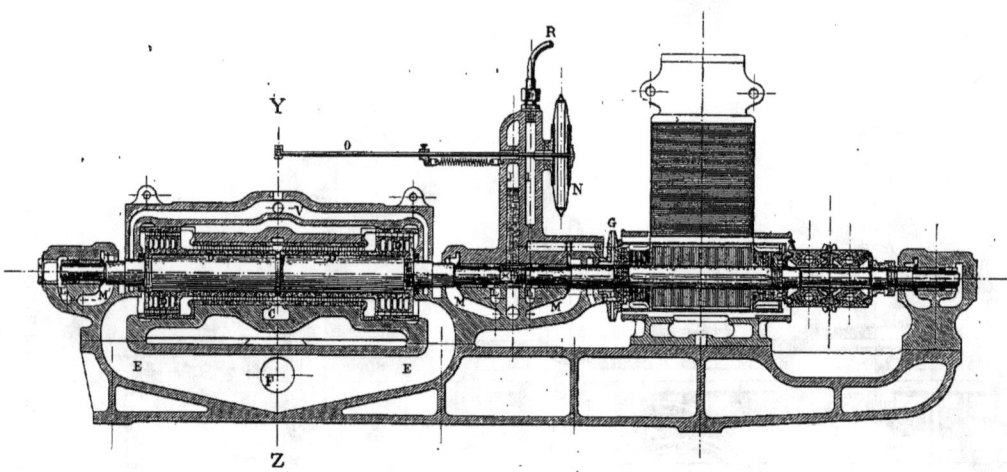

Fig. 134.

Coupe suivant YZ

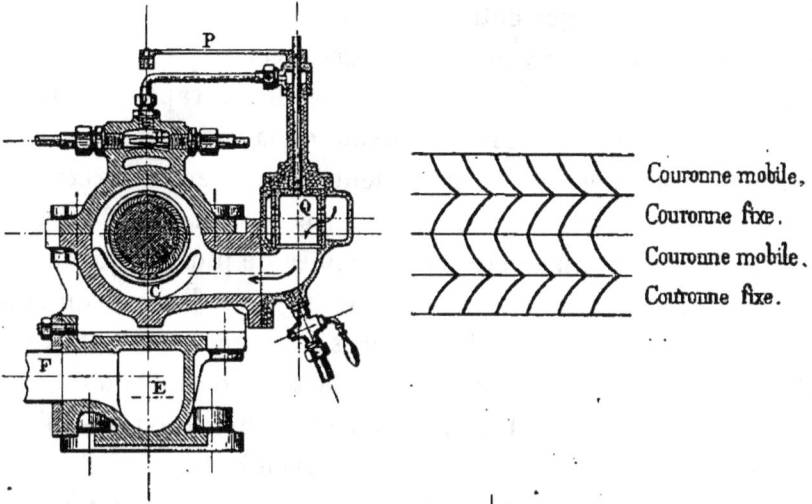

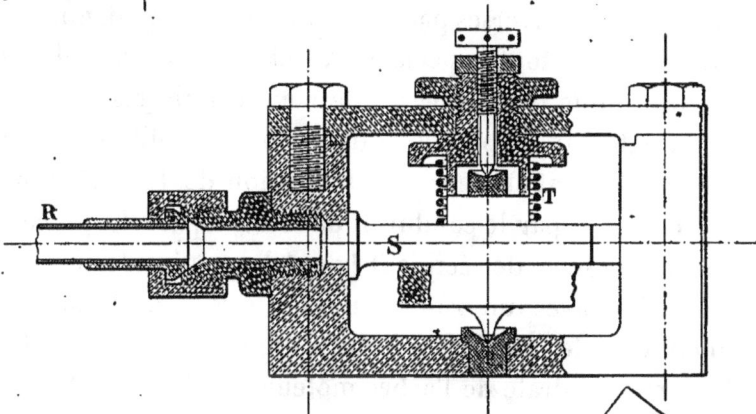

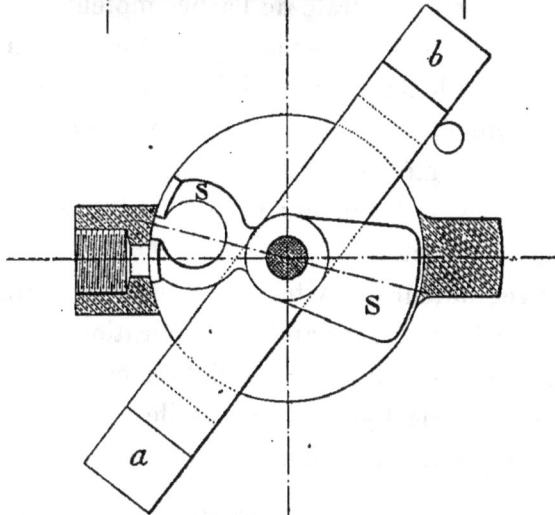

Couronne mobile,
Couronne fixe.
Couronne mobile.
Couronne fixe.

Fig. 135.

l'espace annulaire compris entre l'arbre et l'enveloppe, cette vapeur traversera les diverses turbines en leur imprimant un mouvement de rotation qui entraîne l'arbre de la dynamo. Théoriquement, il faudrait augmenter progressivement le diamètre des
turbines à partir de l'orifice d'entrée de la vapeur, pour tenir
compte de l'augmentation de volume de la vapeur par suite de la
détente. Pratiquement, on se contente d'augmenter légèrement la
largeur des turbines d'une manière progressive, et, aux extrémités,
d'ajouter un certain nombre de turbines de plus grand diamètre.
La vapeur, amenée par le tuyau A, traverse d'abord un tamis B
empêchant l'entraînement des corps étrangers, puis arrive dans
l'espace annulaire C; elle traverse la série de turbines D, et s'é-
chappe dans l'espace E qui est en communication avec l'atmosphère ou avec un condenseur par le tuyau F (1).

Le graissage des diverses parties frottantes doit évidemment être
assuré d'une façon toute spéciale. A cet effet, un ventilateur G,
formé d'un simple disque percé de conduits dirigés suivant des
rayons, est calé sur l'arbre de la dynamo. Ce ventilateur, qui à la
vitesse normale peut donner une dépression de 15 à 18 centimètres d'eau, aspire par le conduit H dans un espace I, qui communique avec une sorte de récipient J dont la partie inférieure est en
communication avec un réservoir d'huile K. L'huile monte par
conséquent dans le récipient J jusqu'à un certain niveau et baigne
ainsi la partie centrale de l'arbre moteur, sur lequel est fixée une
vis à grand pas; cette vis, agissant comme une vis d'Archimède,
chasse l'huile dans les conduits L et la force à pénétrer entre l'axe
et les coussinets; l'huile revient ensuite au réservoir K par les conduits M. De même l'huile est chassée vers les paliers extrêmes où
elle arrive par les tuyaux L' et L'', et retourne au réservoir K par
les tuyaux M' et M''.

Un régulateur de vitesse très sensible permet de maintenir l'allure constante. La chambre d'aspiration I du ventilateur G est en
communication avec un soufflet en cuir N dont une des parois est
reliée par une tige O à une bielle P qui agit sur une lanterne Q
dont la position détermine la section des orifices d'arrivée de va-

---

(1) Lorsqu'on fait fonctionner l'appareil avec échappement au condenseur, il est nécessaire d'intercaler un détendeur sur le tuyau d'évacuation.

peur. L'espace I communique avec l'atmosphère par le tuyau R. L'orifice de ce tuyau (fig. 135) peut être masqué plus ou moins complètement par une palette en bronze S, fixée à un barreau de fer doux *a b* mobile autour d'un axe vertical, qui est placé au-dessus des électro-aimants inducteurs, et qu'un ressort spiral T tend à placer parallèlement à l'axe du moteur. Cela posé, lorsque le moteur est en marche, les inducteurs aimantent le barreau *a b* qui tend ainsi à se placer à 90° de l'axe; comme il est sollicité en sens inverse par le ressort T, il prend une position d'équilibre moyenne, pour laquelle l'orifice du tuyau R a une certaine ouverture déterminée. Si pour une raison quelconque la vitesse vient à varier, l'intensité du courant excitateur des inducteurs, et par suite leur aimantation varie également; il en résulte un change-ment dans la position du barreau *a b*, et par suite une modifi-cation dans la section libre de l'orifice du tuyau R. A cette mo-dification correspond une modification de la dépression produite par le ventilateur dans l'espace I; les deux faces du soufflet ten-dent alors à se rapprocher ou s'écarter, et, par l'intermédiaire de la tige 0, la lanterne Q ferme ou ouvre l'arrivée de vapeur de manière à ramener la vitesse à la valeur fixée. Le réglage dépend donc de la tension du ressort spiral et de celle du ressort anta-goniste de la tige 0.

Un petit éjecteur U aspirant dans l'espace V est destiné à em-pêcher les fuites de vapeur par les extrémités de l'arbre. On règle l'arrivée de vapeur à cet éjecteur au moyen du volant X.

La dynamo est du type bipolaire. Les inducteurs, à section rectangulaire très aplatie, ont la forme représentée par la figure 90. L'excitation est faite en dérivation. L'armature est un induit Brown, dont la construction est analogue à celle que nous avons déjà indiquée. Les connexions des éléments sont faites seulement d'une façon un peu différente de manière à présenter une solidité suffisante pour résister à la force centrifuge résultant de la grande vitesse de rotation. Pour la même raison, chaque lame du col-lecteur est fractionnée en deux segments mis bout à bout, main-tenus par des bagues isolantes, de manière à éviter toute flexion.

La maison Sautter, Harlé et Cie construit sept modèles de turbo-moteurs, fournissant un courant de 10, 30, 50, 100, 150, 200 et

300 ampères, avec une différence de potentiel uniforme de 80 volts. Les figures 133, 134 et 135 représentent le turbo-moteur n° 4 (100 ampères). Dans les machines de 150 ampères et au-dessus, les lames du collecteur sont fractionnées en trois segments au lieu de deux. Dans les machines de 10, 30 et 50 ampères, il n'y a qu'une seule série de turbines ayant toutes le même diamètre; les organes de réglage sont les mêmes, mais disposés d'une manière un peu différente, le soufflet étant placé à l'extrémité de l'appareil la plus éloignée de la dynamo.

Les turbo-moteurs constituent des appareils peu encombrants mais délicats et peu économiques, consommant une très grande quantité de vapeur. Aussi leur emploi est-il à peu près abandonné actuellement dans la Marine.

70. Machines de la maison Bréguet. — La maison Bréguet a fourni à la Marine, pour l'éclairage des navires, un assez grand nombre de dynamos multipolaires à armature en disque. Cette armature est un induit Desroziers, dont nous avons déjà donné la description détaillée. La figure 136 représente l'aspect extérieur de ces machines. Le système inducteur comprend 6 champs magnétiques, obtenus au moyen de 12 noyaux à section légèrement elliptique distribués en regard les uns des autres sur deux flasques parallèles de manière à former les sommets d'un hexagone régulier. Chaque noyau est terminé du côté de l'induit par un épanouissement polaire. Comme nous l'avons indiqué au § 51, la circulation du courant dans les inducteurs est telle que deux pièces polaires consécutives constituent deux pôles de nom contraire, et que deux pièces polaires se faisant vis-à-vis par rapport à l'induit constituent également deux pôles de nom contraire. Il y a deux balais placés à 180° l'un de l'autre. Le compoundage est obtenu en enroulant un fil fin pris en dérivation entre les balais successivement sur tous les noyaux, et en enroulant le gros fil sur quatre noyaux seulement. Dans la pratique, ce gros fil est constitué par une sorte de câble plat formé de la juxtaposition de plusieurs fils. La fig. 137 montre la disposition schématique de l'enroulement. Une fiche métallique (visible sur la fig. 136) permet de supprimer le courant passant dans le fil fin. Cette précaution est recommandée par le constructeur au moment de la mise en marche et de l'arrêt de la machine.

Les dynamos du système Desroziers fournies à la Marine par la

Fig. 136.

maison Bréguet sont mues par des moteurs à pilon compound, avec

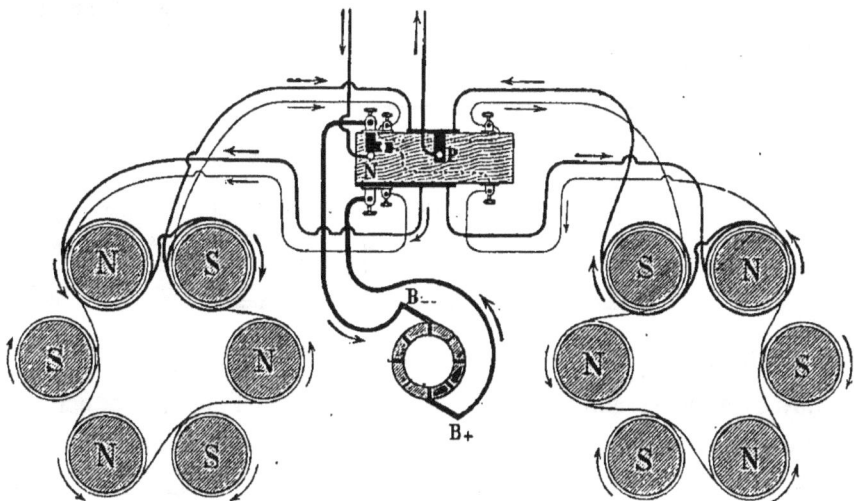

Fig. 137.

interposition de l'accouplement élastique représenté par la fig. 107.

L'allure normale est de 350 tours. Le régulateur de vitesse est analogue à celui représenté par la fig. 104. Il en diffère seulement en ce que le ressort dont la tension équilibre la force centrifuge agissant sur les contrepoids est logé dans l'intérieur du moyeu qui porte les axes d'oscillation de ces contrepoids. Cette disposition a l'inconvénient de ne pas permettre de modifier pendant la marche la tension du ressort. La différence de potentiel est de 70 volts pour les premières machines, de 80 volts pour les plus récentes. Le tableau ci-dessous indique les données relatives aux types de 200 ampères :

e.	70^V	80^V
I. . . . : . .	200^A	200^A
r_a	$0^\omega,039$	$0^\omega,030$
r_s	$0^\omega,0055$	$0^\omega,004$
r_d	$5^\omega,007$	$5^\omega,920$
n	350^t	350^t

Les dynamos servant au chargement des accumulateurs du bateau sous-marin le *Gustave Zédé* sont également du système Desroziers. Elles peuvent débiter 1000 ampères avec une différence de potentiel de 150 volts. Elles sont excitées en dérivation, mais elles peuvent aussi être excitées au moyen d'une machine auxiliaire système Desroziers de 150^V-200^A. Les données de ces machines sont les suivantes :

e.	150^V	150^V
I.	1000^A	200^A
r_a	$0^\omega,0065$	$0^\omega,052$
r_d	$3^\omega,891$	$15^\omega,381$
n.	225^t	225^t

La maison Bréguet a livré également à la Marine des machines bipolaires à pôles conséquents dans lesquelles l'armature est un anneau Gramme ordinaire. La figure 138 représente la disposition et le schéma d'enroulement des dynamos de 200 becs servant à l'alimentation des appareils photo-électriques des canots à vapeur. On remarquera que ces dynamos rentrent dans la classe des dyna-

mos compound, en longue dérivation. Elles débitent 12 ampères
avec une différence de potentiel de 60 volts à l'allure de 1500 tours.

Les plus récentes de ces dynamos sont actionnées par des turbines à vapeur d'un type très particulier, imaginées en Suède par
M. de Laval, et dont l'emploi pour la conduite des induits de
dynamos tend à se développer dans la Marine. Le moteur de Laval,

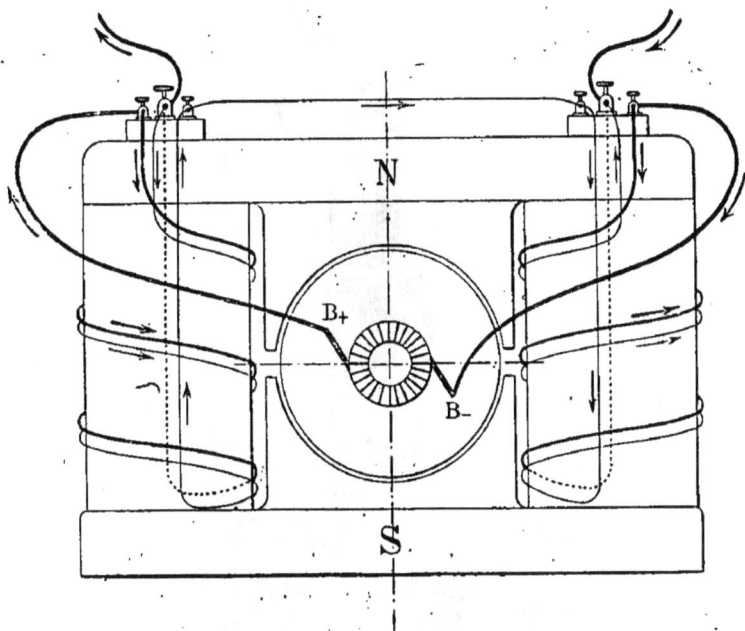

Fig. 138.

construit en France depuis 1894 par la maison Bréguet, est une turbine utilisant directement la force vive de la vapeur, mais différant
essentiellement des appareils du même genre en ce que la vapeur
y est amenée complètement détendue, et n'agit sur les aubes que
par la vitesse qu'elle a acquise dans cette détente préalable. La
disposition générale de l'appareil est indiquée par la fig. 139, sur
laquelle on a représenté comme transparente l'enveloppe de la turbine. Il se compose en principe d'un disque à axe horizontal, muni
sur son pourtour d'aubes inclinées sur lesquelles la vapeur, amenée
de la chaudière dans un conduit de distribution en forme de tore,
arrive par une série d'ajutages également inclinés, comme l'indique la fig. 140 où le disque a été représenté isolément. Le tracé
de ces ajutages est réglé de telle sorte que la vapeur se détende

complètement dans le trajet qu'elle effectue depuis la valve d'admission jusqu'aux aubes du disque. Elle acquiert ainsi en se détendant une vitesse considérable, pouvant atteindre 1000 à 1200 mètres par seconde, qu'elle communique au disque en le traversant grâce à l'inclinaison des aubes; elle sort ensuite par l'autre face,

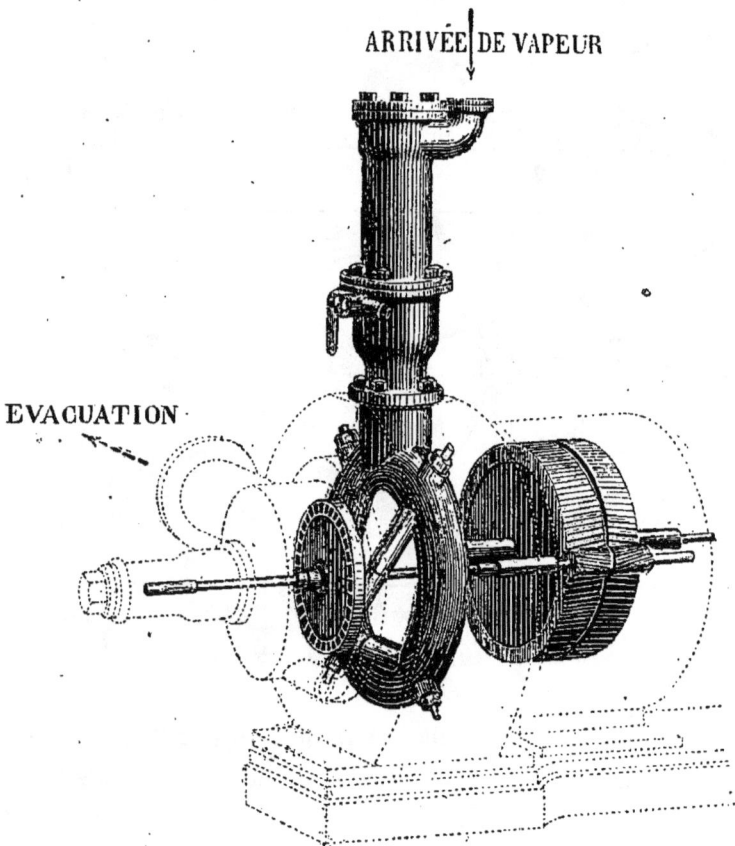

ARRIVÉE DE VAPEUR

EVACUATION

Fig. 139.

ayant perdu presque toute sa vitesse, dans une chambre d'évacuation mise en communication soit avec l'atmosphère, soit avec un condenseur.

Il résulte de là que, de part et d'autre du disque, la vapeur est à la même pression, ce qui rend inutile toute précaution d'étanchéité, et permet de laisser le disque se mouvoir librement dans son enveloppe, avec un jeu de quelques millimètres, ce disque étant seulement suspendu entre les coussinets de l'arbre sur lequel il est claveté. En raison de la vitesse considérable acquise par la vapeur détendue, le disque prend également une vitesse de rotation considérable, qui atteint 30 000 tours par minute pour les petites turbines de 5 chevaux. Des vitesses de ce genre étant à peu près impossibles à utiliser directement dans la pratique, on a dû associer à la turbine de Laval un réducteur de vitesse formé d'une double paire de roues d'engrenage, à denture inclinée à 45° dans un sens pour la première paire, dans l'autre sens pour la seconde,

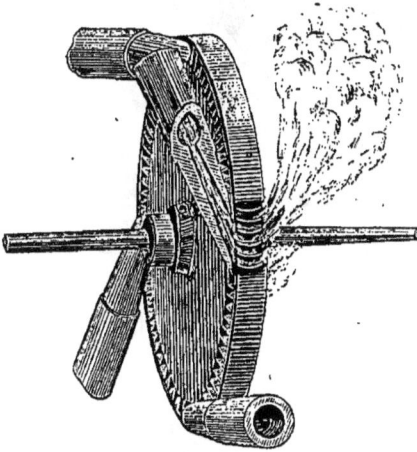

Fig. 140.

de manière à s'opposer aux mouvements longitudinaux de l'arbre. Ces engrenages, représentés sur la fig. 139, réduisent la vitesse dans le rapport $\frac{1}{10}$. C'est sur l'axe des deux grands pignons, qui se prolonge hors de l'appareil, qu'on vient atteler l'arbre de l'armature de la dynamo à actionner.

Pour tourner la difficulté de centrage résultant de la grande vitesse de rotation du disque, on a donné à l'arbre qui le porte des dimensions très faibles (5$^m/_m$ pour l'arbre moteur de la turbine de 10 chevaux). Grâce à la flexibilité de cet arbre, et au jeu qui existe sur le pourtour du disque, celui-ci se centre automatiquement sur son axe de figure par le fait de sa rotation même, en vertu de propriétés mécaniques des corps tournant autour d'un axe que nous ne pouvons étudier ici en détail. Le frottement sur les coussinets est ainsi réduit au minimum.

Un régulateur de vitesse à force centrifuge est monté sur l'axe des grands pignons du réducteur, et agit sur la valve d'admission de vapeur.

La turbine de Laval constitue un moteur extrêmement ingénieux, qui joint à l'avantage d'une grande simplicité de construction et de conduite celui d'un poids et d'un encombrement très faibles et d'un fonctionnement très économique, comparable à celui

des meilleurs moteurs du type ordinaire. La fig. 141 représente
l'ensemble d'une turbine de Laval actionnant une dynamo bipolaire.
Ces turbines, employées depuis quelques années pour les installa-

Fig. 141.

tions à terre, commencent à l'être également pour les dynamos
placées à bord des navires.

Depuis 1895, la maison Bréguet construit pour l'éclairage des

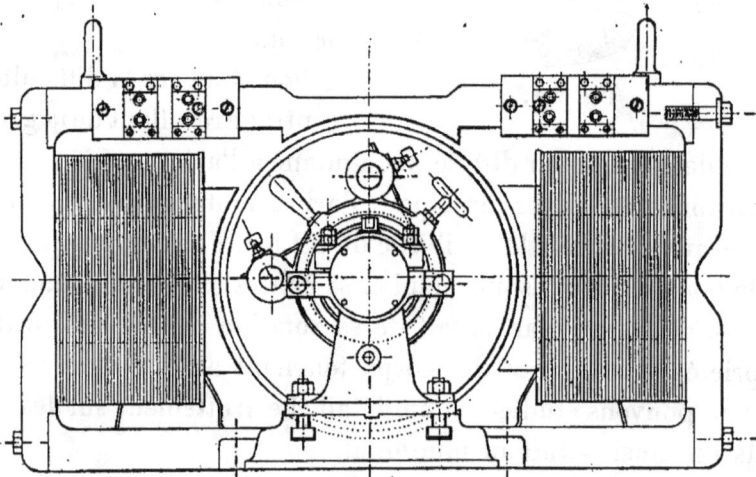

Fig. 142.

navires des dynamos multipolaires hypercompound, à induit
Gramme. Ce sont des dynamos à quatre pôles, dont deux directs
et deux conséquents; il n'y a par suite que deux enroulements
inducteurs. La figure 142 représente la disposition de ces machines.
Leur débit maximum normal est de 400^A, mais elles peuvent sup-

porter pendant une heure un débit de 500^A, sans échauffement nuisible. Leurs données sont les suivantes :

e.	82^V
I.	400^A
r_a	0$^\omega$,011
r_s	0$^\omega$,003
r_d	8$^\omega$,7
n	325^t

Les moteurs sont du type ordinaire, avec régulateur de vitesse à peu près identique à celui représenté par la fig. 105.

La maison Bréguet a construit également pour la Marine de petites dynamos à bras, analogues à celles fournies par la maison Sautter Harlé et Cie.

71. Machines de la Société l'Éclairage électrique. —

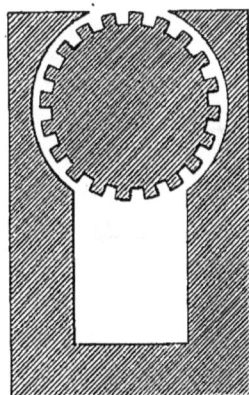

Fig. 143.

La Société *L'Éclairage électrique* construit des dynamos du système Rechniewski. L'induit est très analogue à l'induit Brown que nous avons déjà décrit. Les rondelles de tôle, au lieu d'être percées de trous, sont munies d'encoches régulièrement distribuées sur leur pourtour, et présentent ainsi l'aspect d'une roue d'engrenage. Dans chaque encoche de l'induit est logé un faisceau de fils qui constitue un élément. Les jonctions des éléments entre eux sont faites comme dans l'induit Brown.

Les inducteurs sont également formés de feuilles de tôle convenablement découpées, serrées les unes contre les autres au moyen de boulons avec interposition de papier enduit de gomme laque. La figure 143 montre comment on découpe dans une même tôle un élément de la carcasse de l'induit et un élément de la carcasse des inducteurs, pour une machine bipolaire. Dans certaines machines, les noyaux seuls sont construits de cette façon, les culasses et les pièces polaires étant alors des pièces de fonte massives.

La Société *L'Éclairage électrique* a fourni à la Marine diverses dynamos multipolaires. Telles sont par exemple les dynamos compound à 6 pôles installées sur certains navires pour l'alimen-

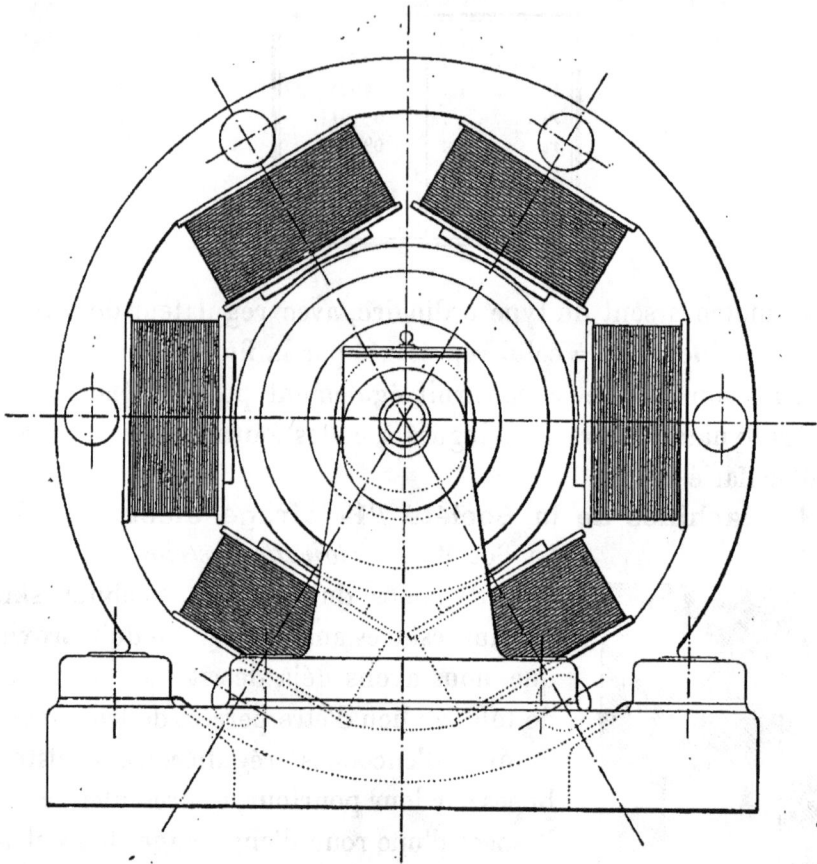

Fig. 144.

tation des projecteurs. La figure 144 représente la disposition des noyaux inducteurs. Les données de ces machines sont les suivantes :

e	75^V
I	100^A
r_a	$0^\omega,026$
r_s	$0^\omega,012$
r_d	$7^\omega,065$
n	450^t

D'autres machines, employées pour l'éclairage à terre (Brest), sont des dynamos à quatre pôles, excitées en dérivation (fig. 145).

Elles peuvent débiter 250 ampères avec une différence de potentiel de 120 volts. Il y a deux balais à 90° l'un de l'autre. L'allure normale est de 600 tours.

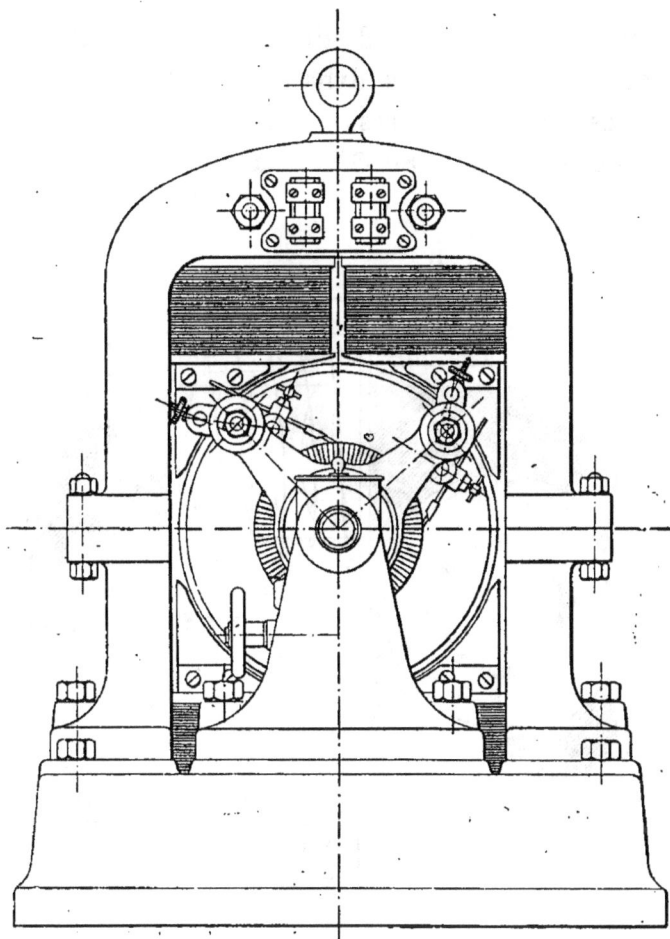

Fig. 145.

72. Machines de la Société Alsacienne. — La Société Alsacienne de Constructions mécaniques a fourni à la Marine deux types de dynamos, l'un bipolaire, l'autre multipolaire.

Les machines bipolaires comprennent deux noyaux inducteurs à section rectangulaire, disposés horizontalement (fig. 146). L'induit est une armature en tambour à enroulement Siemens, dont la carcasse est formée de rondelles de tôle comme dans l'induit Brown. Le collecteur présente un mode de construction particulier. Il est formé de lames d'acier, taillées en coin comme celles

des collecteurs ordinaires, mais fixées par une de leurs extrémités
dans un moyeu claveté sur l'arbre de manière à ne pas se toucher,
et isolées ainsi les unes des autres par la mince couche d'air qui
les sépare.

De ces machines, les unes, destinées aux installations à terre
(Cherbourg, Indret), sont des dynamos de 120^v-600^A, excitées en
dérivation. Les autres, destinées aux installations de navires, sont
des dynamos compound de 80^v-200^A. La figure 146 représente le

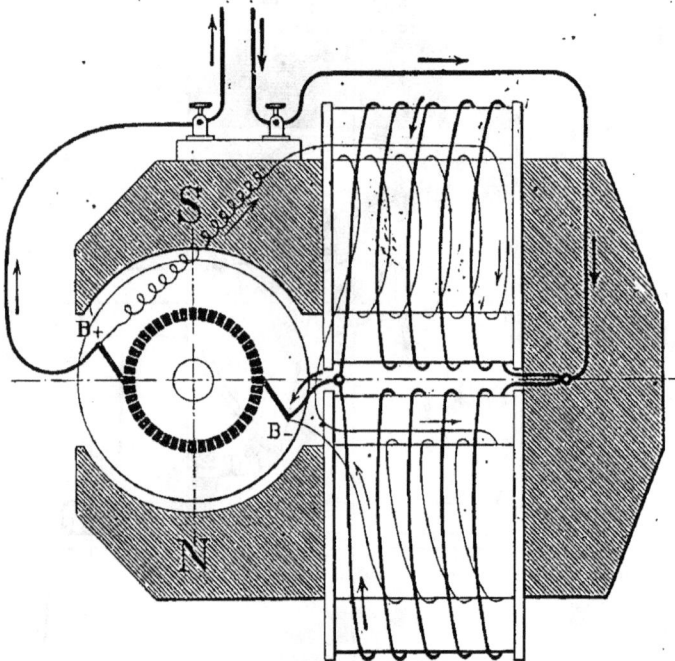

Fig. 146.

schéma d'enroulement de ces machines, qui sont actionnées directement par un moteur à pilon compound tournant à 350 tours. Le
régulateur de vitesse de ce moteur est un régulateur à force centrifuge, dans lequel le déplacement des masses pesantes est relié
au tiroir d'admission. Ce tiroir est commandé par un excentrique
mobile monté sur un chariot d'excentrique fixe claveté sur l'arbre
moteur. Soit O (fig. 147) le centre de l'arbre, A celui de l'excentrique fixe, B celui de l'excentrique mobile. La course du tiroir
est évidemment égale à 2 OB. Les contrepoids sont reliés par des
bielles à l'excentrique mobile, dont le centre se déplace en tour-

nant autour du point A. La position extrême B' correspond à l'admission maxima (course du tiroir $= 2$ OB'); l'autre position extrême B'' correspond à l'admission nulle (course du tiroir $= 2$ OB''). La tension des ressorts de rappel des contrepoids peut être réglée pendant la marche au moyen d'un volant.

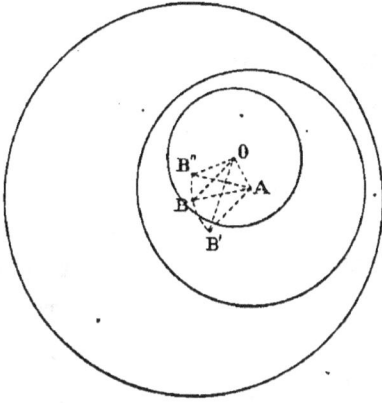

Les machines multipolaires de la Société Alsacienne affectent une disposition spéciale. Le système inducteur est placé à l'intérieur de l'armature (fig. 148); il est formé de quatre noyaux rayonnants, à section rectangulaire, assemblés

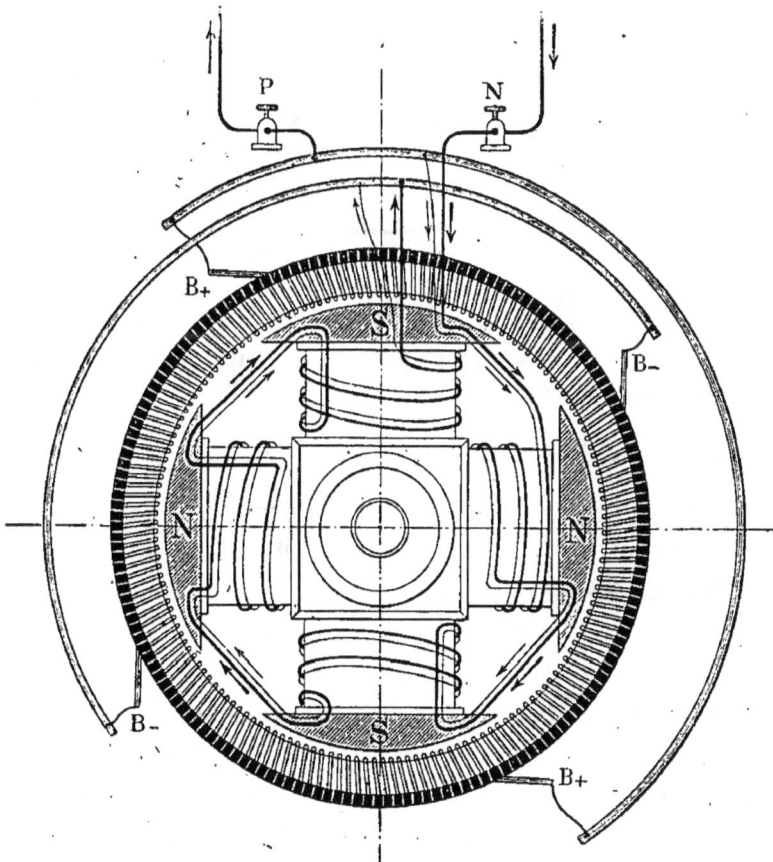

Fig. 147:

Fig. 148.

sur un moyeu percé d'un trou en son centre ; dans ce trou passe l'arbre de l'armature, soutenue en porte-à-faux par des rayons en bronze fixés à l'extrémité de cet arbre. L'armature est un anneau Gramme ordinaire. Sur les premières machines, dont l'enroulement est représenté par la fig. 148, les éléments extérieurs de l'anneau sont formés de barrettes de cuivre dénudées, séparées les unes des autres par du papier, et dressées au tour de manière à constituer un collecteur sur lequel frottent les balais. Ces balais sont au nombre de quatre (§ 48), deux positifs et deux négatifs, accouplés deux à deux en quantité au moyen de deux demi-cercles métalliques. Sur les machines plus récentes, il y a un collecteur distinct monté sur l'arbre de l'armature à la manière ordinaire, et recevant également quatre balais. Toutes ces dynamos sont actionnées par des moteurs à pilon compound, munis du régulateur de vitesse décrit plus haut.

Les données des machines fournies par la Société Alsacienne pour l'éclairage des navires sont les suivantes :

| | Machines bipolaires. | MACHINES MULTIPOLAIRES | |
		type à collecteur extérieur.	type à collecteur ordinaire.	
e.	80^V	80^V	80^V	83^V
I.	200^A	200^A	400^A	600^A
r_a	$0^\omega,0214$	$0^\omega,0108$	$0^\omega,0054$	$0^\omega,0048$
r_s	$0^\omega,0082$	$0^\omega,0043$	$0^\omega,00125$	$0^\omega,00104$
r_d	20^ω	$14^\omega,36$	$6^\omega,7$	$7^\omega,04$
n	350^t	350^t	350^t	310^t

73. Machines de la Société des machines magnéto-électriques Gramme. — La *Société des machines magnéto-électriques Gramme* emploie exclusivement comme armature l'induit Gramme. Les machines fournies jusqu'ici à la Marine par cette Société sont du type bipolaire. Les deux noyaux, placés verticalement, sont terminés à leur partie supérieure par deux épanouissements polaires entre lesquels est placé l'induit (fig. 149). Ce sont des dynamos à enroulement compound, donnant une différence de potentiel aux bornes de 70 volts. Les unes, dont l'allure normale est de 350 tours, sont actionnées directement par un moteur à pilon ordinaire; les autres, employées pour l'éclairage à terre (Guérigny), sont actionnées par une courroie. Ces dernières

Fig. 149.

sont munies d'un rhéostat de réglage intercalé sur le fil fin des inducteurs. Leurs données sont :

e	70^v
I	230^A
r_n . . . . . :	$0^\omega,0083$
r_s	$0^\omega,0041$
r_d	20^ω
n	740^t

La Société Gramme a construit également un modèle de dynamo à bras de 27^v-5^A analogue à ceux des maisons Sautter Harlé et Bréguet.

74. Machines de la Compagnie continentale Edison. — La Marine possède quelques machines construites par la *Compagnie*

continentale Edison (1). Ce sont des dynamos compound du type bipolaire à pôles conséquents, présentant la disposition représentée par
la figure 129. L'induit est un anneau Gramme ordinaire, actionné
directement par un moteur à pilon construit par la maison Wey-
her et Richemond. Le régulateur de vitesse de ces moteurs est à
peu près identique à celui des anciens moteurs de la maison Sautter
Harlé (§ 62); le ressort à boudin est remplacé par un ressort à lames qui s'appuie directement sur l'extrémité du manchon mobile,
et dont un volant permet de régler à volonté la tension.

La Compagnie continentale Edison a fourni également diverses
dynamos pour l'éclairage à terre. Nous citerons par exemple une
dynamo du système Sperry, employée à Brest pour l'alimentation
des lampes à arc destinées à l'éclairage de certains bassins. C'est
une dynamo bipolaire, présentant une disposition assez particulière.
Il y a quatre noyaux inducteurs parallèles, à axe horizontal, terminés chacun par une pièce polaire en deux parties formant une
sorte de mâchoire dans laquelle tourne l'induit, qui est un anneau
Gramme ordinaire. La figure 150 montre la disposition des pôles.

Cette machine, excitée en
dérivation, est construite de
manière à fournir un cou-
rant d'intensité constante, la
force électro-motrice dépendant du nombre de lampes
à arc alimentées. Elle est
pourvue dans ce but d'un
régulateur automatique qui
agit sur le calage des balais.
La couronne porte-balais est
solidaire d'une double crémaillère sur laquelle peuvent
agir deux cliquets placés en

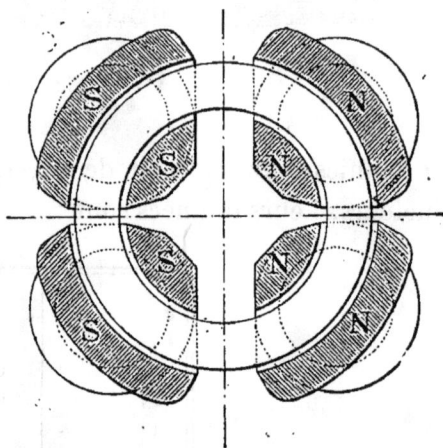

Fig. 150.

sens inverse, et recevant un mouvement alternatif à l'aide d'un excentrique mû par l'arbre de l'armature au moyen d'une poulie et
d'une petite courroie. La mise en prise des cliquets est commandée

(1) La Compagnie continentale Edison fait actuellement partie de la *Société Électro-*
mécanique.

par une palette de fer doux placée dans le voisinage d'un des noyaux inducteurs. La position de cette palette dépend de la puissance d'aimantation du noyau, et par suite de l'intensité du courant fourni par la machine. Lorsque l'intensité a sa valeur normale, l'attraction de la palette est équilibrée par un ressort antagoniste de telle sorte qu'aucun cliquet ne soit en prise avec la crémaillère. Si l'intensité tend à diminuer ou à augmenter, la palette se déplace et l'un ou l'autre des cliquets, venant en prise avec la crémaillère, modifie le calage des balais dans le sens convenable pour ramener l'intensité du courant fourni à la valeur qu'elle doit conserver. Les données de cette machine sont les suivantes :

e. . . . . (maximum)	865^V
I.	15^A
r_a	$3^\omega,44$
r_d	$9^\omega,20$
n	950^t

D'autres dynamos, à induit en tambour, et présentant la disposition d'inducteurs représentée par la fig. 90, sont employées pour l'éclairage d'un des secteurs de l'arsenal de Brest.

75. Machines de la maison Fabius Henrion. — La maison Fabius Henrion construit des dynamos dont la disposition extérieure est très analogue à celle des machines Desroziers, mais dont le principe est absolument différent. L'armature est un anneau Gramme aplati dans le sens de son axe, et tournant entre deux systèmes inducteurs formés chacun de six noyaux disposés suivant les sommets d'un hexagone régulier (fig. 151). L'enroulement est fait de telle sorte que deux noyaux placés en regard l'un de l'autre constituent des pôles de même nom. On a ainsi une machine multipolaire ordinaire à six pôles.

La Marine n'a employé jusqu'ici des dynamos de ce genre que pour l'éclairage à terre (Lorient). Ce sont des dynamos pouvant débiter 800 ampères, dont les données sont les suivantes :

e	120^{v}
l	800^{A}
r_a	$0^{\omega},0028$
r_s	$0^{\omega},00024$
r_d	$4^{\omega},286$
n	600^{t}

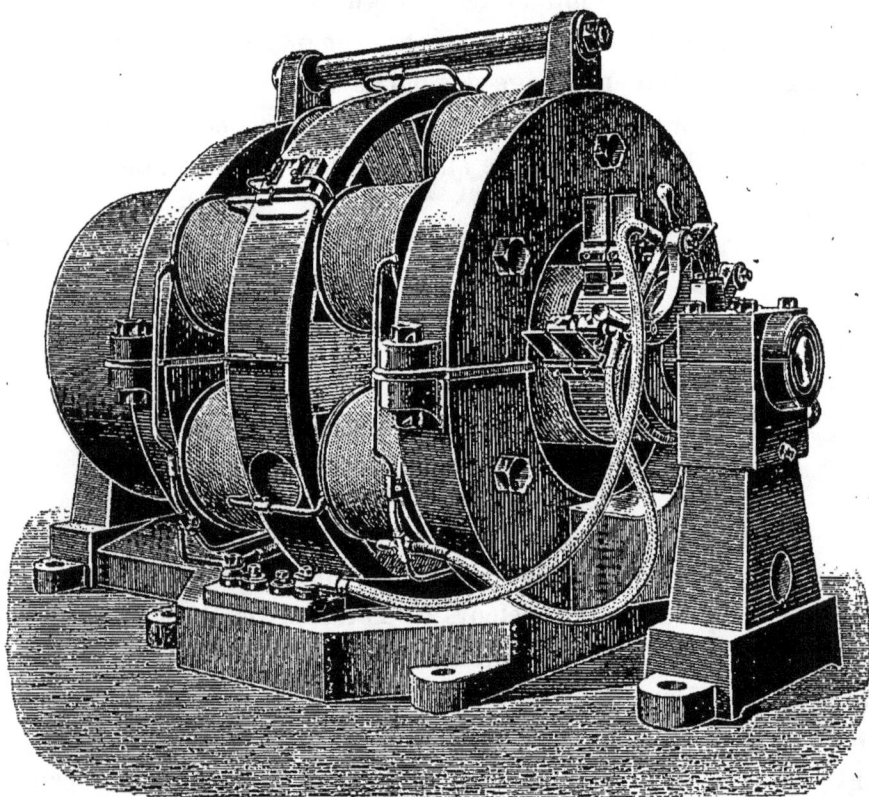

Fig. 151.

76. Machines de la maison Lombard-Gérin et Cie. — La

maison Lombard-Gérin et Cie (1) a fourni récemment à la Marine des dynamos pour l'éclairage des bâtiments. Ce sont des dynamos multipolaires à quatre pôles conséquents (fig. 152), pouvant débiter 600 ampères avec une différence de potentiel de 83^{v} aux bornes. L'induit est une armature à enroulement en polygone étoilé,

(1) Les appareils étudiés par cette maison sont construits dans les ateliers de MM. Schneider et Cie au Creusot.

très analogue à celles des machines construites par la Société
L'Éclairage électrique (§ 71). Les données de ces machines sont les
suivantes :

e.	83^v
I.	. . .600^A.
r_A	0$^\omega$,00293
r_B	0$^\omega$,00075
r_d	4$^\omega$,427
n	300^t

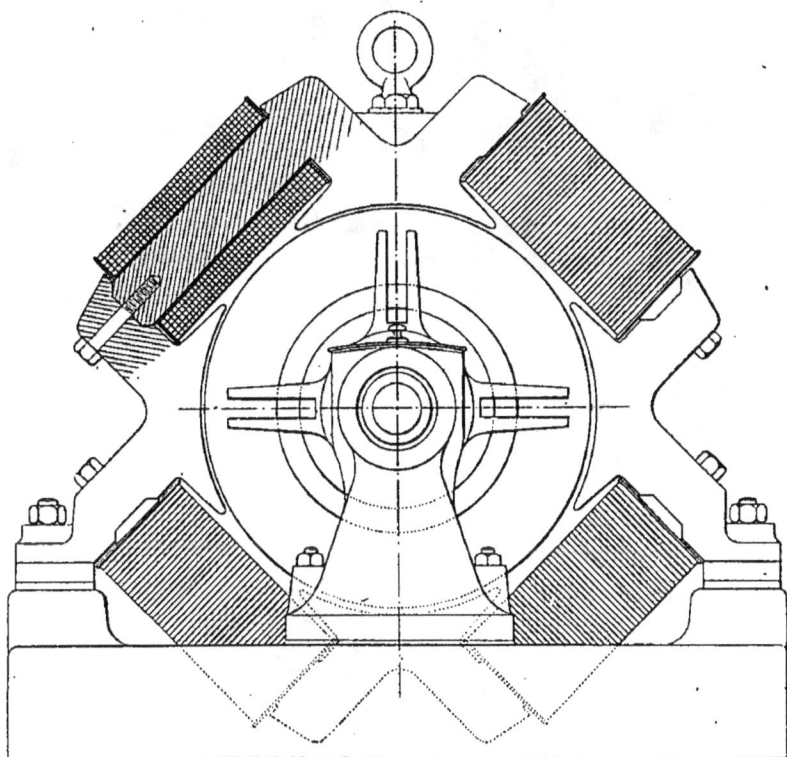

Fig. 152.

77. Alternateurs.

77. Alternateurs. — Toutes les machines dont nous venons
de donner la description sont à courant continu. Deux types seulement d'alternateurs ont été employés dans la Marine. Une de ces
machines, due à Gramme, est construite par la Société *L'Éclairage électrique* et est spécialement disposée pour l'alimentation des
lampes à arc. L'autre est un alternateur magnéto-électrique dû à

M. de Méritens, qui a été employé pendant longtemps pour l'alimentation des feux de signaux.

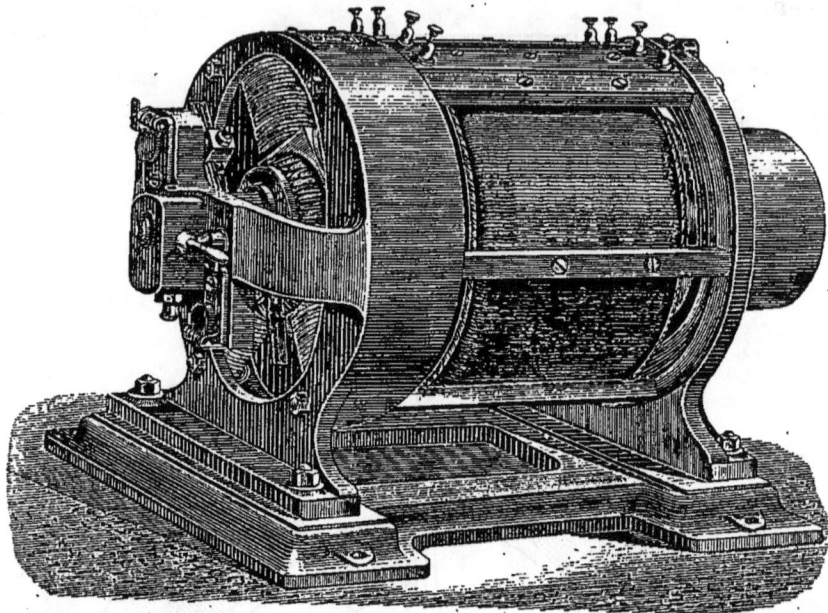

Fig. 153.

L'alternateur Gramme (fig. 153) se compose de deux flasques réunies par des entretoises, et comprenant entre elles l'induit, qui est une bobine dont l'enroulement est celui d'un anneau Gramme ordinaire. Cette bobine est fixe, et c'est le système inducteur qui est mobile; celui-ci est formé de 6 noyaux d'électro-aimants constitués par des lames disposées radialement sur un moyeu hexagonal claveté sur un arbre placé dans l'axe

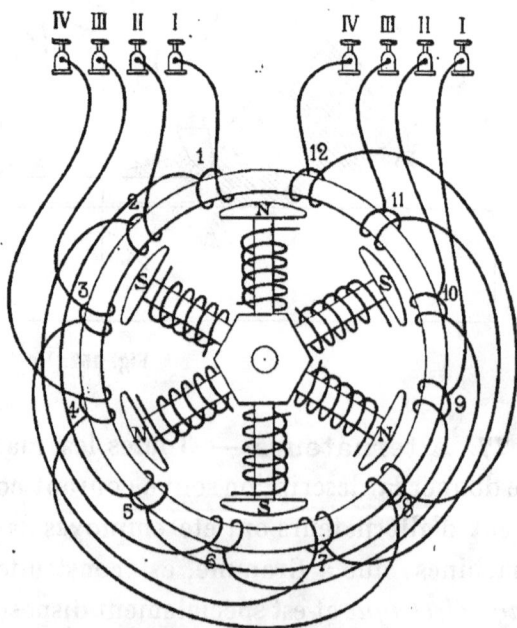

Fig. 154.

de la bobine induite (fig. 154). Les pôles des inducteurs sont alternés comme l'indique la figure. L'induit est composé de 12 sections. Si on considère une quelconque de ces sections, le sens du courant dans cette section changera chaque fois qu'elle se trouvera dans un rayon d'induction nulle, c'est-à-dire chaque fois qu'elle se trouvera dans le prolongement de l'axe d'un des noyaux inducteurs. On voit de plus qu'à un moment quelconque les sections 1, 5 et 9, par exemple, seront parcourues par des courants identiques comme sens et comme force électro-motrice. De même les bobines 2, 6 et 10, et ainsi de suite. Ces divers groupes de bobines sont associés en tension, et la machine est ainsi divisée en quatre circuits distincts et indépendants. Les extrémités de ces circuits aboutissent à huit bornes que l'on aperçoit sur la figure 153. On peut utiliser séparément ces quatre circuits ou les coupler d'une façon quelconque. Il y a évidemment dans chaque circuit 6 inversions de sens du courant pour chaque tour du système inducteur.

La machine Gramme à courants alternatifs est combinée de manière à être auto-excitatrice. A cet effet, l'une des extrémités de l'arbre central du système inducteur porte un anneau Gramme ordinaire et son collecteur. Cet anneau tourne entre les pôles d'un électro-aimant à quatre noyaux placés à l'intérieur d'une des flasques de la machine. Ces quatre noyaux, que l'on aperçoit sur la figure 153, sont réunis deux à deux par leurs pôles de même nom : on a ainsi une petite machine bipolaire en série dont le courant est employé pour exciter les inducteurs de la machine principale. Les fils partant des balais de la machine excitatrice aboutissent à des balais frottant sur des viroles portées par l'arbre central et formant les extrémités du circuit inducteur de la machine principale. Sur le trajet d'un de ces fils est intercalé un rhéostat, ce qui permet de régler à volonté l'excitation de la machine à courants alternatifs.

Dans l'alternateur de Méritens (fig. 155), le système inducteur est constitué par une série d'aimants permanents disposés horizontalement de manière à former une sorte de tambour à l'intérieur duquel tourne l'induit. Il y a 8 aimants en fer à cheval, formés chacun de deux faisceaux de 12 lames d'acier réunis à une extrémité par une entretoise. Ces aimants sont disposés de manière que les pôles soient alternés tout autour de l'induit. L'induit est formé de 16 bobines aplaties enroulées sur des noyaux de fer doux (fig. 156) séparés par des lames de cuivre C, C, et

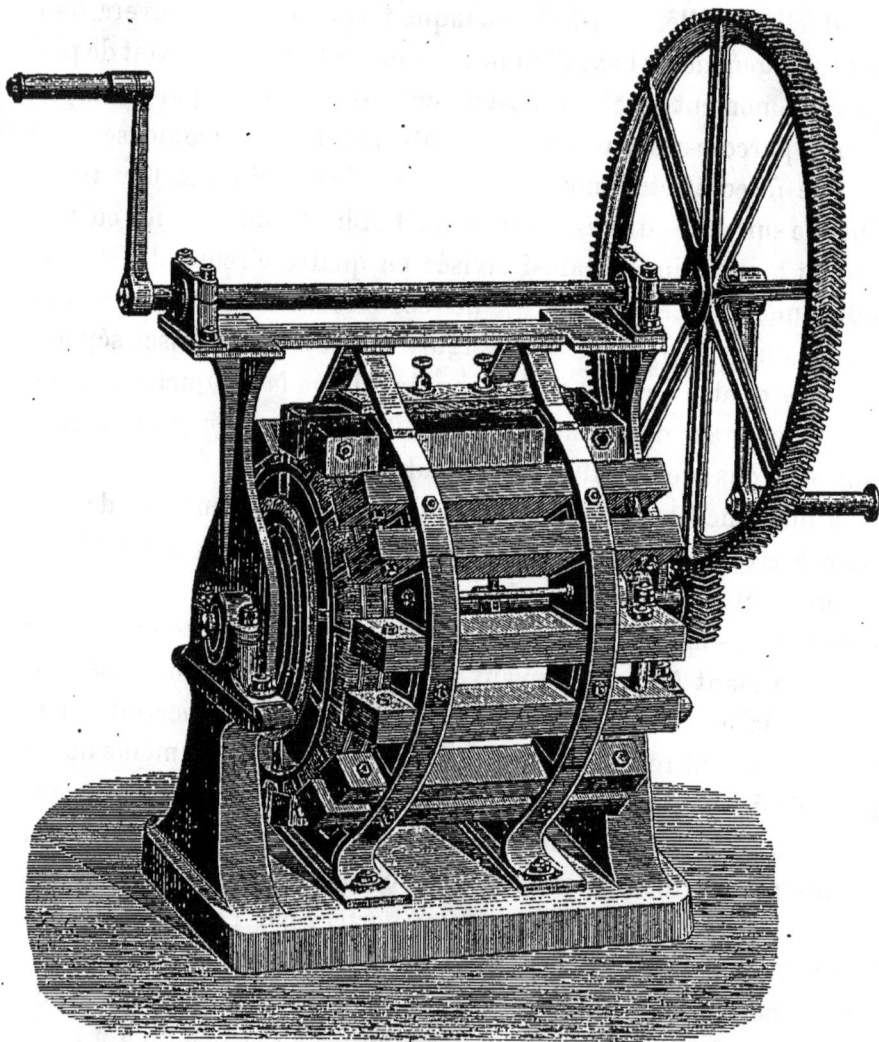

Fig. 155.

légèrement arqués de manière à former une jante circulaire. Cette jante est montée sur une roue en bronze calée sur l'arbre central. L'enroulement et la jonction de ces bobines sont indiqués sur la figure 156. Le sens du courant induit dans une bobine quelconque change évidemment chaque fois que cette bobine passe devant un pôle inducteur, c'est-à-dire 16 fois par tour.

Les bobines sont divisées en quatre groupes de quatre bobines associées en série. Le fil d'entrée et le fil de sortie de chaque groupe

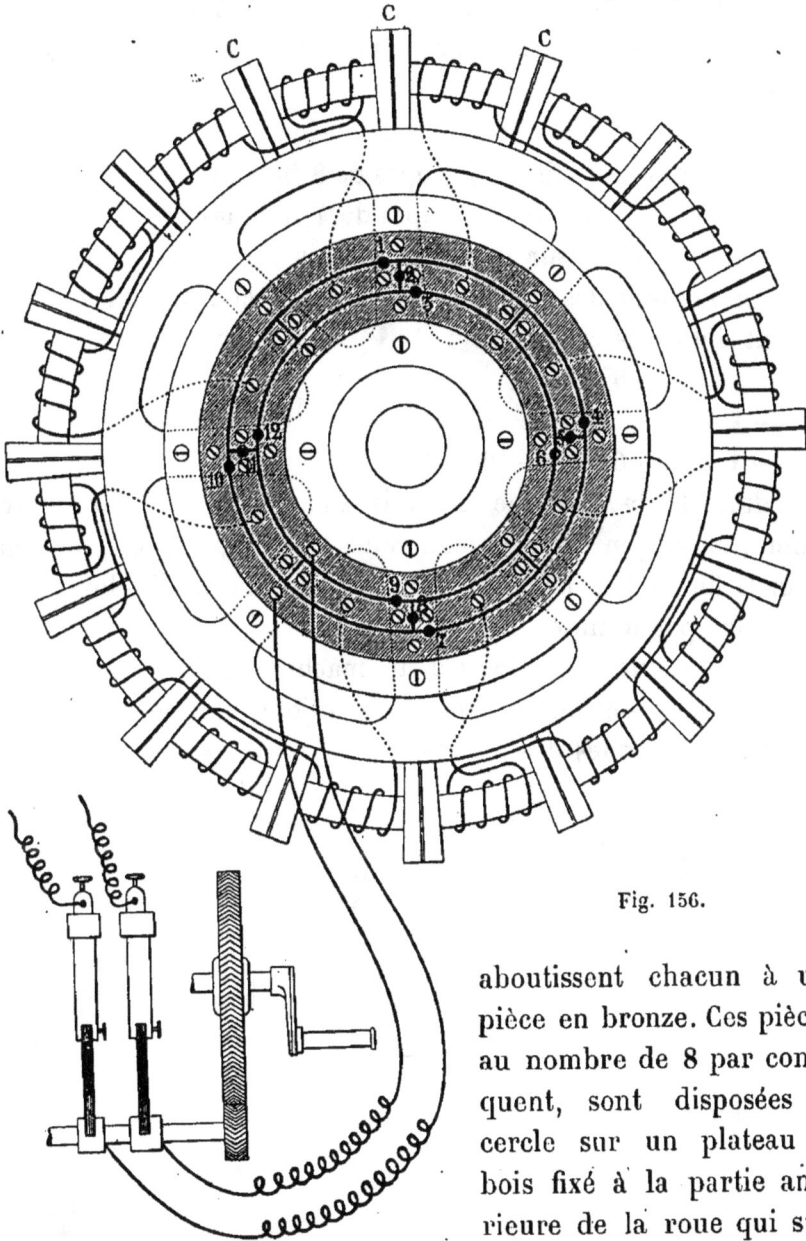

Fig. 156.

aboutissent chacun à une
pièce en bronze. Ces pièces,
au nombre de 8 par consé-
quent, sont disposées en
cercle sur un plateau de
bois fixé à la partie antérieure de la roue qui sup-
porte l'induit. Le cercle formé par ces huit pièces est placé dans l'espace annulaire compris entre deux couronnes en bronze fixées sur le
plateau de bois. Chacune de ces couronnes est reliée à une des
bornes de la machine au moyen de balais et de viroles portés

par l'arbre central. Des chevilles métalliques peuvent être insé-
rées dans les 12 encoches numérotées représentées sur la figure,
et permettent d'établir les communications convenables. Le *plateau permutateur* ainsi formé permet d'obtenir trois combinaisons;
on peut :

1) associer toutes les bobines en tension.

2) associer en quantité 2 groupes de 8 bobines en tension.

3) associer en quantité 4 groupes de 4 bobines en tension.

On voit facilement sur la figure que ces combinaisons sont obtenues en mettant des chevilles dans les encoches dont les numéros sont indiqués ci-dessous :

1) — 1 - 3 - 5 - 8 - 11.

2) — 1 - 3 - 5 - 7 - 9 - 11

3) — 1 - 3 - 4 - 6 - 7 - 9 - 10 - 12

L'induit de la machine est mis en mouvement par quatre
hommes au moyen de deux manivelles et d'engrenages représentés sur la figure 155. Le nombre de tours normal de l'induit est de
600 à 700 par minute.

Des alternateurs analogues à la machine de Méritens, mais
plus puissants, sont encore employés aujourd'hui pour desservir
les foyers électriques des phares.

CHAPITRE VIII

Accumulateurs.

---

78. Piles secondaires. — Nous avons vu en étudiant les piles que la polarisation des électrodes avait pour effet de développer une force contre électro-motrice susceptible de produire un courant dit *courant secondaire,* de sens inverse au courant initial. Cette propriété des électrodes polarisées, tendant à recombiner les éléments décomposés par le courant primaire et à transformer l'énergie chimique développée par ces réactions inverses en énergie électrique, a été employée pour former ce qu'on appelle des *piles secondaires.*

Une pile secondaire se compose en principe de deux électrodes plongées dans un liquide facilement décomposable par le passage d'un courant électrique. Supposons que l'on relie ces électrodes aux pôles d'une source quelconque d'électricité produisant un courant continu, par exemple d'une pile formée de deux ou trois éléments Bunsen associés en tension (fig. 157). Appelons comme d'habitude électrode *positive* celle par laquelle arrive le courant primaire, et électrode *négative* celle qui est reliée au pôle négatif de la source. Le passage du courant détermine la décomposition du liquide, dont certains éléments se portent à l'électrode négative, les autres se rendant à l'électrode positive; il se développe ainsi une force contre électro-motrice de polarisation.

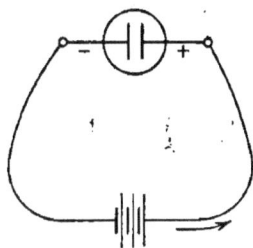

Fig. 157.

On conçoit que si la source extérieure est telle que la valeur de sa force électro-motrice soit toujours supérieure à celle de la force contre électro-motrice développée, le courant primaire continuera à passer, et la force contre électro-motrice pourra acquérir une valeur assez élevée. Dans la pratique, on constate qu'elle atteint au bout d'un certain temps un maximum qu'il est impossible de lui faire dépasser. Les électrodes sont alors pour ainsi dire saturées, et le passage du courant primaire ne fait que continuer la décomposition du liquide.

Supposons qu'à ce moment on interrompe le courant primaire, et qu'on réunisse les deux électrodes par un conducteur. La force contre électro-motrice donnera naissance à un courant secondaire, allant dans le conducteur extérieur de l'électrode positive à l'électrode négative. Ce courant ira en s'affaiblissant peu à peu, et deviendra nul lorsque les électrodes seront revenues à leur état primitif.

Si on laisse les électrodes en circuit ouvert, après le passage du courant primaire, aucun courant ne se produit, et la force contre électro-motrice conserve la valeur qu'elle a acquise, à moins que les électrodes ne soient telles que le liquide dans lequel elles sont plongées les attaque au repos. On voit donc qu'une pile secondaire se comporte comme un véritable réservoir d'électricité, comme un *accumulateur* dans lequel on peut emmagasiner pour ainsi dire une certaine quantité d'énergie électrique. L'accumulateur une fois *chargé*, il suffit de relier ses électrodes par un conducteur pour que ce conducteur soit parcouru par un courant. L'accumulateur se *décharge* ainsi peu à peu, jusqu'à ce que, tous les éléments séparés par le courant de charge étant recombinés, la force contre électro-motrice devienne égale à zéro. L'énergie recueillie pendant la décharge est bien entendu un peu moindre que celle dépensée pendant la charge, car il y en a une certaine partie absorbée par la résistance intérieure de la pile secondaire.

Pour construire un accumulateur pratique, il faut donc choisir des électrodes et un liquide tels que la force contre électro-motrice puisse atteindre une valeur aussi élevée que possible, et que les électrodes une fois polarisées ne soient pas attaquées par le liquide, condition indispensable pour la conservation de la charge.

79. Accumulateurs au plomb. — La première solution pratique a été trouvée en 1859 par M. Planté, qui a eu l'idée d'employer des électrodes de plomb immergées dans un liquide formé d'eau additionnée de 10 % d'acide sulfurique.

Les réactions qui se produisent sont alors les suivantes. Pendant la charge, l'eau étant décomposée, l'oxygène se porte sur la lame positive et forme du bioxyde de plomb; l'hydrogène se porte au contraire à la lame négative. Lorsque la couche de bioxyde a atteint une certaine épaisseur, elle préserve le reste du métal, et l'oxygène se dégage librement autour de l'électrode positive. La force contre électro-motrice a alors atteint sa valeur maxima. Pendant la décharge, l'hydrogène se porte sur la lame oxydée, qui devient alors l'électrode négative, et réduit le bioxyde de plomb à l'état de protoxyde qui forme avec l'acide sulfurique un sulfate soluble; l'oxygène qui se porte sur l'autre électrode y produit du protoxyde de plomb qui donne également un sulfate soluble.

Le courant secondaire s'arrête quand tout le bioxyde de plomb a été réduit. Si alors on fait passer de nouveau le courant de charge, les mêmes phénomènes se reproduisent, mais on constate que la couche de bioxyde de plomb qui se forme est plus épaisse que lors de la première opération. En renouvelant un grand nombre de fois ces opérations de charge et de décharge de la pile secondaire, on forme des couches de bioxyde de plomb de plus en plus épaisses, et on augmente par suite la durée du courant de décharge.

Cette période de formation d'un accumulateur, par charges et décharges successives, est en général fort longue et peut durer plusieurs mois. On rend la formation plus rapide en alternant le sens du courant de charge. Dans ce cas, chacune des lames étant tantôt positive et tantôt négative, ces lames se recouvrent toutes deux d'une couche plus ou moins épaisse de bioxyde de plomb. Supposons ce résultat atteint, et faisons passer le courant de charge. Le bioxyde de la lame négative sera réduit à l'état de plomb pulvérulent et la couche de bioxyde de la lame positive augmentera d'épaisseur. Lorsqu'on réunira les deux lames par un conducteur, le courant secondaire ira dans l'accumulateur de la lame la moins oxydable à la lame la plus oxydable, et, l'accumulateur une fois déchargé, les lames se retrouveront dans l'état où elles étaient avant la charge.

On active aussi beaucoup la formation des accumulateurs Planté en attaquant préalablement les plaques de plomb par l'acide azotique étendu d'eau. Le plomb devient ainsi plus poreux, et on peut obtenir la formation en une semaine.

Dans le but de remédier à la lenteur de formation des accumulateurs Planté, M. Faure a eu l'idée de déposer directement les oxydes de plomb sur les électrodes, au lieu d'attendre leur formation graduelle par les charges successives. Dans les accumulateurs Faure, perfectionnés par MM. Sellon et Volckmar, les électrodes sont constituées par des plaques grillagées en plomb ou en alliage à base de plomb, dont les trous sont remplis d'une pâte comprimée formée d'oxydes de plomb gâchés dans de l'eau acidulée. Les oxydes de plomb employés sont en général le minium pour les plaques positives et la litharge pour les plaques négatives. Le liquide est le même que celui des accumulateurs Planté. En faisant passer le courant de charge, on réduit presque complètement le mélange de la lame négative, et on peroxyde celui de la lame positive. La formation est complète en quelques jours.

On construit actuellement un assez grand nombre de systèmes d'accumulateurs au plomb, les uns du genre Planté, les autres du genre Faure. Dans ces accumulateurs, pendant la période de charge, la force contre électro-motrice croît d'abord assez rapidement jusqu'à $2^v,1$, puis plus lentement jusqu'à $2^v,5$ qui est la valeur maxima qu'elle peut atteindre. Pendant la décharge, elle tombe d'abord très rapidement de $2^v,5$ à $2^v,1$, et diminue ensuite lentement. Pendant les deux tiers environ de la durée de la décharge, elle reste voisine de 2 volts.

Il existe d'autres systèmes d'accumulateurs, basés sur des réactions différentes. Mais les accumulateurs au plomb sont actuellement les seuls employés dans la pratique, et ce sont eux que nous aurons spécialement en vue dans ce qui va suivre.

80. Étude générale des accumulateurs. — L'ensemble formé par les deux électrodes, le liquide, et le récipient qui les contient, constitue un *élément* d'accumulateur. De même que les éléments de pile, les éléments d'accumulateurs peuvent être associés en tension ou en quantité de manière à former une *batterie*. En prenant des modes d'association différents pour la charge et pour la décharge, on peut avoir un courant de décharge dont les données électriques diffèrent de celles du courant de charge. Si par exemple on charge les éléments groupés en tension au moyen d'un courant de faible intensité et de force électro-motrice élevée, on pourra, en les associant en quantité pour la décharge, obtenir un courant de force électro-motrice faible, mais de grande intensité.

L'intensité maxima du courant que l'on peut faire circuler dans un élément d'accumulateur dépend de la surface des électrodes. Dans la plupart des accumulateurs que l'on construit aujourd'hui, les électrodes ont la forme de plaques rectangulaires. Pour obtenir une surface aussi grande que possible, on fractionne chaque électrode en plusieurs lames, et, pour diminuer la résistance intérieure, on emboîte les lames les unes dans les autres de manière à ne laisser qu'un intervalle de quelques millimètres entre une lame positive et une lame négative. La pratique générale des constructeurs est de constituer un élément à l'aide de n lames positives et de $n + 1$ lames négatives, de telle sorte que chaque lame positive soit comprise entre deux lames négatives (fig. 158). Des barres d'accouplement réunissent les lames de même nom, et constituent les pôles de l'élément.

Fig. 158.

Les dimensions des électrodes une fois déterminées, il importe de ne pas les faire traverser par un courant trop intense, ce qui échaufferait les plaques et provoquerait rapidement leur désorganisation. L'intensité maxima dépend, comme nous l'avons dit, de la surface des électrodes, mais comme pour un type donné d'accumulateur l'épaisseur des plaques est toujours la même, on rapporte d'habitude cette intensité au poids des électrodes. Dans les types actuels d'accumulateurs, l'intensité normale du courant de charge varie de $0^A,4$ à 2^A par kilogramme d'électrodes. Au début de la charge, on peut sans inconvénient forcer le régime, jusqu'à 2^A ou même 3^A par kilogramme. Mais il faut alors diminuer progressivement l'intensité du courant de manière à ne pas dépasser pendant la dernière période de la charge 0ᴬ,5 par kilogramme. Cette précaution est indispensable pour donner aux éléments le temps de se refroidir. Le régime normal de charge doit d'ailleurs être toujours indiqué par le constructeur.

La décharge d'un accumulateur peut évidemment être effectuée d'une manière plus ou moins rapide. On appelle *capacité totale* d'un accumulateur le produit de la durée de la décharge, exprimée en heures, par l'intensité du courant de décharge. Cette capacité est alors exprimée en *ampères-heures*. Dans la pratique, on ne doit jamais décharger complètement un accumulateur ; pour avoir un bon rendement, il convient de ne pas laisser la différence de potentiel aux bornes, qui est de 2ᵛ environ au début de la décharge, descendre au-dessous de 1ᵛ,8. Dans ces conditions, on appelle *capacité utilisable* le produit de l'intensité du courant de décharge par le nombre d'heures nécessaire pour que la différence de potentiel aux bornes d'un élément tombe à 1ᵛ,8. Cette capacité utilisable est la véritable constante pratique d'un accumulateur. Elle varie suivant les types de 7 à 20 ampères-heures par kilogramme d'électrodes.

L'intensité du courant de décharge peut être supérieure à celle du courant de charge. En fonctionnement normal, on peut admettre pour cette intensité 1ᴬ par kilogramme d'électrodes. Exceptionnellement, on peut adopter des régimes plus intenses, et décharger par exemple les accumulateurs à raison de 2 ou 3 ampères par kilogramme d'électrodes. Mais une décharge trop précipitée nuit à la conservation des plaques, et, si on veut être assuré d'un fonctionnement de longue durée, on ne doit guère dépasser le régime de 1ᴬ par kilogramme d'électrode. La capacité utilisable diminue d'ailleurs lorsque le régime de décharge augmente.

Supposons par exemple qu'il s'agisse d'un élément d'accumulateur renfermant 25 kilogrammes d'électrodes, et ayant une capacité utilisable de 10 ampères-heures par kilogramme, soit 250 ampères-heures. On pourra adopter comme intensité du courant de charge le chiffre de 15 ampères (0ᴬ,6 par kilogr.), et la durée *minima* de la charge sera dans ce cas $\frac{250}{15}$, soit environ 17 heures.

A la décharge, on pourra admettre une intensité de 25 ampères, et la durée de la décharge sera alors de 10 heures. Si l'intensité n'était que de 20^A, la décharge durerait 12^h 30^m, et ainsi de suite.

En fonctionnement normal, la durée des plaques dépend beaucoup des soins d'entretien et de la régularité des régimes de charge et de décharge. Elle peut atteindre deux ou trois ans pour les plaques positives, et huit à dix ans pour les plaques négatives, qui s'usent beaucoup moins vite.

La résistance intérieure d'un élément d'accumulateur est assez variable suivant les types. Sa valeur est en général voisine de $\frac{0,08}{P}$, P étant le poids des électrodes en kilogrammes.

81. Charge et décharge des accumulateurs. — La charge d'un accumulateur peut être faite au moyen d'une source d'électricité quelconque, à courant continu. Il suffit, comme nous l'avons déjà dit, que la force électro-motrice du courant de charge soit toujours supérieure à la force contre électro-motrice développée dans l'accumulateur. S'il n'en était pas ainsi, le sens du courant se trouverait renversé, et l'accumulateur se déchargerait sur la source au lieu d'être chargé par elle, inversion qui peut avoir de graves inconvénients et provoquer dans certains cas la destruction rapide des plaques.

Il y a lieu de remarquer que, si la charge est opérée au moyen d'une dynamo excitée en série, le renversement du sens du courant amène le renversement des pôles de la machine. Aussi emploie-t-on en général de préférence, pour la charge des accumulateurs, des dynamos en dérivation, dans lesquelles il est facile de voir que les pôles ne peuvent être inversés. Lorsqu'on ne dispose pour la charge que d'une dynamo compound, ce qui est le cas à bord des navires, il est nécessaire de prendre des précautions pour éviter le renversement possible du sens du courant. On se sert dans ce but d'appareils appelés *disjoncteurs automatiques,* qui interrompent le circuit dès que le courant tend à changer de sens. Il existe divers modèles de disjoncteurs. On peut employer par exemple le dispositif représenté par la figure 159. Sur le circuit de charge sont intercalés un interrupteur et un électro-aimant. La lame mobile de l'interrupteur est commandée par une tige qui porte un contrepoids à une de ses extrémités, et dont l'autre ex-

trémité peut être maintenue par un épaulement pratiqué sur l'armature de l'électro-aimant. Au début, on amène à la main l'interrupteur dans la position représentée en
traits pleins sur la
figure. Le courant de
charge excite alors
l'électro-aimant,
dont l'armature est
attirée et maintient
l'interrupteur en
place. Si le courant
vient à se renverser,
il passe d'abord for-

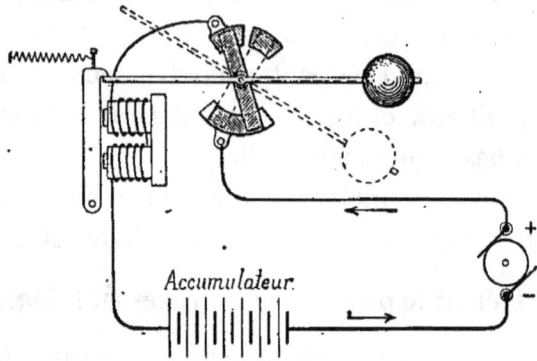

Fig. 159.

cément par zéro. A ce moment, l'électro-aimant devenant inerte, l'armature est ramenée en arrière; le contrepoids fait alors basculer la lame mobile, et interrompt ainsi le circuit.

En général, on dispose pour la charge d'une batterie d'accumulateurs d'une source d'électricité déterminée, et on doit alors régler l'installation de telle sorte que la charge soit possible. Un cas assez fréquent est celui où l'on a des appareils d'éclairage que l'on veut pouvoir alimenter indifféremment à l'aide d'une batterie d'accumulateurs ou d'une dynamo, cette dynamo devant en même temps servir à la charge lorsqu'elle n'est pas employée pour l'éclairage. Supposons par exemple qu'il s'agisse d'une installation d'éclairage exigeant 80 volts et 100 ampères. En admettant qu'on arrête la décharge lorsque la différence de potentiel d'un élément est égale à $1^v,8$, on devra associer en tension un nombre d'éléments égal à $\dfrac{80}{1,8}$, soit 45 éléments. D'une manière générale, il faut éviter autant que possible de faire des groupements en quantité pour la décharge, en raison de la difficulté de maintenir l'égalité de force électro-motrice entre les différents groupes. Si donc on ne doit avoir qu'un seul groupe en tension, ces éléments devront contenir chacun 100^k d'électrodes, pour pouvoir débiter normalement le courant nécessaire. La dynamo ; dont la différence de potentiel aux bornes est supposée égale à 80 volts, ne pourra évidemment charger ces éléments associés en tension, puisque la force contre électro-motrice atteindrait dans ce cas $2^v,5 \times 45 = 112^v,5$. On est conduit ainsi à modifier le groupement pour la charge. La solution la plus simple consiste à séparer la batterie en deux groupes associés en quantité. Nous prendrons donc 46 éléments (au lieu de 45) et nous les diviserons en deux groupes de 23 (fig. 160). Le courant de charge pourra être réglé, comme nous l'avons vu, à 50 ampères, et la dynamo débitera alors 100 ampères. La force contre électro-motrice des accumulateurs variant pendant la période de charge, il est nécessaire de pouvoir régler la résistance du circuit extérieur de la dynamo de manière à maintenir constante l'intensité du courant

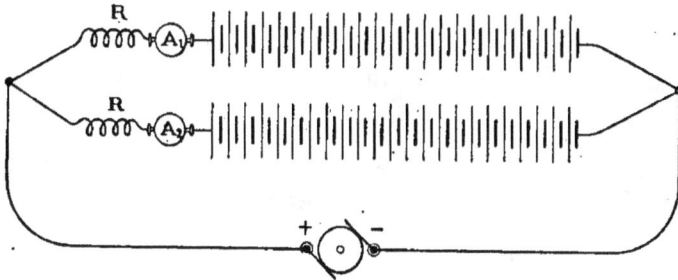

Fig. 160.

de charge. On intercalera dans ce but des rhéostats R sur chacune des deux demi-batteries. Les valeurs extrêmes de ces rhéostats sont faciles à calculer. Au début (en supposant que les accumulateurs ont été précédemment déchargés) la force contre électro-motrice est de $1^v,8$ par élément. On doit donc avoir, en appliquant la loi de Ohm,

$$(R_1 + 23 \times r)\, 50 = 80 - 23 \times 1{,}8$$

en désignant par r la résistance intérieure d'un élément (égale approximativement à $\dfrac{0{,}08}{100}$), et par R_1 la valeur maxima du rhéostat.

A la fin de la charge, la force contre électro-motrice étant d'environ $2^v,5$ par élément, on doit avoir :

$$(R_2 + 23 \times r)\, 50 = 80 - 23 \times 2{,}5$$

R_2 étant la valeur minima du rhéostat. On disposera donc les rhéostats de manière que leurs valeurs extrêmes soient R_1 et R_2, et on fera décroître progressivement leur valeur pendant la charge de telle sorte que les ampère-mètres A_1 et A_2 indiquent toujours une intensité uniforme de 50 ampères.

Pour la décharge, on groupera les 46 éléments en tension. Il faudra alors intercaler sur le circuit de décharge un rhéostat de manière à obtenir une différence de potentiel constante de 80^v. Au début, en effet, la différence de potentiel aux bornes de la batterie sera $46 \times 2^v,1 = 96^v,6$; à la fin de la décharge, elle ne sera plus que $46 \times 1^v,8 = 82^v,8$. Les valeurs extrêmes R'_1 et R'_2 du rhéostat sont alors données par :

$$R'_1 \times 100^A = 96^v,6 - 80^v$$
$$R'_2 \times 100^A = 82^v,8 - 80^v$$

et on réglera pendant la décharge la valeur de ce rhéostat de manière à maintenir aux bornes du circuit extérieur une différence de potentiel constante de 80 volts.

Un autre procédé consiste à intercaler sur le circuit de charge un appareil destiné à fournir le supplément de force électro-motrice nécessaire. Cet appareil, qui porte le nom de *survolteur*, se compose en principe d'une dynamo auxiliaire qui vient s'ajouter en série à la dynamo principale servant à la charge. Cette dynamo auxiliaire peut être commandée par un moteur à vapeur ordinaire, mais dans beaucoup de cas elle est simplement actionnée par un moteur électrique (voir chapitre XI) alimenté par le courant fourni par la machine principale. Le survolteur est excité en dérivation, et on règle cette excitation au moyen d'un rhéostat de manière à fournir aux différentes périodes de la charge l'appoint de voltage nécessaire.

On peut se dispenser de l'emploi d'un rhéostat pendant la décharge en opérant la mise en circuit successive d'un certain nombre d'éléments de manière à maintenir constante la différence de potentiel aux bornes de la batterie. Pour une installation à 80^v, par exemple, nous avons vu qu'il fallait employer une batterie de 45 éléments, donnant à la fin de la décharge une différence de potentiel utile de $45 \times 1,8 = 81^v$. On disposera alors un *commutateur de réduction* (fig. 161) permettant de ne mettre en circuit au début de la décharge que 39 éléments, donnant une différence de

potentiel de $39 \times 2,1 = 81^v,9$. A mesure que le voltage de la
batterie tendra à baisser, on déplacera la manette du commutateur
de manière à intercaler successivement les six éléments restants ; on
pourra ainsi maintenir le voltage à une valeur sensiblement constante.

Le procédé le plus exact pour apprécier à un instant quelconque l'état de charge d'un élément d'accumulateur est celui qui
consiste à mesurer à l'aide d'un volt-mètre la différence de potentiel aux bornes de cet élément. La charge est terminée lorsque
cette différence de potentiel a atteint sa valeur maxima, qui est

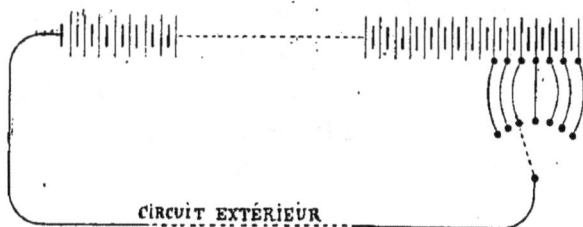

CIRCUIT EXTÉRIEUR

Fig. 161.

en général voisine de $2^v,5$, et reste stationnaire pendant quelque
temps.

On peut aussi étudier la variation de densité du liquide des éléments au moyen d'un aréomètre Baumé. Le liquide normal, au
début, doit marquer un certain nombre de degrés indiqué par le
constructeur. La densité augmente progressivement pendant la
charge ; si elle est de 28° par exemple au début, elle atteint 35°
environ à la fin de l'opération.

Si les accumulateurs ont été précédemment déchargés, on peut
se contenter d'évaluer en ampères-heures la quantité d'électricité
dépensée pendant la décharge, et de fournir à la batterie pendant
la charge cette quantité d'électricité augmentée de 10 à 15 %
pour tenir compte des pertes.

L'examen du dégagement gazeux qui se produit dans le liquide
des éléments fournit également des indications assez précises. Pendant la charge, l'eau étant décomposée, l'oxygène se porte sur les
plaques positives et il y a seulement dégagement d'hydrogène.
Lorsque les plaques positives ont été complètement peroxydées,

l'oxygène se dégage à son tour et le liquide prend un aspect laiteux caractéristique.

Le dégagement d'hydrogène qui se produit pendant la charge nécessite certaines précautions pour l'emploi des accumulateurs. Si les éléments ne sont pas installés dans un local bien aéré ou si les récipients sont à fermeture hermétique, il est indispensable de prendre des dispositions pour évacuer au dehors les gaz dégagés; il pourrait en effet se former des mélanges détonants, dont l'approche d'une lumière ou simplement le jaillissement d'une étincelle entre deux contacts suffirait pour déterminer l'explosion.

82. Montage et entretien des accumulateurs. — Les récipients ou *bacs* dans lesquels sont placées les électrodes doivent être parfaitement étanches et isolés, pour éviter toute déperdition. On les fait soit en verre, soit en tôle vernie, soit en ébonite, soit en bois doublé de plomb. Les meilleurs bacs sont ceux en verre, mais ils ont l'inconvénient d'être fragiles. Une bonne disposition consiste à avoir des bacs en verre placés à l'intérieur d'une caisse en bois, l'intervalle entre la caisse et le bac étant rempli de sciure de bois. La Marine emploie à peu près exclusivement des bacs en verre, dont l'usage a été recommandé par la circulaire ministérielle du 19 décembre 1893.

Les bacs doivent être installés sur des étagères en bois bien accessibles, deux éléments voisins étant séparés par un intervalle de 20 à 30$^m/_m$. On prend en outre la précaution de faire reposer les bacs sur des supports isolants, en porcelaine par exemple.

Les plaques d'un élément doivent être montées bien parallèles les unes aux autres, et séparées par des cales isolantes dont la nature varie suivant les types d'accumulateurs. Elles doivent être suspendues à une certaine distance du fond du bac, pour que les parcelles d'oxyde de plomb qui peuvent se détacher tombent au fond du récipient sans produire de court circuit. Les plaques positives se reconnaissent à leur couleur brun chocolat, due à la présence du bioxyde de plomb, tandis que les plaques négatives ont une couleur grise plus ou moins foncée.

Le liquide employé est un mélange d'eau et d'acide sulfurique. On doit se servir d'eau distillée ou d'eau de pluie filtrée, et d'acide sulfurique parfaitement pur (acide sulfurique au soufre). Le mélange se fait suivant des proportions variables avec le type d'accumulateur, de manière à marquer, après refroidissement, le nombre de degrés indiqué par le constructeur. Ce mélange doit être effectué avec précaution, en versant lentement l'acide dans l'eau et en agitant constamment. On doit toujours le faire à l'avance de manière à lui laisser le temps de bien se refroidir. Le mélange le plus employé est celui qui marque 18° Baumé à la température de 15° C (5 volumes d'eau pour 1 volume d'acide). On trouve d'ailleurs aujourd'hui dans le commerce de l'acide à 18° Baumé tout préparé.

Le niveau du liquide dans les bacs doit dépasser le bord supérieur des lames de un centimètre environ. Les bacs ne doivent pas être remplis jusqu'au bord, pour éviter les écoulements d'eau acidulée qui donneraient naissance à des dérivations. On prend ordinairement la précaution de recouvrir le liquide d'une couche mince d'huile lourde de pétrole, ou mieux d'un mélange fusible de paraffine et de cire. Ce mélange se solidifie en formant une croûte adhérente aux parois du bac qui empêche le liquide de s'évaporer et de se répandre à l'extérieur. Cette croûte doit être percée d'un trou muni d'un tube fermé par un bouchon pour qu'on puisse ajouter de l'acide ou de l'eau pure de manière à maintenir la densité au degré voulu. Pendant la charge, le bouchon doit être enlevé pour permettre le dégagement d'hydrogène (voir fig. 165).

On ne doit jamais laisser les accumulateurs déchargés, ni sortir du liquide les plaques lorsqu'elles sont chargées. Si la batterie doit rester longtemps sans emploi, il est préférable de démonter les éléments et de rincer les plaques dans l'eau pure. Ce nettoyage des plaques dans l'eau pure doit d'ailleurs être effectué de temps en temps, tous les trois mois environ. Les plaques démontées doivent toujours être conservées humides, par exemple enveloppées de foin imbibé d'eau.

Lorsque la batterie n'a pas fonctionné depuis longtemps, il faut, après remontage, lui faire subir avant tout une charge très prolongée (25 à 30 ampères-heures par kilogramme) à un régime modéré. Cette opération a pour but de détruire le sulfate de plomb qui se forme principalement sur les plaques négatives.

On doit toujours vérifier soigneusement l'isolement d'une bat-

terie d'accumulateurs. Cette vérification peut se faire très simplement de la manière suivante (fig. 162). On démonte les connexions entre la dynamo et la batterie;
on relie le pôle négatif de la dynamo à la terre, et le pôle positif à la borne positive d'un volt-mètre; on attache à la borne négative de ce volt-mètre un bout de fil de cuivre F, et on met la dynamo en route.

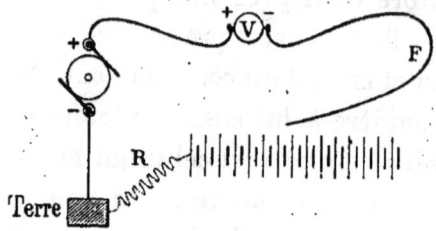

Fig. 162.

On touche d'abord avec le fil F la borne négative de la dynamo, ce qui donne une déviation e de l'aiguille du volt-mètre (1); on touche ensuite avec le même fil successivement les deux barres d'accouplement de chaque élément. Soit ε la plus grande des déviations ainsi obtenues. Appelons ρ la résistance du volt-mètre (inscrite sur l'instrument) et R la résistance d'isolement de la batterie. On a approximativement :

$$\frac{e}{R + \rho} = \frac{\varepsilon}{\rho} = \text{intensité du courant dans le volt-mètre}$$

d'où

$$R = \rho \; \frac{e - \varepsilon}{\varepsilon}$$

On doit trouver pour R une valeur au moins égale à 100 000 ω. Si on trouve une valeur inférieure, on sépare la batterie en deux et on recommence l'opération pour chacune des deux moitiés. En procédant ainsi par fractionnements successifs, on arrive à découvrir l'élément défectueux.

Pendant la charge, il est bon de vérifier souvent à l'aide du volt-mètre la différence de potentiel aux bornes de chaque élément. Si l'un d'eux donne une indication notablement inférieure à celle des autres éléments, c'est qu'il s'est produit dans cet élément une dérivation, par exemple par suite du contact de deux plaques de nom contraire. La cause la plus fréquente de ce genre d'avaries est la chute de parcelles d'oxydes de plomb qui restent engagées entre deux plaques voisines; on y remédie facilement

(1) Ceci suppose bien entendu que la dynamo est à enroulement compound ou en dérivation.

en passant entre les deux plaques une baguette de bois, de manière à faire tomber ces parcelles au fond des récipients.

Une disposition commode pour la vérification d'une batterie consiste à installer à poste fixe un volt-mètre muni d'un commutateur

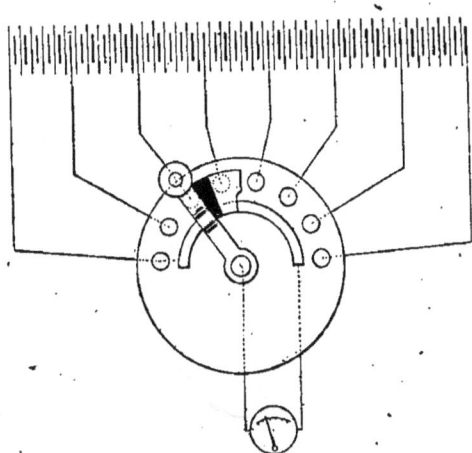

Fig. 163.

spécial permettant de mesurer la différence de potentiel aux bornes d'une fraction déterminée de cette batterie, comme le représente la fig. 163. La manette de ce commutateur est formée de deux contacts isolés l'un de l'autre. Dans le cas de la figure, pour une batterie de 42 éléments, le commutateur permet de mesurer la différence de potentiel aux bornes d'une série quelconque de 6 éléments. Si l'examen d'une série révèle un voltage anormal, on examine séparément chaque élément de cette série au moyen d'un volt-mètre portatif.

83. Accumulateurs Julien. — Ces accumulateurs, actuellement fabriqués par la maison H. Royer et Cie, sont du système Faure. Les carcasses des électrodes sont formées de plaques grillagées (fig. 164) constituées par un alliage ayant la composition suivante :

Plomb.	95 %
Antimoine	3, 5 %
Mercure	1, 5 %

Les pastilles d'oxydes de plomb sont encastrées dans les mailles de ce grillage. Chaque plaque est munie d'une queue en plomb qui vient se souder à une barre d'accouplement massive, également en plomb. Les plaques sont isolées les unes des autres par des bracelets en caoutchouc.

Dans les modèles les plus récents, les pastilles d'oxydes de plomb sont percées d'un trou à leur centre. Cette disposition a pour but d'augmenter la surface active, et de permettre à chaque pastille de foisonner légèrement sans se gonfler et se détacher. Le bac est en verre moulé, muni au fond de deux nervures saillantes sur lesquelles reposent les plaques (fig. 165).

La capacité utilisable est de 15 à 18 ampères-heures lorsque le régime de décharge ne dé- passe pas 2^A par kilogramme;

Fig. 164.

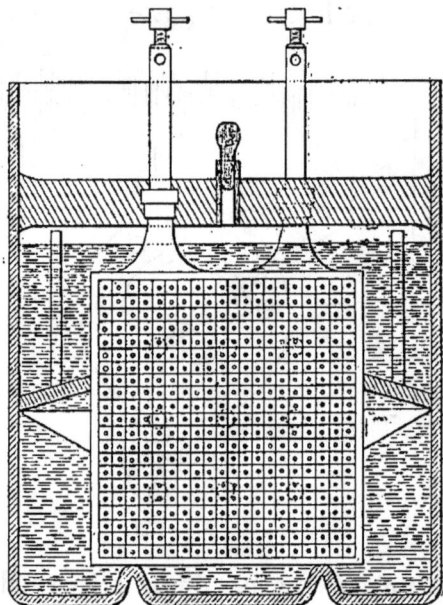

Fig. 165.

au débit de 3^A par kilogramme, elle n'est plus que de 9 à 10 ampères-heures.

On expérimente actuellement dans la Marine de petites batteries d'accumulateurs de ce système, alimentant une lampe à incandes- cence de manière à former un ensemble portatif pouvant être fa- cilement déplacé comme un fanal.

84. Accumulateurs de la Société pour le travail élec- trique des métaux. — La *Société pour le travail électrique des métaux* construit des accumulateurs du système Laurent Cély, qui sont du genre Planté. Mais au lieu d'être formées de plomb ordi- naire, les plaques sont constituées par une sorte de plomb spon- gieux obtenu artificiellement. Ce plomb est mis sous forme de plaquettes carrées d'environ 50$^{m}/_{m}$ de côté, divisées en quatre par- ties par des rainures (fig. 166) et percées d'un trou en leur centre. On juxtapose ces plaquettes dans un moule, et on coule dans les interstices un alliage de plomb et d'antimoine. On obtient ainsi une plaque composée d'un cadre solide et d'un double quadrillage réuni par un rivet à chaque jonction de deux rainures. Ces plaques sont montées comme celles des accumulateurs Julien et soumises ensuite à une formation méthodique suivant le procédé que nous avons indiqué en parlant des accumulateurs Planté. Les plaques de même nom d'un élément sont réunies par des écrous et des boulons de serrage en bronze (fig. 167). Dans les derniers modèles, les

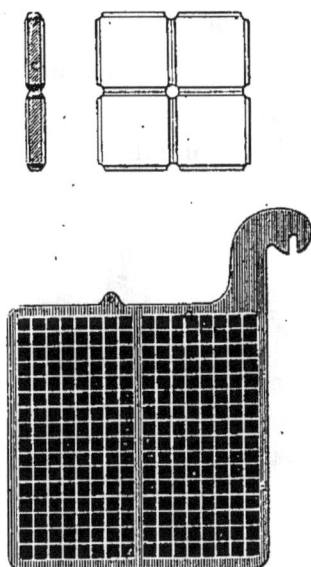

Fig. 166.

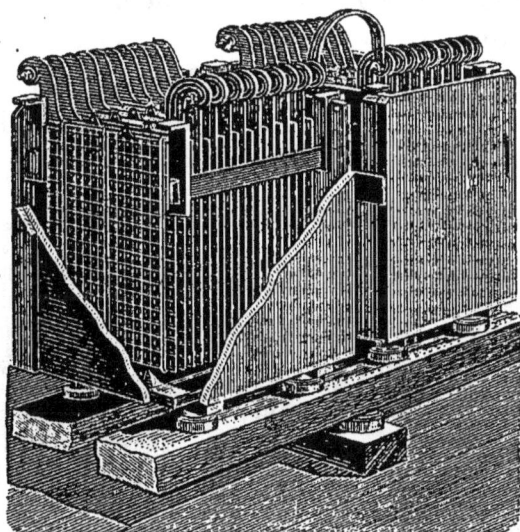

Fig. 167.

plaques sont munies de talons à leur partie supérieure et suspendues à un châssis en verre, de telle sorte que leur bord inférieur soit à 10 centimètres environ au-dessus du fond du récipient. Elles peuvent ainsi se dilater librement sans se déformer, et les parcelles d'oxydes de plomb qui viennent à se détacher tombent au fond sans produire de court circuit.

La capacité utilisable est indiquée approximativement par le tableau suivant :

Régime de décharge.	Capacité utilisable.
1^A par kilogramme.	18 ampères-heures par kilogramme.
$1^A,5$ —	15 — —
2^A —	13 — —
3^A —	9 à 11 — —

Les constructeurs indiquent comme régime normal 1ᴬ par kilogramme pour la charge et 1ᴬ,5 par kilogramme pour la décharge.

85. Accumulateurs Tudor. — Dans ces accumulateurs, les électrodes sont formées de plaques de plomb munies de nombreuses nervures horizontales, qui leur donnent une grande rigidité. Les intervalles entre les nervures sont remplis à l'aide d'une pâte formée de minium gâché dans un mélange d'eau et d'acide sulfurique. Les plaques d'un même élément sont isolées les unes des autres au moyen de tubes en verre. Les récipients sont en verre pour les petits accumulateurs, en bois doublé de plomb pour les grands (fig. 168).

Le régime normal indiqué est de 0ᴬ,8 à 1ᴬ par kilogramme pour la charge, de 1ᴬ environ pour la décharge. Dans ces conditions, la capacité utilisable varie de 4 à 5 ampères-heures par kilogramme. Dans certains modèles spéciaux, elle est de 8 à 10 ampères-heures par kilogramme.

Les accumulateurs Tudor sont comme on le voit assez lourds relativement à leur puissance. Ils ont par contre de grandes qualités de solidité et de durée.

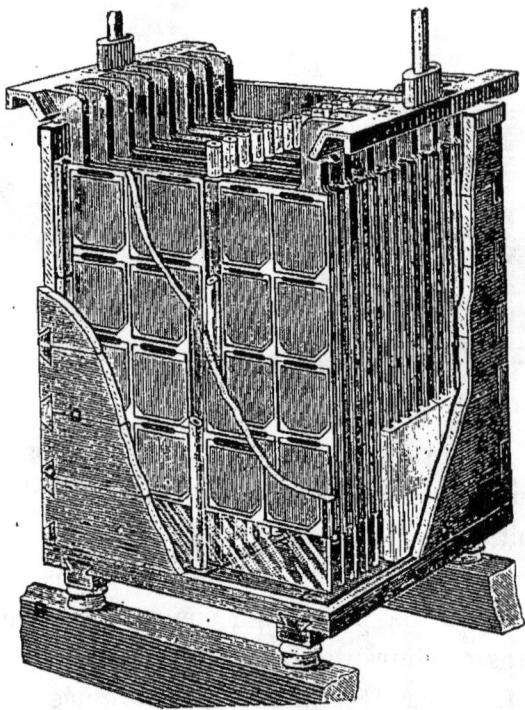

Fig. 168.

86. Accumulateurs Atlas. — Les accumulateurs *Atlas*, construits par la Société des Applications de l'électricité, sont du genre Faure, mais présentent un mode de construction particulier. Les oxydes de plomb sont agglomérés de manière à former des plaques prismatiques, à base octogonale, percées de trous, et

superposées les unes aux autres de la manière suivante. Sur une
plaque d'ébonite percée de trous (fig. 169) repose une lame
mince en plomb antimonié, également percée de trous, sur laquelle
est placée une plaque positive, par exemple. Cette plaque est recouverte d'une feuille mince de celluloïd percée de trous correspondant à ceux de la plaque, mais ayant un diamètre un peu
plus petit. Sur cette feuille sont empilées deux plaques négati-

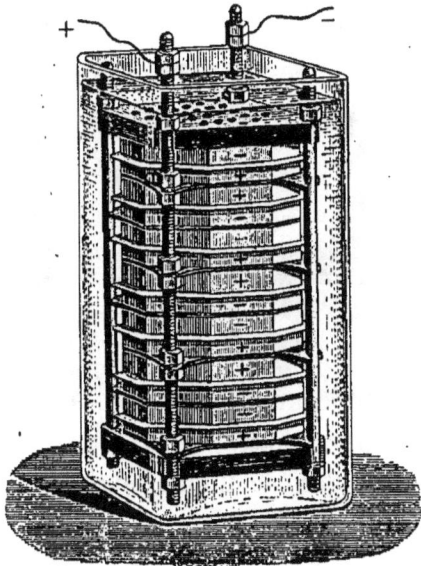

Fig. 169.

ves séparées par une lame
mince en plomb antimonié,
puis une feuille de celluloïd,
puis deux plaques positives séparées par une lame de plomb,
et ainsi de suite. La dernière
paire de plaques positives est
recouverte par une feuille de
celluloïd sur laquelle sont placées une plaque négative et
une lame de plomb qui terminent l'élément. Le tout est recouvert d'une plaque d'ébonite reliée à la plaque de base
par quatre boulons de serrage
en plomb antimonié. Un de ces
boulons est relié à toutes les

lames de plomb en contact avec des plaques négatives; celui qui
lui est opposé diagonalement est relié à toutes les lames en contact
avec des plaques positives. L'élément est ainsi formé d'un bloc
prismatique compact, plongé dans un récipient en verre contenant
l'eau acidulée d'acide sulfurique.

La capacité utilisable est d'environ 16 ampères-heures par kilogramme avec un régime de décharge de $1^A,5$ par kilogramme.

87. Accumulateurs Gadot. — Ces accumulateurs sont très
analogues aux accumulateurs Julien. Ils en diffèrent par le mode
de construction de la plaque grillagée, qui, au lieu d'être fondue
d'une seule pièce, est formée de deux plaques symétriques serrées
l'une contre l'autre et rivées au plomb (fig. 170). Cette disposition permet d'obtenir des alvéoles formés de deux troncs de pyra-

mide accolés par leur grande base ; les pastilles d'oxydes de plomb sont ainsi maintenues emprisonnées dans leur support, et ne peuvent se détacher.

Le régime normal est de $0^A,8$ par kilogramme pour la charge, de $1^A,6$ pour la décharge. Dans ces conditions, la capacité utilisable est de 6 à 8 ampères-heures par kilogramme.

88. Accumulateurs Dujardin. — Dans ces accumulateurs, qui sont du genre Planté, les plaques positives sont constituées par des lames feuilletées en plomb ; les plaques négatives sont formées de plomb spongieux obtenu par un procédé spécial. Ces plaques sont disposées dans des récipients métalliques fondus d'une seule pièce, et isolées les unes des autres par des baguettes en silice poreuse.

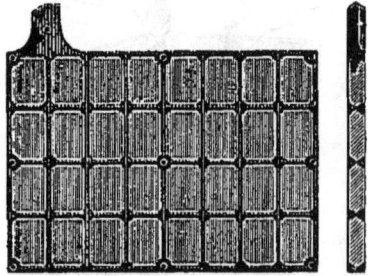

Fig. 170.

La capacité utilisable est d'environ 10^{AH} par kilogramme, avec un courant de décharge de 2 ampères par kilogramme.

89. Accumulateurs Tommasi. — Ces accumulateurs, dits

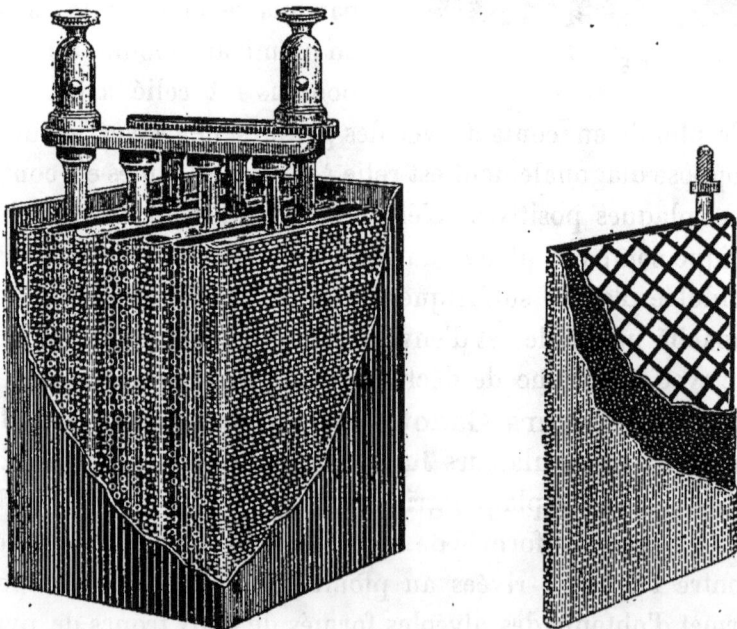

Fig. 171.

accumulateurs *multitubulaires*, présentent une certaine analogie avec les accumulateurs Atlas. La pâte d'oxyde de plomb est enfermée dans une caisse perforée en matière isolante (porcelaine ou celluloïd) de forme cylindrique ou prismatique, au centre de laquelle est placée une âme conductrice constituée par un grillage en plomb (fig. 171). Un certain nombre de caisses sont juxtaposées dans un récipient contenant le mélange d'eau et d'acide sulfurique, et reliées entre elles comme les plaques d'un accumulateur ordinaire.

Ces accumulateurs sont construits par la *Société de l'accumulateur Fulmen*. Leur capacité utilisable est d'environ 20^{AH} par kilogramme, avec un courant de décharge pouvant atteindre 4^A par kilogramme.

90. Accumulateurs Commelin-Desmazures. — On a cherché souvent à utiliser d'autres réactions que celles des oxydes de

Coupe transversale d'un élément.   Plaque négative.   Plaque positive.

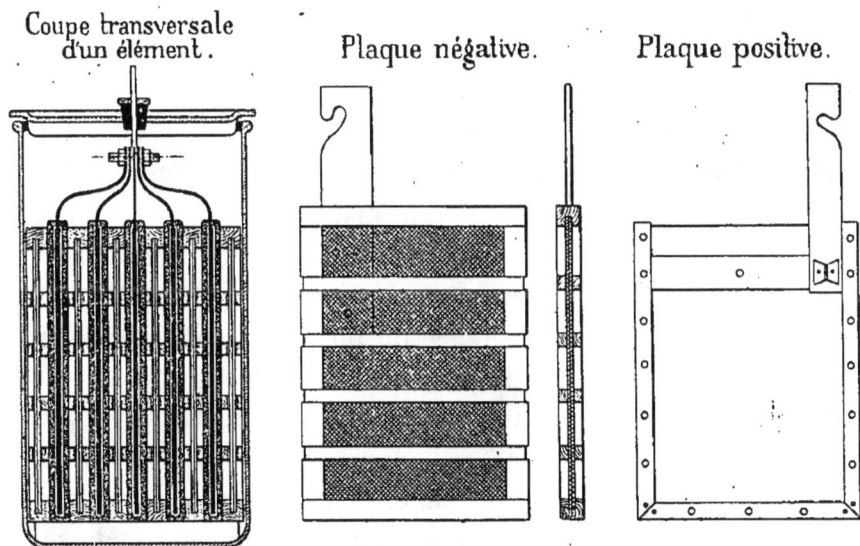

Fig. 172.

plomb et de l'acide sulfurique pour la formation d'accumulateurs. Nous citerons seulement les accumulateurs de MM. Commelin et Desmazures, qui ont été essayés dans la Marine. Dans ces appareils, l'électrode positive (fig. 172) est formée d'une plaque de cuivre poreux, de 3 $^m/_m$ d'épaisseur environ, obtenue de la façon suivante. On décompose un sel de cuivre sous l'action d'un courant électrique, et on agglomère le cuivre pulvérulent ainsi produit en le comprimant fortement sur une tôle de même métal. La pression qu'on lui fait subir varie de 800 à 1200^k par $°/_m^2$. La plaque de cuivre est encastrée dans un cadre en cuivre, et entourée d'une triple enveloppe formée d'une couche d'amiante entre deux couches de fort papier parcheminé. L'épaisseur totale du positif ainsi formé est de 7 $^m/_m$ environ. La lame négative est formée de trois toiles en fil de fer étamé et amalgamé, rivées dans un cadre en tôle. Cette lame est engagée dans un châssis à claire-voie en bois paraffiné. L'épaisseur totale du négatif ainsi établi est de 8 à 9 $^m/_m$. Le liquide est une dissolution de zincate de potasse.

Un élément est constitué en général par cinq plaques positives et six plaques négatives, serrées les unes contre les autres dans un récipient en tôle recouverte intérieurement et extérieurement d'un émail isolant. Le liquide est recouvert d'une légère couche de valvoline pour être soustrait au contact de l'air.

Sous l'action du courant de charge, le liquide est décomposé, et met en liberté d'une part l'oxygène, qui s'unit au cuivre, et de l'autre le zinc, qui se dépose sur la toile métallique dans les intervalles des traverses du châssis en bois. La potasse reste libre en dissolution. A la décharge, le zinc s'unit à l'oxygène de l'eau et se dissout dans la potasse en reformant le zincate de potasse. L'hydrogène mis en liberté réduit l'oxyde de cuivre des lames positives, qui reviennent à leur état primitif.

Dans ces appareils, la différence de potentiel aux bornes d'un élément, au début de la décharge, est de 0^v,85 environ. On arrête la décharge lorsque cette différence de potentiel n'est plus que de 0^v,48.

Ces accumulateurs présentent en principe d'assez grands avantages (absence de dégagement gazeux, suppression de l'acide sulfurique, etc.). Mais ils ont jusqu'ici l'inconvénient de conserver beaucoup moins bien la charge que les accumulateurs au plomb.

94. Emploi des accumulateurs à bord des navires. — L'emploi des accumulateurs peut être parfois avantageux à bord des navires. Pour les bateaux sous-marins, dans lesquels l'emploi de moteurs à vapeur est à peu près impossible, on actionne en général l'hélice au moyen d'un moteur électrique recevant le

courant d'une batterie d'accumulateurs préalablement chargée à
terre. Pour les petits bâtiments tels que les torpilleurs, ne possédant
pas pour la plupart de générateur d'électricité indépendant,
l'emploi d'une petite batterie d'accumulateurs, chargée au départ,
permet d'alimenter pendant assez longtemps les lampes destinées
aux signaux de nuit. Sur des navires plus grands, mais ne possédant qu'une seule dynamo, une batterie d'accumulateurs constitue
une réserve qui peut être chargée à loisir par la dynamo et la sup-
pléer ensuite au mouillage lorsqu'on veut pouvoir éteindre les feux.
On a même installé quelquefois des batteries d'accumulateurs sur
les grands bâtiments, mais leur utilité est dans ce cas beaucoup
plus contestable; ces navires possèdent en effet toujours plusieurs
dynamos, et la multiplicité des services auxiliaires y rend à peu
près indispensable l'usage constant d'une chaudière.

On trouve encore en service à bord de quelques torpilleurs des
batteries composées de 8 éléments ayant une capacité utilisable
de 70 à 80 ampères-heures avec un débit de 12 ampères. Le tableau
ci-dessous indique les données principales des éléments de ces
batteries :

	Nombre de plaques.	Poids des électrodes.	Poids total d'un élément.
Julien.	9	$8^k 400$	12 à 13^k
Société pour le travail électrique des métaux.	9	$8^k 100$	$11^k 400$
Dujardin.	5	6 à 7^k	11 à 12^k

Les lampes alimentées sont de petites lampes à incandescence,
exigeant une différence de potentiel de 12 volts.

Actuellement, on n'installe de batteries d'accumulateurs qu'à
bord des grands bâtiments sur lesquels les services auxiliaires
n'exigent pas l'entretien permanent d'une chaudière allumée (circulaire du 23 juillet 1895). Ces batteries sont exclusivement ré-
servées au service des signaux, qui sont effectués au moyen de
lampes à incandescence exigeant une différence de potentiel de
75^v. Elles sont composées de 50 éléments (dont 2 de rechange),
ayant une capacité utilisable minima de 120^{AH} avec un courant
de décharge de 12^A, et de 75^{AH} avec un courant de décharge de 25^A.

Le poids des plaques est de 13^k, et le poids total d'un élément, liquide compris, est de 25^k. Des batteries de ce genre des systèmes Julien, Tudor et Dujardin sont actuellement en service.

On a également employé de petites batteries de 2 éléments d'accumulateurs système Tommasi pour l'alimentation des lampes destinées à l'éclairage de nuit des lignes de mire des canons.

CHAPITRE IX

Éclairage électrique.

___

92. Éclairage par l'électricité. — L'éclairage par l'électricité est une application directe de la chaleur produite par le courant traversant un conducteur. En **1808**, un chimiste anglais, Davy, reconnut qu'en réunissant deux baguettes de charbon taillées en pointe aux pôles d'une pile de Volta de **2000** éléments et en écartant les pointes de charbon d'une petite quantité, il se produisait entre elles une flamme extrêmement brillante, légèrement courbée, à laquelle il donna le nom d'*arc voltaïque*. Ce phénomène est dû à l'incandescence de particules détachées des pointes de charbon, portées à une très haute température par suite de l'échauffement produit par le passage du courant entre les deux pointes, qui sont séparées par une couche d'air formant un conducteur très résistant. Plus tard, on reconnut qu'en faisant traverser par un courant intense un conducteur solide de grande résistance et assez réfractaire pour ne pas fondre par suite du passage du courant, on pouvait élever suffisamment la température de ce conducteur pour le rendre incandescent. Ces deux modes d'éclairage, par *arc voltaïque* et par *incandescence*, sont employés tous deux actuellement, et nous les étudierons successivement.

93. Photométrie. — Avant d'examiner en détail les procédés d'éclairage, nous devons dire un mot de la manière dont on peut apprécier et mesurer l'intensité de la lumière émise par un appareil d'éclairage quelconque.

La mesure des intensités lumineuses s'effectue au moyen d'appareils appelés *photomètres*. Elle repose sur le principe de physique suivant :

L'intensité d'éclairement d'un objet varie en raison inverse du carré de la distance de cet objet à la source de lumière qui l'éclaire.

Soit par exemple une lampe éclairant une feuille de papier blanc et placée à un mètre de cette feuille. Si nous plaçons la lampe à 2 mètres de distance, l'intensité de la lumière reçue par la feuille sera quatre fois plus petite. De même, si nous plaçons la lampe à 3 mètres, l'intensité sera 9 fois plus petite, et ainsi de suite. Il résulte de là que la feuille de papier sera éclairée de la même façon par une lampe placée à 1 mètre et par une lampe d'intensité quadruple, par exemple, placée à la distance de 2 mètres.

Considérons deux foyers lumineux et disposons-les à proximité d'un écran sur les moitiés duquel chacun d'eux projette séparément sa clarté, de telle façon que les deux moitiés de l'écran soient également éclairées. Soient d et d' les distances des foyers à l'écran, I et I' leurs intensités. Les quantités de lumière reçues par unité de surface sur les deux moitiés de l'écran sont respectivement $\dfrac{I}{d^2}$ et $\dfrac{I'}{d'^2}$. Ces deux quantités de lumière étant égales, on a :

$$\frac{I}{I'} = \frac{d^2}{d'^2}$$

Supposons que l'un des deux foyers soit celui dont l'intensité est choisie comme unité; il suffit de faire I' = 1 par exemple dans la formule, et il vient :

$$I = \frac{d^2}{d'^2}$$

Cette relation exprime l'intensité du second foyer comparé au premier pris pour unité.

Il n'existe pas encore d'unité photométrique universellement adoptée, et les unités employées pour mesurer les intensités lumineuses varient suivant les différents pays. En France, on emploie fréquemment le *bec Carcel*. Le bec Carcel est la quantité de lumière émise par une lampe Carcel à remontoir mécanique brûlant 42 grammes d'huile de colza épurée à l'heure, avec une hauteur de flamme de 40 millimètres. On se sert aussi de la *bougie stéarique :* cette unité est la quantité de lumière émise par une bougie stéarique de l'Étoile de 6 au paquet, consommant 10 grammes de stéarine à l'heure avec une hauteur de flamme de $52^m/_m,5$. En 1889, le Congrès des électriciens a adopté comme unité photométrique la *bougie décimale*, égale à $\frac{1}{20}$ de la quantité de lumière émise par un centimètre carré de platine à la température de solidification. *(Étalon Violle)* Cette unité est à peu près égale au dixième du bec Carcel *et au*

En Angleterre, on emploie comme unité (*candle*) une bougie *ou flamme de balance* de spermaceti de $22^m/_m,2$ de diamètre brûlant $7^{gr},776$ par heure. En Allemagne, l'unité est une bougie de paraffine de $20^m/_m$ de diamètre, brûlant avec une flamme de $50^m/_m$ de hauteur.

Le tableau suivant donne les valeurs relatives de ces diverses unités :

	Becs -Carcel.	Bougies stéariques.	Bougies décimales.	Candles.	Bougies allemandes.
Bec Carcel	1	6,5	9,62	8,91	7,89
Bougie stéarique.	0,154	1	1,48	1,372	1,215
Bougie décimale.	0,104	0,676	1	0,927	0,82

Un des photomètres les plus employés est celui de Foucault. Il se compose d'une plaque de verre dépoli M N (fig. 173) perpen-

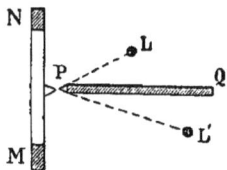

Fig. 173.

diculairement à laquelle est placé un écran P Q divisant la plaque de verre en deux parties éga- *que de face* les. On place d'un côté de l'écran, en L', la *unité* source lumineuse étalon, qui sera par exemple une lampe Carcel établie dans les conditions définies ci-dessus. La source lumineuse à mesurer L est placée de l'autre côté de l'écran, et on règle sa distance à la plaque de verre de façon que les deux moitiés de cette plaque paraissent bien également éclairées. On mesure alors les distances d et d' des foyers L et L' à la plaque de verre, et le rapport $\frac{d'^2}{d^2}$ exprime, en becs Carcel, l'intensité lumineuse de la source L.

Il importe de remarquer que l'intensité de la lumière émise par une source varie beaucoup, suivant la direction dans laquelle on mesure cette intensité. Pour les lampes à arc et à incandescence, l'intensité indiquée est généralement l'intensité maxima.

94. Étude de l'arc voltaïque. — Nous avons dit que l'arc voltaïque était obtenu entre deux pointes de charbon réunies aux pôles d'une source d'électricité suffisamment énergique. Lorsque les deux pointes de charbon sont en contact, et qu'on fait passer le courant, il n'y a pas production d'arc voltaïque. On constate simplement que les pointes en contact s'échauffent et rougissent, par suite de la chaleur dégagée par le passage du courant. Si on écarte légèrement les pointes, l'arc jaillit en émettant une lumière blanche très intense. L'expérience montre que, pour que l'arc soit stable et donne une lumière bien fixe, l'écartement des charbons doit avoir une certaine valeur bien déterminée, qui dépend de l'intensité du courant employé. Si l'on désigne par I cette intensité, exprimée en ampères, l'écartement l des pointes de charbon, exprimé en millimètres, est représenté approximativement par la formule :

$$l = 1^\text{m}/_\text{m} + \tfrac{1}{10}\,\text{I}$$

Si les charbons sont trop rapprochés, la lumière est peu intense, sujette à des variations et des oscillations très rapides, et l'arc émet un sifflement ou bruissement caractéristique. Si les charbons sont trop écartés, l'arc est sillonné de flammes longues, vacillantes, de couleur jaunâtre; il peut même arriver que l'arc s'éteigne, la résistance de la couche d'air interposée entre les charbons devenant trop considérable.

L'écartement normal des pointes de charbon, donnant un arc bien stable, correspond à une valeur sensiblement constante de la différence de potentiel entre les pointes, quelle que soit l'intensité du courant employé. En réalité, cette valeur de la différence de potentiel augmente légèrement avec l'intensité. Elle est habituellement comprise entre 42 et 48 volts.

Dans la pratique, on a surtout besoin de connaître la différence de potentiel qu'il est nécessaire d'établir entre les bornes de la lampe. Cette différence de potentiel dépend évidemment

de la nature et de la longueur des charbons, ainsi que du mode
de construction de la lampe. On admet en général les chiffres
pratiques suivants :

Lampes de	7 ampères	44^v
—	10 ampères	46^v
—	13 ampères	48^v
—	24 ampères	50^v
—	65 ampères	52^v
—	100 ampères	55^v

soit en moyenne 50 volts.

Quant à l'intensité lumineuse de l'arc, elle dépend à peu près
uniquement de l'intensité du courant. Le tableau ci-dessous indique les valeurs approximatives de l'intensité lumineuse maxima,
pour diverses intensités de courant :

Nombre d'ampères.	Intensité lumineuse en becs Carcel.	Nombre d'ampères.	Intensité lumineuse en becs Carcel.
4	30	24	500
7	60	45	1600
10	100	65	2500
13	150	75	3000
15	200	90	4000.

Nous avons dit que l'arc voltaïque est dû à l'incandescence
des particules de charbon détachées des pointes entre lesquelles
il se forme. Au contact de l'oxygène de l'air, ces particules de
charbon brûlent et se volatilisent; il y a donc usure des charbons. Cette usure a pour effet d'augmenter progressivement la
longueur de l'arc. Pour maintenir cette longueur à sa valeur
normale, il est donc nécessaire de rapprocher les charbons à
mesure qu'ils s'usent. Ce rapprochement peut être effectué soit
à la main, soit au moyen de régulateurs automatiques. Nous verrons tout à l'heure les dispositions adoptées pour ces appareils.

L'expérience montre que le réglage est d'autant plus facile
que la force électro-motrice de la source est plus grande, l'excès de cette force électro-motrice sur la différence de potentiel
nécessaire entre les bornes de la lampe étant absorbé par une

résistance convenable. Avec les dynamos à faible résistance intérieure qui sont à peu près exclusivement employées aujourd'hui, on considère d'habitude l'écart entre la différence de potentiel aux bornes de la dynamo et la différence de potentiel aux bornes de la lampe. La valeur minima pratique de cet écart peut être prise égale à $8^v + \frac{1}{4}$ I, I étant l'intensité en ampères.

D'après la loi de Ohm, la perte en volts entre la dynamo et la lampe est égale au produit de l'intensité du courant par la résistance des conducteurs qui réunissent ces deux appareils. Nous verrons dans le chapitre suivant comment on calcule la section de ces conducteurs. Le plus généralement, à moins que leur longueur ne soit très considérable, leur résistance ne suffit pas pour absorber l'excédent de force électro-motrice. On est alors obligé d'intercaler une résistance auxiliaire. Supposons par exemple qu'on veuille produire un arc de 65 ampères. D'après ce que nous avons vu, la différence de potentiel aux bornes de la dynamo doit être au moins égale à $52 + \left(8 + \frac{65}{4}\right) = 76$ volts. S'il s'agit d'une dynamo donnant 80 volts, on doit perdre entre cette dynamo et la lampe un nombre de volts égal à $80 - 52 = 28^v$. Soit par exemple $0^\omega,08$ la résistance des conducteurs reliant la dynamo à la lampe. On devra ajouter une résistance R telle que :

$$(R + 0,08) \times 65 = 28$$

d'où $R = 0^\omega,35$.

L'usure des charbons se manifeste d'une manière différente, suivant la nature des courants employés. Si l'arc est produit par des courants alternatifs, l'usure des deux charbons est la même, et ils conservent tous deux la forme d'une pointe émoussée. Cependant, si les deux charbons sont placés verticalement l'un au-dessus de l'autre, ce qui est la disposition la plus fréquente, le charbon supérieur s'use un peu plus vite que le charbon inférieur. Cela tient à ce que sa combustion latérale est favorisée par le courant ascendant d'air chaud qui l'enveloppe.

L'emploi de courants continus donne lieu à des phénomènes

différents. Appelons comme d'habitude charbon *positif* celui par
où arrive le courant, et charbon *négatif* celui auquel aboutit l'arc.
On constate que l'usure est notablement plus rapide pour le charbon positif que pour le charbon négatif, Le rapport de l'usure
du premier à celle du second varie de 1,3 à 2. De plus, l'extrémité du charbon positif se creuse en forme de cratère, tandis
que celle du charbon négatif conserve
la forme d'une pointe plus ou moins
émoussée (fig. 174). Ce cratère, formant
une sorte de voûte dont les parois sont
portées à l'incandescence, est la région
de l'arc qui émet la lumière la plus intense. Aussi, dans les lampes à courant continu, on prend le plus ordinairement le charbon supérieur comme
charbon positif, de manière à diriger
vers le sol la lumière émise par le cratère.

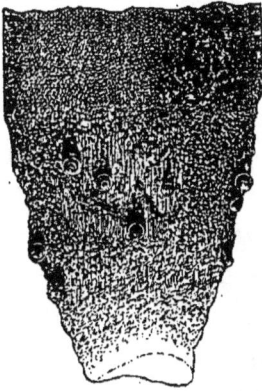

La température de l'arc voltaïque est
extrêmement élevée, et peut atteindre
4 000°. On voit souvent apparaître sur les
pointes de charbon des globules in-
candescents provenant de substances
minérales fondues.

95. Charbons à lumière. — Le
charbon employé par Davy pour ses expériences était du charbon de bois, qui
avait l'inconvénient de s'user très rapidement. On employa ensuite le char-

Fig. 174.

bon de cornue; ce charbon est plus compact et meilleur conducteur, mais sa composition n'est pas uniforme, et produit des
variations dans l'intensité lumineuse. On emploie actuellement
des baguettes ou *crayons* obtenus en comprimant une pâte formée de coke pulvérisé aggloméré à l'aide de goudron de gaz.
La pâte ainsi formée est passée à la filière et les crayons sont
recuits au rouge cerise puis séchés lentement dans une étuve.

Dans le but de maintenir le foyer lumineux entre les pointes de charbon, on ménage souvent dans l'axe du crayon un trou cylindrique qu'on remplit avec un charbon spécial plus conducteur. On a ainsi ce qu'on appelle les charbons *à mèche*. Ces charbons ne sont employés en général que comme charbons positifs.

En recouvrant la surface des crayons d'une mince couche de cuivre, on augmente de 30 % environ leur durée. Mais les crayons cuivrés ont fréquemment l'inconvénient de donner une lumière vacillante par suite de la fusion irrégulière de l'enveloppe de cuivre. On se contente quelquefois de cuivrer simplement la mèche intérieure.

La rapidité de l'usure des charbons varie beaucoup avec leur nature et avec l'intensité du courant. En moyenne, l'usure totale des deux charbons est comprise entre 35 et 50 $^m/_m$ par heure, dont un tiers environ pour le charbon négatif et deux tiers pour le charbon positif dans les lampes à courant continu.

La longueur des charbons est réglée d'après la durée qu'on veut avoir pour la lampe, en tenant compte de la valeur du rapport d'usure et des longueurs des bouts pratiquement inutilisables par suite de la fixation des crayons dans leur monture. Cette longueur inutilisable est en général de 60 à 70$^m/_m$ pour chaque charbon. La durée d'une paire de charbons dépasse rarement 16 heures dans les lampes ordinaires.

Le diamètre des charbons varie suivant l'intensité du courant. On donne assez souvent au charbon positif un diamètre un peu supérieur à celui du charbon négatif, pour compenser l'augmentation de combustion latérale due au courant ascendant d'air chaud et accroître un peu la dimension du cratère. Le charbon positif ne doit cependant pas être trop gros, car alors le cratère devient trop profond et l'intensité lumineuse diminue.

Dans les lampes ordinairement employées pour l'éclairage à terre (4 à 20 ampères), le diamètre varie de 10 à 20 $^m/_m$ pour les charbons positifs, de 9 à 18 $^m/_m$ pour les charbons négatifs.

Dans les lampes destinées aux projecteurs, la Marine emploie à peu près exclusivement des charbons Carré. Ce sont des charbons nus, non cuivrés. Le positif est muni d'une mèche. Les dimensions de ces charbons pour les lampes inclinées (voir § 104) sont les suivantes :

	Intensité maxima.	CHARBON POSITIF.		CHARBON NÉGATIF.	
		Diamètre.	Longueur.	Diamètre.	Longueur.
Projecteurs de 0^m,30......	15 A	12 m/m	148 m/m	10 m/m	85 m/m
Projecteurs de 0^m,40 et 0^m,60	75 A	21	220	21	135
Projecteurs de 0^m,90.......	90 A	30	400	27	225
Projecteurs de 1^m,50......	200 A	36	575	27	410

La résistance spécifique des charbons à lumière est assez variable suivant leur mode de fabrication. Elle est comprise en général entre 4 000 et 7 000 microhms-centimètres à la température ordinaire. La résistance diminue légèrement lorsque la température augmente.

96. Régulateurs automatiques. — Dès l'origine des lampes à arc, on a cherché à s'affranchir de la nécessité de régler à la main le rapprochement des charbons. On a imaginé dans ce but différents appareils appelés *régulateurs*. L'augmentation de longueur de l'arc, due à l'usure des charbons, a pour effet d'accroître la résistance du circuit; l'intensité I tend à diminuer, et la différence de potentiel Δ entre les pointes de charbon tend à augmenter. On utilise pour faire agir les régulateurs soit la variation de I, soit la variation de Δ, soit simultanément la variation de ces deux quantités. Il y a donc trois classes de régulateurs, appelés suivant le cas régulateurs d'intensité, régulateurs de différence de potentiel, et régulateurs différentiels.

Les régulateurs d'intensité se composent en principe d'une bobine de fil intercalée dans le même circuit que l'arc et la source d'électricité; cette bobine est munie d'un noyau de fer doux et constitue ainsi un électro-aimant dont la puissance d'attraction est d'autant plus grande que le courant est plus intense. On utilise cette variation de l'attraction de l'électro-aimant pour agir sur un mécanisme de réglage, qui rapproche les charbons dès que l'intensité tend à diminuer.

Les régulateurs de différence de potentiel reposent sur le même principe, mais l'électro-aimant de réglage est placé en dérivation entre les charbons. Le courant qui passe dans cet électro-aimant est alors proportionnel à la différence de potentiel entre les charbons, et le mécanisme de réglage a pour effet de rapprocher les charbons dès que cette différence de potentiel tend à augmenter.

Enfin, les régulateurs différentiels sont constitués par deux électro-aimants, l'un intercalé sur le circuit de la lampe, l'autre pris en dérivation entre les charbons.

Les régulateurs automatiques doivent aussi remplir une autre fonction. Les charbons étant supposés au contact, il faut que lorsque le courant passe ils s'écartent d'eux-mêmes de la quantité voulue pour que l'arc jaillisse. Ce résultat est obtenu soit à l'aide d'un électro-aimant spécial, dit *électro-aimant d'allumage,* qui est intercalé sur le circuit et dont l'armature en se déplaçant agit de manière à écarter les charbons, soit au moyen d'un jeu de leviers convenablement disposé.

Les dispositions mécaniques employées pour relier le déplacement des charbons aux mouvements des armatures des électro-aimants de réglage et d'allumage peuvent varier à l'infini, et il existe un nombre considérable de systèmes de régulateurs. Nous nous bornerons à décrire ceux qui ont été employés jusqu'ici dans la Marine.

97. Régulateur Gramme. — Le régulateur Gramme est représenté par la figure 175, dans laquelle tous les organes sont supposés ramenés dans un même plan, de manière à les rendre bien visibles. Le charbon positif C est fixé par une vis de pression à la partie inférieure d'une tige en bronze A dont un côté est taillé en crémaillère et engrène avec un mouvement d'horlogerie se terminant par une petite roue en étoile B. La tige A tend constamment à descendre sous l'influence de son poids, mais ce mouvement n'est possible que lorsque la roue B est laissée libre par le doigt D, dont nous verrons tout à l'heure le fonctionnement.

Le charbon négatif C' est fixé à la traverse inférieure E d'un cadre rectangulaire dont les montants verticaux FF sont isolés par des bagues en ébonite de la boîte métallique qui enveloppe le mécanisme. La traverse supérieure G de ce cadre constitue l'armature de l'électro-aimant d'allumage H. L'ensemble du cadre est soutenu par deux ressorts RR fixés à la culasse de cet électro-aimant.

Le courant entre par la borne marquée + et sort par la borne marquée —. La borne positive est en contact avec la boîte métallique, et par suite avec la tige A. La borne négative est isolée de

la boîte, et reliée à une des extrémités du fil de l'électro-aimant
H, dont l'autre extrémité aboutit au cadre EFGF qui porte le charbon
négatif.

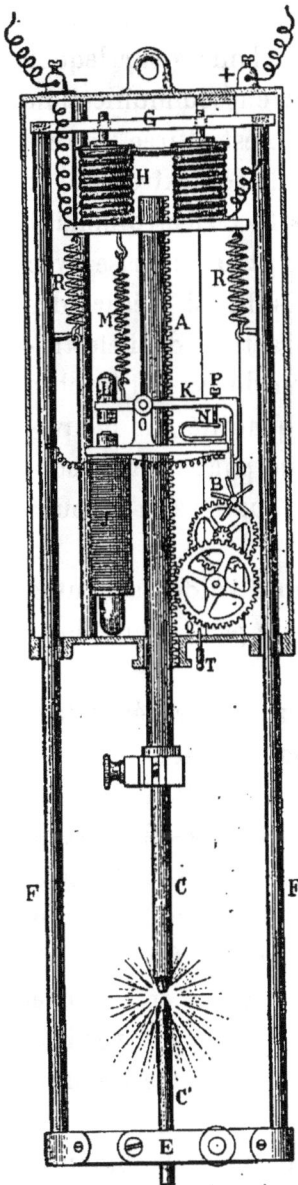

L'électro-aimant de réglage J, dont une seule branche est visible sur la figure, est placé en dérivation entre le cadre qui porte le charbon négatif et la boîte métallique. Le doigt D est fixé à un levier K pivotant autour du point O, et dont l'extrémité L constitue l'armature de l'électro-aimant J. Un ressort M dont on peut régler à volonté la tension maintient cette armature de telle sorte que le doigt D soit en prise avec la roue B.

Cela étant, supposons qu'on fasse passer le courant, les charbons étant dans une position quelconque. Le courant passe d'abord seulement dans le circuit dérivé de l'électro-aimant J, qui attire son armature. La roue B cesse d'être immobilisée, et le charbon positif descend jusqu'à venir au contact du charbon négatif. A ce moment, le courant passe par les charbons et par l'électro-aimant H, qui attire son armature, et produit ainsi un mouvement de recul du charbon négatif; l'arc s'allume.

La tension du ressort M est réglée de manière à équilibrer exactement la puissance d'attraction de l'électro-aimant J, lorsque la différence de potentiel entre les charbons a sa valeur normale. Lorsque, par suite de l'usure, l'écartement des pointes devient trop grand,

Fig. 175.

l'intensité diminue dans le circuit principal et augmente par suite dans le circuit dérivé. L'armature L est alors attirée, et le doigt D, abandonnant la roue B, laisse descendre le charbon positif. Pour éviter tout mouvement brusque de ce charbon, et pour empêcher qu'en vertu de la vitesse acquise il ne dépasse la position convenable, une disposition spéciale interrompt le circuit dérivé dès que l'armature L a été attirée. L'une des extrémités du fil de l'électro-aimant J aboutit à un ressort à lame N sur lequel presse une vis P fixée au levier K, lequel est en communication avec la boîte métallique. Dès que l'armature L est attirée, le ressort N vient porter sur un butoir placé près de son extrémité, et le contact est rompu entre le ressort et la vis P. L'électro-aimant J devient inerte, et le ressort M ramène le doigt D en prise avec la roue B, ce qui immobilise le charbon positif. Si l'écart des deux charbons est encore trop grand, l'attraction de l'électro-aimant J l'emporte de nouveau sur la tension du ressort M, et le charbon positif descend encore d'une petite quantité. Le mouvement de descente ne peut ainsi s'effectuer que par saccades successives presque insensibles, de sorte que la lumière n'éprouve pas de variations brusques.

Un doigt Q que l'on peut pousser à la main à l'aide du bouton T sert à immobiliser les rouages d'une manière permanente lorsqu'on veut transporter la lampe.

98. Régulateur Sautter-Harlé (ancien). — Ce régulateur est représenté par la figure 176, à laquelle est joint un schéma montrant la disposition du mécanisme. Le charbon négatif C' est saisi dans une monture fixe A. La monture B du charbon positif C est solidaire d'une pince à ressort D formant écrou sur une vis E. Cette vis porte à sa partie supérieure un disque en fer doux F qui constitue l'armature de l'électro-aimant d'allumage G, intercalé sur le circuit principal. L'ensemble formé par la vis et le porte-charbon supérieur peut ainsi recevoir un déplacement vertical, limité par un butoir placé au-dessus du disque F, entre les branches de l'électro-aimant.

Le mouvement de descente du charbon positif est obtenu de la manière suivante. Sur la vis E est calée une boîte cylindrique H, dans l'intérieur de laquelle est placée une bague J fendue en biais. Un levier K porte des goupilles fixées aux extrémités de cette bague, et peut recevoir un mouvement alternatif de va-et-vient comme nous l'indiquerons tout à l'heure. Ce mouvement a pour

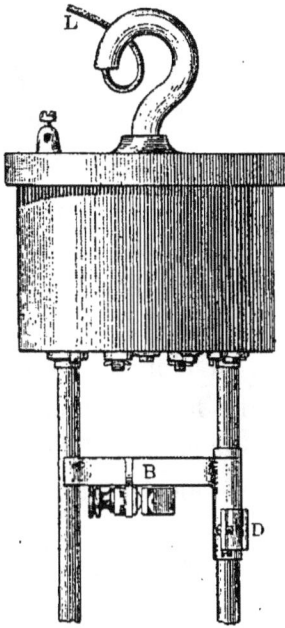

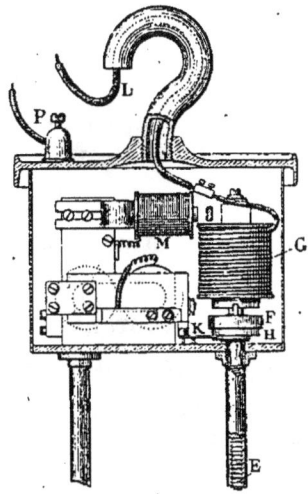

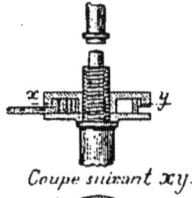

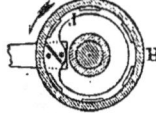

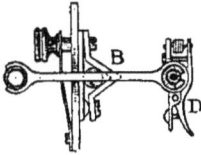

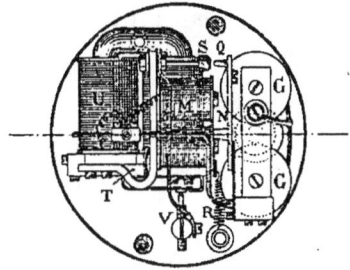

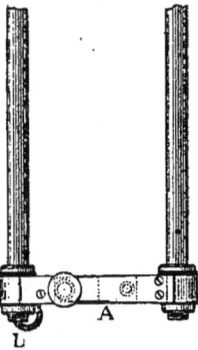

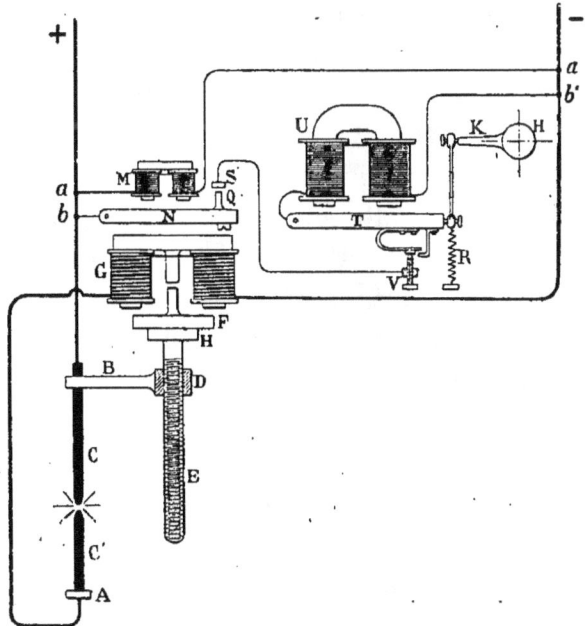

Coupe suivant xy.

Fig. 176.

effet d'écarter et de rapprocher alternativement les bords de la bague J, et par suite d'augmenter ou de diminuer son diamètre. Dans le premier cas, la bague est serrée par son élasticité contre la boîte H et l'entraîne dans son mouvement; dans le second cas, au contraire, elle tourne librement sans l'entraîner. L'ensemble du levier K et de la bague J agit ainsi comme un cliquet actionnant la vis E et produisant le rapprochement des charbons.

Voyons maintenant comment est obtenu le mouvement du levier K. Le courant arrive dans la lampe par la borne P, qui est en communication avec la boîte métallique qui enveloppe le mécanisme, et par suite avec le charbon positif. Le fil de retour L fixé au charbon négatif passe dans la colonne creuse symétrique de celle qui renferme la vis E, s'enroule autour de l'électro-aimant G, et sort par l'intérieur du crochet de suspension de la lampe. Entre le fil positif et le fil négatif est intercalé un électro-aimant M, dont l'armature N est placée à mi-distance entre la culasse de l'électro-aimant G et les pôles de M. Cette armature porte un ergot Q qui peut venir buter contre un contact S. Le levier K est articulé à l'extrémité d'une bielle fixée à l'armature T d'un électro-aimant U, maintenue par un ressort R. Le butoir S est relié à l'armature T par l'intermédiaire d'une vis V et d'un contact à ressort disposé comme celui du régulateur Gramme.

Lorsqu'on lance le courant, celui-ci passe d'abord dans la dérivation a M a'; l'armature N est attirée, et le courant passe alors dans l'électro-aimant U en suivant le trajet b N Q S V T U b'. L'armature T est attirée, mais ce mouvement rompt le contact avec la vis V; le ressort R ramène alors en arrière l'armature, qui est de nouveau attirée, et ainsi de suite. Il en résulte un mouvement alternatif du levier K, qui produit un mouvement de descente du charbon positif. Lorsque les charbons viennent au contact, le courant passe dans l'électro-aimant G; le disque F est attiré, et l'arc s'allume.

Les choses sont réglées de telle sorte que, lorsque la différence de potentiel entre les charbons a sa valeur normale, l'armature N, soumise simultanément à l'attraction de M et à celle de G, est en équilibre sous l'action de ces deux forces. Lorsque par suite de l'usure les charbons s'écartent, la puissance attractive de M augmente en même temps que celle de G diminue. L'ergot Q vient alors en contact avec le butoir S, et les charbons se rapprochent, jusqu'à ce que, la différence de potentiel ayant repris sa valeur normale, le contact soit rompu entre Q et S, ce qui interrompt le mouvement.

Dans les premiers modèles de ce régulateur, l'électro-aimant M n'existe pas (fig. 177). La palette N est soumise d'une part à

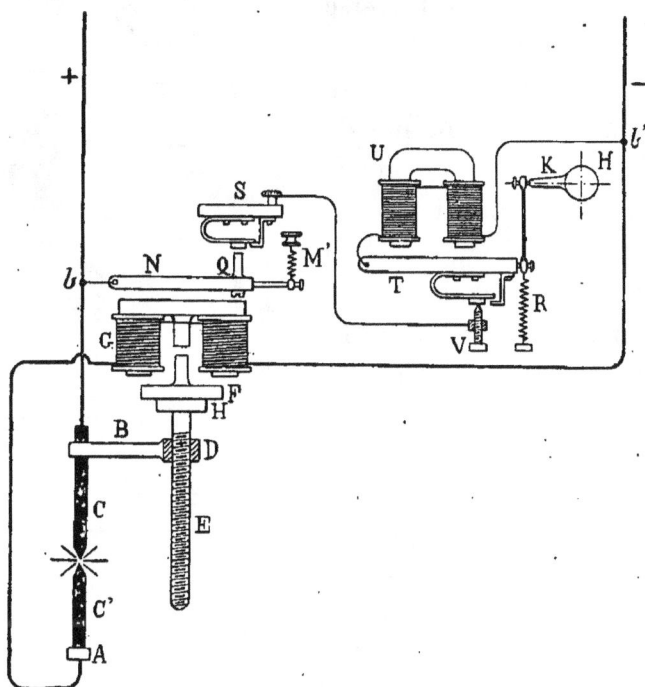

Fig. 177.

l'attraction de G et de l'autre à celle d'un ressort M' dont la tension est réglable à volonté. Lorsque l'attraction de M' l'emporte sur celle de G, l'ergot Q vient toucher le contact à ressort S, et le mouvement de descente du charbon positif se produit.

99. Régulateur Siemens. — Le régulateur Siemens, représenté par la figure 178, ne comporte qu'un seul électro-aimant. Le charbon négatif est immobile, et soutenu par deux tiges verticales fixées au socle A du régulateur. Ces deux tiges servent de guides à une traverse mobile B qui porte le charbon positif, et qui est soutenue par un ruban mince de cuivre C fixé en son centre. Ce ruban s'enroule sur un barillet D monté sur un axe horizontal E, et contenant un ressort spiral r. L'ensemble formé par la traverse B et le charbon positif tend constamment à descendre sous l'action de son poids, en faisant tourner le barillet et augmentant la tension du ressort spiral. L'axe E du barillet est porté par un bâti oscillant formé de deux bras FF pivotant autour de vis GG portées par des montants fixes SS, et réunis à leur partie supérieure par une traverse H en fer doux qui constitue l'armature d'un électro-aimant K monté en dérivation entre les bornes de la lampe, et muni de pièces polaires courbes LL. Le barillet porte une roue dentée reliée à un train d'engrenages dont les axes sont également portés par les bras FF, et dont la dernière roue est munie d'un échappement commandé par un petit pendule M, qui peut être immobilisé par un butoir fixe N. Un ressort R tend à maintenir le bâti oscillant dans la position représentée par la figure, le pendule M étant alors en prise avec le butoir N. La tension du ressort R peut être réglée au moyen d'une vis P agissant sur un levier articulé en O, à l'extrémité duquel est attaché le ressort.

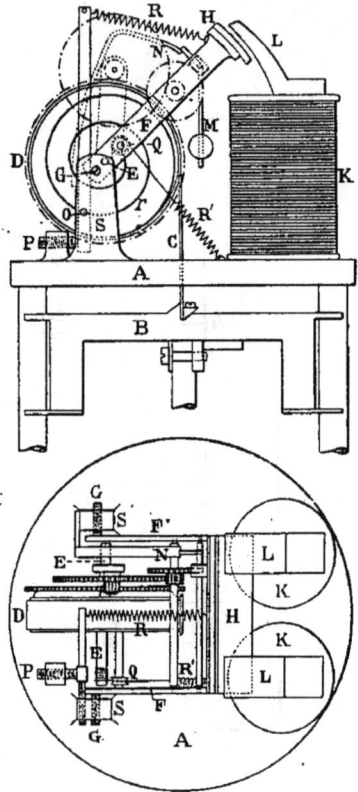

Fig. 178.

Lorsqu'on lance le courant, celui-ci passe d'abord dans le circuit dérivé de l'électro-aimant. L'armature H est énergiquement attirée, et le doigt N abandonne le pendule en lui imprimant une petite oscillation; le charbon positif et la traverse qui le supporte descendent alors librement d'un mouvement très lent s'opérant par petites saccades successives sous l'action de l'échappement. Lorsque les charbons sont au contact, le courant passe par ces charbons et l'intensité diminue dans le circuit dérivé. L'armature

Il est ramenée en arrière par le ressort R, èt, par suite de la position relative des axes E et G, ce mouvement soulève légèrement le barillet et par conséquent le charbon positif; l'arc s'allume, en même temps que le doigt N immobilise le pendule.

Lorsque la résistance de l'arc s'accroît par suite de l'usure des charbons, l'intensité du courant augmente dans le circuit dérivé. L'armature H s'abaisse un peu et le charbon positif descend, ce mouvement étant produit simultanément par l'abaissement du barillet et par la rotation de celui-ci autour de son axe. Dès que l'intensité a repris sa valeur normale, le ressort R soulève l'armature H et le doigt N immobilise de nouveau tout le système.

Pour changer les charbons, il suffit de soulever à la main la traverse B. Le ruban C s'enroule alors sur le barillet, qui tourne sous l'action du ressort spiral r. Pour compenser la diminution de poids causée par l'usure du charbon positif et l'augmentation de tension du ressort spiral à mesure que le ruban se déroule, l'un des bras F porte une petite poulie Q sur laquelle passe une cordelette dont une extrémité est enroulée sur l'axe E du barillet, et dont l'autre est tendue par un ressort R'. A mesure que le charbon positif s'use et descend, la cordelette s'enroule sur l'axe du barillet en augmentant la tension du ressort R' et en exerçant par suite une traction de plus en plus forte vers le bas sur le bâti oscillant.

La Société Alsacienne de Constructions mécaniques emploie un système de régulateur presque identique, dans lequel le pendule qui règle le mouvement de descente est seulement disposé d'une manière légèrement différente.

100. Régulateur Bardon. — Dans la lampe Bardon (fig. 179), l'organe régulateur est constitué, non par un électro-aimant, mais par un *solénoïde*, c'est-à-dire par une bobine creuse A recouverte de fil, montée en série sur le circuit de la lampe. Dans l'axe de cette bobine, à la partie inférieure, est placé un noyau de fer doux B fixé d'une part à l'extrémité d'un levier C oscillant autour d'un point O, et d'autre part à un ressort R. Le porte-charbon supérieur est suspendu à une cordelette a, qui s'enroule sur des poulies D et E, et vient s'attacher à l'extrémité F du levier C.

La poulie D est clavetée sur l'axe d'une roue G à jante lisse. La poulie E porte une chape à laquelle est suspendu un cadre soutenant le charbon négatif. Le poids du charbon positif et de son support est un peu supérieur à celui du cadre et du charbon négatif, de sorte que quand aucun courant ne traverse l'appareil les charbons se rapprochent d'eux-mêmes et viennent au contact.

Lorsqu'on lance le courant, le noyau B est aspiré et tend à monter dans l'axe de la bobine. Ce déplacement fait monter le levier C qui, par l'intermédiaire d'une petite équerre, soulève un levier H pivotant autour du point O'; ce levier H vient s'appuyer sur la jante de la roue G, et immobilise ainsi la poulie D. En même temps, l'extrémité F du levier C s'abaissant, il en est de même du charbon négatif. Le mouvement du frein H est assez rapide pour que le charbon positif n'ait pas le temps de descendre, de sorte que les charbons se trouvent écartés, et que l'arc s'allume.

Lorsque la résistance de l'arc augmente, l'intensité diminue ;

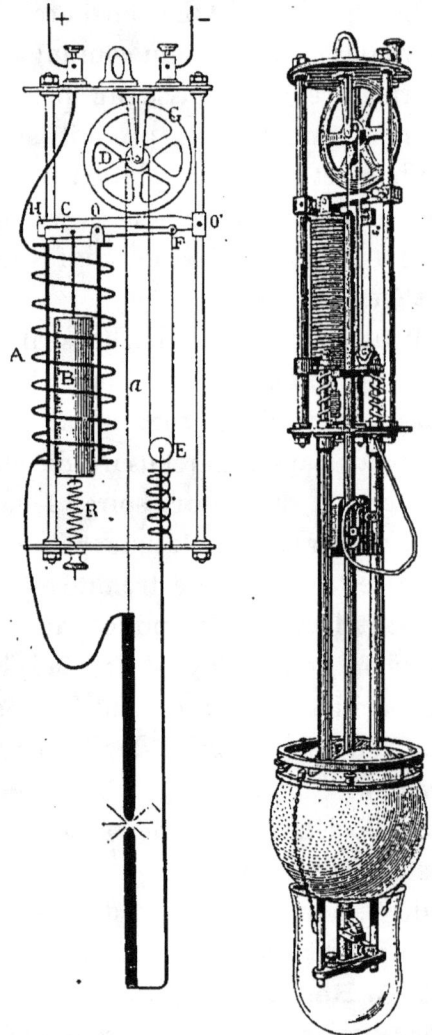

Fig. 179.

le noyau B s'abaisse légèrement, et le levier H cesse de caler la roue G. Les charbons se rapprochent alors, jusqu'à ce que, l'intensité ayant repris sa valeur normale, le frein vienne de nouveau immobiliser la roue G, et par suite les charbons.

Lorsqu'on a à associer deux lampes en tension, ce qui arrive fréquemment comme nous le verrons dans le chapitre suivant, l'emploi d'un régulateur d'intensité présente cet inconvénient grave que toute variation d'intensité dans le circuit d'une des lampes se reproduit en même temps dans la seconde, ou autrement dit qu'une des lampes peut être déréglée par l'autre. On corrige ce défaut, pour le régulateur Bardon, en disposant sur le solénoïde un double enroulement, l'un en série, l'autre en dérivation sur les charbons. Ces deux enroulements agissent en sens contraire sur le noyau de fer doux, mais l'enroulement en série est réglé de manière à avoir une influence prépondérante. Avec cette disposition, si l'on appelle R la résistance totale de la lampe, ρ la résistance de l'arc, r_s et r_d les résistances des deux enroulements, on a :

$$\frac{1}{R} = \frac{1}{r_d} + \frac{1}{r_s + \rho}$$

Lorsque ρ varie, le second terme varie seul, le terme $\frac{1}{r_d}$ restant constant. Pour une variation donnée de ρ, la variation de R est beaucoup plus faible que lorsque l'enroulement en série existe seul, et on peut admettre que cette résistance R reste sensiblement constante, ce qui rend les deux lampes indépendantes l'une de l'autre.

Dans les modèles les plus récents du régulateur Bardon, le système de suspension des charbons a été modifié de manière à supprimer le ressort R, dont la tension reste difficilement bien constante. La figure schématique 180 représente une des dispositions employées. A l'intérieur du solénoïde, muni d'un enroulement en dérivation, se trouvent un noyau fixe N et un noyau mobile N'. Le noyau N' est suspendu par une tige passant librement dans l'axe du noyau N à un système de deux leviers conjugués

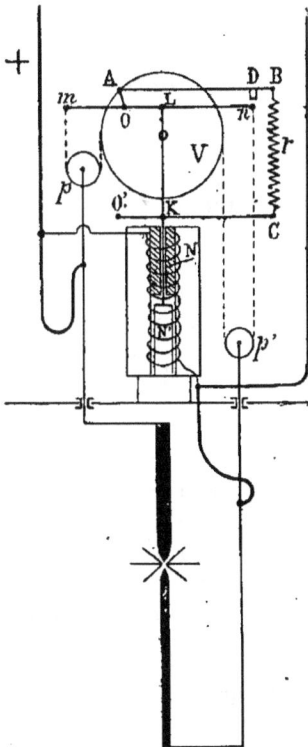

Fig. 180.

par une bielle K L. Le premier levier mOn, articulé en O, est le levier d'allumage; à ses extrémités viennent s'attacher les deux bouts de la cordelette, mouflée en p et p', qui supporte les charbons et s'enroule sur le volant V. Le second levier O'KC, articulé en O', est relié par son extrémité C au moyen d'un ressort r à un troisième levier coudé OAB, qui pivote autour de O et porte en A un frein venant s'appliquer sur la jante du volant V.

Lorsqu'aucun courant ne passe dans la lampe, le frein A bloque le volant V et les charbons sont immobilisés. Lorsqu'on lance le courant, le noyau N', aidé dans son premier mouvement par le ressort r, fait osciller le levier d'allumage, dont l'extrémité n atteint la butée D et soulève le levier-frein OAB. Les charbons se rapprochent alors sous l'action de l'excès de poids du porte-charbon supérieur; au moment où ils viennent au contact, l'intensité diminue brusquement dans le circuit dérivé, et, le noyau N' s'abaissant, le levier $m\,n$ bascule légèrement en produisant l'écart nécessaire.

Le poids du porte-charbon supérieur étant relativement considérable, la différence du poids des charbons au commencement et à la fin de leur course ne produit aucune variation sensible dans la régularité de leur marche.

104. Régulateur Pilsen. — Le régulateur Pilsen (fig. 181) rentre dans la catégorie des régulateurs différentiels. Il comprend deux solénoïdes S et S', montés l'un en série, l'autre en dérivation. Ces solénoïdes sont munis de noyaux coniques A et B (1), encastrés chacun dans une douille cylindrique en bronze guidée par des galets. Ces douilles supportent les charbons, et sont suspendues aux extrémités d'une cordelette passant sur une poulie P. Au début, le courant passe d'abord dans le solénoïde S'; le noyau B est aspiré, et les charbons viennent au contact. Le noyau A est alors aspiré à son tour, et l'arc s'allume. Lorsque la résistance de l'arc augmente, l'intensité diminue dans S et augmente dans S', et ces deux actions concourent à rapprocher les charbons. Le système agit comme une véritable balance, car, si les charbons sont trop rapprochés, l'action de S l'emporte sur celle de S', et les charbons s'écartent.

(1) Le but de cette disposition est d'égaliser l'action des deux solénoïdes à mesure que les charbons s'usent.

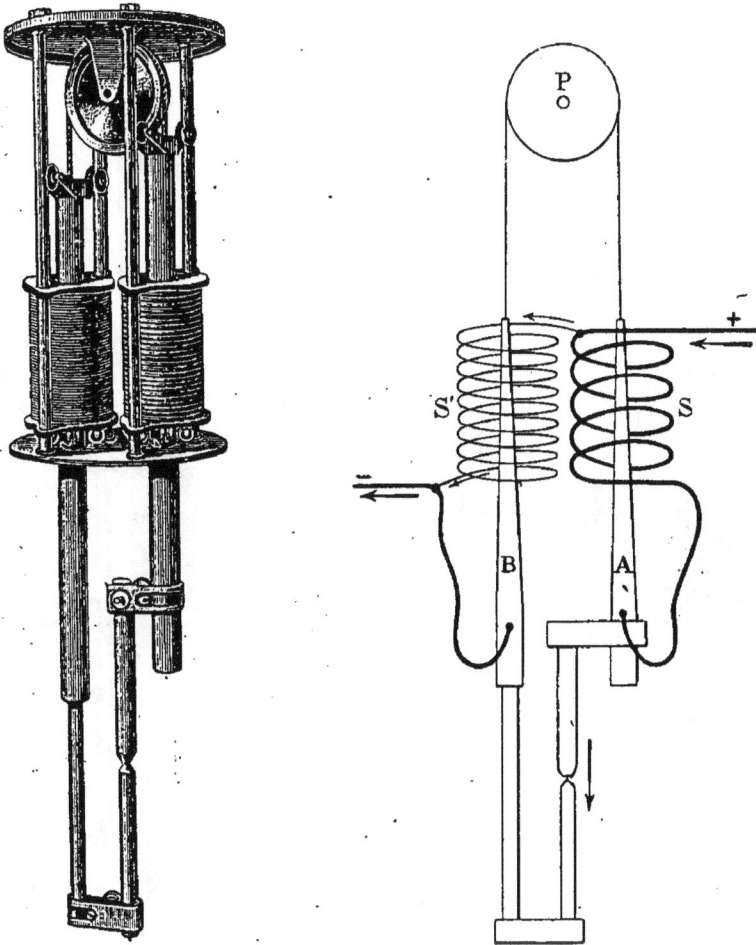

Fig. 181.

102. Régulateur Brianne. — Dans le régulateur Brianne
(fig. 182), le charbon négatif est fixe, et le porte-charbon positif,
guidé par des galets, est soutenu par une tige à crémaillère engrenant avec un pignon calé sur l'axe d'une roue A à denture très fine.
Avec cette roue peut engrener un secteur B oscillant autour de
l'axe O, sur lequel est claveté un levier à deux branches; la première branche C de ce levier est munie à son extrémité d'un noyau
recourbé N en fer doux, dont le bec s'engage dans l'intérieur d'un
solénoïde S formé d'une bobine aplatie montée en dérivation entre
les bornes de la lampe; la seconde branche D est articulée à l'extrémité d'une tige T qu'un ressort de rappel r, à compression réglable, tend à déplacer de bas en haut.

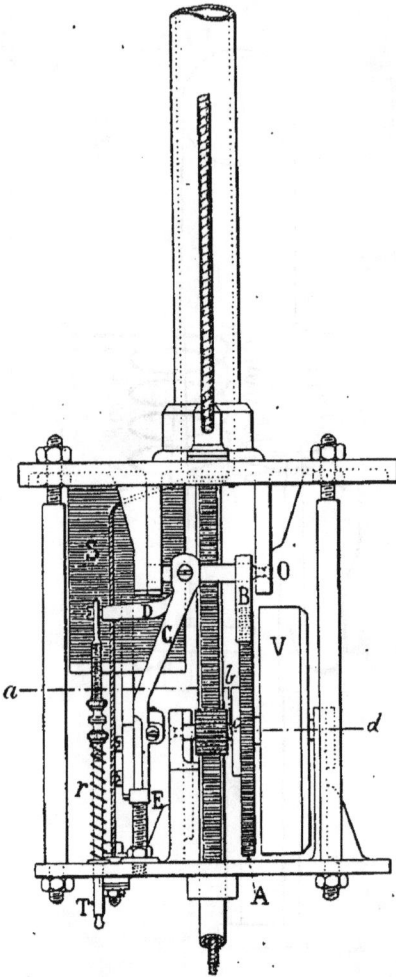

Coupe suivant *a b c d.*

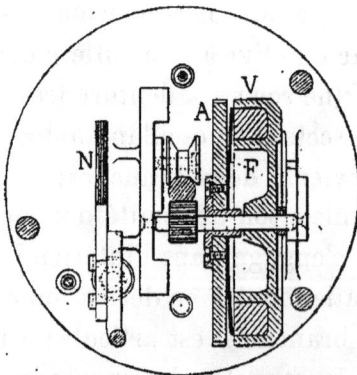

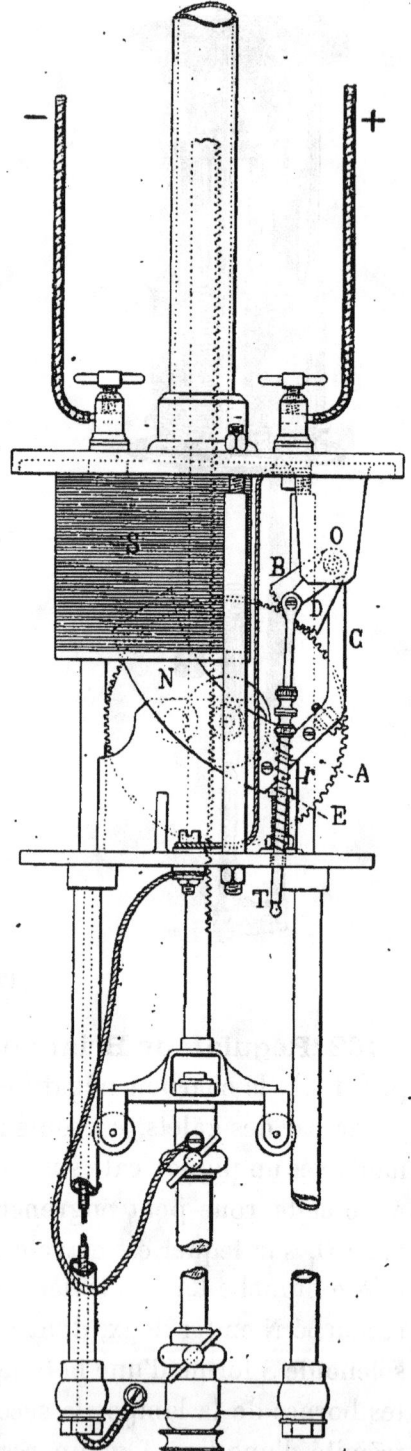

Fig. 182.

Lorsqu'aucun courant ne passe dans l'appareil, l'excès du poids du noyau N sur la réaction du ressort r maintient le noyau au contact du butoir E, et, le secteur B engrenant alors avec A, les charbons restent immobiles. Dès que le courant passe dans la bobine, le noyau N est attiré, aidé dans son mouvement par le ressort r. Le secteur B lâche la roue A, et le charbon positif descend jusqu'au contact du charbon négatif. L'intensité diminue alors brusquement dans la bobine, et le noyau N, revenant en arrière, fait engrener de nouveau B avec A en produisant le recul nécessaire pour l'allumage.

Un volant V, centré sur l'axe de la roue A, sert à régulariser le mouvement de descente du charbon supérieur. Pour que l'inertie de ce volant ne tende pas à prolonger le mouvement du porte-charbon au moment où le secteur B vient immobiliser la roue A, le volant est fou sur son axe, et la roue A ne l'entraine que par l'intermédiaire d'un ressort plat F frottant sur une de ses faces.

Le réglage s'obtient par les variations de position du noyau N, sollicité d'un côté par son poids, de l'autre par l'attraction de S et la compression du ressort r. Si la différence de potentiel augmente, le noyau N monte et le secteur B lâche un instant la roue A ; si la différence de potentiel est devenue trop faible, le noyau N s'abaisse et ce mouvement fait reculer légèrement le charbon positif.

Pour changer les charbons, on soulève avec la main la tige T de manière à désengrener le secteur B, et on fait remonter le porte-charbon supérieur qui se trouve maintenu dès qu'on abandonne T.

103. Régulateur Sautter Harlé (nouveau). — MM. Sautter Harlé et Cie construisent actuellement un type de régulateur d'un mécanisme plus simple que celui que nous avons décrit au § 98, et dérivé des systèmes Bardon et Brianne. Dans ce régulateur (fig. 183), les porte-charbons R et S, guidés par des galets, sont suspendus à une cordelette en soie C passant sur une poulie calée sur l'axe d'une roue A ; cette roue est immobilisée en temps normal par un frein F articulé sur le berceau B, monté sur le même axe que la roue A. D'autre part, le levier de ce frein F est relié à un noyau en fer doux N, coulissant dans un tube-guide K ;

ce tube-guide est fermé à l'une de ses extrémités et fixé par une petite rotule à la partie inférieure du tube central de la bobine L, montée en dérivation entre les bornes de la lampe.

Lorsqu'on lance le courant dans l'appareil, le noyau N est attiré et les charbons se rapprochent légèrement; dès que le noyau N a parcouru une certaine fraction de sa course, le berceau B est arrêté par la butée V, et, le noyau continuant son mouvement ascendant, le frein F abandonne la roue A et les charbons continuent à se rapprocher jusqu'au contact en vertu de l'excès de poids du porte-charbon supérieur. L'intensité diminuant alors brusquement dans L, le noyau N retombe, et, le frein F pressant à l'intérieur de la roue A, les charbons reculent de la quantité nécessaire pour l'allumage.

Pour changer les crayons, on desserre le frein en soulevant le noyau au moyen d'une petite palette fixée à la tige T.

104. Projecteur Mangin (Sautter, Harlé et Cie). — Une des applications importantes de l'arc voltaïque dans la Marine est son emploi pour l'obtention de faisceaux électriques puissants et à grande portée. Les appareils dont on se sert dans ce but sont appelés *projecteurs*, et ont été imaginés par le colonel Mangin.

Le projecteur Mangin (fig. 184), construit par la maison Sautter, Harlé et Cie, se présente sous la forme d'une boîte cylindrique en

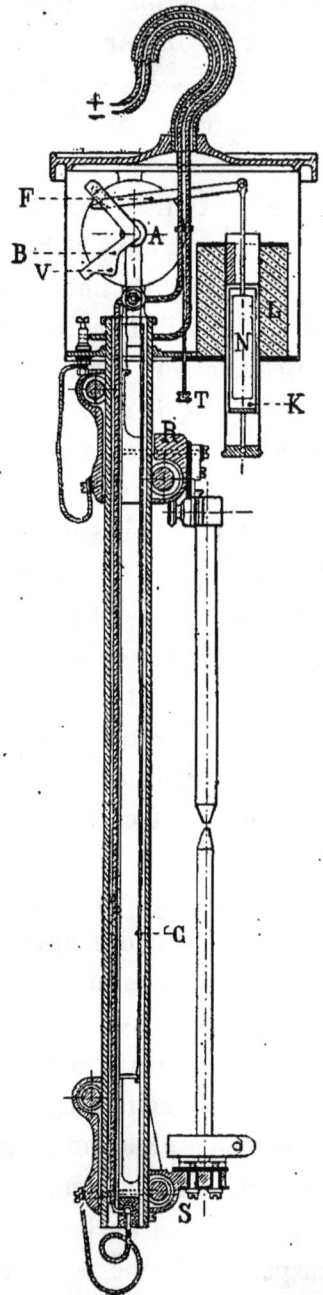

Fig. 183.

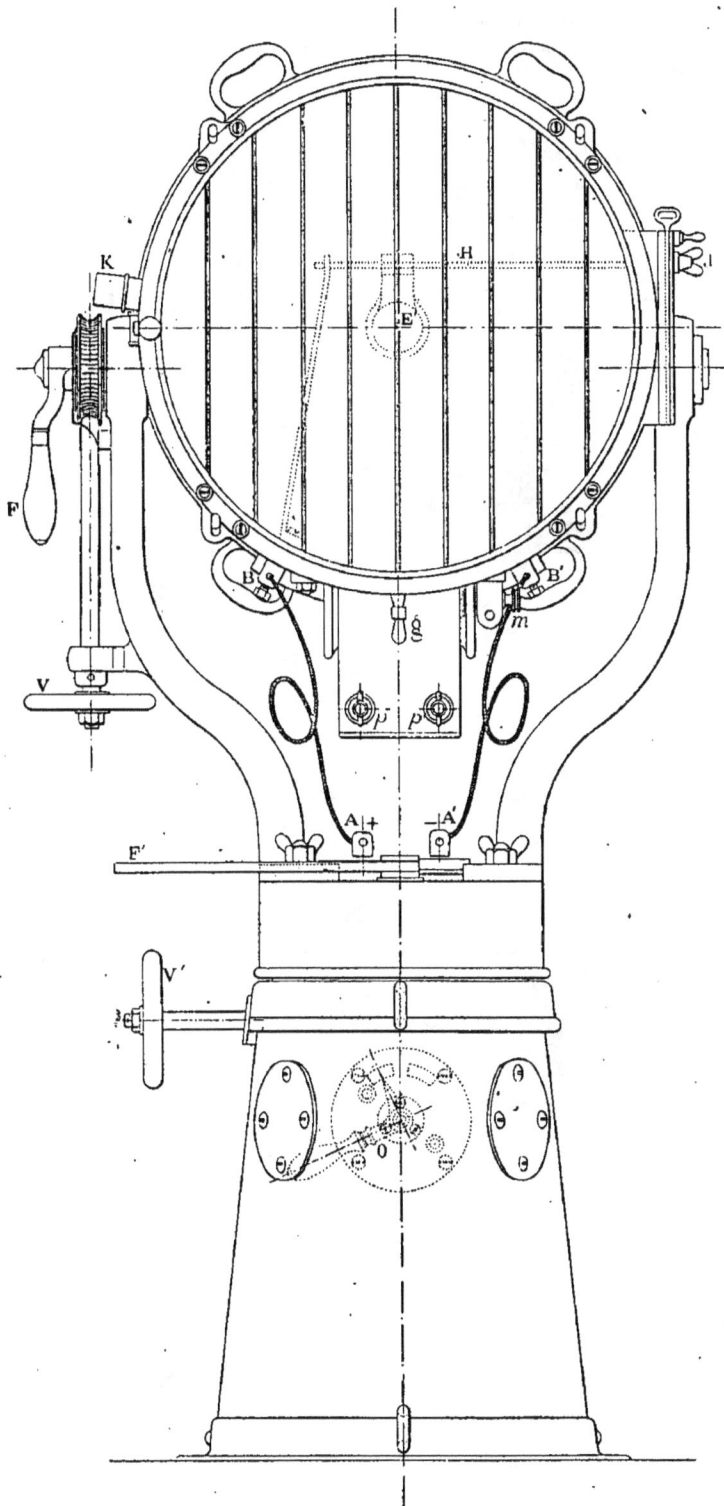

Fig. 184.

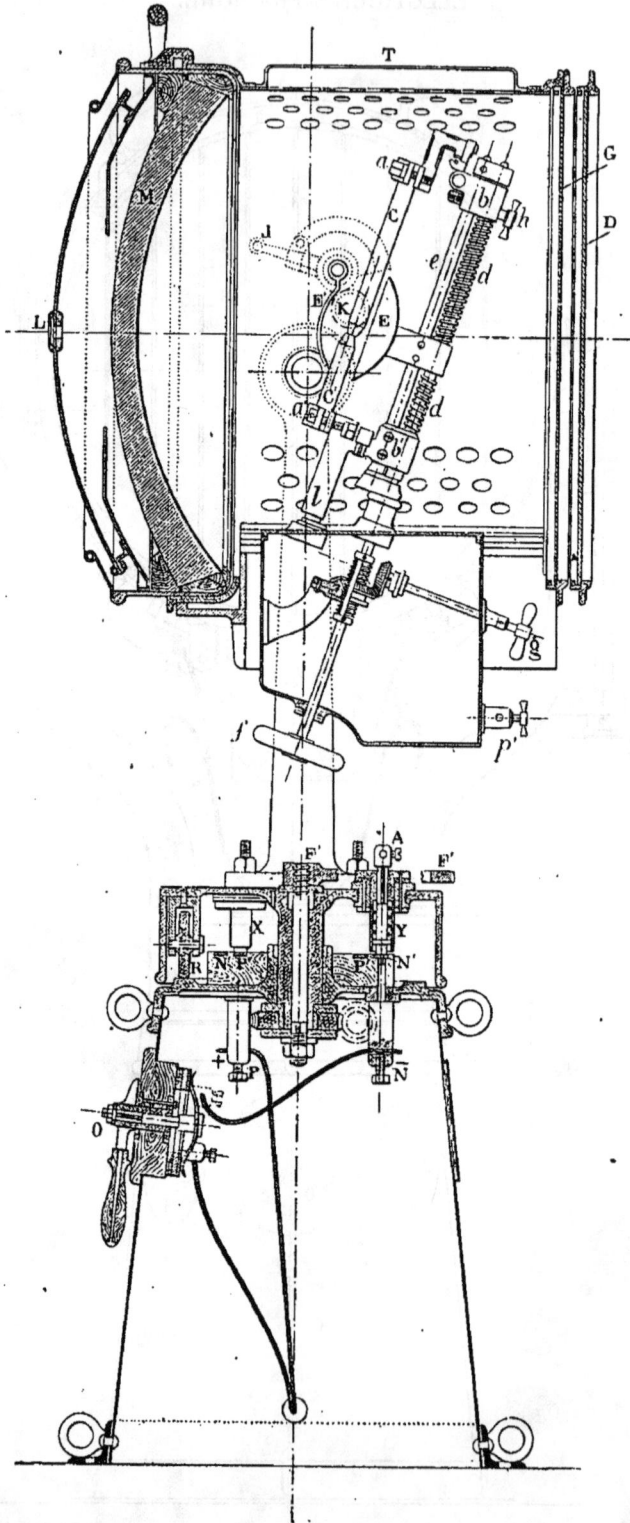

Fig. 184.

tôle dont le fond est constitué par un miroir concave en verre M, dont la face convexe est argentée. La courbure de ce miroir est calculée de telle sorte que, l'arc étant placé au foyer, les rayons lumineux réfléchis forment un faisceau cylindrique parallèle à l'axe du projecteur. Ce résultat est obtenu dans le projecteur Mangin en donnant aux deux faces du miroir la forme de surfaces sphériques de rayons différents. Afin d'empêcher l'agitation de l'air de troubler mécaniquement l'arc, le projecteur est fermé à l'avant par une porte formée d'une glace plane G, perpendiculaire à l'axe. Dans les projecteurs de 0^m,30 et 0^m,40, cette glace est d'une seule pièce. Dans ceux de 0^m,60, de 0^m,90, et de 1^m,50, elle est fractionnée en une série de bandes verticales indépendantes les unes des autres, de sorte que l'échauffement provoqué par la haute température de l'arc ne peut amener la rupture de la glace. Une enveloppe partielle T ménage une circulation d'air autour du projecteur et empêche un échauffement exagéré des parois. Devant la porte plane on peut fixer au moyen d'agrafes une deuxième porte D, dite *porte divergente*, formée de bandes verticales planes d'un côté et convexes de l'autre (fig. 185). L'usage de cette porte, qui n'est employée que dans certains cas spéciaux, est de transformer le faisceau cylindrique en un faisceau divergent, aplati horizontalement, de section à peu près elliptique. Il y a deux modèles de portes divergentes, donnant des faisceaux dont l'angle au sommet est de 6° ou 10°.

On fixe également dans certains cas devant la porte plane un miroir elliptique dont le plan fait un angle de 45° avec l'axe du projecteur. On tranforme ainsi le faisceau lumineux horizontal en un faisceau vertical (fig. 186), qui est utilisé pour la production de certains signaux.

Le projecteur est soutenu par deux tourillons portés par une fourche dont le pied tourne librement sur le socle au moyen de galets de roulement R. On peut ainsi amener l'axe du faisceau dans une direction quelconque. Des volants V, V', actionnant des vis tangentes et des roues striées, permettent de donner à volonté de très petits déplacements dans le sens vertical ou dans le sens horizontal. Les roues striées ne sont pas clavetées sur leurs axes, et peuvent être débrayées au moyen de leviers F et F'. Le projecteur est alors complètement libre, et peut être déplacé rapidement à la main d'une manière quelconque.

A l'intérieur du projecteur est placée une lampe dont les charbons sont disposés de telle sorte que l'arc se produise au foyer du miroir. Pour obtenir une intensité aussi grande que possible du faisceau réfléchi, on emploie un courant continu et on utilise comme source principale de lumière le cratère qui se forme ainsi

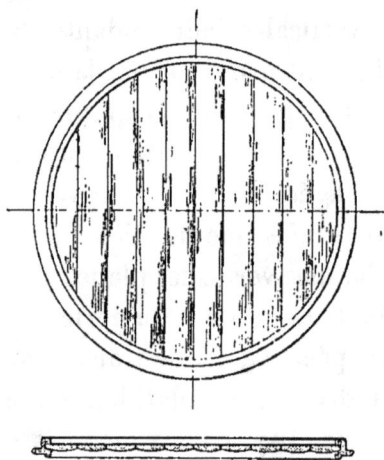

Fig. 185.

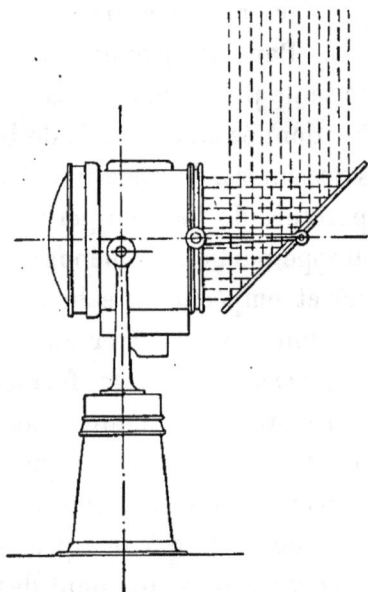

Fig. 186.

que nous l'avons vu à l'extrémité du charbon positif. Les charbons doivent par suite être agencés de telle sorte que la totalité ou tout au moins la plus grande partie des rayons lumineux émanés du cratère concourent à la production du faisceau réfléchi; on voit qu'ils ne pourraient pas être placés verticalement à la manière ordinaire, puisque les rayons émis par le cratère seraient dans ce cas dirigés vers le bas et ne viendraient pas se réfléchir sur le miroir. La première solution employée a consisté à incliner les charbons comme le représente la figure 184. En prenant comme charbon positif le charbon supérieur et en faisant faire aux charbons un angle de 60° à 70° avec l'axe du projecteur, l'axe du charbon positif étant placé un peu en arrière de celui du charbon négatif, on ar-

rive à former un cratère dont le plan moyen est sensiblement perpendiculaire à l'axe du projecteur (fig. 187). Le charbon négatif
démasque à peu près complètement ce cratère, et les rayons qu'il
émet tombent directement sur le miroir. L'écart le plus convenable entre les axes des deux charbons est obtenu par tâtonnement ;
il varie en général entre 3 et 7 millimètres. Nous décrirons plus
loin les divers systèmes de lampes à charbons inclinés, dont un
grand nombre sont encore en service.

Depuis quelques années, on adopte de préférence une autre dis-

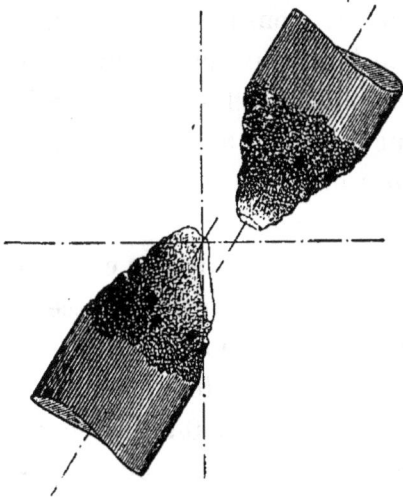

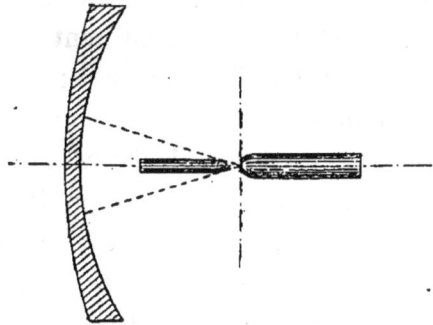

Fig. 187.   Fig. 188.

position, qui consiste à placer les charbons horizontalement, leur
axe coïncidant avec l'axe du projecteur ; le charbon positif est alors
bien entendu celui qui est le plus éloigné du miroir (fig 188).
Avec cette disposition, le cône d'ombre ayant pour sommet le cratère et pour directrice le contour du charbon négatif vient, il est vrai,
rencontrer le miroir au lieu d'être rejeté au dehors comme dans
les lampes à charbons inclinés. Mais l'influence de ce cône, appelé
cône d'occultation, est peu sensible en raison de la faible distance
de l'arc au miroir. On réduit d'ailleurs autant que possible l'ouverture de ce cône d'occultation en diminuant le diamètre du charbon négatif jusqu'à la limite permise par l'échauffement de ce
charbon et en augmentant l'écart des deux charbons autant qu'on
peut le faire sans compromettre la stabilité de l'arc. Les lampes à

charbons horizontaux se substituent maintenant d'une façon générale aux lampes à charbons inclinés ; elles présentent l'avantage de
n'exiger aucune précaution spéciale pour la taille des charbons,
tandis qu'avec les lampes inclinées une taille défectueuse provenant d'un mauvais réglage de l'écart des axes des charbons peut
être très nuisible au point de vue de l'intensité du faisceau produit. Nous décrirons plus loin les types de lampes horizontales
employés par la Marine.

Avec les lampes à charbons inclinés, il est nécessaire de disposer
en arrière de l'arc un écran arrêtant les rayons directs émis par
lui, de telle sorte que ces rayons ne viennent pas se mélanger
aux rayons réfléchis et que le faisceau lumineux soit uniquement
composé de rayons parallèles ayant subi une réflexion sur le miroir. Cet écran est représenté en E sur la figure 184. Dans les lampes horizontales, cet organe devient inutile, le charbon positif
formant lui-même écran en vertu de sa position.

L'emploi des projecteurs dans les opérations militaires exige la
possibilité de supprimer ou de rétablir instantanément le faisceau
lumineux. L'extinction et le rallumage de la lampe ne donneraient
qu'une solution imparfaite, un certain temps étant toujours nécessaire pour que l'arc atteigne un état bien stable. On dispose en
conséquence un écran mobile permettant de masquer ou de démasquer à volonté le faisceau. Sur les premiers projecteurs, on
employait un petit écran E' (fig. 184), fixé à une tige H qu'on
pouvait faire tourner au moyen d'une manivelle J. Mais cet écran
laissait passer trop de lumière, et sur les modèles récents on installe un rideau qui permet d'obturer complètement l'ouverture du
projecteur. Ce rideau (fig. 189) est un store en toile enroulé sur un
barillet à ressort A, disposé à la partie inférieure de la porte plane,
suivant un système analogue à celui employé sur les wagons de
chemin de fer. Une cordelette B terminée par une poignée P permet de relever ce rideau, qu'on maintient fermé en accrochant la
poignée à une griffe C. Pour démasquer brusquement le faisceau,
il suffit de dégager la poignée, le ressort produisant l'enroulement du store sur le barillet.

Des regards K et L (fig. 184), munis de verres bleus, permettent
d'examiner l'arc et de voir si les charbons se taillent régulière-

ment et sont convenablement placés. L'axe du regard K passe par le foyer du miroir, ce qui permet d'y amener l'arc bien exactement. En face du regard L, dans l'axe du projecteur, la partie centrale du miroir est désargentée pour laisser apercevoir les crayons au travers du miroir.

Le projecteur est relié à la source d'électricité par un câble à

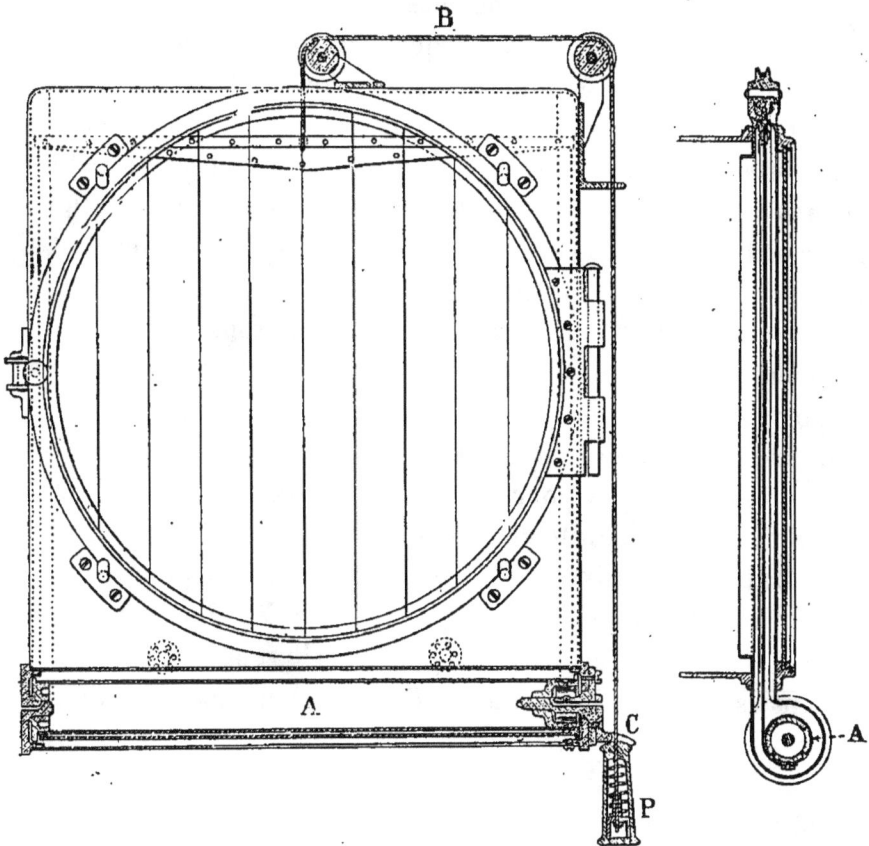

Fig. 189.

deux conducteurs. Le conducteur qui amène le courant se fixe à une borne P (fig. 184), et le conducteur de retour à la borne N. Sur le trajet d'un de ces conducteurs est interposé un interrupteur à manette O qui permet de couper le circuit ou d'envoyer le courant dans la lampe. Les deux bornes P et N sont respectivement en communication au moyen de vis avec deux cercles en laiton P' et N' isolés dans un massif de bois. Sur chacun de ces cercles

presse un piston à ressort X, Y, de façon que le contact soit toujours assuré dans toutes les positions lorsqu'on fait tourner la
fourche qui supporte le projecteur autour de son pivot. Des conducteurs relient les extrémités A et A' de ces contacts à ressort
avec les bornes B et B' qui sont en communication avec la lampe
comme nous le verrons tout à l'heure.

La Marine emploie cinq modèles de projecteurs. Le projecteur de 0^m,30 de diamètre, dans lequel l'intensité du courant peut
être poussée jusqu'à 15 ampères, est employé à bord des torpilleurs et des canots à vapeur. Les projecteurs de 0^m,40, dans lesquels l'intensité maxima est de 45 ampères, sont affectés aux torpilleurs de haute mer et à certains garde-côtes et navires de station.
Les projecteurs de 0^m,60 sont ceux que l'on installe couramment à
bord des navires. Dans l'ancien modèle de ces projecteurs, l'intensité maxima est de 65 ampères; dans ceux qui sont construits actuellement, grâce à une meilleure disposition de la ventilation, on
a pu porter l'intensité maxima à 75 ampères; c'est ce modèle qui est
représenté par la figure 184. Les projecteurs de 0^m,90 et de 1^m,50
ne sont employés que pour la défense des passes; les courants
qu'ils peuvent recevoir atteignent respectivement 90 et 200 ampères.

105. Lampe à main. — Les lampes employées pour le service des projecteurs ont été exclusivement pendant longtemps des
lampes à main, c'est-à-dire dans lesquelles le rapprochement des
charbons est effectué à la main. La fig. 184 représente une de ces
lampes. Les charbons C et C' sont saisis dans des gaines métalliques *a* et *a'*, et serrés par des vis de pression. Les porte-charbons
sont solidaires de deux écrous *b*, *b'*, qui peuvent être déplacés le
long d'une tige *e* servant de support fixe au moyen de deux vis *d*,
d, filetées l'une à droite, l'autre à gauche, et dont les pas sont
dans le rapport d'usure des charbons. L'arc occupe ainsi une position fixe dans l'espace, condition indispensable pour les projecteurs, où l'arc doit rester au foyer, mais dont on s'affranchit généralement dans les lampes employées pour l'éclairage ordinaire.
Les deux vis *d*, *d*, appartiennent à une même tige que l'on peut
faire tourner au moyen du volant *f*. En tournant ce volant à la
main dans un certain sens, on rapproche les charbons; en le tournant en sens inverse, on les éloigne. Une poignée *g* actionne au

moyen d'un pignon un écrou qui permet de déplacer dans le sens vertical l'ensemble des tiges d et des porte-charbons, de manière à amener l'arc exactement au foyer du miroir. Enfin, un petit volant h entraîne au moyen d'une vis tangente un secteur strié fixé au porte-charbon supérieur, et permet de faire pivoter légèrement le charbon positif, de manière à écarter convenablement son axe de celui du charbon négatif.

La lampe est indépendante du projecteur, et peut en être retirée à volonté. Elle est maintenue par deux rainures longitudinales dans lesquelles elle peut coulisser. Une crémaillère et un pignon, commandés par le bouton moleté m, permettent de déplacer la lampe dans ces rainures, et, par combinaison avec le mouvement vertical des porte-charbons, d'obtenir la mise exacte au foyer. Lorsque la lampe est introduite dans son logement, deux touches métalliques encastrées dans son socle viennent presser contre des ressorts reliés respectivement aux bornes B et B′, et mettent ainsi la lampe dans le circuit. La touche reliée à la borne positive B est en communication par l'intermédiaire de la tige e et de la gaîne a avec le charbon positif C. L'autre touche est en communication avec une tige qui peut enfoncer plus ou moins dans une douille l solidaire de la gaîne a' du charbon négatif. Le passage du courant est ainsi assuré, quels que soient les déplacements des charbons. Des bornes p, p', en communication avec les touches métalliques, servent à faire passer le courant dans la lampe lorsqu'on veut la faire fonctionner en dehors du projecteur.

106. Lampe Gramme. — On a essayé de faire usage des régulateurs automatiques pour le service des projecteurs. La Marine a employé pendant quelque temps dans ce but un régulateur désigné sous le nom de *lampe Gramme*, mais qui est en réalité une combinaison du régulateur Gramme et d'un autre régulateur, dit régulateur Serrin, qui est aujourd'hui encore employé par le service des phares. La lampe Gramme est représentée par la figure schématique 190, dans laquelle tous les organes ont été ramenés dans un même plan pour plus de clarté. Le charbon positif est porté par une tige A qui peut glisser dans une douille B fixée au socle de la lampe et servant de support à l'écran. Le charbon négatif est fixé à une tige C pouvant se déplacer verticalement, et portant à sa partie inférieure une traverse D formant l'armature de l'électro-aimant d'allumage E. Un ressort R tend à faire monter l'armature D et la tige C. La tige A est reliée à la tige C par l'intermédiaire de deux chaînes Galle F, F'. La chaîne F, fixée à la base de la tige A, passe sur les poulies G et H et vient se fixer en un point de la circonférence d'un tambour J. La chaîne F', fixée à la traverse D, passe sur les poulies G' et H' (la poulie H', qu'on ne voit pas sur la figure, a le même diamètre que la poulie H et est calée sur le même arbre), et se fixe en un point de la circonférence d'un tambour

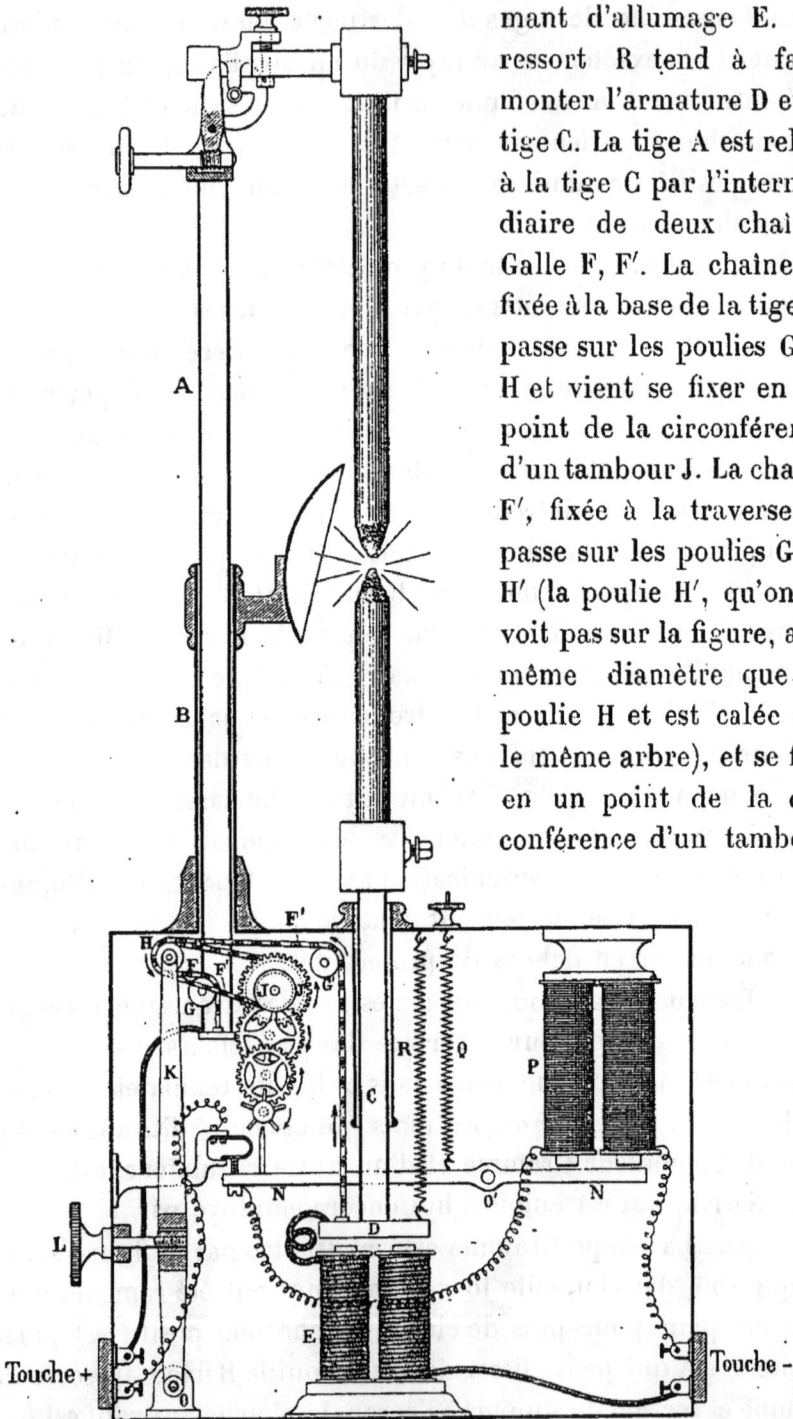

Fig. 190.

J' monté sur le même arbre que J, mais ayant un diamètre
différent. Le rapport des diamètres des tambours J et J' est égal
au rapport d'usure des charbons employés. Les choses étant ainsi
disposées, on voit que le poids de la tige A d'une part, et la teñ-
sion du ressort R d'autre part, tendent à faire tourner dans le
même sens les tambours J et J' et à amener les charbons au contact.
Un levier K mobile autour du point O et dont la tête supporte l'axe
des poulies H et H' peut être manœuvré au moyen de la vis L et
permet de faire monter ou descendre l'ensemble des deux charbons
de manière à amener leur point de contact au foyer. Les tambours
J et J' font partie d'un train d'engrenages disposé comme celui du
régulateur Gramme (§ 97), pouvant être immobilisé par un doigt
fixé à l'armature N de l'électro-aimant de réglage P. Cette armature
pivote autour du point O', et est maintenue par un ressort Q. Le
fonctionnement est identique à celui du régulateur Gramme.

107. Lampe mixte inclinée Sautter-Harlé. — On a reconnu qu'il y avait intérêt, surtout pour les foyers puissants, à se
réserver la faculté de conduire la lampe à la main. Aussi une circulaire du 12 décembre 1889 a-t-elle prescrit l'emploi de lampes
mixtes, dans lesquelles le réglage peut être à volonté effectué à
la main ou automatiquement. Le premier type de lampe mixte
a été construit par la maison Sautter-Harlé et Cie, et présente une
disposition à peu près semblable à celle de la lampe à main, avec
adjonction du système de régulateur que nous avons décrit au § 98.
Dans cette lampe (fig. 191), les vis A et B de rapprochement sont
indépendantes l'une de l'autre et reliées par un emmanchement
carré de telle façon que la vis A puisse avoir un certain déplacement longitudinal par rapport à la vis B, le mouvement de rotation de la vis A entraînant d'ailleurs toujours celui de la vis B.
L'arbre de la vis A peut être manœuvré à la main à l'aide du
volant H. Une poignée I permet de faire monter ou descendre l'ensemble des porte-charbons, comme dans la lampe à main. Un
trait blanc, gravé sur le manchon D, indique que l'on est à la
position moyenne, lorsqu'il se trouve dans le plan supérieur de la
douille fixée au socle de la lampe.

La rotation automatique de l'arbre de la vis A est obtenue à
l'aide d'un levier E et d'une bague fendue placée dans la boîte C,

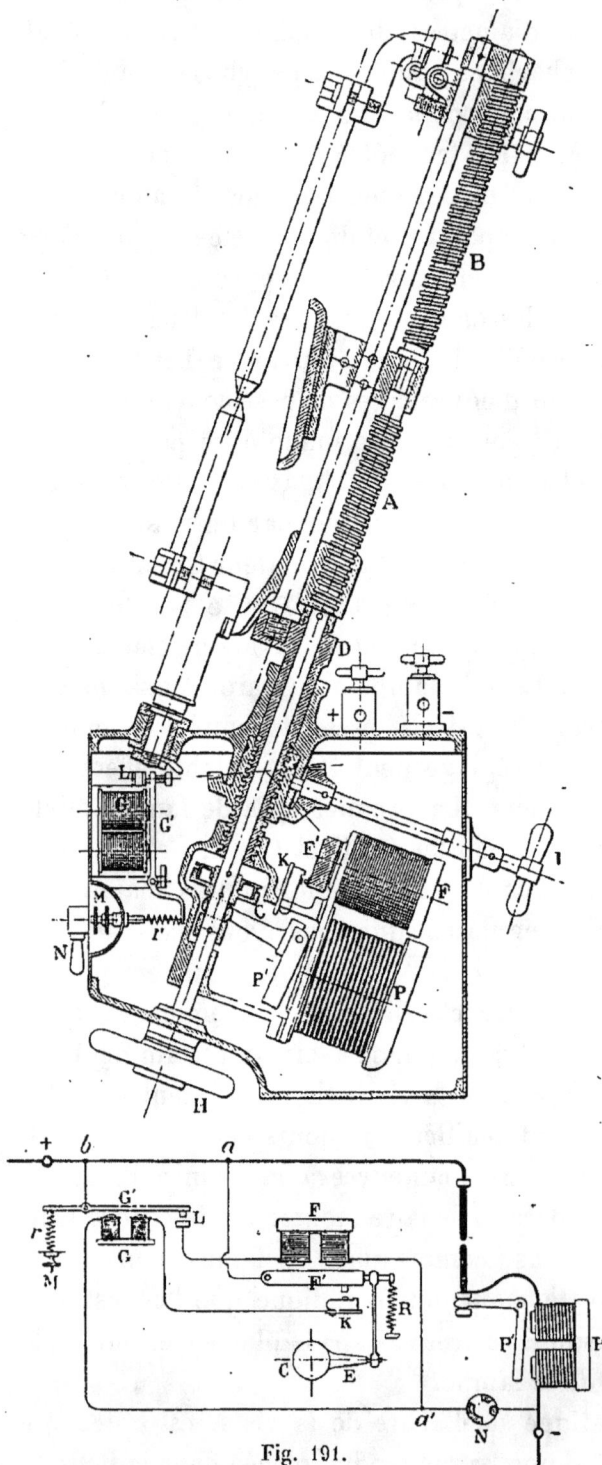

Fig. 191.

comme dans le régulateur que nous avons décrit. La disposition du circuit de réglage est seulement un peu différente, comme le montre le schéma joint à la figure. Au repos, le ressort R maintient l'armature F' en contact avec le ressort K. Lorsqu'on lance le courant, il passe d'abord dans la dérivation a F' K G a'; l'armature G' est attirée, et vient buter sur le contact L. Le courant passe alors par b G' L F a': l'armature F' est attirée et le contact entre F' et K est rompu, ce qui rend inerte l'électro-aimant G; le ressort r ramène alors en arrière l'armature G', et l'électro-aimant F cesse d'attirer l'armature F', qui est ramenée au con-

tact de K par le ressort R ; et ainsi de suite, la même série d'opérations se reproduisant indéfiniment, et ayant pour effet d'imprimer au levier E un mouvement alternatif. L'allumage est produit
par un électro-aimant P, agissant sur l'armature P' de manière à
faire reculer la vis A et le charbon négatif.

Le réglage de la lampe consiste à donner au ressort r une tension telle que la force attractive de l'électro-aimant G l'emporte
sur le ressort pour une différence de potentiel convenable. Si
cette différence de potentiel vient à augmenter par l'usure des
charbons, l'armature G' est attirée et le levier E reçoit son mouvement de va-et-vient jusqu'au moment où les charbons se sont assez
rapprochés pour que la différence de potentiel ait repris sa valeur normale. En tournant le bouton M dans le sens de la flèche
gravée R sur l'extérieur de la boîte, on détend le ressort et on
augmente la fréquence du mouvement de rapprochement. On détermine au contraire un écart plus grand des charbons en tournant en sens inverse, c'est-à-dire dans le sens de la flèche gravée E.

Un interrupteur N permet de mettre hors circuit le mécanisme
de réglage automatique lorsqu'on veut faire fonctionner la lampe
à la main en agissant sur le volant H. La manette doit être tournée
dans ce cas sur le repère marqué M. Dans le cas contraire, elle doit
être placée sur le repère marqué A.

La maison Sautter, Harlé et Cie construit quatre modèles de
lampes mixtes inclinées. Celui qui est représenté par la figure 191
est destiné aux projecteurs de 0^m,40 et 0^m,60. Un modèle à peu
près identique sert pour les projecteurs de 0^m,90. Dans la lampe
pour projecteur de 1^m,50, les vis réglant la position des charbons
positifs sont commandées par des tiges articulées et des volants
placés en dehors du projecteur. La lampe mixte pour projecteur de
0^m,30 diffère par la disposition relative des divers organes et par le
mode de montage des écrous porte-charbons.

108. Lampe mixte horizontale Bréguet. — La maison
Bréguet construit depuis 1892 pour la Marine des projecteurs à
miroir parabolique qui ne diffèrent du projecteur Mangin que par
quelques détails de construction. La principale différence consiste
dans le tracé du miroir, qui a la forme d'un paraboloïde de révo-

lution. La lampe employée dans ces projecteurs est une lampe mixte à charbons horizontaux.

Dans cette lampe (fig. 192), les porte-charbons sont fixés à deux chariots en bronze A et B munis chacun de quatre galets et roulant sur des rails métalliques. Les deux paires de rails, isolées l'une de l'autre, sont reliées par des bandes en cuivre aux bornes P et N d'entrée et de sortie du courant. Le passage du courant entre les chariots et les rails est assuré par des frotteurs. Chacun des chariots est muni de deux crémaillères. L'une des crémaillères de A et l'une de celles de B sont reliées par deux pignons D et E montés sur un arbre vertical F et isolés l'un de l'autre. Le rapport des diamètres de ces pignons est égal au rapport d'usure des charbons, et les deux crémaillères sont montées de telle sorte que la rotation de l'arbre F dans un sens ou dans l'autre produise soit le rapprochement, soit l'écartement des charbons. La seconde crémaillère du chariot A est à dents inclinées; un cliquet G, que l'on peut abaisser au moyen d'un bouton H, est pressé par un ressort contre cette crémaillère et s'oppose au mouvement d'écartement des charbons. La seconde crémaillère du chariot B engrène avec une couronne dentée fixée à un barillet K, dans lequel est enfermé un ressort spiral. Ce ressort tend constamment à produire l'écartement des charbons; sa tension peut être réglée au moyen d'une roue striée et d'une vis tangente L. L'arbre F est relié par un train d'engrenages à un pignon p monté sur l'arbre de l'armature M d'un petit moteur électrique (voir chapitre XI), dont nous verrons tout à l'heure le fonctionnement. La couronne dentée fixée au barillet peut engrener avec une vis tangente Q reliée par des pignons à un arbre faisant saillie hors du socle de la lampe par un bout carré R. La vis Q peut être à volonté embrayée ou débrayée à l'aide d'une manette m. Lorsque la manette est sur le repère M, la vis Q engrène avec le barillet, et une clef engagée sur le bout carré R permet de rapprocher à la main les charbons. Lorsque la manette est sur le repère A, la vis Q est écartée du barillet, et la lampe fonctionne automatiquement.

Pour placer les charbons, on appuie d'abord sur le bouton H. Les porte-charbons s'écartent alors de toute leur course sous l'action du ressort spiral. On insère les charbons dans leur gaîne, et

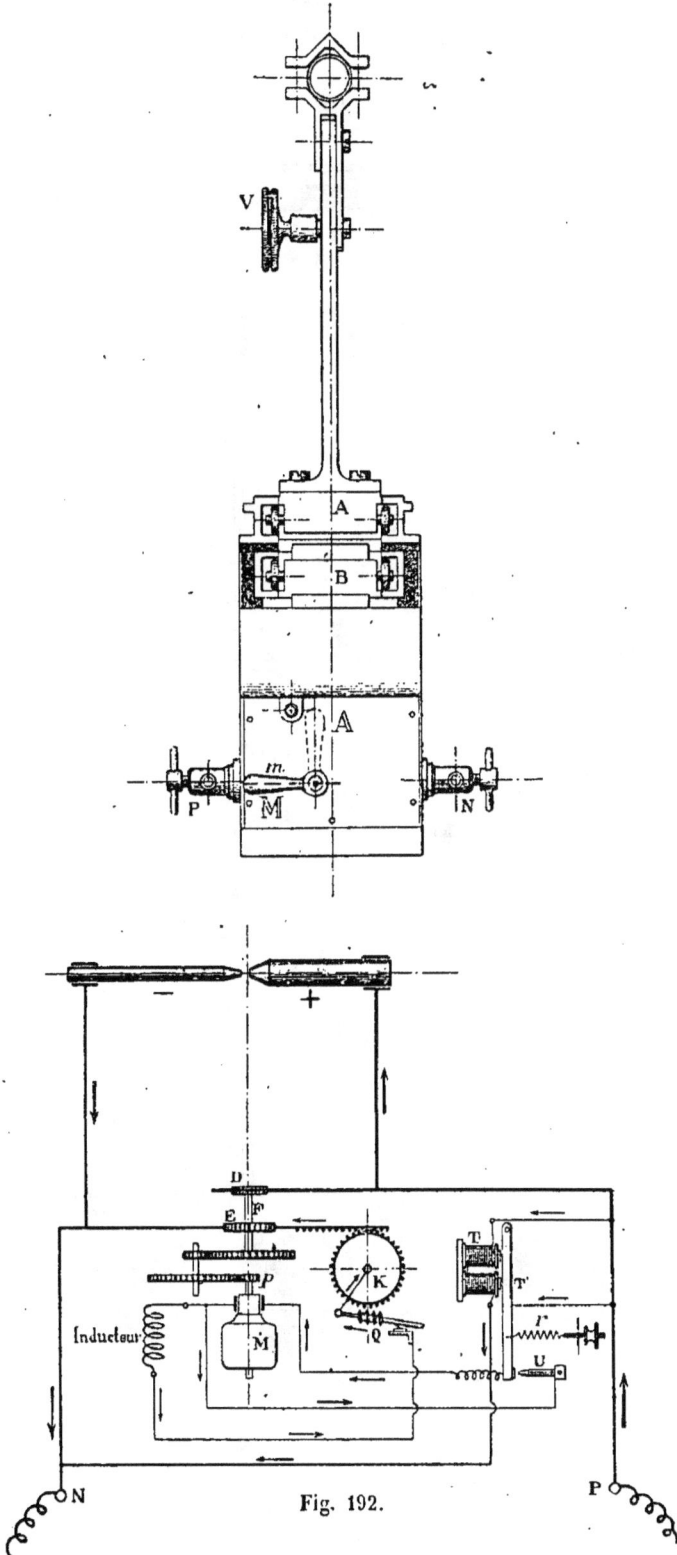

Fig. 192.

on les fixe de telle sorte qu'ils soient écartés de 5 à 6 $^m/_m$ environ, le cratère étant placé au foyer, c'est-à-dire pratiquement au milieu

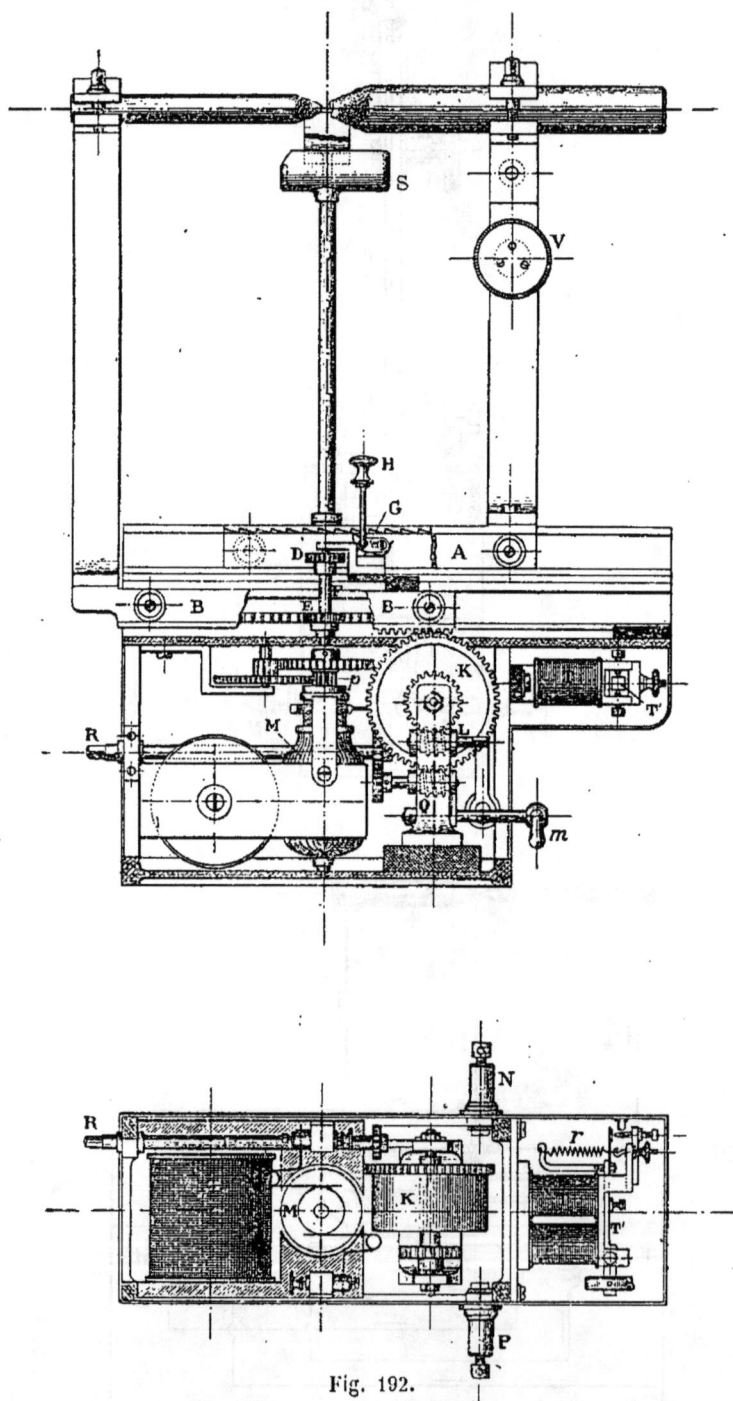

Fig. 192.

d'un demi-cercle en fer supporté par le cendrier S. Un volant V permet de régler exactement la position du charbon positif.

Lorsqu'on ferme le circuit de la lampe, le courant passe d'abord dans un électro-aimant T monté en dérivation, qui attire son armature T′, et dans le moteur électrique qui se met à tourner en produisant le rapprochement des charbons. Au moment où les charbons viennent au contact, l'intensité diminue dans le circuit dérivé; l'électro-aimant T lâche son armature qui vient buter contre une vis U, ce qui a pour effet de mettre en court circuit les balais du moteur; celui-ci s'arrête (§ 136), et le ressort du barillet, devenant prépondérant, produit l'écartement des charbons, c'est-à-dire l'allumage. Ce mouvement est rendu possible par le tracé de la crémaillère du chariot A, dont le pas est de 10 $^m/_m$ environ. De cette façon les charbons, écartés au début de 5 à 6 $^m/_m$, peuvent venir au contact, puis reprendre leur écart, sans que le cliquet G abandonne la dent avec laquelle il est en prise.

La tension du ressort r est réglée de telle sorte que l'armature T′ reste en contact avec la vis U tant que la différence de potentiel entre les charbons conserve sa valeur normale. Si cette différence de potentiel vient à augmenter, le court circuit est rompu et le moteur se met à tourner en rapprochant les charbons. Si ce rapprochement fait descendre la différence de potentiel un peu au-dessous de sa valeur normale, l'armature T′ revient en contact avec U, et le ressort du barillet écarte les charbons. Le réglage est ainsi obtenu par l'équilibre entre les deux actions antagonistes du barillet et du moteur.

Les connexions sont établies de telle sorte qu'en tournant la manette m sur le repère M on coupe le circuit du moteur, ce qui met hors circuit tout le mécanisme automatique.

109. Lampe mixte horizontale Sautter - Harlé. — MM. Sautter Harlé et Cie ont substitué récemment à leur lampe mixte inclinée une lampe à charbons horizontaux, de disposition assez analogue à celle de la lampe Bréguet. Les porte-charbons (fig. 193) sont fixés à deux supports A_1 A_2, actionnés par les vis B_1 et B_2, reliées l'une à l'autre par deux pignons dont le rapport des diamètres est égal au rapport d'usure des charbons. Ces pignons sont commandés, par l'intermédiaire d'un train d'engrenages, par un arbre C actionné, soit à la main au moyen du volant V, soit automatiquement au moyen de l'armature D d'un petit moteur électrique. La rotation de l'arbre C dans un sens ou dans l'autre produit ainsi le rapprochement ou l'écartement des charbons. Les vis E_1 et E_2 permettent de régler exactement la position de l'axe du charbon négatif. Sur l'arbre C est montée folle une boîte cylindrique F à l'intérieur de laquelle est placé un ressort spiral R; une des extrémités r_1 de ce ressort est fixée sur l'arbre C, et l'autre r_2 est fixée sur la boîte F. Sur la surface extérieure de la boîte F sont montés deux ressorts plats f_1 f_2 dont les extrémités sont munies de frotteurs qui appuient sur la surface intérieure d'une couronne circulaire H, concentrique à la boîte F. La couronne H est emprisonnée dans un collier fendu J fixé au corps de la lampe à sa partie supérieure, et dont les extrémités inférieures peuvent être serrées au moyen d'une vis K par l'intermédiaire d'une roue à vis tangente et d'un bouton M_1. La boîte F porte un axe L sur lequel est montée folle une roue N_1 engrenant avec un pignon N_2 calé sur l'arbre C. La roue N_1 fait corps avec une roue N_3 à une seule dent, qui engrène avec une étoile N_4 folle sur l'arbre C; cette étoile porte cinq branches, dont deux sont réunies l'une à l'autre par une partie saillante; nous verrons tout à l'heure le but de cette disposition.

Le moteur électrique tourne, lorsqu'il reçoit le courant, dans un sens tel qu'il produit le rapprochement des charbons. Le passage du courant dans ce moteur est commandé par un interrupteur automatique formé de deux appendices P_1 P_2 fixés au noyau inducteur et d'une armature Q maintenue par un ressort antagoniste R' réglable au moyen du bouton M_2. Lorsque Q est en contact avec le butoir b, le moteur est en court circuit, et par conséquent immobile.

Supposons maintenant que les charbons soient écartés et que la couronne H soit maintenue immobilisée par le serrage du collier J. Lorsqu'on lance le courant dans la lampe, il suit d'abord le trajet a Q b c S; l'inducteur du moteur s'aimante et l'armature Q est attirée; le moteur se met alors en marche, le courant passant par a d d' c S, et les charbons se rapprochent. Pendant

ce mouvement, la rotation de l'arbre C oblige le ressort R, entraîné par son extrémité r_1, à s'enrouler en se bandant. En même
temps, le pignon N_2 fait tourner les roues N_1 et N_3 de sorte qu'au
bout d'un certain nombre de tours la dent de la roue N_3 vient
buter contre la partie saillante de l'étoile. L'arbre C entraîne alors la

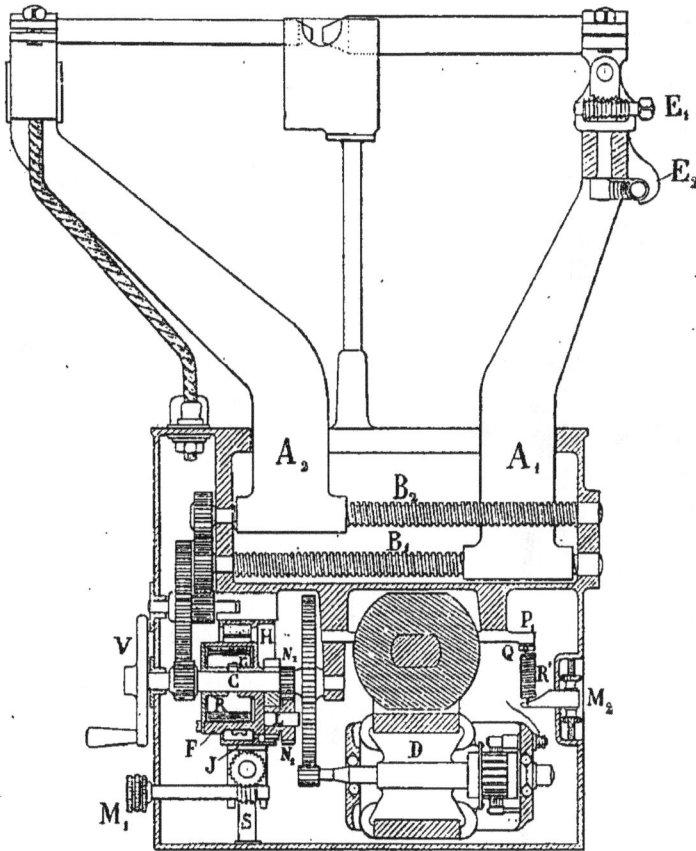

Fig. 193.

boîte F dans son mouvement ; les frotteurs des ressorts f_1 et f_2
glissent dans la couronne H, et le ressort R se trouve ainsi bandé
à une certaine tension toujours la même, les frotteurs s'opposant
au retour en arrière de la boîte F et par suite de l'extrémité r_2
du ressort.

Au moment où les charbons viennent au contact, la différence
de potentiel aux bornes de la lampe diminue brusquement, et
le ressort R' ramène Q au contact de b. Le moteur s'arrête, et le

ressort R, prenant appui sur son extrémité r_2, fait tourner l'arbre C en sens contraire en se débandant, et produit ainsi l'écartement des charbons pour l'allumage. La tension du ressort R' est réglée de telle sorte que Q reste au contact de b tant que la

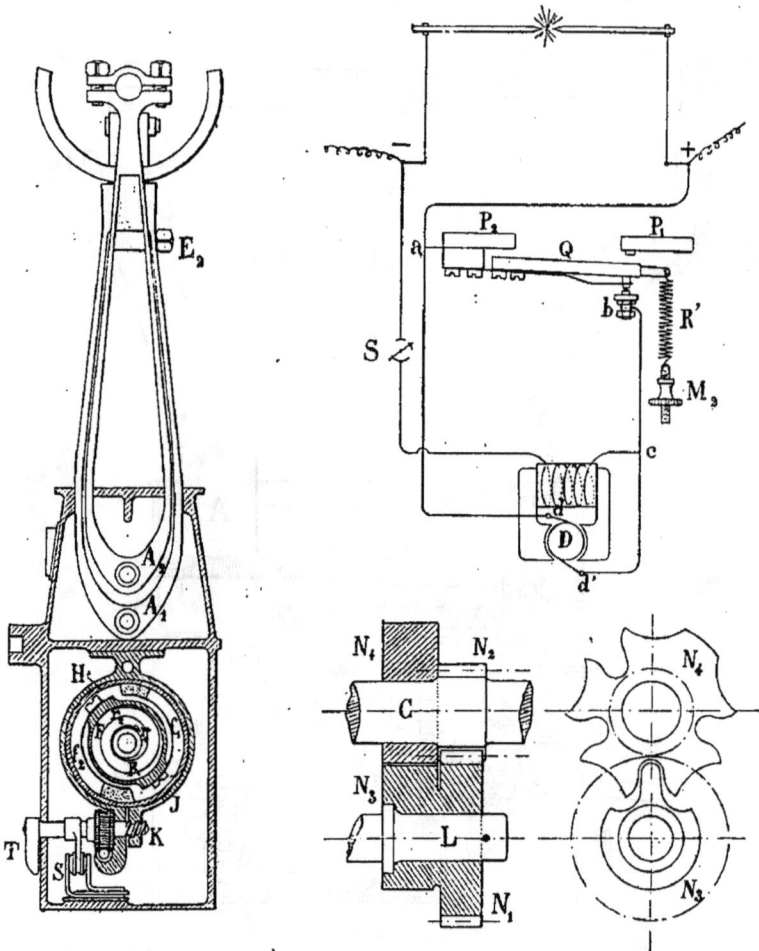

Fig. 193.

différence de potentiel conserve sa valeur normale. Dès qu'elle augmente, Q se détache de b et le moteur tourne en rapprochant les charbons; dès qu'elle diminue, le moteur s'arrête, et le ressort R, bandé par le mouvement du moteur, écarte les charbons.

Le rapprochement et l'écartement des charbons peuvent être effectués à la main au moyen du volant V. Pour passer de la manœuvre automatique à la manœuvre à main, il suffit de tourner le bouton M_1 jusqu'à ce que l'aiguille indicatrice T passe du repère A au repère M. On desserre ainsi le collier J, et la couronne H tourne librement avec le volant V, le ressort R étant complètement détendu. En même temps, l'interrupteur S, calé sur l'axe de la vis K, coupe le circuit du moteur.

110. Bougie Jablochkoff. — M. Jablochkoff a inventé en 1876 un système qui permet de maintenir fixe l'écartement des charbons en évitant l'emploi d'un mécanisme de réglage. Au lieu d'être placés dans le prolongement l'un de l'autre, les charbons sont accolés parallèlement et séparés par une matière isolante qui se consume en même temps qu'eux, de manière à former une véritable *bougie électrique* (fig. 194). Pour que l'usure des deux charbons soit égale, il est indispensable d'employer pour l'alimentation des bougies électriques des machines à courants alternatifs.

Les charbons ont en général 4 millimètres de diamètre et 25 centimètres de longueur. La matière isolante, qui porte le nom de *colombin*, est formée d'un mélange de sulfate de chaux et de sulfate de baryte. Comme les deux charbons sont isolés, il faut, pour que l'allumage puisse se faire, que les deux pointes soient mises en communication. Pour cela, l'extrémité de la bougie est trempée dans une pâte de charbon qui forme un filament conducteur entre les pointes ; sous l'action du courant, ce conducteur se consume rapidement et permet à l'arc de prendre naissance.

Les bougies Jablochkoff exigent un courant de 8 à 9 ampères, avec une différence de potentiel de 42 à 43 volts. L'intensité lumineuse d'une bougie est d'environ 35 à 40 becs Carcel.

Ces bougies ont l'inconvénient d'avoir une faible durée, 1 heure 50 minutes en moyenne. Pour y remédier on emploie des chandeliers portant plusieurs bougies ; ces bougies sont saisies dans des pinces à ressort dont les branches sont isolées l'une de l'autre et communiquent avec les fils du circuit. Quand une bougie est consumée, un commutateur permet de lui en substituer une autre. La figure 195 représente un système de ce genre. Un plateau isolant A supporte 6 bougies : l'une des pinces de chaque bougie est reliée avec une pièce métallique B placée sous le plateau, l'autre pince est reliée avec une plaque métallique commune C mise en communication par l'intermédiaire de la vis D avec la borne E.

Une deuxième borne F est reliée par la bande métallique G avec une lame mobile H qu'on peut venir mettre en contact avec l'une quelconque des pièces B. Les deux conducteurs qui relient la lampe à la source d'électricité se fixent aux bornes E et F. En manœuvrant le commutateur H, on peut faire passer le cou-

Fig. 194.

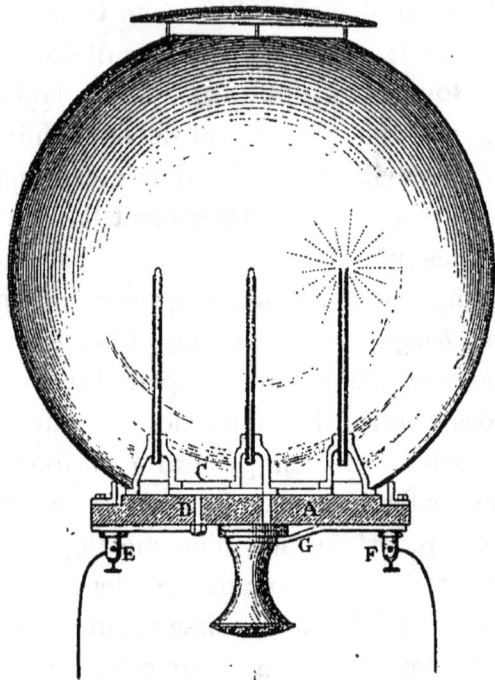

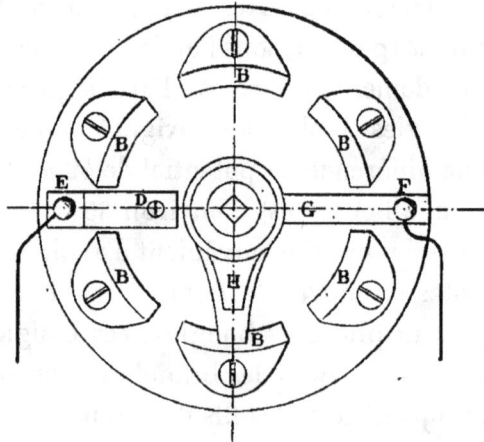

Fig. 195.

rant successivement dans les 6 bougies du chandelier.

On a imaginé plusieurs systèmes de commutateurs substituant automatiquement une bougie à l'autre dès que l'une d'elles est

complètement consumée. La figure 196 représente un de ces
commutateurs, désigné habituellement sous le nom de chandelier
Clariot. Ce chandelier porte 4 bougies b_1 b'_1, b_2 b'_2, b_3 b'_3, b_4 b'_4.
Les quatre baguettes b_1 b_2 b_3 b_4 communiquent avec une pièce
fixe centrale, à laquelle le courant arrive par le conducteur aa.
Chacun des autres charbons est relié avec un des secteurs mé-

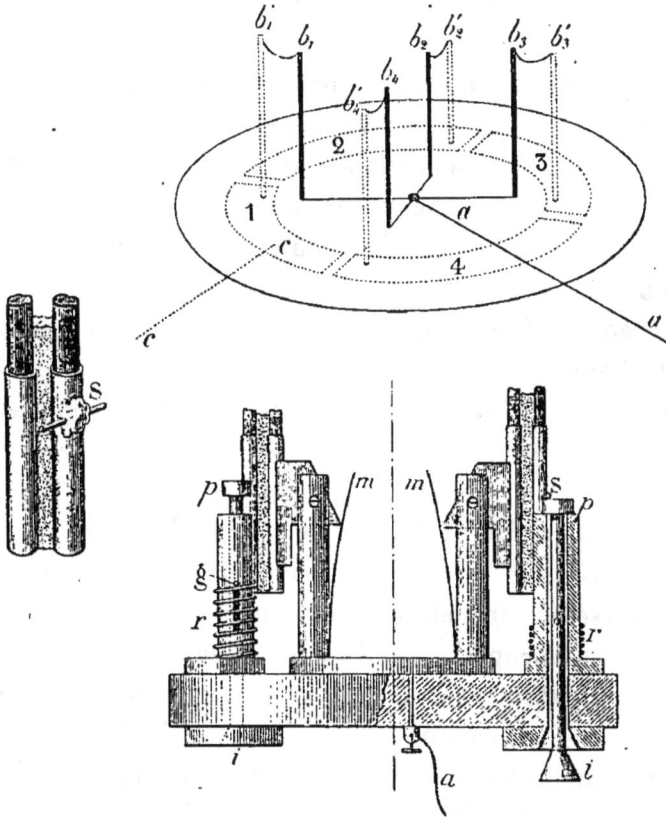

Fig. 196.

talliques 1, 2, 3, 4, qui sont isolés les uns des autres. Un de ces
secteurs communique avec la source électrique par le conducteur
cc. Chacun des charbons b'_1 b'_2 b'_3 b'_4 est muni d'un petit bout
de fil métallique S . fixé par une goutte de soudure fusible au
manchon de cuivre qui forme la base du charbon. Tant que
l'arc est à une hauteur suffisante au-dessus du chandelier, la
bougie b_1 b'_1, pressée par le ressort m, maintient abaissée la tige
p, qui est sollicitée à monter par le ressort r appuyant sur la

goupille g. Lorsque l'arc s'est suffisamment abaissé, la température qu'il développe fait fondre la soudure qui retient S ; la tige p n'étant plus maintenue se relève, et le cône i vient se loger dans deux demi-encoches pratiquées dans les secteurs 1 et 2 en établissant entre eux une communication métallique. Le courant passe alors dans le secteur 2 et allume la bougie b_2 b'_2, et ainsi de suite. Chaque bougie durant à peu près 1^h 50^m, un semblable chandelier donne 7^h 20^m d'éclairage continu sans qu'on ait à s'occuper des bougies.

Un autre système, connu sous le nom de chandelier Bobenrieth, consiste à disposer toutes les bougies en quantité, en intercalant sur leurs conducteurs respectifs des fils de plomb d'inégale résistance. Lorsqu'on lance le courant dans le chandelier, il passe d'abord dans la bougie dont le circuit est le moins résistant, les autres circuits ne recevant que des dérivations très faibles ; lorsque cette première bougie est presque entièrement consumée, la chaleur de l'arc fait fondre le fil de plomb comme dans le système précédent, et la bougie est mise hors circuit. Le courant passe alors dans le moins résistant des circuits restants, et ainsi de suite.

111. Lampes à incandescence. — La lumière par incandescence est produite par l'échauffement d'une portion de conducteur traversé par un courant électrique. La quantité de chaleur développée étant proportionnelle à RI^2, on conçoit qu'avec un conducteur suffisamment résistant et un courant suffisamment intense, on puisse obtenir une température assez élevée pour que le conducteur devienne incandescent. Il faut, bien entendu, que le conducteur employé soit assez réfractaire pour ne pas fondre par suite du passage du courant et soit mis à l'abri de l'oxygène de l'air pour ne pas se détruire rapidement par combustion. On a essayé pendant quelque temps de se servir de platine, mais on a fini par employer exclusivement des filaments minces de carbone obtenus par divers procédés et enfermés dans des ampoules en verre où l'on fait le vide, ou que l'on remplit avec des gaz non comburants très raréfiés. C'est à Edison que sont dues les premières lampes à incandescence pratiques.

Le filament de carbone est recourbé en forme d'U ou en forme

de boucle (fig. 197), et fixé par ses extrémités à deux fils de
platine qui servent à lui amener le courant. Ces fils sont scellés
à la base d'une ampoule de verre, qu'ils dépassent d'une certaine
quantité. L'ampoule porte à sa partie supérieure un tube qui
permet de la mettre en communication avec une machine pneumatique et d'y faire le vide; il suffit ensuite de couper le tube
au chalumeau pour fermer complètement la lampe. L'ampoule

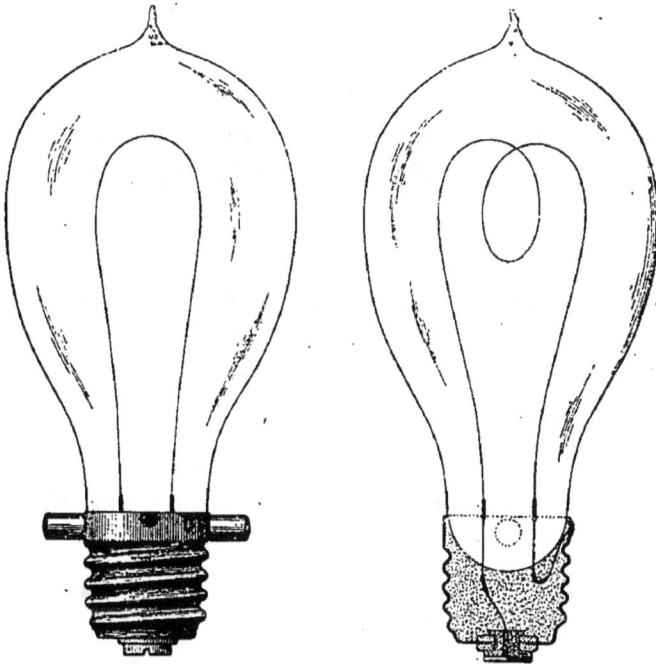

Fig. 197.

est lutée avec du plâtre dans un manchon en laiton qui lui sert
de support, et qui porte à sa partie inférieure un petit disque de
laiton isolé, au moyen d'une bague en os par exemple. Les fils
de platine aboutissant au filament sont reliés par un point de
soudure l'un au disque, l'autre au manchon.

Il existe un grand nombre de types de lampes à incandescence
(Edison, Swan, Maxim, Gérard, etc.), différant par le procédé de
fabrication du filament et le mode de montage de la lampe, mais
qui présentent toutes la disposition d'ensemble que nous venons
d'indiquer.

L'intensité de la lumière émise par le filament d'une lampe à incandescence dépend de l'intensité du courant par lequel on le fait traverser. Mais, bien que le filament soit soustrait à l'action comburante de l'oxygène de l'air, on constate cependant qu'il s'use lentement, et que sa destruction est d'autant plus rapide que le courant employé est plus intense. On peut dire que ce qu'on gagne en lumière, on le perd en durée. Aussi choisit-on pour chaque lampe un degré d'incandescence moyen, qu'on appelle *éclat normal* de la lampe, et pour lequel on a une quantité de lumière suffisante sans trop sacrifier la durée.

Le filament formant un conducteur ayant une certaine résistance, l'intensité I nécessaire pour obtenir l'éclat normal correspond à une valeur bien déterminée de la différence de potentiel Δ aux bornes de la lampe. Cette valeur Δ de la différence de potentiel normale et l'intensité lumineuse qui en résulte constituent ce qu'on appelle les *constantes* de la lampe. Ces constantes sont mesurées à l'usine par comparaison avec des lampes étalons, et doivent toujours être inscrites sur la lampe.

La chaleur développée, et par suite l'intensité lumineuse, est proportionnelle au produit Δ I, c'est-à-dire à la quantité d'énergie électrique absorbée par la lampe. On peut donc obtenir la même intensité lumineuse avec diverses valeurs de Δ et de I. Par exemple une lampe de 100^v- $0^A,5$ et une lampe de 25^v-2^A donneront sensiblement la même intensité lumineuse. L'intensité lumineuse des lampes à incandescence est ordinairement exprimée en bougies décimales. Il faut compter en général de 3 à 4 watts par bougie. Ainsi les lampes que nous venons de citer absorbent toutes deux une quantité d'énergie électrique égale à 50 watts : en admettant 3,5 watts par bougie, l'intensité lumineuse sera de 14 bougies environ.

Il existe un grand nombre de types industriels de lampes à incandescence, dont les constantes varient dans des limites assez étendues. On a fait de toutes petites lampes de 3^v- $0^A,3$, ayant un pouvoir lumineux d'un quart de bougie environ, et des lampes de 1000 bougies exigeant 100 volts et 25 ampères. D'une manière générale, il est plus économique d'employer des lampes à voltage élevé. Pour les éclairages à terre, on emploie aujourd'hui le plus

ordinairement des lampes fonctionnant à 110 volts environ, et
ayant une intensité lumineuse normale de 10, 15 ou 30 bougies.

La durée d'une lampe à incandescence dépend, comme nous
l'avons dit, de la quantité d'énergie qu'on lui fait absorber. On
doit donc toujours s'arranger de façon à ne pas dépasser la différence de potentiel normale indiquée par le constructeur. Si en
effet on augmente la différence de potentiel, l'intensité du courant dans la lampe augmente, et le filament se détruit plus vite.
De bonnes lampes doivent fournir au moins 800 à 1000 heures
d'éclairage avec l'éclat normal. Des expériences faites avec des
lampes Edison de 100 volts ont montré que la durée variait très
vite pour de faibles variations dans la différence de potentiel.
Une lampe maintenue en activité avec une différence de potentiel de 105 volts n'a duré que 264 heures, tandis qu'une lampe
maintenue à 95 volts, c'est-à-dire au-dessous du voltage normal,
a duré 3595 heures. Si on augmente brusquement la différence
de potentiel aux bornes d'une lampe de manière à dépasser notablement son voltage normal, le filament se détruit immédiatement;
on dit que la lampe est *brûlée*.

Il est bien évident que les lampes à incandescence peuvent être
alimentées indifféremment par des courants continus ou par des
courants alternatifs. L'emploi de courants alternatifs paraît donner
une légère augmentation de la durée des lampes.

112. Lampes Gabriel et Angenault. — La Marine emploie exclusivement depuis plusieurs années les lampes à incandescence fabriquées par MM. Gabriel et Angenault. Ces lampes
sont celles que représente la figure 197. Le filament est obtenu
par la carbonisation en vase clos de fils de cellulose très pure
préparée par un procédé spécial. L'ampoule est remplie d'une
atmosphère raréfiée de gazoline. Le manchon en laiton dans
lequel est fixée l'ampoule est embouti de manière à former
une virole filetée et porte deux petits ergots. On peut ainsi vis-
ser la lampe sur son support comme nous le verrons tout
à l'heure.

Le tableau suivant indique les diverses catégories de lampes
à incandescence employées par la Marine :

Voltage nominal inscrit sur le culot.	Pouvoir lumineux normal inscrit sur le culot.	Voltage normal ou voltage moyen en service.	Consommation moyenne en watts par bougie.	Intensité moyenne en service au voltage normal.	Intensité maxima aux essais au voltage normal.	Dimensions maxima.	
						Diamètre.	Hauteur totale.
12^v	10^n	12^v	$2^w,75$	$2^A,30$	$2^A,55$	$40\ ^m/_m$	$80\ ^m/_m$
25	10	25	3,0	1,20	1,30	46	100
	20	25	3,0	2,40	2,65	60	120
	30	25	3,0	3,60	4,00	60	120
35	10	35	3,5	1,03	1,15	46	100
40	5	40	4,5	0,55	0,63	20	95
	10	40	3,5	0,90	1,00	46	100
55	10	55	3,5	0,66	0,75	56	118
60	10	60	3,5	0,58	0,65	56	118
	15	60	3,5	0,87	0,95	60	120
	30	60	3,3	1,66	1,85	60	120
65	10	65	3,5	0,54	0,60	56	118
	15	65	3,5	0,82	0,90	60	120
	20	65	3,3	1,00	1,10	60	120
	30	65	3,3	1,54	1,70	60	120
	50	65	3,0	2,30	2,55	60	132
70	10	68	3,5	0,52	0,60	56	118
	15	68	3,5	0,78	0,85	60	120
75	20	75	3,3	0,90	1,00	60	120
	30	75	3,3	1,34	1,50	60	120
	50	75	3,0	2,00	2,20	60	132
80	10	78	3,5	0,45	0,50	56	118
	15	78	3,5	0,68	0,75	60	120
105	10	105	3,5	0,34	0,40	56	118
	15	105	3,5	0,50	0,55	62	132
	30	105	3,3	0,96	1,05	62	132
110	10	112	3,5	0,32	0,35	56	118
	15	112	3,5	0,48	0,55	62	132
	30	112	3,3	0,90	1,00	62	132
115	10	115	3,5	0,31	0,35	56	118
	15	115	3,5	0,46	0,50	62	132
	30	115	3,3	0,87	0,95	62	132
	50	115	3,0	1,30	1,45	62	132
120	10	118	3,5	0,30	0,35	56	118
	15	118	3,5	0,45	0,50	62	132
	30	118	3,3	0,87	0,95	62	132
130	10	130	3,5	0,27	0,30	62	132
	15	130	3,5	0,41	0,45	62	132

Les lampes peuvent être commandées avec verre clair ou dépoli. Sur le culot de chaque lampe sont poinçonnés le voltage
nominal et le pouvoir lumineux normal, ainsi que la marque du
fournisseur. Pour la recette on prend dans une même catégorie un
certain nombre de lampes tel, autant que possible, que le courant
total nécessaire à leur alimentation ne soit pas inférieur à 10 ampères, et on les monte en dérivation (§ 118) sur une rampe d'éta-
lonnage munie d'un ampère-mètre et d'un volt-mètre. Les lampes
étant amenées au voltage normal, le quotient de l'intensité totale
par le nombre de lampes ne doit pas être supérieur au chiffre
indiqué dans la sixième colonne du tableau. On prend ensuite
quelques lampes, trois au moins par catégorie, que l'on soumet à
des essais photométriques. Ces lampes, amenées au voltage normal,
doivent fournir le pouvoir lumineux inscrit au tableau. On tolère
une réduction de 10 % sur la valeur moyenne du pouvoir lumineux, à condition que la consommation en watts par bougie résultant des mesures d'intensité ne dépasse pas de 10 % celle qui est
prévue au tableau. Aucune lampe ne doit d'ailleurs présenter un
pouvoir lumineux inférieur aux huit dixièmes du chiffre prévu.
Pour les lampes à verre dépoli, on admet sur le pouvoir lumineux une diminution de 10 % au maximum; mais, avant cette opération, elles doivent satisfaire aux mêmes conditions que les autres
lampes. En ce qui concerne les dimensions d'ampoules inscrites
dans le tableau, il n'est admis aucune tolérance en plus; la tolérance en moins est de 10 %.

113. Support des lampes à incandescence. — Les lampes à incandescence sont montées en général sur des supports
fixes auxquels aboutissent les fils amenant le courant, et disposés de
manière que les lampes puissent y être adaptées facilement.

Il existe un grand nombre de systèmes de montage. La Marine
emploie à peu près exclusivement des lampes à culot à vis, montées
sur des douilles à ressort système Pieper.

La douille à ressort simple (fig. 198) est constituée par un fil de
maillechort de 3 $^m/_m$ de diamètre enroulé en hélice. Les spires inférieures de cette hélice sont fixées sur un cylindre en ébonite à l'aide
d'une vis A; les spires supérieures sont libres, et forment une sorte
d'écrou élastique, ayant 25$^m/_m$ de diamètre intérieur, dans lequel

on visse la lampe. Le disque de laiton du culot vient alors presser contre la tête d'une vis B fixée au centre du cylindre d'ébonite.

Les vis A et B sont reliées aux conducteurs qui amènent le courant.

Ce mode de support a l'avantage d'amortir les vibrations auxquelles peut être soumis le filament. A bord des navires, notamment, les vibrations causées par le mouvement de l'appareil moteur et le tir des grosses pièces d'artillerie briseraient

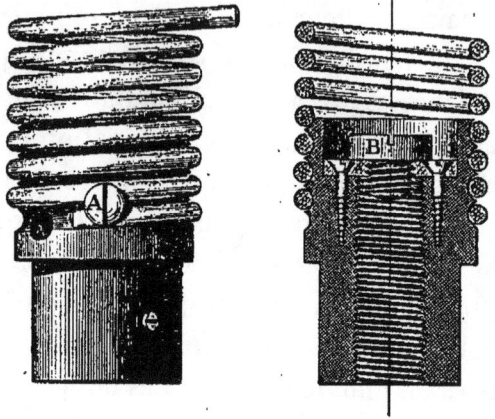

Fig. 198.

rapidement le filament si la lampe était montée sur un support rigide.

On emploie quelquefois des douilles *à clef*, munies d'un interrupteur permettant d'allumer ou d'éteindre la lampe à volonté. Dans ces douilles (fig. 199), les spires inférieures du ressort ne

Fig. 199.

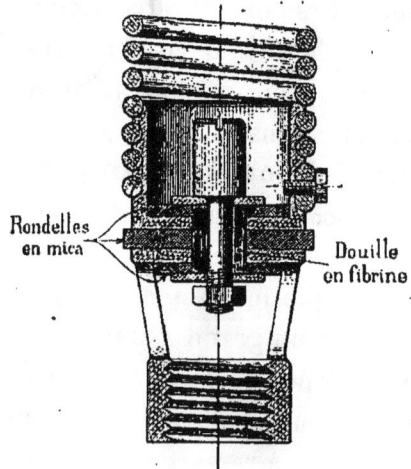

Rondelles en mica

Douille en fibrine

Fig. 200.

sont pas saisies à demeure, et se terminent par un bout recourbé portant une petite manette. En agissant sur cette manette, on peut faire tourner le ressort de manière à établir ou à rompre le contact entre un bouton métallique A soudé au ressort et une vis B à laquelle aboutit un des fils qui amènent le courant.

Pour les lampes dans lesquelles l'intensité du courant dépasse 1 ampère environ, il importe d'éviter que l'échauffement dû à un contact imparfait ne puisse détériorer le support. On emploie dans ce but des douilles spéciales (fig. 200) formées d'une carcasse en laiton sur laquelle est monté le ressort.

114. Répartition des foyers lumineux. — L'emploi de l'arc ou de l'incandescence dans les applications dépend d'une foule de circonstances, et dans un grand nombre d'installations on obtient de bons résultats par un mélange convenable de ces deux modes d'éclairage.

D'une manière générale, la lumière par arc est plus économique que la lumière par incandescence. Nous avons vu en effet que les lampes à incandescence exigeaient de 3 à 4 watts par bougie. Une lampe à arc de 13 ampères, au contraire, absorbera $13 \times 50 = 650$ watts, en produisant une intensité lumineuse de 150 becs $= 1500$ bougies décimales environ, soit à peu près $0^w,45$ par bougie. Il s'agit ici, il est vrai, de lampes à arc à feu nu, dont l'emploi est assez limité et n'est guère pratique que pour les espaces couverts de grande étendue.

Lorsqu'on ne peut élever les lampes à une hauteur suffisante, l'arc forme un point lumineux éblouissant qui fatigue la vue; on entoure alors les lampes de globes en verre opalin ou dépoli, qui diffusent bien la lumière, mais qui absorbent une fraction considérable (30 à 50 %) de l'intensité lumineuse. On emploie quelquefois avec avantage l'éclairage par réflexion indirecte, qui consiste à enfermer l'arc dans un abat-jour renversé de manière à projeter toute la lumière sur les murs et les plafonds, qui doivent être dans ce cas de couleur claire; on obtient ainsi un éclairage sans ombres.

Le tableau ci-après indique quelques chiffres pratiques relatifs à l'installation des lampes à arc le plus ordinairement employées :

Intensité du courant en ampères.	Hauteur des foyers lumineux au-dessus du sol.	Surface en mètres carrés convenablement éclairée par une lampe (avec globe légèrement opalin).				
		Ateliers de précision.	Ateliers d'ajustage.	Ateliers de montage, de fonderie, de chaudronnerie, etc.	Cours, terre-pleins, quais, gares.	Par réflexion indirecte (salles de dessin, bureaux).
6	4 à 7ᵐ	25	45	70	250	30
10	7 à 10ᵐ	55	100	150	500	70
13	10 à 15ᵐ	75	140	200	700	100
24	15 à 20ᵐ	150	350	500	2000	»

Lorsqu'il s'agit de locaux fermés et de faible hauteur, il est préférable d'employer l'éclairage par incandescence. Les types les plus usités sont les lampes de 10 et 15 bougies. Pour une salle de dimensions moyennes, dont les murs et les plafonds ne sont pas trop sombres, on obtient un éclairage satisfaisant en employant des lampes de 10 ou 15 bougies de telle sorte que le nombre total de bougies soit égal à la moitié du nombre de mètres cubes représentant le volume de la salle. Pour un éclairage brillant, on va jusqu'à 1 bougie ou 1ᴮ, 5 par mètre cube.

 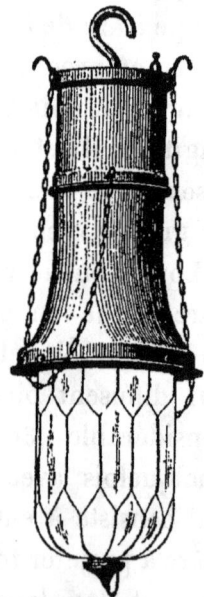

Fig. 201.   Fig. 202.

L'éclairage par incandescence a le grand avantage de dégager très peu de chaleur et de ne donner lieu à aucune émanation viciant l'air. Il donne, quand l'installation est bien faite, une sécurité à peu près absolue contre l'incendie, et peut être employé sans danger dans les milieux contenant des mélanges explosifs. L'arc voltaïque convient au contraire très bien pour les espaces de grande étendue et pour l'éclairage extérieur.

115. Appareillage. — On comprend sous le nom général d'ap-

pareillage les divers modèles de supports, lustres, lanternes, fanaux, etc., employés pour l'installation des lampes à arc et à incandescence. Ces appareils sont extrêmement variés, de manière à se prêter le mieux possible aux diverses circonstances locales. Nous verrons au chapitre XIII les modèles spéciaux en usage à bord des navires, et nous nous contenterons de donner à cet égard quelques renseignements généraux.

Les lampes à arc sont le plus souvent, comme nous l'avons dit, munies d'un globe en verre qui entoure l'arc. Lorsque ce globe n'est pas fermé à la partie inférieure, il est nécessaire de lui adjoindre un cendrier pour arrêter les particules incandescentes qui se détachent fréquemment des charbons (fig. 179). On enveloppe ordinairement le globe d'un grillage à grandes mailles, qui empêche dans une certaine mesure la chûte des morceaux de verre si le globe vient à casser. Dans les endroits couverts et abrités, le globe est simplement suspendu à l'aide de chaînettes au socle qui supporte le mécanisme régulateur (fig. 201). Pour les lampes placées à l'extérieur, qu'il est nécessaire de protéger contre le vent et la pluie, le globe est relié à la carcasse du régulateur de manière à former une lanterne à fermeture à peu près hermétique (fig. 202).

Les lampes à arc sont en général munies d'abat-jour renvoyant la lumière vers le sol. Lorsqu'on veut faire de l'éclairage par réflexion indirecte, avec abat-jour renversé, il faut avoir soin de placer le charbon positif à la partie inférieure, de manière à diriger le cratère vers le haut.

Les lampes à incandescence sont, comme nous l'avons dit, montées sur des douilles. Ces douilles peuvent être fixées sur des supports quelconques, de forme plus ou moins complexe ou élégante, appropriés aux différents besoins. Pour l'éclairage des ateliers, la disposition la plus simple consiste à monter les lampes au centre d'abat-jour concaves en tôle émaillée, suspendus au plafond ou fixés aux murs par des bras formés d'un tube creux (fig. 203).

En raison de leurs faibles dimensions, les lampes à incandescence constituent une source de lumière facilement transportable. Pour ne pas être obligé de déplacer chaque fois une grande longueur de conducteurs, on dispose aux endroits convenables des appareils appelés *prises de courant*, qui permettent de brancher instanta-

nément une lampe sur la canalisation générale. Ces appareils se
composent de deux contacts en laiton, encastrés dans un socle en
bois ou en matière isolante quelconque, et reliés chacun à un des

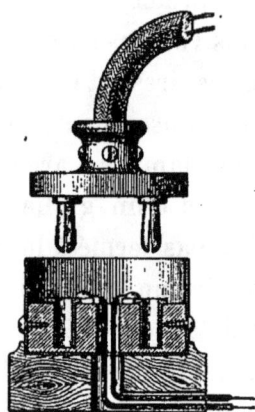

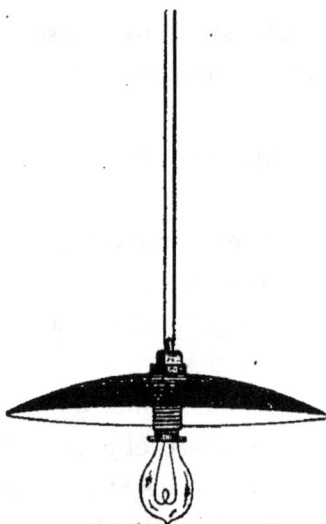

pôles de la dyna-
mo. Les deux fils de
la lampe sont ju-
melés de manière
à former un câble
souple de quelques
mètres de lon-
gueur, et aboutis-
sent à deux con-
tacts fixés sur une
monture isolante,

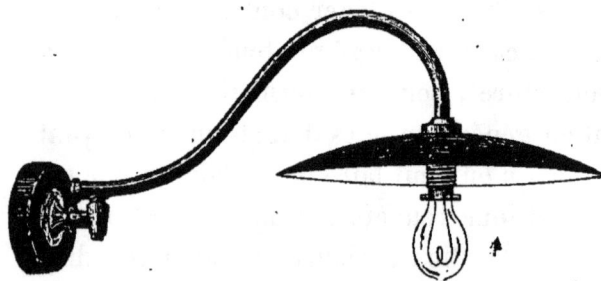

Fig. 203.

et disposés de manière à pouvoir être reliés rapidement aux contacts fixes des prises de courant. La figure 204 représente une disposition de ce genre. Les fils de la lampe aboutissent à deux broches en laiton formant ressort. Les prises de courant sont formées
par deux douilles en laiton, dans lesquelles il suffit d'insérer les
broches pour mettre la lampe en circuit.

CHAPITRE X

Distribution de l'énergie électrique.

---

116. — Nous avons étudié dans les précédents chapitres les moyens employés pour produire l'énergie électrique, ainsi qu'une des classes les plus importantes d'appareils dans lesquels on utilise cette énergie, c'est-à-dire les appareils d'éclairage. Nous allons examiner maintenant le mode de distribution de cette énergie, c'est-à-dire la manière de grouper ensemble un certain nombre d'appareils, et les principes sur lesquels repose l'établissement de la canalisation destinée à leur amener le courant.

Dans ce qui va suivre nous parlerons spécialement des appareils d'éclairage alimentés par des machines dynamo-électriques. Mais les raisonnements seraient les mêmes pour des sources d'électricité et des appareils quelconques.

De même que pour les sources d'électricité, on peut employer, pour les appareils dans lesquels on utilise le courant, le groupement en série, le groupement en dérivation ou le groupement mixte. Il y a donc trois modes de distribution, que nous allons examiner successivement.

117. Distribution en série. — Dans ce mode de distribution, dont la fig. 205 indique le principe, les appareils sont placés à la suite les uns des autres. Ce procédé n'est par conséquent applicable que lorsque tous les appareils doivent fonctionner avec la même intensité de courant. C'est une distribution *à intensité constante*. Lorsqu'il s'agit d'appareils d'éclairage, la distribution en série ne convient.guère que pour alimenter des lampes à arc. Nous avons dit en effet que pour les lampes à incandescence il est plus économique d'employer un voltage élevé, ce qui conduirait en général à des valeurs exagérées pour la différence de potentiel aux bornes de la dynamo génératrice.

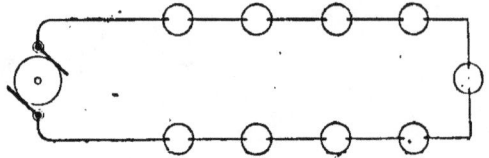

Fig. 205.

Avec la distribution en série, il faut bien entendu que les choses soient disposées de telle sorte que l'extinction ou la rupture accidentelle d'une lampe ne vienne pas couper le circuit général. Aussi chaque lampe doit-elle être munie d'un commutateur automatique ayant pour effet de mettre en court circuit les bornes de la lampe dès qu'elle vient à s'éteindre. La figure 206 représente un appareil

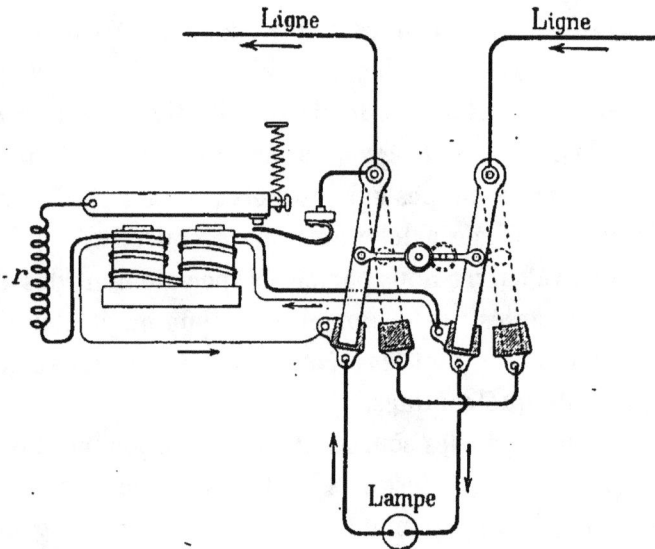

Fig. 206.

de ce genre. Le commutateur est formé de deux lames métalliques réunies par une traverse; cette traverse est isolée de chaque lame au moyen de bagues et de rondelles en ébonite. Lorsque la barre de manœuvre est poussée vers la droite (position représentée en traits pointillés), la lampe est mise hors circuit. Lorsqu'elle est poussée vers la gauche, comme le représente la figure, le courant passe dans la lampe et circule en même temps dans un fil fin monté en dérivation et enroulé sur un électro-aimant. L'armature de cet électro-aimant est retenue par un ressort dont la tension est supérieure à la puissance d'attraction développée par le courant qui passe normalement dans le fil fin. L'électro-aimant est muni d'un second fil, de section plus grande, disposé comme l'indique la figure. Si l'arc vient à s'éteindre, l'intensité du courant augmente brusquement dans le fil fin; l'armature est attirée, et vient buter contre un contact à ressort, ce qui met en court circuit les bornes du fil de ligne par l'intermédiaire du gros fil. La totalité du courant passe alors dans l'électro-aimant, dont l'attraction maintient l'armature appuyée sur le contact à ressort. Sur le parcours du gros fil est intercalée une résistance r en fil de maillechort. Le rôle de cette résistance est d'empêcher la formation d'un arc entre l'armature et le contact à ressort, qui sont à une très faible distance l'un de l'autre. En effet, si les lampes alimentées sont des lampes à arc, la différence de potentiel entre les bornes d'entrée et de sortie du commutateur est de 50 volts environ; la résistance r est alors calculée de manière à absorber 20 volts environ, de telle sorte qu'il n'y ait entre l'armature et le contact à ressort qu'une différence de potentiel de 30 volts, insuffisante pour la production d'un arc.

Avec cette disposition, la mise hors circuit d'une lampe correspond à une diminution de la résistance du circuit extérieur. Il faut donc dans ce cas que la dynamo soit munie d'un régulateur modifiant suivant les besoins la différence de potentiel entre ses bornes, l'intensité du courant fourni restant toujours la même. Si on veut faire marcher la dynamo à régime fixe, la valeur de la résistance r doit être égale à la résistance de la lampe.

La différence de potentiel nécessaire aux bornes de la dynamo est facile à calculer. Les données sont : le nombre n de lampes, la différence de potentiel Δ qui doit exister entre les bornes de chaque lampe, l'intensité i du courant nécessaire, et enfin la longueur L de la ligne formée par les conducteurs, longueur que l'on relève sur le plan d'éclairage dressé préalablement. On calcule d'abord la section s du conducteur, par les procédés que nous indiquerons plus loin. Puis, connaissant L et s, on en déduit la résistance totale

R de la ligne. Cela étant, la perte de charge dans l'ensemble du
conducteur est égale à Ri. La perte de charge dans chaque lampe
étant Δ, on voit que la différence de potentiel à maintenir entre
les extrémités de la ligne, c'est-à-dire la différence de potentiel
e entre les bornes de la dynamo, sera donnée par l'équation :

$$e = n\,\Delta + \mathrm{R}i.$$

En général, dans les applications, on s'arrange de manière à
ne pas dépasser pour e la valeur de 3000 volts, car l'emploi des
hautes tensions présente comme nous le verrons plus loin certains
dangers et nécessite de grandes précautions dans l'établissement
des appareils et des conducteurs.

118. Distribution en dérivation. — Ce mode de distribution,
dont la fig. 207 indique le principe, est constitué dans sa forme
la plus simple par deux conducteurs principaux A B, A′ B′, partant

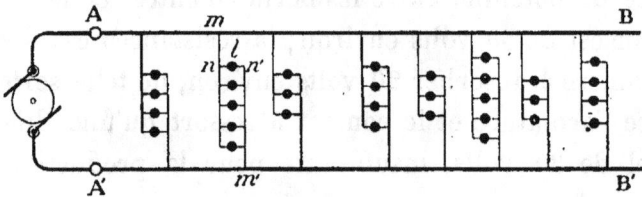

Fig. 207.

des bornes de la dynamo génératrice, et entre lesquels on maintient une différence de potentiel aussi constante que possible.
Entre ces conducteurs principaux sont branchés des conducteurs
secondaires, et les lampes sont placées en dérivation entre ces
conducteurs secondaires. Ce mode de distribution convient lorsqu'on veut avoir toutes les lampes indépendantes les unes des
autres; si en effet la différence de potentiel entre les deux conducteurs est bien constante, la rupture ou la mise hors circuit d'une
lampe aura pour effet de diminuer l'intensité totale débitée par
la dynamo, mais ne troublera pas le fonctionnement des autres
appareils.

La distribution en dérivation est donc essentiellement une
distribution *à potentiel constant*. Elle est en général moins économique que la distribution en série, parce qu'elle conduit à des

canalisations plus longues, et par suite plus coûteuses. Mais l'indépendance des divers appareils est un avantage précieux qui conduit fréquemment à donner la préférence à ce système.

L'intensité totale du courant que doit fournir la dynamo est évidemment égale à la somme des intensités nécessaires pour les diverses lampes. Quant à la différence de potentiel aux bornes d'une lampe, il est facile de voir qu'elle ne peut être la même pour toutes les lampes, et qu'elle dépend de leur distance à la source d'électricité. Soit en effet e la différence de potentiel (supposée constante) aux bornes de la dynamo. On a pour chaque lampe :

$$\Delta = e - p$$

p étant la perte de charge due à la résistance des conducteurs qui amènent le courant à la lampe, ou comme on dit la *perte en ligne*. Considérons une lampe quelconque, l par exemple (fig. 207). La perte en ligne relative à cette lampe est la perte de charge due à la résistance des conducteurs A m n l et l n' m' A'. La perte en ligne variera donc avec chaque lampe. On devra par suite régler l'installation de façon que la quantité $e - p$ ne varie qu'entre des limites aussi peu étendues que possible, pour ne pas avoir de trop grande différence d'éclat entre les diverses lampes. Dans la pratique, on prend pour e une valeur égale au voltage normal des lampes, augmenté d'une certaine quantité (5 à 10 % environ) pour tenir compte des pertes en ligne. Nous reviendrons tout à l'heure sur ce sujet.

Il importe de remarquer que la perte en ligne pour une lampe dépend non seulement de la résistance des conducteurs qui lui amènent le courant, mais aussi de la répartition du courant dans ces conducteurs, c'est-à-dire du nombre de lampes allumées en deçà ou au delà, à moins que les lampes éteintes ne soient remplacées automatiquement par des résistances équivalentes. Mais on se borne en général à faire le calcul en supposant toutes les lampes allumées.

Pour rendre la perte en ligne à peu près uniforme pour toutes les lampes, on emploie quelquefois la distribution dite en *boucle*, représentée par la figure 208. La résistance comprise entre un branchement quelconque et la dynamo (A m m' A' par exemple) est alors sensiblement constante. Mais la longueur totale de la canalisation est augmentée, et par suite il en est de même de son prix de revient. Cependant, lorsque les lampes, au lieu de s'écarter progressivement de la source d'électricité, forment avec la dynamo

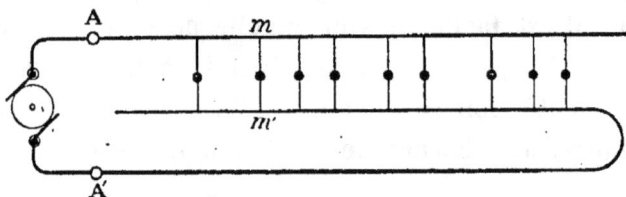

Fig. 208.

une figure fermée, on peut réaliser la distribution en boucle sans accroître la canalisation, comme le montre la figure 209.

119. Distribution mixte. — On peut évidemment faire des montages mixtes, c'est-à-dire répartir les lampes par groupes associés en tension. Cette distribution sera comme la précédente à potentiel constant, mais les lampes d'un même groupe ne sont pas indépendantes les unes des autres.

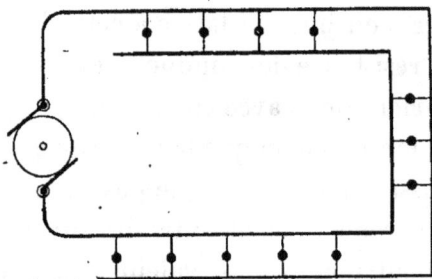

Fig. 209.

Dans les installations où l'on veut associer l'éclairage par arc et l'éclairage par incandescence, une disposition très fréquemment employée consiste à faire la distribution à potentiel constant avec une dynamo donnant 110 à 120 volts aux bornes. On se sert alors de lampes à incandescence ayant un voltage normal de 110 volts environ, branchées en dérivation entre les conduc-

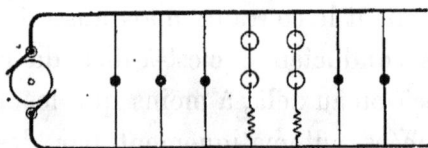

Fig. 210.

teurs principaux, et on associe les lampes à arc par groupes de deux montées en tension (fig. 210). Un groupe de deux lampes ainsi constitué absorbe environ $2 \times 50 = 100$ volts, et l'excédent de force électro-motrice de 10 à 20 volts est absorbé par un rhéostat.

120. Distribution à trois fils. — Dans le but de réduire la longueur de la canalisation, et par suite son prix de revient, on adopte souvent la disposition dite *à trois fils*, imaginée par Edison. Supposons que l'on prenne deux dynamos identiques, réglées de manière à donner une différence de potentiel constante de 120 volts par exemple. Associons ces deux dynamos en tension (fig. 211), et fixons les deux conducteurs principaux aux pôles extrêmes, et un troisième conducteur au point de jonction des deux dynamos. L'ensemble formé par un des fils extrêmes et le fil central constitue ce qu'on appelle un *pont*, et la différence de potentiel entre ces fils est de 120 volts. Les lampes sont branchées sur l'un ou l'autre pont, comme l'indique la figure, et autant que possible en nombre à peu près égal sur chaque pont. Si cette condition est réalisée, et si toutes les lampes sont bien identiques, le fil central n'est parcouru par aucun courant. Si l'on éteint une partie des lampes placées sur un pont, le courant se divise entre le fil extrême de ce pont et le fil central

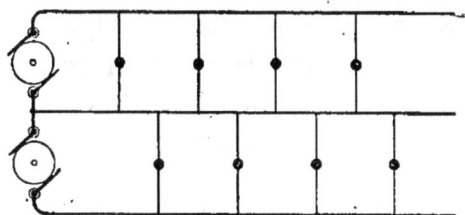

Fig. 211.

de ce pont et le fil central, sans que le fonctionnement des lampes restantes soit troublé par cette extinction. Dans le cas extrême où toutes les lampes d'un pont sont éteintes, le fil central sert seul de fil de retour, le fil extrême du pont devenant inactif. On voit donc que le courant maximum qui circule dans un quelconque des trois conducteurs est égal à celui qui est nécessaire pour alimenter un des deux groupes de lampes. L'économie de cuivre est donc de 25 %. Dans la pratique, on réalise souvent une économie plus considérable, en admettant qu'on n'éteindra jamais à la fois qu'une partie des lampes d'un pont. On donne alors aux fils extrêmes la section totale nécessaire pour alimenter les lampes, calculée comme nous l'indiquerons tout à l'heure, et on donne au fil central une section plus faible. Une pratique assez générale consiste à donner au fil central la moitié de la section de chacun des fils extrêmes.

Dans des installations importantes, on fait quelquefois la distri-

bution à cinq fils, en employant quatre dynamos en tension et
trois fils intermédiaires partant du point de jonction de deux
dynamos.

121. Nature des conducteurs. — Lorsque les conducteurs
ne sont pas destinés à traverser des locaux fermés, on peut employer des conducteurs nus, fixés de distance en distance sur des
supports isolants, qui sont généralement en porcelaine. Pour les
lignes aériennes ainsi formées, on emploie des fils de cuivre ou
des fils de fer zingué (lignes télégraphiques) (1). Quand les conducteurs doivent être placés dans des locaux fermés, on emploie
exclusivement des conducteurs formés de cuivre recouvert d'une
enveloppe isolante.

Lorsque la section dépasse 4 ou 5 millimètres carrés, on subs-
titue aux conducteurs uniques des câbles formés d'un certain
nombre de fils de faible diamètre, ayant ainsi plus de souplesse
et se prêtant mieux aux divers changements de direction qu'on
peut avoir à leur imposer. On exprime ordinairement le diamètre de ces fils en dixièmes ou centièmes de millimètres. On
a par exemple des fils $\frac{11}{10}$, $\frac{114}{100}$, $\frac{15}{10}$, c'est-à-dire ayant pour diamètre $1^m/_m, 1 —1^m/_m, 14 —1^m/_m, 5$. Chaque usine a des séries de
câbles formés de la réunion d'un certain nombre de fils. On
trouvera à la fin du volume une table indiquant
les diverses sections employées le plus ordinairement. Les câbles sont formés de 7, 19, 37 ou 61
fils. Ces nombres permettent d'obtenir des sections
sensiblement circulaires, comme l'indique la figure 212. On emploie aussi quelquefois, mais plus
rarement, des câbles formés de 3 fils.

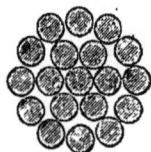

Fig. 212.

Le cuivre composant l'âme des conducteurs de toute nature doit
être de haute conductibilité, la résistance spécifique à 15° C ne dépassant pas 1,8 michroms-centimètres.

La composition de l'enveloppe isolante varie suivant le degré
d'isolement exigé. La partie de cette enveloppe qui est en contact
immédiat avec l'âme conductrice se compose en général de caout-

(1) On emploie également quelquefois pour les lignes télégraphiques des fils en bronze
chromé ou en bronze silicieux.

chouc ou de gutta-percha. Lorsqu'on se sert de caoutchouc, le
cuivre doit toujours être étamé, car sans cette précaution le caoutchouc se détériore rapidement au contact du cuivre. On emploie
également comme matières isolantes le bitume, la résine, la soie, le
coton et divers textiles tels que le chanvre, le jute, le phormium,
que l'on imprègne en général de bitume ou de goudron.

Les câbles employés par la Marine pour les canalisations d'éclairage présentent au point de vue de l'isolement les catégories suivantes (circulaire du 12 février 1891) :

Isolement très fort.
- 1 ou 2 couches de caoutchouc vulcanisé.
- 2 couches de caoutchouc naturel.
- 1 ou 2 rubans caoutchoutés.
- 1 enduit spécial (à base de gutta-percha).

Isolement fort.
- 2 couches de caoutchouc vulcanisé.
- 1 ruban caoutchouté.
- 1 tresse ou 1 ruban caoutchouté.
- 1 enduit spécial.

Isolement moyen.
- 1 couche de caoutchouc vulcanisé.
- 1 ruban caoutchouté.
- 1 tresse.
- 1 enduit spécial.

Isolement faible.
- rubans et tresses imprégnés d'enduits isolants, sans caoutchouc.

Pour les câbles à isolement très fort, la Marine exige un isolement kilométrique (§ 24) de 1200 megohms si la section n'est
pas supérieure à $20^m/_m{}^2$, de 800 megohms si la section est supérieure à $20^m/_m{}^2$, cet isolement étant mesuré après 24 heures
d'immersion dans de l'eau à 24° C.

Pour les sonneries, téléphones, etc., on emploie des fils recouverts de gutta-percha et de coton. Pour les électro-aimants et
les dynamos, on se sert de fils recouverts d'une ou deux couches de coton, pur ou imprégné de gomme-laque ou de bitume
de Judée. On emploie aussi dans certains cas des fils recouverts
simplement d'une ou deux couches de soie.

Dans certains cas, principalement pour les lignes souterraines,
on emploie avantageusement des câbles en cuivre recouverts
d'une couche de caoutchouc, de bitume ou de résine, et enve-
loppés d'une gaine en plomb. Ces câbles ont été quelquefois

employés à bord des navires, mais ils ont l'inconvénient d'être très·lourds et d'avoir peu de souplesse.

Le service des Défenses sous-marines emploie diverses catégories de câbles *armés*, formés d'un certain nombre de conducteurs isolés à l'aide de gutta ou de caoutchouc, câblés ensemble, et recouverts d'un matelas en filin goudronné et d'une armature en fils de fer zingué de 3 ou 4 millimètres de diamètre.

122. Calcul des conducteurs. — Trois considérations interviennent dans le calcul des sections des conducteurs.

1° La température développée par le passage du courant ;

2° Le prix de revient ;

3° La perte en ligne.

Nous avons vu au § 6 que la quantité de chaleur développée pendant l'unité de temps dans un conducteur est proportionnelle à Ri^2. Pour un conducteur de longueur L et de section s, on peut donc représenter la chaleur développée par

$$\alpha \frac{L}{s} i^2$$

α étant une certaine constante qui dépend de la nature du conducteur. D'autre part, la chaleur perdue pendant le même temps est sensiblement proportionnelle à la surface du conducteur, c'est-à-dire à πd L, d étant le diamètre du conducteur. Or, $d = \sqrt{\frac{4s}{\pi}}$. La chaleur perdue peut donc être représentée par :

$$\beta L \sqrt{s}$$

β étant une certaine constante. L'équilibre de la température sera atteint lorsqu'on aura :

$$\alpha \frac{L}{s} i^2 = \beta L \sqrt{s}$$

ce qui peut s'écrire

$$i^4 = \gamma s^3$$

γ étant une constante qui dépend de la nature du conducteur, de sa plus ou moins grande facilité de refroidissement, et de la valeur admise pour la température d'équilibre.

ÉLECTRICITÉ PRATIQUE.   17

Pour des conducteurs de cuivre nu, on peut admettre une température maxima de 60°. On a dans ce cas approximativement :

$$i^4 = 8000\, s^3$$

i étant exprimé en ampères et s en millimètres carrés.

Pour des conducteurs recouverts d'une enveloppe isolante, dont le refroidissement est par suite beaucoup moins facile, la valeur du coefficient γ est évidemment différente, et dépend de la nature et de l'épaisseur de la gaine isolante. De plus, comme la gaine est en général formée de caoutchouc et de gutta-percha, la température d'équilibre ne doit pas être assez élevée pour ramollir ces substances. On peut admettre comme maximum une température de 40°. Dans ces conditions, avec un isolement moyen, on a approximativement

$$i^4 = 1000\, s^3$$

La table placée à la fin du volume donne, pour les différentes sections des conducteurs employés dans la pratique, les valeurs de i déduites des deux formules précédentes. On ne doit pas oublier que ces valeurs de i sont des valeurs maxima qu'il ne faut pas dépasser, et au-dessous desquelles il convient en général de se maintenir. Lorsqu'il s'agit de fils enroulés sur une bobine ou de câbles à grand isolement avec gaine de plomb, pour lesquels le refroidissement est extrêmement difficile, on prend en général

$$i^4 = 60\, s^3$$

c'est-à-dire que les intensités maxima sont environ moitié de celles qui correspondent à l'isolement moyen $\left(\sqrt[4]{\dfrac{60}{1000}} = 0,495\right)$.

Pour des conducteurs de faible longueur, l'échauffement et le prix de revient étant les seules considérations à envisager, on calcule les sections comme nous venons de l'indiquer (1). S'il

(1) On prend souvent comme base du calcul des sections de conducteurs le nombre d'ampères par millimètre carré de section, ou, comme on dit, la *densité du courant*. Cette considération est commode, mais très inexacte, car la densité de courant correspondant à un échauffement déterminé varie beaucoup avec l'intensité. Pour les conducteurs à isolement moyen, on peut admettre 3 à 4 ampères par m/m^2 jusqu'à 50 ampères, 2 à 3 ampères par m/m^2 de 50 à 100 ampères, et 1,5 à 2 ampères par m/m^2 de 100 à 200 ampères.

s'agit par exemple d'un conducteur à isolement moyen, dans lequel l'intensité du courant peut atteindre 16 ampères, on voit en consultant la table placée à la fin du volume qu'il faudra prendre un fil de $\frac{25}{10}$, ayant une section de $4^m/_m{}^2,91$.

Mais, dans les installations un peu importantes, on doit se préoccuper en outre de la perte en ligne, qu'il y a bien entendu intérêt à réduire autant que possible, pour ne pas être obligé d'employer des dynamos à tension trop élevée, et, dans les distributions en dérivation, pour ne pas créer de différence d'éclat trop considérable entre les diverses lampes. On admet en général comme perte en ligne totale de 3 à 12 % de la différence de potentiel aux bornes de la dynamo. La perte en ligne est égale, comme nous le savons, au produit de la résistance de la ligne par l'intensité du courant. La table placée à la fin du volume indique, pour les diverses sections de conducteurs, la résistance R en ohms par kilomètre à la température ordinaire. La perte en ligne par mètre courant est alors égale à $\dfrac{R\,i}{1000}$.

Si l'on n'a pas sous les yeux une table de ce genre, on peut évaluer approximativement la résistance des conducteurs par le procédé suivant. Soit K le coefficient de résistance spécifique de la matière du conducteur. Cherchons quelle est, pour un conducteur de $1^m/_m{}^2$ de section, la longueur nécessaire pour représenter 1 microhm. Nous aurons :

$$1 = K \times \frac{x}{0,01}.$$

K étant exprimé en microhms-centimètres et x en centimètres. On tire de là $x = \dfrac{1}{100 \times K}$. La longueur l en mètres représentant une résistance de 1 ohm sera par suite :

$$l = \frac{1}{100 \times K} \times \frac{1\,000\,000}{100} = \frac{100}{K}$$

Pour le cuivre du commerce, on a très approximativement $\frac{100}{K} = 55$; mais, au moins dans un avant-projet, il est prudent de compter sur une valeur de K un peu plus forte, et d'adopter la valeur plus simple $\dfrac{100}{K} = 50$. De même, on peut prendre pour le fer $\dfrac{100}{K} = 10$. Dans ce cas, si s est la section d'un conducteur en millimètres carrés, L sa longueur en mètres, sa résistance en ohms sera $\dfrac{L}{50\,s}$ si le conducteur est en cuivre, $\dfrac{L}{10\,s}$ s'il est en fer.

On voit que les diverses conditions à réaliser pour le calcul des conducteurs sont contradictoires. La température d'équilibre admise comme limite impose en premier lieu une section minima au-dessous de laquelle on ne doit pas descendre. La question du prix de revient, qui augmente rapidement avec la section, conduirait à adopter cette section minima; mais il arrive souvent qu'on est amené ainsi à une valeur trop élevée pour la perte en ligne, ce qui force à augmenter la section. Nous allons donner quelques exemples de ce genre de calculs.

Pour établir une installation d'éclairage, la première chose à faire est de dresser le *plan d'éclairage*, c'est-à-dire de déterminer le nombre, le type, l'intensité et la répartition des foyers lumineux dont on a besoin. Cette première étude dépend de la nature des espaces à éclairer et de diverses circonstances locales. Nous avons donné au § 114 quelques indications à ce sujet. On examine ensuite quel est le mode de distribution qu'il convient d'adopter et le parcours le plus favorable pour les conducteurs. Une étude attentive du groupement des foyers et des dynamos doit toujours être faite, et peut conduire à de notables économies sur la longueur de la canalisation. Il faut d'ailleurs aussi tenir compte des facilités de pose, qui obligent en général à suivre le contour des murs, cloisons, etc.

Le tracé de la canalisation étant arrêté, on calcule ordinairement la section des conducteurs en se donnant à l'avance une certaine valeur de la perte en ligne, et en vérifiant ensuite que l'intensité du courant ne peut pas donner un échauffement trop considérable.

Considérons d'abord une distribution en série. Soit par exemple une installation d'éclairage comprenant 16 lampes à arc de 15 ampères. La différence de potentiel nécessaire pour le fonctionnement de ces lampes sera $16 \times 50 = 800$ volts. Admettons qu'on ne veuille pas dépasser 25 volts comme perte en ligne. Soit 600 mètres la longueur totale de la ligne. Sa résistance devra être au maximum égale à $\frac{25}{15}$, soit $1^\omega,67$. Si R est la résistance en ohms par kilomètre, on aura :

$$\frac{R \times 600}{1000} = 1,67$$

d'où $R = 2^\omega,78$.

En consultant la table, nous voyons que nous pouvons prendre un fil de $\frac{30}{10}$ ($R = 2,54$), qui sera largement proportionné pour l'intensité de 15 ampères. La résistance de la ligne sera alors $\frac{2,54}{1000} \times 600 = 1^\omega,524$. La perte en ligne sera $1,524 \times 15 = 22^v,86$, et la dynamo devra donner environ 825 volts aux bornes.

Si on voulait avoir une perte en ligne plus faible, il faudrait augmenter la section du conducteur.

Prenons maintenant une distribution en dérivation. Supposons par exemple qu'il s'agisse d'une installation comprenant 23 lampes à incandescence de 15 bougies, alimentées par une dynamo donnant 80 volts aux bornes, et disposées comme l'indique la figure 213. Si l'on voulait proportionner à chaque instant les conducteurs à l'intensité du courant qui les parcourt, il faudrait leur donner une section progressivement décroissante à mesure qu'on s'éloigne de la dynamo, car le nombre d'ampères qui les traverse va en diminuant à chaque dérivation de lampe. Dans la pratique, on se contente de fractionner la canalisation en un certain nombre de groupes ayant d'un bout à l'autre une section uniforme, de manière à éviter des jonctions trop nombreuses qui compliqueraient inutilement l'installation. On calcule alors chacun de ces groupes d'après l'intensité maxima qu'il est appelé à supporter et d'après la perte en ligne totale acceptée.

Dans le cas de la figure 213, par exemple, nous donnerons une section constante de a en d, de b en n, de c en k, de d en g. Admettons 5 % comme perte en ligne maxima, soit 4 volts. Cela revient à dire que la lampe la plus éloignée de la dynamo ne devra pas fonctionner avec une différence de potentiel inférieure à 76 volts. En se reportant au tableau de la page 241, on voit qu'une lampe de 15 bougies à 76 volts absorbe environ $3^w,5$ par bougie, soit $52^w,5$. L'intensité du courant nécessaire pour

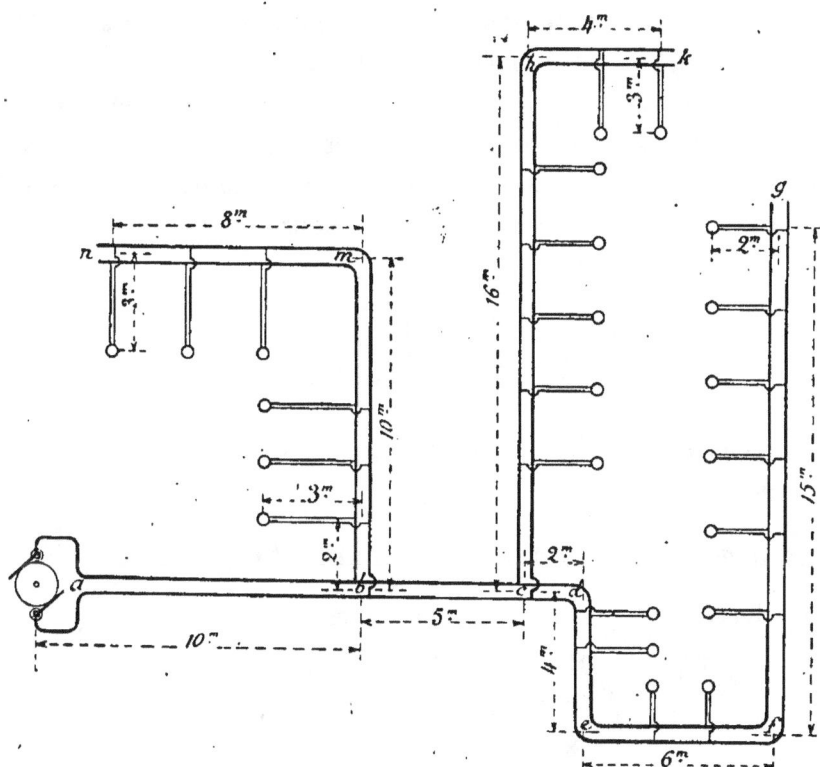

Fig. 213.

chaque lampe sera donc $\dfrac{52,5}{76} = 0^A,69$. Nous admettrons $0^A,8$ comme base du calcul, de manière à proportionner les conducteurs un peu largement et à permettre, dans une certaine mesure, l'augmentation ultérieure du nombre des lampes. Cela étant, nous pouvons dresser le tableau suivant :

Désignation des conducteurs.	Nombre de lampes desservies.	Intensité maxima.	Section minima en millim. carrés	Perte en volts par mètre courant.
ad	23	18,4	5,73	0,058
bn	6	4,8	1,02	0,085
ck	7	5,6	1,33	0,076
dg	10	8,0	2,01	0,074
dérivations des lampes	1	0,8	0,50	0,028

Les sections minima sont prises dans la table placée à la fin du volume, en supposant qu'il s'agit de conducteurs isolés, et la perte en volts par mètre courant se déduit des valeurs de la résistance et de l'intensité correspondantes.

Calculons maintenant, à l'aide des longueurs relevées sur le plan d'éclairage, la perte en volts pour la lampe la plus éloignée de chaque branchement, en supposant toutes les lampes allumées. Considérons d'abord le branchement cg; nous aurons :

$$34 \times 0,058 = 1^v,97$$
$$50 \times 0,074 = 3^v,70$$
$$4 \times 0,028 = \underline{0^v,11}$$
$$5^v,78$$

Cette perte est trop considérable. Nous augmenterons donc la section des conducteurs, en prenant par exemple $7^m/_m{}^2,14$ (7 fils $\frac{114}{100}$) pour ad, $2^m/_m{}^2,84$ $\left(1 \text{ fil } \frac{19}{10}\right)$, pour dg, et $0^m/_m{}^2,95$ $\left(1 \text{ fil } \frac{11}{10}\right)$ pour les dérivations (1). Nous aurons alors :

$$34 \times 0,046 = 1^v,56$$
$$50 \times 0,051 = 2^v,55$$
$$4 \times 0,015 = \underline{0^v,06}$$
$$4^v,17$$

Prenons maintenant bn. Nous aurons :

$$20 \times 0,046 = 0^v,92$$
$$36 \times 0,085 = 3^v,06$$
$$6 \times 0,015 = \underline{0^v,09}$$
$$4^v,07$$

(1) C'est le fil $\frac{11}{10}$ que l'on emploie le plus ordinairement dans la pratique pour toutes les dérivations de lampes.

Nous aurons enfin pour ck :

$$30 \times 0,046 = 1^v,38$$
$$40 \times 0,076 = 3^v,04$$
$$6 \times 0,015 = 0^v,09$$
$$\overline{}$$
$$4^v,51$$

Il convient donc d'augmenter un peu la section de ck. Nous prendrons un fil de $\frac{14}{10}$, et nous aurons alors :

$$30 \times 0,046 = 1^v,38$$
$$40 \times 0,065 = 2^v,60$$
$$6 \times 0,015 = 0^v,09$$
$$\overline{}$$
$$4^v,07$$

Il y a lieu de remarquer que les pertes ainsi calculées sont des maximums, puisque l'intensité décroît en réalité dans les conducteurs à chaque dérivation de lampe. La lampe la plus éloignée fonctionnera donc avec une différence de potentiel minima de $80^v - 4^v,17 = 75^v,83$. Pour la lampe la plus rapprochée de la dynamo, c'est-à-dire pour la première lampe de bn, la perte sera :

$$20 \times 0,046 = 0^v,92$$
$$4 \times 0,085 = 0^v,34$$
$$6 \times 0,015 = 0^v,09$$
$$\overline{}$$
$$1^v,35$$

Cette lampe fonctionnera donc avec une différence de potentiel de $80^v - 1^v,35 = 78^v,65$. On pourra par suite employer des lampes étalonnées à 78 volts. La variation maxima sur le voltage sera $\frac{78 - 75,83}{78} = 0,028$. Cette variation est sans inconvénient si, comme cela arrive le plus souvent, les lampes extrèmes se trouvent placées dans des locaux différents. Si les lampes étaient toutes dans une même salle, il conviendrait de diminuer cet écart, une variation de 1 à 2 % par rapport au voltage normal étant suffisante pour produire une variation d'éclat sensible à l'œil (1).

123. Calcul des rhéostats. — Pour les rhéostats, on a, bien entendu, intérêt à se servir de conducteurs ayant une résistance spécifique aussi grande que possible, de manière à diminuer la longueur nécessaire. On emploie dans ce but divers alliages, dont le principal est le maillechort. La résistance spécifique du maillechort est assez variable avec sa composition ; pour le maillechort du commerce, elle est d'environ 26,5 microhms-centimètres à la température ordinaire.

La température d'équilibre étant le seul point à considérer dans l'établissement d'un rhéostat, on calcule d'abord la section du fil d'après le nombre maximum d'ampères qui doit le traverser. Nous avons vu qu'on pouvait poser dans ce cas :

$$i^4 = \gamma s^3$$

ce qui peut se mettre sous la forme :

$$d = \lambda \, i^{\frac{2}{3}}$$

λ étant une constante et d le diamètre du fil. Pour des fils de maillechort enroulés en spirale et bien aérés, on peut prendre $\lambda = 0,35$, ce qui correspond à une température d'équilibre de 60° environ. Nous donnons à la fin du volume une table indiquant les valeurs de i calculées d'après cette formule pour un certain nombre de valeurs de d. Le diamètre une fois déterminé, la longueur nécessaire pour obtenir une résistance donnée est aisée à calculer. Si l est cette longueur exprimée en mètres, ρ la résistance à obtenir en ohms, et d le diamètre en millimètres, on a :

$$l = 3 \, \rho \, d^2$$

la résistance spécifique étant supposée égale à 26,5.

Supposons par exemple que l'on veuille avoir un rhéostat en fil de maillechort ayant une résistance de 0$^\omega$,55 et pouvant sup-

(1) On pourrait aussi prendre des lampes étalonnées à 78, 77 et 76 volts, en ayant soin de mettre près de la dynamo les lampes dont le voltage est le plus élevé.

porter un courant de 30 ampères. En consultant la table, nous voyons qu'il faut prendre un fil de $\frac{34}{10}$. On aura ensuite :

$$l = 3 \times 0{,}55 \times \overline{3{,}4}^{\,2} = 19^{m}{,}074$$

Pour des rhéostats destinés à ne pas rester constamment en circuit, on peut, bien entendu, adopter des valeurs de λ plus faibles. On peut ainsi descendre jusqu'à $\lambda = 0{,}25$ et même $\lambda = 0{,}20$.

On remplace quelquefois le maillechort par du fer, qui coûte moins cher, mais qui a une résistance spécifique bien inférieure. En outre, le fer a l'inconvénient de s'oxyder au contact de l'air, tandis que le maillechort est à peu près inaltérable. On recouvre quelquefois le fer d'une mince pellicule de nickel, mais cette couche est peu adhérente et ne constitue pas une protection suffisante. On peut adopter pour le fer les mêmes valeurs de λ que pour le maillechort. La longueur est donnée par :

$$l = 8 \, \rho \, d^2$$

Citons enfin deux alliages qui sont quelquefois employés, la nickeline et le ferro-nickel. Les formules sont les suivantes :

nickeline	$\lambda = 0{,}434$	$l = 1{,}75 \, \rho \, d^2$
ferro-nickel	$\lambda = 0{,}74$	$l = \rho \, d^2$

Le ferro-nickel a une résistance spécifique très élevée (78,3 microhms-centimètres), mais il a l'inconvénient de s'oxyder. On ne l'emploie guère que pour des diamètres inférieurs à $4^{m}/_{m}$.

124. Pose des conducteurs. — Les conducteurs placés en dehors des locaux fermés sont en général soutenus de distance en distance par des supports isolants fixés à des poteaux. Ces isolateurs sont ordinairement en porcelaine. On emploie aujourd'hui presque exclusivement l'isolateur à *double cloche,* représenté par la figure 214; on le visse à l'extrémité d'une tige recourbée en fer zingué, et pour l'empêcher de tourner on coule du soufre autour de la vis.

Les câbles sont fixés par des liures sur les isolateurs. Il y a intérêt

à les tendre autant que possible de manière à diminuer la longueur,
mais il faut bien entendu ne pas
dépasser pour le métal une certaine
charge qui est prise en général égale
au quart de la charge de rupture.
Si T est la charge totale en kilogrammes, L la portée en mètres, P le poids
de la portion du câble comprise entre les deux appuis, la flèche f exprimée en mètres est donnée approximativement par la formule :

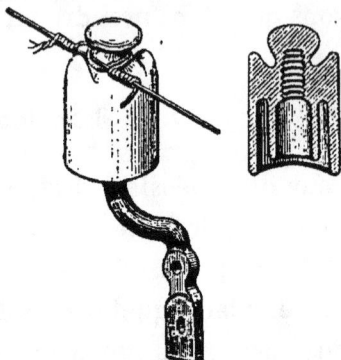

Fig. 214.

$$f = \frac{PL}{8T}$$

Pour des fils de cuivre nu, on peut admettre 5^k par $^m/_m{}^2$ comme
charge pratique. D'autre part, le poids P est égal à $8^{gr},8$ par
millimètre carré de section et par mètre de longeur. On a donc
$T = 5 \times s$ et approximativement $P = 0,0088 \, L \, s$, d'où

$$f = 0,00022 \, L^2$$

On amène facilement la flèche à la valeur voulue en se servant d'une perche munie d'un repère, un clou par exemple,
qu'on place à mi-distance entre les appuis. On peut aussi employer un petit dynamomètre à ressort permettant d'apprécier
l'effort de traction auquel on soumet le fil.

A l'intérieur des locaux fermés, on fixe les conducteurs sur de
petites poulies en porcelaine (fig. 215), ou plus généralement sur
des tasseaux en bois placés de distance en distance. Les fils sont
alors maintenus parallèles au moyen de taquets évidés en bois,
ou de lanières de cuir clouées sur les tasseaux (fig. 216). Lorsqu'on veut dissimuler un peu les conducteurs, on emploie avantageusement des planchettes rainées (fig. 217), recouvertes d'une
baguette moulurée.

Les conducteurs ne doivent jamais être fixés contre les murs
ou maintenus dans les planchettes par des clous. Dans certains
cas on fait usage de crochets émaillés, mais il faut éviter avec

grand soin que l'isolant des câbles soit coupé ou écrasé sous les crochets.

Pour les passages à travers un mur ou une cloison, on emploie

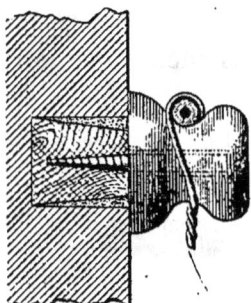

Fig. 215.

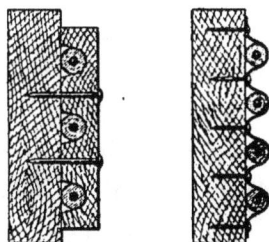

Fig. 216.

des pipes creuses en porcelaine (fig. 218), que l'on prolonge au besoin par un tube en gutta-percha dans les maçonneries épaisses.

A bord des navires, il est nécessaire de protéger les fils avec le plus grand soin, car il est souvent difficile d'exécuter par la suite des retouches ou des réparations. Le plus ordinairement, on fait

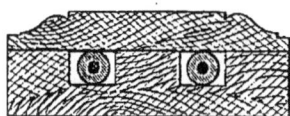

Fig. 217.

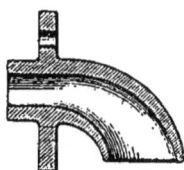

Fig. 218.

passer les conducteurs dans des tuyaux en fer, en cuivre ou en laiton. Dans les endroits bien accessibles, on les fixe sur des plan-chettes en bois munies de couvercles vissés.

Les jonctions bout à bout se font en tordant les fils entre eux, si le diamètre ne dépasse pas $2^m/_m$ (fig. 219). Lorsqu'il s'agit de conducteurs plus forts, on rapproche les bouts comme le montre la figure 220; on les serre fortement au moyen d'une ligature en fil de cuivre, et on soude avec de la soudure d'étain. Pour les conducteurs isolés, on commence par dénuder l'âme sur une lon-gueur suffisante en grattant la couche isolante avec un couteau, et on remplace ensuite la gaine détruite au moyen d'une composition isolante facilement fusible, appelée *chatterton*, qui est for-

Fig. 219.   Fig. 220.

mée de 3 parties de gutta-percha, 1 partie de résine, et 1 partie
de goudron de Norvége. On procède de la même manière pour
les dérivations (fig. 221).

125. Appareils de distribution. — Les appareils de distribution du courant sont
les *interrupteurs* et les
commutateurs.

Les interrupteurs, dont
nous avons déjà vu de
nombreux exemples, se
composent en général

Fig. 221.

d'un contact en cuivre mobile autour d'un axe, relié à un des
fils d'arrivée du courant, et d'un plot fixe relié à l'autre fil. Le
tout est monté sur un socle isolant en bois, ou mieux en matière
incombustible (ardoise, porcelaine, verre, marbre). En amenant la
lame mobile en contact avec le plot, on permet au courant de passer.

Au lieu de plots massifs, on emploie fréquemment des paires
de peignes formés de lames de laiton juxtaposées (fig. 222). Les
deux peignes sont reliés
chacun à une des extrémités
du circuit, et forment une
sorte de mâchoire élastique
dans laquelle on peut insérer une lame mobile ma-
nœuvrée par une poignée.

Lorsqu'on manœuvre un
interrupteur, le circuit
étant parcouru par un

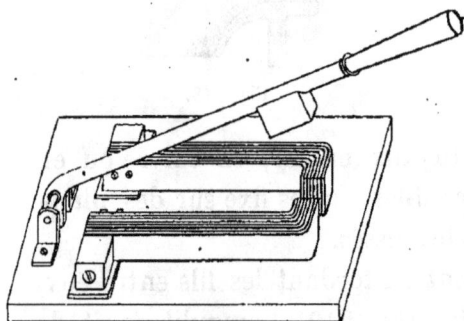

Fig. 222.

courant, une étincelle jaillit au moment où la lame mobile
abandonne le plot fixe. Pour ne pas détériorer le contact, il
importe d'amener rapidement les interrupteurs à la position d'arrêt. On fait souvent usage, pour les circuits parcourus par des

courants intenses, d'interrupteurs à déclanchement dans lesquels un ressort produit l'ouverture et la fermeture rapide du circuit.

Dans les distributions en dérivation, on dispose quelquefois un interrupteur sur chacun des deux conducteurs, et on juxtapose ces interrupteurs de manière qu'on puisse les manœuvrer ensemble au moyen d'une manette unique, et couper de cette façon le circuit simultanément en deux points. On a ainsi ce qu'on appelle un interrupteur *bipolaire*.

Pour les volt-mètres, sonneries, etc., on fait ordinairement usage d'interrupteurs à ressort, formés d'une lame fixe et d'une lame ployée de manière à former ressort (fig. 223). En pressant sur un bouton en os, on applique les deux lames l'une sur l'autre, et on fait passer le courant.

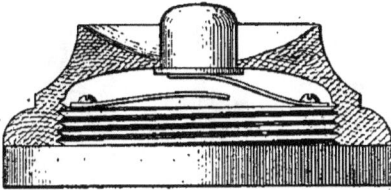

Fig. 223.

Fig. 224.

Les commutateurs sont des interrupteurs qui comportent plusieurs plots; ils servent à envoyer le courant successivement dans plusieurs directions. La figure 224 représente par exemple un modèle de commutateur à huit directions. Un neuvième plot, complètement isolé, et qu'on désigne sous le nom de *touche morte*, sert à recevoir la lame mobile lorsqu'on veut interrompre le circuit.

Les dimensions des lames mobiles et des plots doivent être, bien entendu, proportionnées à l'intensité du courant maximum qui peut traverser les appareils. Les bases de calcul généralement adoptées sont les suivantes :

Section des tiges, axes, lames mobiles, plots, etc. .	de 0 à 200^A	1 $^m/_m{}^2$ par ampère.
	de 200^A à 500^A	1 $^m/_m{}^2$,25 —
	de 500^A à 800^A	1 $^m/_m{}^2$,5 —
Surface de frottement des lames mobiles et des plots.		4 $^m/_m{}^2$ —
Peignes (section totale des lames)................		2 $^m/_m{}^2$ —

Ces chiffres peuvent, bien entendu, être légèrement modifiés suivant que l'appareil est destiné à laisser passer le courant d'une manière continue ou intermittente.

126. Appareils de sécurité. — Les appareils de sécurité sont les *coupe-circuits* et les *parafoudres*.

Les coupe-circuits sont des appareils de sûreté servant à interrompre automatiquement le courant dans les conducteurs, dans le cas où ce courant devient accidentellement trop fort, et à empêcher par suite les accidents dus à un échauffement exagéré.

Les coupe-circuits sont constitués par un fil en plomb spécial, de section convenable, intercalé sur le parcours du circuit à protéger. Ce fil est saisi entre deux vis fixées à des plots en laiton auxquels aboutissent les extrémités du conducteur (fig. 225).

Ces plots sont montés sur un socle en bois, ou mieux en matière incombustible, et protégés par un couvercle. Si l'intensité du courant atteint accidentellement la valeur admise comme limite extrême, le plomb fond et le circuit se trouve ainsi interrompu.

L'intensité nécessaire pour provoquer la fusion d'un fil de plomb de section *s* (en millimètres carrés), est donnée approximativement par la formule :

$$i^4 = 100\,000\ s^3$$

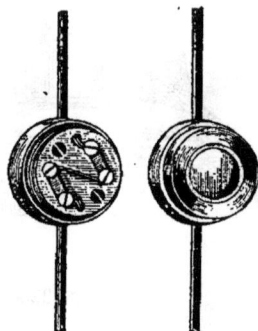

Fig. 225.

Le tableau ci-dessous indique les dimensions ordinairement employées :

Intensité normale dans le circuit à protéger.	Diamètre du fil de plomb en millim.	Intensité limite provoquant la fusion.
0 à 2 ampères.	0,5	5 ampères.
3 à 6 —	1,0	15 —
7 à 10 —	1,5	27 —
11 à 16 —	2,0	42 —
17 à 35 —	2,5	58,5 —

Au-dessus de 35 ampères, on emploie au lieu de fils du plomb en lames, dont on peut calculer la section, d'après l'intensité normale parcourant le circuit à protéger, de la manière suivante :

de 35 à 50 ampères.	1 millimètre carré pour	3ᴬ,5
de 50 à 100 —	1 millimètre carré pour	3ᴬ
de 100 à 200 —	1 millimètre carré pour	2ᴬ,5
de 200 à 400 —	1 millimètre carré pour	2ᴬ

Dans les distributions en dérivation, on doit placer un plomb de sûreté sur chacun des deux conducteurs principaux des différentes parties de la canalisation, de telle sorte que les conducteurs des diverses sections soient toujours précédés d'un plomb fondant sûrement avant tout échauffement dangereux de ces conducteurs. Sur tous les branchements recevant normalement un courant de plus de 5 ampères, il faut également protéger chacun des deux conducteurs par un coupe-circuit. Sur les branchements moins chargés, on se contente de mettre un plomb sur un seul des deux conducteurs, mais il faut avoir soin de placer les plombs de tous les branchements sur des conducteurs reliés à un même pôle de la dynamo. D'une manière générale, tout coupe-circuit doit être placé le plus près possible de l'origine de la dérivation qu'il doit protéger.

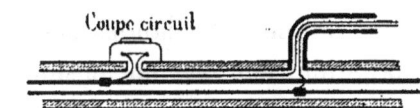

Coupe circuit

Fig. 226.

A bord des navires, on met en général un coupe-circuit sur le branchement de chaque lampe (fig. 226). A terre, on se contente souvent d'un par groupe de 2 ou 3 lampes.

Lorsqu'un plomb est fondu, ont doit mettre les interrupteurs à la position d'arrêt et rechercher le défaut qui a occasionné l'accident. Le défaut une fois réparé, on met un fil de plomb neuf et on peut alors rétablir le courant dans le circuit au moyen de l'interrupteur. Pour éviter la fusion inopportune des plombs de sûreté, il faut veiller à ce que leurs extrémités soient en contact parfait avec les plots des coupe-circuits.

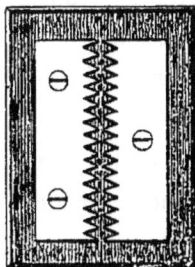

Fig. 227.

Les parafoudres sont des appareils de sûreté destinés à protéger les conducteurs contre l'échauffement très considérable qui pourrait y être provoqué par les décharges de la foudre. Nous étudierons ces appareils avec plus de détails dans le chapitre XII. Nous dirons seulement dès maintenant qu'ils sont formés de deux plaques de laiton munies de dents et fixées sur un support isolant, de telle sorte que les pointes des dents soient placées en regard l'une de l'autre et écartées de $0^m/_m,5$ environ (fig. 227). Une des plaques est intercalée sur le parcours du circuit, l'autre est reliée à la terre. Si, pendant un orage, une force électro-motrice d'induction un peu considérable vient à se développer dans les conducteurs, la décharge s'effectue entre les pointes des deux plaques, et le courant s'écoule dans le sol sans passer par les appareils.

On se contente en général de mettre un parafoudre au départ de chaque circuit principal.

127. Appareils avertisseurs. — Dans les installations un peu importantes, avec distribution en dérivation, on fait souvent usage d'appareils avertisseurs destinés à appeler l'attention si une communication vient à s'établir accidentellement entre un conducteur et la terre. Ces appareils, appelés *indicateurs de terre*, sont constitués généralement par deux lampes à incandescence identiques aux autres lampes de l'installation, montées en tension comme l'indique la figure 228, le fil de jonction des deux lampes étant relié à la terre. Si les deux conducteurs sont sans communication avec la terre, les deux lampes éclairent faiblement, puisqu'elles ne fonctionnent qu'à la moitié de leur voltage normal, mais ont exactement la même intensité lumineuse. Si l'un des conducteurs vient à être mis en communication avec la terre, la lampe qui lui est reliée diminue d'éclat, puisqu'elle se trouve mise en court circuit, tandis que l'autre, se rapprochant au contraire de son voltage normal, émet une lumière plus brillante. Les deux lampes sont montées à côté l'une de l'autre sur un même socle (fig. 229), ce qui permet d'apprécier d'un coup d'œil toute différence dans la résistance d'isolement des deux conducteurs principaux.

Dans les distributions en dérivation, il est souvent utile d'avoir un appareil indiquant immédiatement toute variation dans la différence de potentiel entre les conducteurs principaux. Dans

les distributions à trois fils, en particulier, il est nécessaire d'être
assuré à chaque instant que la différence de potentiel est bien
identique sur les deux ponts. On emploie pour cela des appareils
appelés *indicateurs de tension*. Ils se composent d'un électro-aimant à fil fin intercalé en dérivation entre les points dont on veut
apprécier la différence de potentiel. En face des pôles de cet
électro-aimant est une armature formée par une petite palette
mobile de fer doux, munie d'un long levier terminé par un contact. Ce contact peut osciller entre deux vis, et les choses sont
réglées de telle sorte que, lorsque la différence de potentiel a
sa valeur normale, le contact est à mi-distance entre les vis. Si

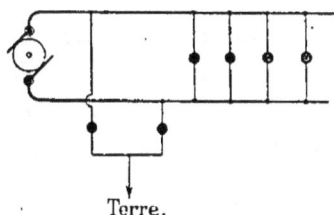

Terre.

Fig. 228.

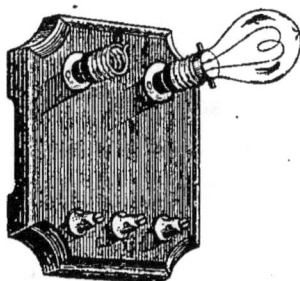

Fig. 229.

la tension s'abaisse au-dessous de sa valeur normale, la position
de l'armature change légèrement, et le contact vient appuyer
sur une des vis, ce qui fait passer le courant dans une sonnerie
(voir § 139) et dans une lampe à verre rouge, par exemple. De
même, si la tension devient trop forte, le courant passe dans
une deuxième sonnerie de son différent et dans une lampe à
verre vert par exemple. On est ainsi averti qu'il faut ramener
la tension à sa valeur normale en manœuvrant en sens convena-
nable les rhéostats de réglage. Ces appareils sont assez sensibles
pour indiquer des variations de tension de 2 % en plus ou en
moins.

128. Vérification de l'isolement. — Lorsqu'une installation vient d'être établie, il est indispensable de vérifier l'isolement
des conducteurs entre eux et par rapport à la terre. On peut faire
ces mesures par la méthode du pont de Wheatstone; on peut aussi
se contenter de vérifier que l'isolement est suffisant au moyen d'un

appareil d'essai formé d'une pile et d'un galvanomètre (fig. 230). On sépare d'abord les conducteurs + et — de la dynamo, et on enlève toutes les lampes. On vérifie ensuite en.mettant A et B en contact que la pile fonctionne bien, l'aiguille du galvanomètre déviant franchement. On met alors B en communication'avec la terre, et on. touche avec A successivement les deux extrémités des conducteurs + et —. Le galvanomètre doit

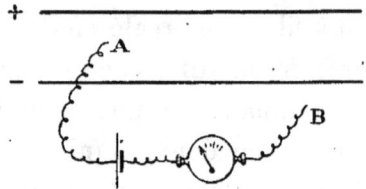

Fig. 230.

avoir une déviation nulle ou tout au moins presque insensible. Il doit en être de même lorsqu'on touche un des conducteurs avec A et l'autre avec B.

On peut également mesurer avec une exactitude suffisante la résistance d'isolement d'une installation pendant son fonctionnement, au moyen d'un volt-mètre monté comme l'indique la figure 231. Lorsque les clefs m et m' sont abaissées simultanément, on lit sur le. volt-mètre la différence de potentiel e .entre les bornes de la dynamo. Si la clef m est seule abaissée, on lit la

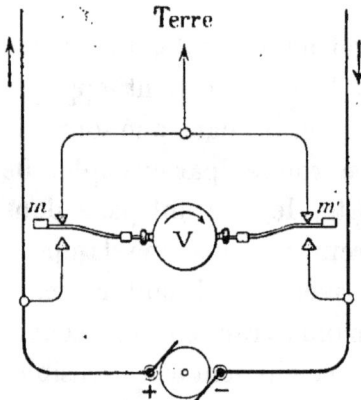

Fig. 231.

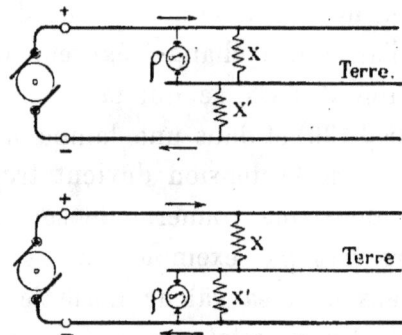

Fig. 232.

différence de potentiel ε entre le conducteur + et la terre; si on abaisse m', on a la différence de potentiel ε' entre le conducteur — et la terre. Soient X et X' (fig. 232) les résistances d'isolement des deux conducteurs par rapport à la terre, et ρ la résistance du fil du volt-mètre (inscrite sur l'appareil). Examinons d'abord le cas

où on abaisse la clef m. Le courant de dérivation peut être considéré comme traversant les résistances ρ et X, puis la résistance X',
On a donc :

$$\frac{e - \varepsilon}{X'} = \frac{\varepsilon}{\dfrac{1}{\dfrac{1}{\rho} + \dfrac{1}{X}}} = \text{intensité du courant de dérivation}$$

d'où :

$$\varepsilon\left(\frac{1}{\rho} + \frac{1}{X} + \frac{1}{X'}\right) = \frac{e}{X'}$$

On a de même, dans le cas où on abaisse m' :

$$\varepsilon'\left(\frac{1}{\rho} + \frac{1}{X} + \frac{1}{X'}\right) = \frac{e}{X}$$

On tire de là

$$\frac{\varepsilon}{\varepsilon'} = \frac{X}{X'} \qquad \frac{1}{X'} = \frac{\varepsilon}{\varepsilon'} \cdot \frac{1}{X}$$

et en remplaçant $\frac{1}{X'}$ par cette valeur dans la première équation,
par exemple, il vient :

$$X = \rho \, \frac{e - (\varepsilon + \varepsilon')}{\varepsilon'}$$

On trouve de même :

$$X' = \rho \, \frac{e - (\varepsilon + \varepsilon')}{\varepsilon}$$

On admet que l'installation est en bon état si on trouve pour
X ou X' une valeur au moins égale à $500 \times \frac{e}{\mathrm{I}}$, I étant l'intensité
totale débitée lorsque toutes les lampes sont allumées. Cette va-
leur est très inférieure à celles que nous avons indiquées au § 24,
mais elle est suffisante pour une installation en cours de fonctionnement.

On formule quelquefois la règle précédente d'une autre manière, en disant que l'intensité du courant de fuite doit être inférieure à la millième partie du courant total. On peut en effet

considérer les résistances X et X' comme formant une dérivation de résistance X + X', dans laquelle passe un courant égal à $\dfrac{e}{X + X'}$. On doit avoir alors :

$$\frac{e}{X + X'} < \frac{1}{1000}$$

ou :

$$X + X' > 1000 \times \frac{e}{I}$$

ce qui est vérifié si X et X' sont tous deux supérieurs à $500 \times \dfrac{e}{I}$.

129. Tableau de distribution. — En vue de faciliter la surveillance d'une installation, on réunit en un même point tous les

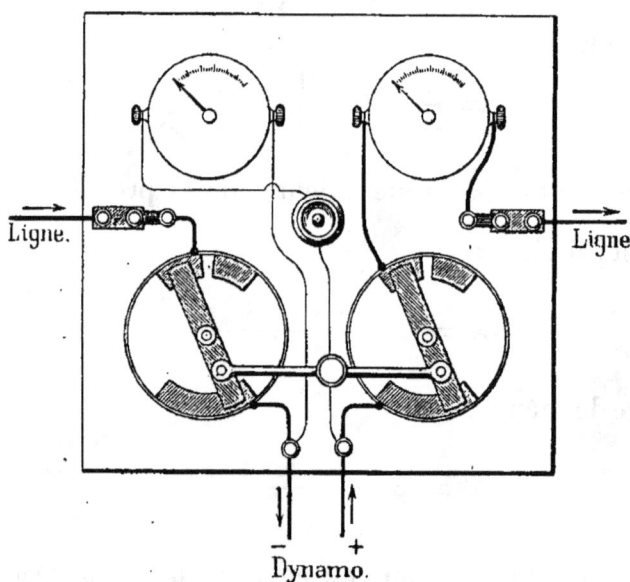

− +
Dynamo.

Fig. 233.

appareils de mise en marche et de contrôle, de manière à former ce qu'on appelle un *tableau de distribution*. Ce tableau est constitué par un panneau de bois verni sur lequel sont répartis les divers appareils. Ceux-ci sont quelquefois fixés directement sur le bois, mais, dans les installations soignées, pour éviter les détériorations qui peuvent se produire par suite d'un dépôt d'humidité sur le bois, on prend la précaution de monter chaque appareil sur un socle isolant, en ardoise ou en marbre.

Le nombre et la disposition des appareils ainsi groupés dépend de la nature et de l'importance de l'installation, et on ne peut indiquer à cet égard de règle précise. Pour une distribution en série, par exemple, on pourra employer la disposition représen-

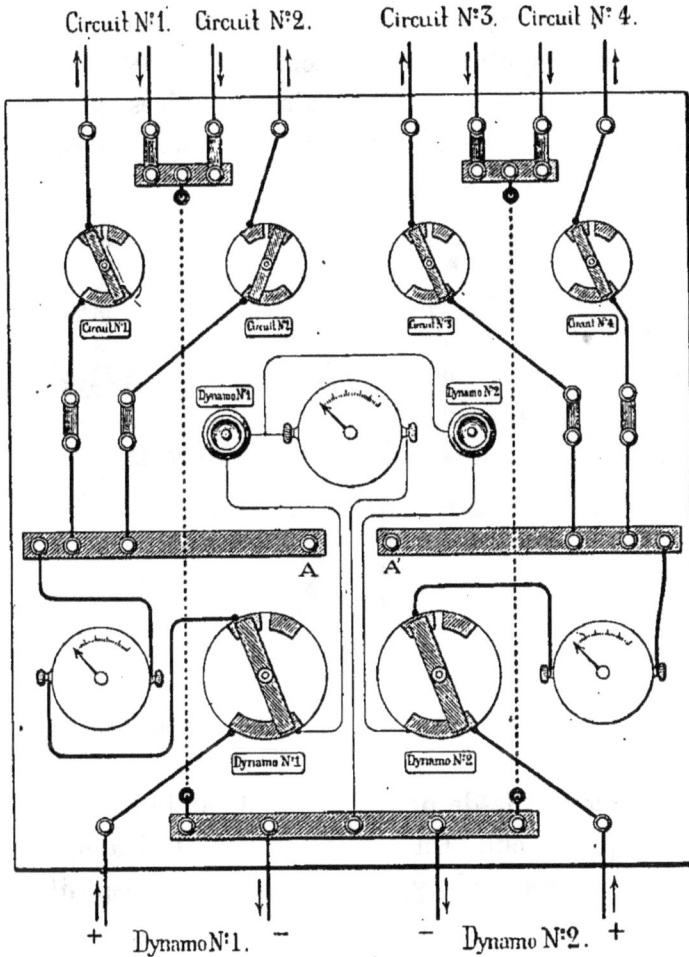

Fig. 234.

tée par la figure 233. Le tableau comprend un interrupteur bipolaire, un ampère-mètre, un volt-mère avec bouton à ressort, et deux coupe-circuits, un sur le fil de départ, l'autre sur le fil de retour.

Pour les distributions en dérivation, les tableaux présentent en général une complication beaucoup plus grande. La figure 234 représente un exemple assez simple, relatif à une installation

comprenant deux dynamos identiques et quatre circuits principaux. A chacune des dynamos correspond un interrupteur et un
ampère-mètre. Chaque circuit est muni d'un interrupteur spécial
et de deux plombs de sûreté. En principe, la dynamo n° 1 doit
alimenter seulement les circuits 1 et 2, et la dynamo n° 2 les circuits 3 et 4. On peut cependant, en reliant les bornes A et A' par
une bande de cuivre, alimenter l'ensemble des quatre circuits à
l'aide des deux dynamos, qui sont alors couplées en quantité.
Un volt-mètre muni de deux boutons permet de mesurer la dif-

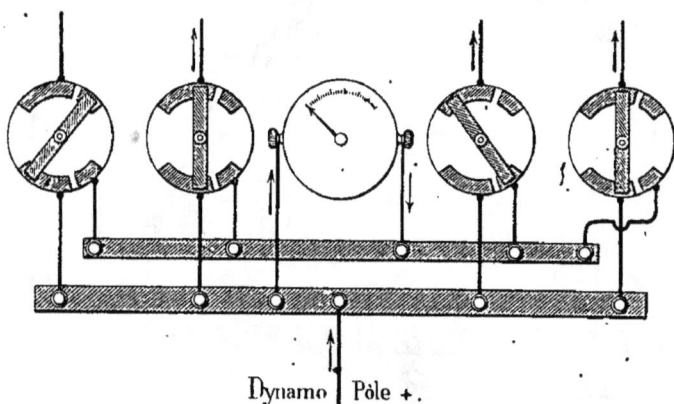

Dynamo | Pôle +.

Fig. 235.

férence de potentiel aux bornes d'une quelconque des deux machines.

Il est quelquefois utile de pouvoir connaître l'intensité du courant dans chaque circuit. On serait conduit ainsi à mettre autant d'ampère-mètres qu'il y a de circuit. Une disposition très
simple et fréquemment employée permet de n'avoir qu'un seul
ampère-mètre. L'interrupteur de chaque circuit possède une touche supplémentaire disposée comme l'indique la figure 235. On
voit immédiatement que, suivant la position de la lame mobile, on
peut faire passer le courant soit directement, soit par l'intermédiaire de l'ampère-mètre. On peut ainsi mesurer successivement
l'intensité dans les différents circuits sans interrompre en aucune
façon le passage du courant.

Dans les installations importantes, on ajoute sur le tableau les
appareils d'avertissement dont nous avons parlé, indicateurs de

terre et indicateurs de tension. Lorsque la canalisation a une
grande étendue, il est parfois nécessaire de pouvoir contrôler à
chaque instant la différence de potentiel en divers points de cette
canalisation. On prend alors en dérivation entre ces points deux
fils appelés fils *pilotes,* qui reviennent au tableau de distribution et aboutissent à des indicateurs de tension disposés comme
nous l'avons dit. Dans les installations qui comportent plusieurs
dynamos, divers commutateurs sont en outre nécessaires pour effectuer convenablement le groupement de ces dynamos. Enfin,
on dispose souvent un volt-mètre pour la mesure de l'isolement,
comme nous l'avons indiqué dans le paragraphe précédent.

Les tableaux de distribution doivent toujours être installés à
une distance d'au moins 3 ou 4 mètres des dynamos, pour que
les appareils de mesure ne soient pas influencés par les électro-
aimants inducteurs.

130. Distribution indirecte de l'électricité. — L'énergie
électrique fournie par les machines génératrices peut dans certains cas n'être utilisée qu'indirectement, en passant par un intermédiaire. Le but de cet intermédiaire sera soit de différer
l'utilisation de l'énergie produite (*accumulateurs*), soit de donner
à l'énergie électrique des qualités différentes en modifiant les
valeur des facteurs qui la composent (*transformateurs*).

Nous avons déjà parlé des accumulateurs; il nous reste à dire
un mot des *transformateurs.* On sait que la puissance d'un courant électrique est mesurée par le produit des deux facteurs E et
I. Si on donne à ces facteurs deux nouvelles valeurs E' et I',
telles que E' I' = E I, la valeur de la puissance n'aura pas varié,
mais elle se présentera sous une forme différente, *transformée,*
qui pourra être mieux appropriée aux applications que l'on a
en vue. Au lieu d'un courant de 1000^v-20^A, par exemple, on
pourra avoir un courant de 100^v-200^A.

Les accumulateurs peuvent dans certains cas, comme nous l'a-
vons déjà fait remarquer, fonctionner comme transformateurs.
En chargeant par exemple les éléments d'accumulateurs en quantité et en les associant en série pour la décharge, on réalisera une
transformation d'énergie électrique. Ce procédé a été appliqué
dans certaines installations d'éclairage, où les accumulateurs sont

chargés en série à l'aide d'une machine à très haute tension, et couplés pour la décharge en séries de 30 à 40 éléments montées en dérivation, ce qui permet de constituer une source d'électricité fournissant une différence de potentiel de 60 volts environ.

Les transformateurs proprement dits sont en général basés sur les effets d'induction. Voici quel est leur principe. Supposons qu'on enroule sur une même bobine deux circuits formés de fils distincts. Appelons l'un d'eux *circuit primaire* et l'autre *circuit secondaire*. Si dans le circuit primaire nous faisons passer des courants alternatifs, il y aura dans le circuit secondaire production de courants induits également alternatifs, qui pourront être au besoin redressés par une disposition analogue à celle du collecteur de l'anneau Gramme. Si les éléments des deux circuits (longueur et section) sont différents, les facteurs électriques des courants induits différeront de ceux des courants inducteurs, et on aura réalisé une transformation d'énergie électrique. Si le circuit primaire par exemple est à fil fin et le circuit secondaire à gros fil, on pourra, en envoyant dans le circuit primaire des courants à haut potentiel et à faible intensité, recueillir dans le circuit secondaire des courants à faible potentiel et à grande intensité.

Nous n'entrerons pas dans le détail de la construction des transformateurs industriels, qui n'ont pas encore reçu d'application dans la Marine. Nous nous bornerons à indiquer par un exemple simple l'intérêt que présente dans certains cas l'emploi de ces appareils.

Supposons une installation de 500 lampes de 100^v-1^A, que l'on veut alimenter en dérivation avec une dynamo placée à 500 mètres de distance du groupe de lampes. La longueur totale des conducteurs primaires réunissant la dynamo au tableau de distribution sera de $2 \times 500 = 1000$ mètres. Soit 10 % la perte admise sur ces conducteurs, c'est-à-dire 10 volts. Leur section sera telle que :

$$\frac{1000^m \times 500^A}{50 \times s} = 10^v$$

d'où $s = 1000$ $^m/_{m^2}$. Le poids de cuivre de cette canalisation sera de 8^{tx},8 et son prix 26 400 francs environ.

Supposons au contraire qu'on amène la même puissance électrique au centre du groupe considéré avec un courant de 1000ᵛ-50ᴬ, et qu'on transforme ensuite ce courant primaire en un courant secondaire de 100ᵛ - 500ᴬ. Les conducteurs primaires seront alors beaucoup plus faibles. Admettons en effet comme précédemment 10 % pour la perte de charge due à ces conducteurs, c'est-à-dire dans le cas actuel 100 volts. On aura :

$$\frac{1000^{\mathrm{m}} \times 50^{\mathrm{A}}}{50 \times s} = 100^{\mathrm{V}}$$

d'où $s = 10$ $^{\mathrm{m}}/_{\mathrm{m}}$ ². Le poids ne sera plus que de 88 kilogrammes et le prix de 264 francs. En réalité le câble ainsi calculé serait trop faible pour un courant de 50 ampères et il y aurait lieu d'augmenter sa section; on pourrait prendre par exemple $s = 25^{\mathrm{m}}/_{\mathrm{m}}$². Le poids serait alors de 225 kilogrammes et le prix de 675 francs. Ce calcul est approximatif, mais montre néanmoins qu'il peut y avoir un bénéfice considérable à employer les transformateurs.

Depuis plusieurs années, d'ailleurs, l'emploi de transformateurs pour les grandes stations d'éclairage tend à se généraliser. Le courant fourni à l'usine sous un potentiel très élevé est amené à des transformateurs qui le distribuent sous un potentiel correspondant aux besoins de la pratique.

De même que tous les appareils destinés à transformer l'énergie, les transformateurs ne rendent comme énergie utile qu'une fraction plus ou moins considérable de l'énergie qui leur est fournie. En d'autres termes, les facteurs E' et I' du courant secondaire ne sont pas tels que E' I' = E I, et il y a une perte due à la résistance intérieure du transformateur. Le rapport $\frac{E' I'}{E I}$ représente le rendement du transformateur. Il varie en général de 90 à 95 %.

131. Effets physiologiques du courant électrique. — Si on vient à toucher accidentellement avec les mains deux points présentant entre eux une différence de potentiel, on établit une dérivation entre ces points. Or on sait que le passage d'un courant électrique dans le corps humain détermine des secousses nerveuses d'autant plus fortes que l'intensité du courant est plus grande. La résistance du corps humain est très variable, suivant la température, le degré d'humidité, etc. ; elle dépasse rarement 10000 ohms, et peut descendre parfois jusqu'à 600 ohms. L'intensité maxima du courant que l'on peut supporter est d'environ 10 milliampères, si le courant passe d'une manière continue ; si le passage n'a lieu que pendant un instant très court, l'intensité peut atteindre 70 à 80 milliampères sans que la secousse soit dangereuse. Ces chiffres sont relatifs aux courants continus ; pour des courants alternatifs, il faut les réduire de plus de moitié.

Il résulte de là que, dans les installations qui comportent des courants à force électro-motrice élevée, il est nécessaire de prendre de grandes précautions dans l'établissement des machines et des canalisations. D'une manière générale, il est bon de ne toucher jamais les divers appareils qu'avec une seule main à la fois. S'il est indispensable de manier des appareils parcourus par des courants à haute tension, il faut protéger les mains par des gantelets isolants en caoutchouc.

CHAPITRE XI

Transmission de l'énergie mécanique par l'électricité.

---

132. Réversibilité des machines électro-magnétiques.
— Nous avons vu que la variation du nombre de lignes de force
interceptées par un conducteur faisant partie d'un circuit fermé
développait dans ce conducteur un courant induit. Réciproquement, si on place dans un champ magnétique un circuit
libre de se mouvoir et parcouru par un courant, ce circuit se
déplacera et prendra une position telle que le nombre de lignes
de force qui le traverse soit maximum, la relation entre le sens
du courant et la direction des lignes de force étant toujours
celle que nous avons donnée au § 16. Reprenons la figure 53. Si
nous faisons passer dans l'élément *m n*, supposé libre de se mouvoir, un courant dirigé de *m* vers *n*, cet élément se mettra en
mouvement, et viendra se placer en *a b*, qui sera une position
d'équilibre stable. Si à ce moment on renverse le sens du courant, l'élément *m n* tendra à prendre une nouvelle position d'é-
quilibre à 180° de la première, et viendra par suite se placer en
a' b'. Si on dispose les choses de telle sorte que le sens du courant
soit renversé chaque fois que *m n* passe dans la zone neutre, cet
élément prendra un mouvement de rotation continu.

Il résulte de ce qui précède que les machines électro-magnétiques à courant continu sont *réversibles*. Si en effet on met les
balais en communication avec les pôles d'une source extérieure à
courant continu, le sens du courant sera inversé dans l'armature
à chaque passage dans une zone neutre; par suite, cette armature
se mettra en mouvement dans le champ magnétique formé par

les inducteurs et prendra un mouvement de rotation continu en développant un certain travail mécanique.

Les machines à courant alternatif sont également réversibles. Mais la réalisation pratique des moteurs à courant alternatif est encore très récente, et, ces moteurs n'ayant reçu jusqu'ici aucune application dans la Marine, nous nous bornerons exclusivement à l'étude des moteurs à courant continu.

On donne le nom de *génératrice* à la machine qui fournit le courant, et de *réceptrice* à celle qui est actionnée par le courant. Le courant de la génératrice pouvant être transmis à la réceptrice par des conducteurs de longueur théoriquement illimitée, on voit qu'on peut réaliser ainsi un véritable transport d'énergie mécanique à distance au moyen de l'électricité. L'énergie mécanique du moteur de la dynamo génératrice est transformée en énergie électrique et transmise sous cette forme à la réceptrice qui la convertit en énergie mécanique, en jouant à son tour le rôle de moteur.

133. Transmission de l'énergie mécanique. — La première expérience de transmission d'énergie fut faite en 1873 par M. Fontaine à l'aide de deux machines Gramme réunies par un conducteur double de 1100 mètres de longueur. La génératrice était mue par un moteur à gaz système Lenoir et la réceptrice actionnait une petite pompe centrifuge système Neut et Dumont.

Plus tard, M. Marcel Deprez a cherché à réaliser la transmission à grande distance. Dans des expériences faites en 1886 entre Creil et La Chapelle, on est arrivé à transmettre à une distance de 56 kilomètres une puissance utile de 52 chevaux. La puissance absorbée par la génératrice était de 116 chevaux, ce qui correspond à un rendement mécanique de 44,8 %.

Enfin, depuis 1891, l'emploi de courants alternatifs a permis d'obtenir des résultats remarquables. En faisant usage de courants de ce genre, on est arrivé à transmettre à une distance de 175 kilomètres une puissance utile de 110 chevaux environ, la puissance absorbée par la génératrice étant de 150 chevaux environ, ce qui correspond à un rendement de 73,3 %.

On rend surtout avantageuses les installations de ce genre en recourant à l'emploi de transformateurs. Au départ, une génératrice à basse tension (50 à 100 volts) fournit un courant alternatif

de grande intensité, et l'envoie à un transformateur qui restitue
un courant secondaire d'intensité modérée, mais de voltage très
élevé (2000 à 5000 volts); ce courant secondaire est transmis par
la ligne à la station d'arrivée, où il est reçu par un deuxième
transformateur qui abaisse le voltage en le ramenant à la valeur
admise pour les distributions ordinaires, 110 ou 120 volts par exemple. Le courant fourni par ce deuxième transformateur alimente les
réceptrices réparties suivant les besoins. L'emploi de hautes tensions sur la ligne permet de réaliser une grande économie sur le
prix de la canalisation, ainsi que nous l'avons déjà montré (§ 130).
En outre, en limitant ainsi les hautes tensions à la ligne elle-
même, on peut assez facilement prendre des mesures de précaution la garantissant de toute atteinte, et éviter ainsi le danger qui
résulterait pour le personnel du voisinage de conducteurs parcourus par des courants à tension élevée.

Le problème de la transmission à distance de l'énergie mécanique présente un intérêt industriel considérable, car il permet d'u-
tiliser les forces naturelles restées jusqu'ici sans emploi (chutes
d'eau, mouvement des marées, action du vent, etc.), et de les amener au moins en partie à proximité des centres industriels. Les
seules applications importantes réalisées jusqu'ici sont relatives
à l'utilisation des chutes d'eau, au moyen de turbines actionnant
les dynamos génératrices. Nous citerons à titre d'exemple une installation qui fonctionne à Heilbronn-sur-Neckar depuis 1892. L'usine
hydraulique utilise une chute d'eau de $3^m,85$ de hauteur et comprend une turbine de 300 chevaux actionnant une génératrice à
courants alternatifs, qui fournit un courant de 4000^A à 50^V. Un
transformateur reçoit ce courant et restitue un courant secondaire
de 5000^V-40^A, qui est transmis par une ligne aérienne de 11 kilomètres de longueur à un deuxième transformateur; ce dernier restitue approximativement 2000^A à 100^V, et alimente des lampes à arc
et à incandescence et des moteurs. Tout récemment, on a établi
sur les chutes du Niagara une dérivation permettant de recueillir à
l'aide de turbines une puissance mécanique de 120 000 chevaux
environ, et de la distribuer sous forme d'énergie électrique à des
distances atteignant 30 kilomètres.

Indépendamment de ces grandes applications industrielles, qui n'ont pu être réalisées qu'à l'aide de courants alternatifs, l'emploi de moteurs électriques à courant continu est très souvent avantageux lorsqu'il s'agit de transporter à petite distance des forces mécaniques peu considérables. Les applications de ce genre sont extrèmement nombreuses : ventilateurs, tramways, treuils, machines-outils, etc. Nous en étudierons quelques-unes dans ce chapitre et dans le chapitre XIII (1).

134. Étude des moteurs électriques. — Nous avons dit que lorsqu'on faisait passer un courant dans l'armature d'une machine électro-magnétique, cette armature se mettait à tourner. Conformément à ce que nous avons vu dans les chapitres III et VI, il est clair que cette rotation de l'armature dans le champ magnétique inducteur a pour effet d'y développer des courants induits. Dans le cas des moteurs électriques, où l'armature est mise en mouvement non par un moteur mécanique, mais par les effets d'induction dus au courant envoyé par la génératrice, il y a donc à considérer deux phénomènes distincts : l'un par lequel un courant provenant d'une source extérieure et circulant dans l'armature de la réceptrice force cette armature à prendre un mouvement de rotation, l'autre par lequel ce mouvement de l'armature donne naissance à un courant induit. On observera par suite, dans l'armature et dans le circuit dont elle fait partie, le résultat de la superposition des deux phénomènes, c'est-à-dire que ce circuit sera parcouru par un courant formé de deux courants superposés. Or, si l'on examine ce qui se passe en appliquant les règles ordinaires des phénomènes d'induction, on constate que le courant induit dans l'armature est toujours *de sens contraire* au courant qui est fourni par la génératrice et qui détermine le mouvement de rotation. Le circuit formé par la ligne et l'armature de la réceptrice sera donc traversé par un courant égal à la différence de ces deux courants. On dit que la réceptrice développe une *force contre-électromotrice,* de sens

---

(1) Il convient de remarquer qu'on peut actionner un électromoteur au moyen d'une génératrice qui lui envoie un courant continu ayant par exemple une faible intensité et une haute tension ; on peut, d'autre part, faire actionner par cet électromoteur l'induit d'une dynamo fournissant un courant continu de grande intensité et de faible tension. On obtient donc, par cette combinaison d'un électromoteur et d'une dynamo, un *transformateur à courant continu.*

contraire à celle qui est produite par la génératrice. Désignons par E la force électro-motrice de la génératrice, par ρ la résistance totale du circuit, c'est-à-dire la résistance de la ligne augmentée des résistances intérieures des deux machines, et par E' la force contre-électromotrice développée par la réceptrice, c'est-à-dire la force électro-motrice du courant induit dans l'armature. Le courant produit par la génératrice sera $\frac{E}{\rho}$ et le courant de sens inverse produit par la réceptrice sera $\frac{E'}{\rho}$; le courant résultant qui parcourra le circuit sera donc :

$$I = \frac{E}{\rho} - \frac{E'}{\rho} = \frac{E - E'}{\rho}$$

Si la force contre-électromotrice E' venait à être supérieure à la force électromotrice E de la génératrice, il y aurait renversement du sens du courant, et la réceptrice deviendrait génératrice, la génératrice jouant à son tour le rôle de réceptrice. Donc, en fonctionnement normal, la force contre-électromotrice de la réceptrice doit être toujours inférieure à la force électromotrice de la génératrice.

Voyons maintenant quel sera le sens de rotation de la réceptrice. Nous examinerons successivement les trois cas de l'enroulement en série, de l'enroulement en dérivation, et de l'enroulement compound. Considérons d'abord une réceptrice excitée en série (fig. 236). Supposons que l'enroulement des inducteurs soit fait de telle sorte que lorsque l'armature tourne dans le sens indiqué par la flèche, elle donne naissance à un courant induit allant de B vers B', et circulant par suite dans les inducteurs de B' vers A. Réunissons maintenant les bornes A et B de la réceptrice aux pôles A₁ et B₁ de la génératrice. Supposons que B₁ soit le pôle positif. Le courant arrive par B et circule dans les inducteurs de la réceptrice dans le sens B' A. La réceptrice se mettra donc à tourner à contre-balais, dans le sens inverse de la flèche, puisque nous savons que le courant induit qu'elle développe par sa rotation doit être de sens inverse au courant de la génératrice. Si on change le sens du courant fourni par la génératrice, en reliant le pôle B₁ à la borne A et le pôle A₁ à la borne B, on voit que le courant circulera dans les inducteurs dans le sens A B'; il y aura donc inversion de la polarité des inducteurs, c'est-à-dire qu'on aura un pôle nord où il y avait primitivement un pôle sud, et réciproquement. La réceptrice tournera donc encore dans le sens inverse de la flèche, puisque cette fois les courants induits qui y sont développés doivent circuler dans les inducteurs dans le sens B'A.

Une dynamo en série, reliée à une dynamo génératrice, aura donc, dans tous les cas, un sens de rotation inverse de celui qu'il faudrait lui donner pour obtenir, en la faisant fonctionner comme génératrice, un courant extérieur de même sens que celui qui

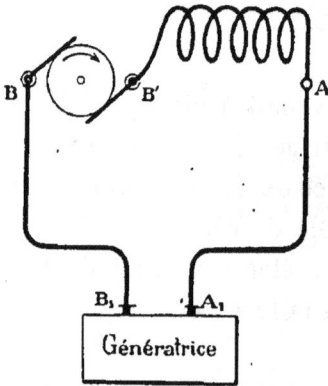

Fig. 236.

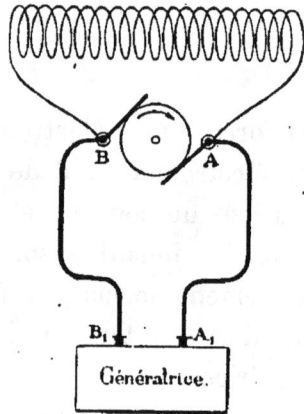

Fig. 237.

l'actionne. D'après ce que nous avons vu au § 53, la commutation du sens du courant dans un élément quelconque de l'armature doit être opérée alors que cet élément est parcouru par une force électromotrice suffisante pour annuler celle qui donne lieu à la production d'étincelles, c'est-à-dire ici un peu *avant* le passage dans une zone neutre, et non *après* ce passage comme cela a lieu lorsque la machine fonctionne comme génératrice, puisque le courant induit développé dans la réceptrice est de sens opposé à celui de la génératrice.

Donc, étant donnée une dynamo en série, pour la faire fonctionner comme réceptrice il faut conserver le calage des balais et modifier seulement leur direction, de manière qu'ils ne soient pas rebroussés par le collecteur.

Considérons maintenant une dynamo en dérivation (fig. 237).

Supposons encore que l'enroulement soit fait de telle sorte que, lorsque l'armature tourne dans le sens de la flèche, le courant produit circule en allant de B vers A dans l'armature. Si nous réunissons B et A avec les pôles B_1 et A_1 de la génératrice (B_1 étant toujours supposé le pôle positif), le courant de la génératrice circulera dans la dérivation de B vers A, et il y aura par suite inversion de polarité, La réceptrice tournera donc dans le sens de la flèche, puisque le courant induit doit circuler en sens contraire de celui de la génératrice, c'est-à-dire de A vers B dans l'armature. Si l'on réunit B_1 à A, et A_1 à B, on voit que le sens de rotation sera encore celui de la flèche, puisque la polarité n'est pas changée et que le courant induit doit aller dans l'armature de B vers A.

Une dynamo excitée en dérivation aura donc, en fonctionnant comme réceptrice, le même sens de rotation que celui qu'il faudrait lui donner pour obtenir, en la faisant fonctionner comme génératrice, un courant de même sens que celui qui l'actionne.

Comme pour la réceptrice en série, la commutation du sens du courant dans un élément doit s'opérer avant le passage de cet élément dans une zone neutre. Donc, étant donnée une dynamo en dérivation, pour la faire fonctionner comme réceptrice il faut conserver la direction des balais et modifier seulement leur calage de manière à leur donner une position symétrique de celle qu'ils occupaient primitivement par rapport à la zone neutre théorique.

Prenons enfin le cas d'une réceptrice compound. D'après ce qui précède, son sens de rotation dépendra de la puissance d'aimantation relative des spires enroulées en série et en dérivation. Si les premières sont plus puissantes, la réceptrice tournera à contre-balais; si ce sont les autres, elle tournera dans le même sens que si elle agissait comme dynamo ordinaire. Il faut seulement remarquer que dans ce cas les électro-aimants, qui lorsque la dynamo fonctionne comme génératrice reçoivent la somme des effets d'aimantation des spires en série et des spires en dérivation, ne recevront lorsqu'elle fonctionnera comme réceptrice que la différence de ces deux effets, puisque les deux catégories de spires sont alors toujours parcourues par des courants de sens contraire. On voit donc que l'enroulement compound n'est pas applicable aux réceptrices.

Quel que soit le mode d'excitation employé, nous venons de voir que l'inversion du sens du courant envoyé par la génératrice ne donne pas une inversion du sens de rotation de la réceptrice, puisqu'on change ainsi simultanément le sens du courant dans l'induit de la réceptrice et la polarité des inducteurs de cette réceptrice. Lorsqu'on veut pouvoir changer à volonté le sens de rotation, ce qui est indispensable dans un grand nombre d'applications, il est donc nécessaire de disposer les choses de telle sorte qu'on puisse inverser le sens du courant soit dans l'induit, soit dans les inducteurs de la réceptrice, mais seulement dans un de ces deux circuits.

On peut obtenir le renversement du sens du courant dans l'induit en permutant les balais. Il faut alors, bien entendu, changer leur direction et leur donner un calage symétrique de leur calage primitif, puisqu'on inverse le sens de rotation. La figure 238 représente un *inverseur de marche* fondé sur ce principe. L'appareil comprend deux paires de balais, disposées chacune pour

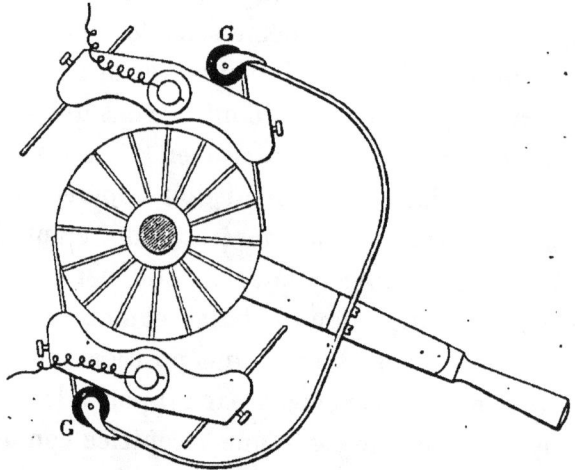

Fig. 238.

un sens de marche. Un levier de manœuvre agit sur les porte-balais au moyen de deux galets G, G, en matière isolante, et permet d'amener au contact du collecteur l'une ou l'autre des paires de balais.

Dans le cas assez fréquent où il est nécessaire de pouvoir inverser à distance le sens de rotation, le changement de balais constitue une solution peu pratique, qui entraînerait une grande complication d'organes. Aussi se contente-t-on, en général, d'installer les balais à poste fixe dans leur position théorique. Pour atténuer autant que possible la production des étincelles, on donne aux balais une assez grande surface de contact, et, pour qu'ils ne soient pas trop rapidement détériorés, on leur donne la forme de blocs massifs pressés par un ressort contre le collecteur et permettant la marche dans un sens ou dans l'autre, ce qui conduit à employer des balais en charbon aggloméré (1). Il suffit alors, pour renverser le sens de la marche, de changer le sens du courant au moyen d'un commutateur disposé par exemple comme celui que représente la figure 239. Ce commutateur est formé de deux contacts en cuivre réunis par une barre de manœuvre, mais isolés l'un de l'autre. Lorsque les contacts sont dans la position indiquée en traits pleins, la réceptrice tourne dans un certain sens. Lorsqu'on

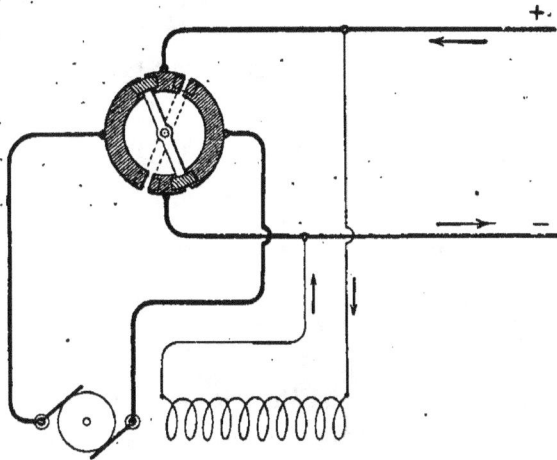

Fig. 239.

les amène dans la position figurée en traits pointillés, la réceptrice tourne en sens contraire, le sens du courant dans le circuit inducteur restant toujours invariable.

Lorsqu'on lance le courant de la génératrice dans la réceptrice, celle-ci se met à tourner avec une vitesse progressivement croissante, jusqu'à ce qu'elle ait atteint son régime normal. Au début de la rotation, la force contre-électromotrice développée étant nulle, l'intensité du courant est égale à $\frac{E}{\rho}$. Elle diminue ensuite jusqu'à ce qu'elle ait acquis sa valeur normale $\frac{E - E'}{\rho}$. Pour ne pas faire passer un courant trop fort dans les fils de l'induit de la réceptrice, qui sont ordinairement calculés pour l'intensité normale du courant, on intercale en général sur la ligne, entre la génératrice et la réceptrice, un *rhéostat de démarrage*, c'est-à-dire

_____

(1) On peut d'ailleurs faire usage d'un champ magnétique additionnel, annulant constamment le champ développé par l'aimantation du noyau de l'induit, suivant la disposition que nous avons indiquée au § 53.

une résistance auxiliaire qui diminue au début l'intensité du courant, et que l'on retire graduellement du circuit à mesure que
la réceptrice se rapproche de sa vitesse normale. On ajoute en
outre un coupe-circuit fusible. Si en effet, par exemple par suite
d'une augmentation du travail résistant, la vitesse de rotation de
la réceptrice vient à diminuer, la force contre-électromotrice E'
diminue également et l'intensité du courant augmente.

Voyons maintenant comment on peut calculer les éléments d'une
transmission d'énergie mécanique. Nous avons vu que l'on avait :

$$i = \frac{E - E'}{\rho}. \qquad \text{(1)}$$

On tire de là :

$$E' = E - \rho\, i$$

d'où :

$$E'\, i = E\, i - \rho\, i^2$$

La quantité $E\,i$ représente, en unités électriques, le travail
fourni par la génératrice. La quantité $\rho\, i^2$ représente la quantité
de travail absorbée par la résistance du circuit. La différence
$E'i$ entre ces deux quantités représente donc la quantité de travail fournie à la réceptrice. Si on désigne par K le rendement
propre de la réceptrice, la puissance disponible sur l'arbre de
cette réceptrice, exprimée en watts, sera égale à $E'i \times K$. Si F
est cette puissance exprimée en kilogrammètres, on aura :

$$E'i \times K = F \times 9,81 \qquad \text{(11)}$$

puisque nous avons vu qu'1 kilogrammètre valait $9^{\text{watts}},81$.

Supposons qu'il s'agisse d'une génératrice compound et d'une
réceptrice en série. Appelons :

e, la différence de potentiel aux bornes de la génératrice ;

e', la différence de potentiel aux bornes de la réceptrice ;

r_a, r_s, r_d, les résistances intérieures de la génératrice ;

r'_a, r'_s, les résistances intérieures de la réceptrice.

R, la résistance de la ligne.

On a, en se reportant aux équations données au chapitre VI et
en remarquant qu'ici la résistance du circuit extérieur à la génératrice est $R + r'_s + r'_a$ (fig. 240) :

$$\frac{e}{R + r'_s + r'_n} = \frac{E}{R + r'_s + r'_n + r_s + r_n + \dfrac{r_n(r_s + R + r'_s + r'_a)}{r_d}}$$

$$= \frac{E}{(R + r'_s + r'_a)\left(1 + \dfrac{r_n}{r_d}\right) + r_s + r_n + \dfrac{r_n.r_s}{r_d}}$$

$$\frac{E}{e} = 1 + \frac{r_n}{r_d} + \frac{r_s + r_n + \dfrac{r_n.r_n}{r_d}}{R + r'_s + r'_n}. \qquad \text{(III)}$$

On a enfin évidemment :

$$e' = e - R i \qquad \text{(IV)}$$

Les équations (I), (II), (III) et (IV) permettent de résoudre les problèmes qu'on peut avoir à se poser.

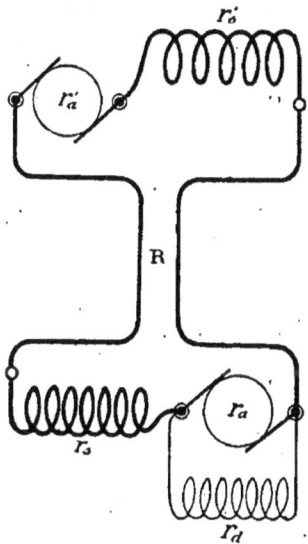

Fig. 240.

Supposons par exemple qu'on veuille employer comme réceptrice une dynamo Gramme de 500 becs et comme génératrice une dynamo Desroziers de 70^v-200^A. Cherchons quel est le travail mécanique que pourra fournir la réceptrice. Nous savons que la dynamo de 500 becs peut débiter au maximum 24 ampères avec 50 volts de différence de potentiel aux bornes; nous admettrons donc qu'on ne doit pas dépasser cette valeur de l'intensité pour ne pas risquer de détériorer la réceptrice en la faisant traverser par un courant trop intense. On aura ainsi $i = 24$. Supposons que la distance qui sépare les deux machines soit de 150 mètres. Le fil de ligne devant recevoir 24 ampères, nous prendrons par exemple un câble de 7 fils $\frac{13}{10}$, ayant 9$^m/_m^2$,28 de section (voir la table).

Sa longueur étant de 300 mètres, sa résistance sera égale à $\frac{1,93}{1000} \times 300 = 0^\omega,579$, et la perte en volts sur la ligne sera $0,579 \times 24 = 13^v,9$. Si on voulait une perte plus faible, il faudrait augmenter la section du fil de ligne. En remplaçant dans l'équation (III) les quantités r_a, r_s, r_d, r'_s et r'_a par leurs valeurs, qui ont été données au chapitre VII, on peut calculer E, force électro-motrice de la génératrice. On a :

$$\frac{E}{e} = 1 + \frac{0,039}{5,007} + \frac{0,0055 + 0,039 + \dfrac{0,039 \times 0,0055}{5,007}}{0,579 + 0,66 + 0,42}$$

$$\frac{E}{e} = 1 + \frac{0,039}{5,007} + \frac{0,0445}{1,659}$$

$$= 1 + 0,035$$

d'où :

$$E = 70 + 0,035 \times 70 = 72^v,5.$$

Les résistances intérieures de la génératrice étant très faibles, nous pouvons admettre que la résistance totale ρ est égale à $R + r'_s + r'_a$, c'est-à-dire à $1^\omega,659$. On a alors :

$$E' = 72,5 - 1,659 \times 24 = 32^v,7.$$

On peut admettre 80 % pour valeur du rendement K. On aura donc finalement :

$$F = \frac{32,7 \times 24 \times 0,80}{9,81} = 64^{kgm}$$

c'est-à-dire qu'on pourra avoir un travail mécanique utile d'environ 60 kilogrammètres.

Le rhéostat de démarrage devra être tel qu'au début l'intensité ne puisse dépasser 24 ampères dans l'induit de la réceptrice, c'est-à-dire qu'on devra avoir :

$$24 = \frac{70}{R_1 + 0,66 + 0,42}$$

R_1 étant la résistance de la ligne au début. On tire de là $R_1 = 1^\omega,837$. La résistance du rhéostat devra être par suite égale à $1,837 - 0,579 = 1^\omega,258$.

Il y a lieu de remarquer que la génératrice, étant disposée de manière à pouvoir débiter 200 ampères avec 70 volts aux bornes,

pourra alimenter 8 dynamos de 500 becs montées en dérivation. L'intensité totale débitée par la génératrice sera alors égale
à $8 \times 24 = 192$ ampères.

135. Perceuses électriques. — Une des applications inté-
ressantes des moteurs électriques dans la Marine est leur emploi
pour le perçage au foret des trous dans les pièces métalliques, à

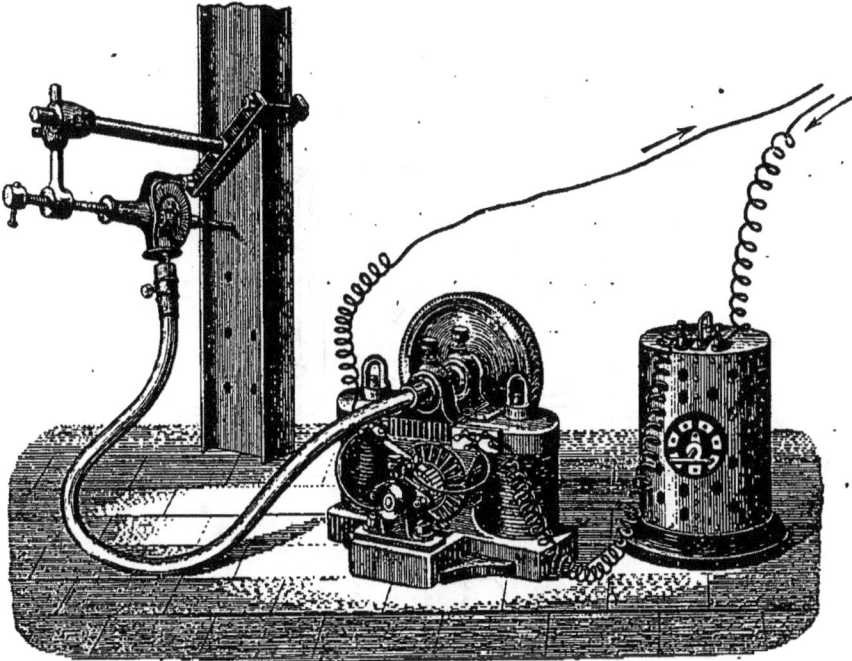

Fig. 241.

bord des navires ou sur les chantiers de construction. Les transmissions mécaniques autrefois employées dans ce but néces-
sitaient l'établissement d'une ligne d'arbres qu'il fallait déplacer
fréquemment. Avec les perceuses électriques, on peut avoir une
machine génératrice fixe, et les déplacements se bornent à des
déplacements du moteur électrique, qui peuvent se faire rapidement et sans difficulté. La réceptrice est reliée au porte-foret
par l'intermédiaire d'un arbre flexible ou d'une transmission par
corde.

Les perceuses électriques présentent encore un autre avantage.
Si le moment résistant vient à augmenter subitement, soit par suite
d'un serrage trop rapide, soit par suite d'un changement dans la du-

reté de la matière attaquée, l'outil se ralentit de lui-même jusqu'à ce que le moment résistant ait repris sa valeur normale. On évite ainsi la rupture des mèches.

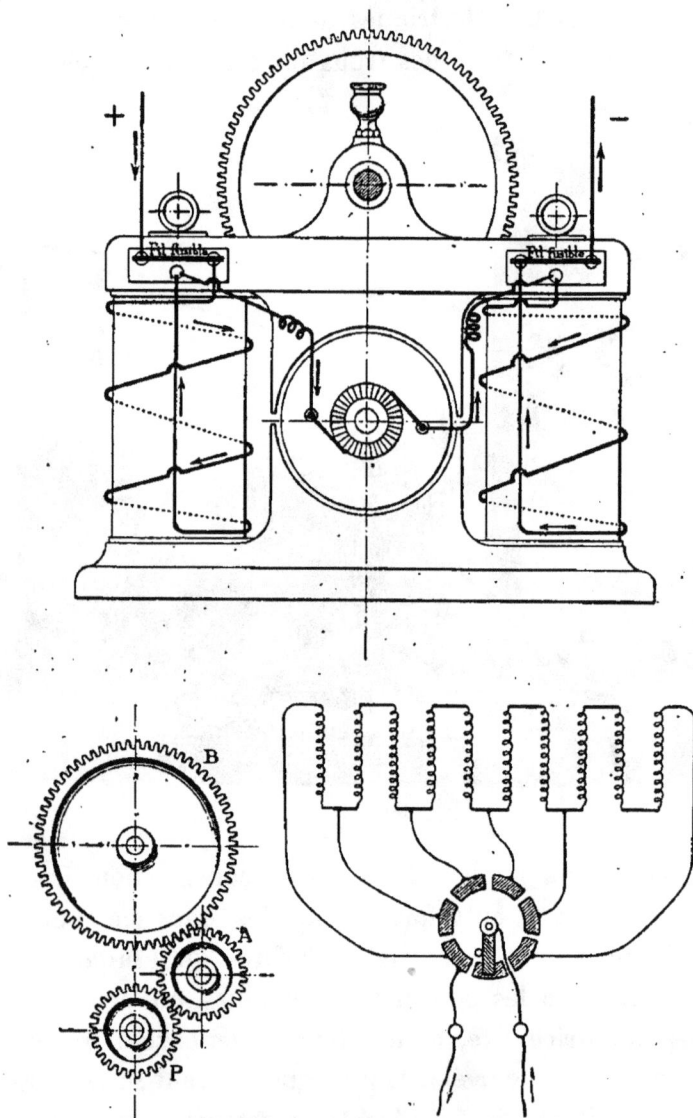

Fig. 242.

La figure 241 représente un modèle de perceuse construit par la maison Bréguet, disposé de manière à être alimenté par les dynamos compound employées dans la Marine. Le moteur est une dynamo bipolaire à anneau Gramme, excitée en série. La figure 242 représente le schéma de l'enroulement.

En service courant, les perceuses.Bréguet fonctionnent avec une différence de potentiel aux bornes de 60 à 65 volts et une intensité de 15 ampères environ, absorbant par conséquent une puissance de 900 à 975 watts. La vitesse de rotation de l'anneau est alors d'environ 2500 tours. Sur l'arbre de cet anneau est monté un pignon P conduisant le flexible par l'intermédiaire de deux roues dentées A et B, ayant pour but de réduire la vitesse dans le rapport convenable. Il y a plusieurs jeux d'engrenages permettant d'obtenir des réductions de vitesse variables, suivant le numéro du flexible que l'on veut employer. La puissance mécanique utile est environ 75 kilogrammètres par seconde.

Sur le parcours de la ligne est intercalé un rhéostat de démarrage (fig. 242), dont le commutateur porte une touche morte permettant d'interrompre le circuit pour produire l'arrêt. La lame mobile de ce commutateur ne peut être tournée que dans un seul sens, de telle sorte qu'au début la totalité de la résistance se trouve intercalée dans le circuit et en est retirée graduellement à mesure qu'on tourne la poignée.

Le poids de la perceuse Bréguet est de 138^k. Ses résistances intérieures sont :

$$r_a = 0^\omega,44 \qquad r_a = 0^\omega,66.$$

Les perceuses construites par MM. Sautter, Harlé et Cie présentent des dispositions analogues. Les premières étaient des dynamos duplex tournant à 1300 tours environ. Les modèles les plus récents sont des machines bipolaires, dont la figure 243 montre la disposition générale et l'installation. Il en existe deux types, dont les données sont les suivantes :

Nombre de tours par minute, de l'armature.	2000	2000
Nombre de tours par minute de l'arbre de commande du flexible.	475	450
Puissance absorbée, en watts	700	1100
Puissance disponible, en kilogrammètres par seconde.	55	85
Poids, en kilogrammes.	40	55

Le rhéostat de démarrage est relié au moteur par un câble A de 4 à 5 mètres de longueur, formé de deux conducteurs jumelés, et terminé par une poignée en bois à deux contacts qu'on enfonce dans une prise de courant ménagée dans le couvercle du rhéostat. Un deuxième conducteur double B, muni également d'une poignée, s'enroule sur un tambour en bois C qu'on peut accrocher en un point quelconque. Les extrémités des conducteurs aboutissent à deux bornes fixes reliées à la génératrice. Sur le

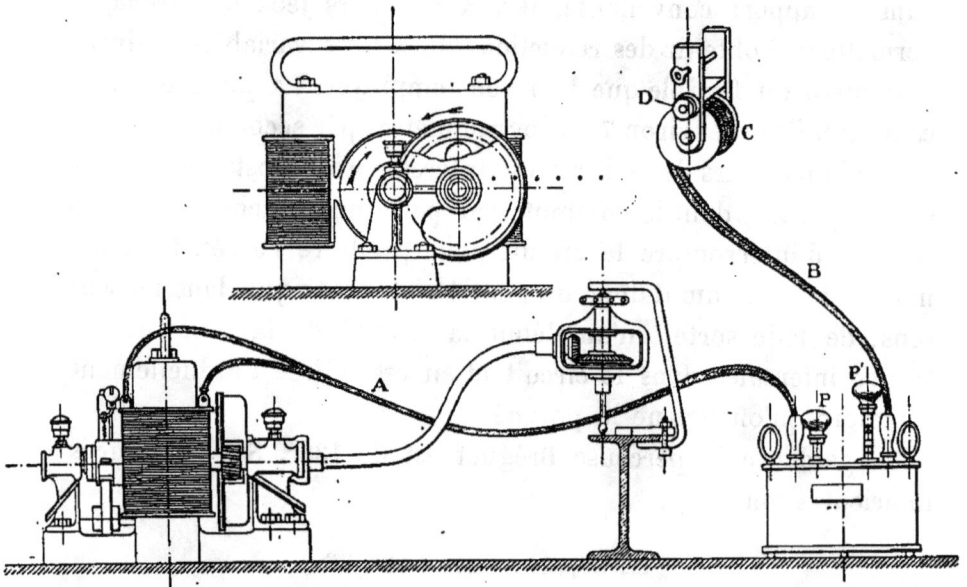

Fig. 243.

trajet d'un des conducteurs est intercalé un coupe-circuit D. Le commutateur du rhéostat est manœuvré au moyen de deux poignées P et P′. En appuyant sur P, par exemple, on fait remonter P′ et on met en marche le moteur en diminuant graduellement la résistance. En appuyant sur P′, on fait remonter P et on produit l'arrêt en intercalant graduellement la résistance.

La Marine emploie également des perceuses construites par la Société L'Éclairage électrique. Ce sont des machines bipolaires dont l'inducteur a la disposition représentée par la figure 91. Il en existe deux modèles dont les données sont les mêmes que celles des perceuses de la maison Sautter, Harlé et Cⁱᵉ, et dont l'installation est identique.

Les perceuses électriques peuvent être avantageusement com-
binées avec un porte-outil à adhérence, du genre de celui que
nous avons décrit au § 15, monté en dérivation entre les bornes
du moteur. On a également réalisé des appareils dans lesquels
l'électro-moteur et le porte-outil à adhérence forment un ensemble unique. Tels sont les appareils système Rowan, qui commencent à être employés dans la Marine. Les uns comptent deux
électro-aimants d'adhérence, les autres n'en ont qu'un. Leurs
données principales sont les suivantes :

Nombre de tours de l'armature.	1200
Nombre de tours du foret.	60
Avance du foret par minute.	6 $^m/_m$
Puissance absorbée en watts	1200
Poids total.	220^k
Adhérence (sur une tôle de 20 $^m/_m$).	550^k

Le diamètre maximum des trous que l'on peut percer avec
cette machine est de 32 $^m/_m$.

136. Asservissement des moteurs électriques. — On
peut réaliser l'asservissement des moteurs électriques, de même
que pour les moteurs à vapeur ou à eau comprimée. Différentes
dispositions ont été proposées dans ce but. Nous citerons à titre
de renseignement celle qui a été imaginée en 1888 par un Améri-
cain, M. Fiske. Soit A (fig. 244) un moteur électrique actionnant
un mécanisme quelconque, un treuil par exemple. L'extrémité B
de l'arbre de l'armature porte un pignon D engrenant avec une
roue dentée E. L'arbre de cette roue est munie d'une partie filetée
F, sur laquelle un manchon G formant écrou peut être déplacé
au moyen d'une manivelle H. Le manchon G porte un collier I
qui actionne par l'intermédiaire d'un bras K un levier L mobile
autour d'un point O. L'autre extrémité de ce levier porte un secteur denté, engrenant avec un pignon sur lequel sont fixés deux
bras b et b', isolés électriquement l'un de l'autre, et calés à 180°.
Chacun de ces bras porte une touche de contact qui peut se déplacer sur des plots a_1, a_2, a_3,..... isolés l'un de l'autre et disposés suivant une circonférence (on a représenté seulement 12
plots pour simplifier la figure, mais leur nombre peut être plus
considérable). Les plots a_1 et a_7 sont complètement isolés; les

autres sont reliés deux à deux par des résistances r; les plots a_1 et a_{10} sont en outre reliés aux bornes du moteur. Chacun des bras b et b' est relié à un des pôles de la génératrice. Les choses étant ainsi disposées, lorsque les bras b et b' sont dans la position indiquée par la figure, le circuit est ouvert et aucun courant ne

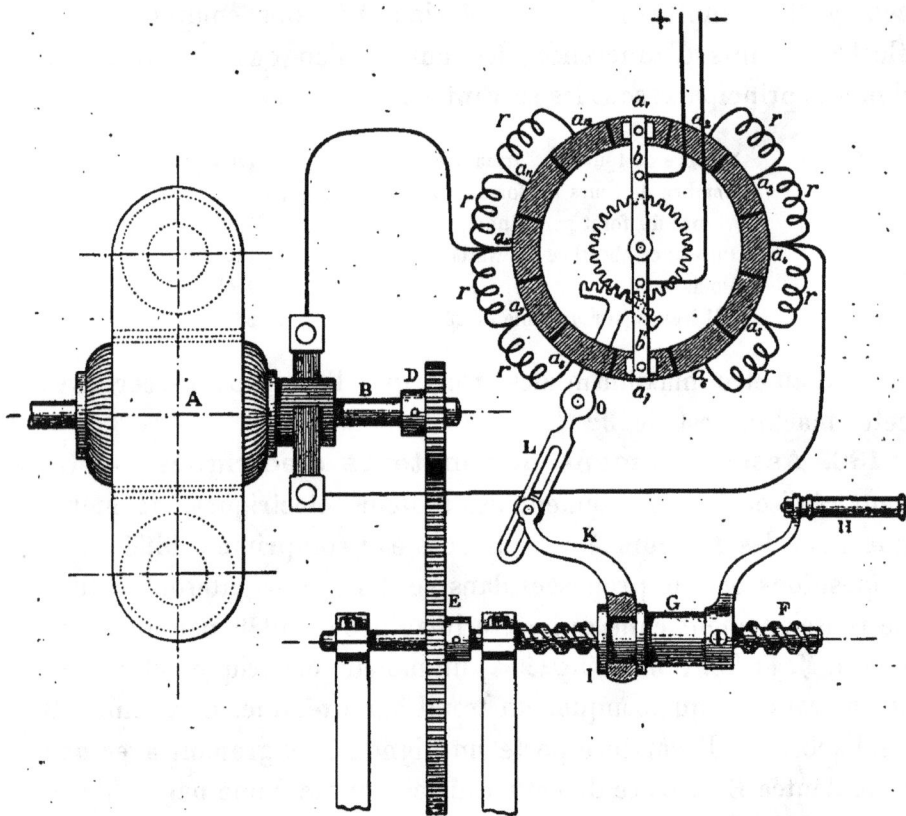

Fig. 244.

passe dans la réceptrice. Supposons que l'on déplace la manivelle H de manière à amener le bras b en contact avec a_2 et par suite le bras b' en contact avec a_8. Le courant passe alors dans la réceptrice en traversant quatre résistances r : cette réceptrice se mettra donc en mouvement; ce mouvement a pour effet de faire tourner la vis F et par suite de ramener le manchon G, c'est-à-dire les bras b et b', à la position initiale; le circuit est alors ouvert et la réceptrice s'arrête. Si, au lieu de laisser la manivelle H immobile après l'avoir déplacée, on lui donne un mouvement de rotation identique à celui de la vis F, il est clair que la réceptrice continuera à tourner avec une vitesse constante. Supposons maintenant qu'on fasse tourner la manivelle H plus rapidement, de manière à amener b et b' en contact avec a_3 et a_9. Le mouvement de la réceptrice s'accélérera, puisque les résistances intercalées sur la ligne diminuent, et conservera cette nouvelle valeur si on maintient toujours l'égalité de vitesse de rotation entre la manivelle H et la vis. Et ainsi de suite. Si on vient à arrêter la manivelle H, le moteur en continuant à tourner ramène les bras b et b' en contact avec a_1 et a_7 et par suite s'arrête de lui-même. Si on fait tourner H en sens inverse, les bras b et b' se déplacent en sens inverse et la réceptrice tourne en sens contraire, toujours avec une vitesse proportionnelle à celle de la manivelle H. On a donc bien ainsi un servo-moteur, dans lequel le mouvement de la réceptrice est lié comme sens et comme vitesse à celui de la main qui manœuvre la manivelle H, et qui n'a à exercer qu'un effort mécanique insignifiant.

L'asservissement complet, tel qu'il est réalisé, au moins théoriquement, par la disposition que nous venons de décrire, entraîne une assez grande complication d'appareils. Cette complication est d'ailleurs la plupart du temps inutile : un simple commutateur manœuvré à la main, et intercalant des résistances variables, suffit pour faire varier dans des limites assez étendues l'allure du moteur. Il faut seulement que lorsqu'on ramène le commutateur sur la touche morte, le moteur s'arrête immédiatement sans continuer son mouvement en vertu de la vitesse acquise. On obtient ce résultat en produisant, au moment où on interrompt le courant, la mise en court circuit des balais du moteur. Celui-ci se trouve alors brusquement parcouru par un courant assez intense dû à la force contre-électromotrice, et qui tend à imprimer à l'armature une rotation de sens inverse à la rotation primitive ; le moteur s'arrête par suite à peu près instantanément.

137. Application des moteurs électriques à la navigation. — Les moteurs électriques peuvent être employés pour actionner les hélices des bateaux. La génératrice est remplacée dans ce cas par une batterie d'accumulateurs, chargée à terre.

La première installation de ce genre dans la Marine a été faite à titre d'essai sur un canot de 8ᵐ,85. Le moteur était une dynamo multipolaire en série, de disposition assez compliquée, alimentée par une batterie de 132 accumulateurs Commelin-Desmazures, débitant au maximum 85 ampères, avec une différence de potentiel de 100 volts environ. L'arbre de l'armature tournait à 800 tours à l'allure maxima, et actionnait l'arbre de l'hélice par l'intermédiaire de roues d'engrenages réduisant la vitesse dans le rapport de 3 à 1. Le moteur était muni d'un inverseur de marche disposé comme celui de la figure 238. Ce canot est encore actuellement en service avec une batterie d'accumulateurs Julien et un moteur de construction plus récente.

Un moteur du même type que celui essayé primitivement sur le canot de 8ᵐ,85, mais dont la disposition a été simplifiée, a été installé sur le bateau sous-marin le *Gymnote*. Ce moteur était alimenté primitivement par une batterie de 564 accumulateurs Commelin-Desmazures; ceux-ci ont été remplacés depuis par 216 accumulateurs du type de la Société pour le travail électrique des métaux. Le moteur du *Gymnote* peut développer une puissance utile de 45 chevaux environ, avec un courant de 200 ampères et une différence de potentiel aux bornes de 200 volts. L'hélice est actionnée directement par l'arbre du moteur, dont le nombre de tours est de 280 à l'allure maxima.

Le bateau sous-marin le *Gustave Zédé* a reçu également un moteur électrique. L'appareil se compose de deux moteurs triplex, à induit Brown, accouplés tous deux sur l'arbre de l'hélice, et pouvant développer une puissance utile de 600 chevaux environ. Le courant est fourni par 795 accumulateurs, du type de la Société pour le travail électrique des métaux. Ces accumulateurs sont divisés en cinq batteries, et peuvent fournir un courant de 2000 ampères environ avec une différence de potentiel de 250 à 300 volts.

CHAPITRE XII

Applications diverses de l'électricité.

---

138. — Les applications pratiques de l'électricité, autres que l'éclairage et la transmission de l'énergie mécanique, sont extrêmement nombreuses et se multiplient presque journellement. Nous avons vu, par exemple, que le passage d'un courant dans un liquide produisait une décomposition de ce liquide, certains éléments se portant à l'électrode positive, d'autres à l'électrode négative. En prenant par exemple une électrode positive en cuivre et une électrode négative formée d'une matière conductrice quelconque, plongées dans une dissolution de sulfate de cuivre, on constate que le passage du courant donne lieu à un dépôt de cuivre sur l'électrode négative; l'électrode positive se dissout au contraire peu à peu, et on réalise ainsi un véritable transport de cuivre d'une électrode à l'autre. Cette opération porte le nom d'*électrolyse* (1). En prenant pour électrode négative des objets métalliques quelconques, ou même des moules en plâtre recouverts d'une légère couche de plombagine, on obtient par un passage suffisamment prolongé du courant un dépôt de cuivre bien adhérent, d'épaisseur uniforme, reproduisant fidèlement tous les contours de l'électrode; tel est le

---

(1) Dans les appareils d'électrolyse, l'électrode positive porte le nom d'*anode*, et l'électrode négative celui de *cathode*. Le bain dans lequel sont plongées les électrodes est appelé *électrolyte*. Ce bain est formé par un sel du métal que l'on veut déposer, le métal qui lui est emprunté pour former le dépôt lui étant restitué par la dissolution progressive de l'anode.

principe de la *galvanoplastie*. En modifiant la nature de l'électrode positive et du liquide, on peut obtenir de la même manière, par électrolyse, des dépôts de nickel, d'or, d'argent, etc.

Le courant électrique est également utilisé pour produire l'affinage de certains métaux (cuivre, plomb, or, argent, platine). On a pu même pour quelques métaux, l'aluminium par exemple, décomposer le minerai par le passage du courant électrique et en extraire ainsi le métal.

En prenant deux barres de fer, par exemple, mises bout à bout, et en les faisant traverser par des courants très intenses, on comprend qu'on puisse élever suffisamment la température des surfaces de contact pour produire leur *soudure*. De même, en appliquant deux contacts métalliques dans le voisinage l'un de l'autre sur la surface d'une plaque de cuirasse cémentée, et en faisant passer un courant de grande intensité, on produit un recuit local de la région de la plaque comprise entre les deux contacts, et on obtient ainsi une diminution suffisante de la dureté du métal pour permettre le percement des trous des boulons de fixation. La haute température de l'arc voltaïque a été aussi utilisée, et a permis d'obtenir certaines réactions chimiques qu'on n'avait pu produire jusqu'alors, faute de températures suffisantes.

Depuis quelques années, l'emploi du courant électrique a permis de diminuer considérablement la durée des opérations de tannage des peaux. On en fait également usage pour la rectification des alcools.

Nous ne pouvons passer ici en revue, même sommairement, tous ces divers modes d'utilisation de l'énergie électrique, et nous nous bornerons à dire quelques mots de certaines applications d'usage courant.

139. Sonneries électriques. — Les sonneries actionnées par l'électricité, appelées souvent sonneries à trembleur, sont très fréquemment employées pour produire à distance un signal d'avertissement. La figure 245 représente la disposition la plus simple et la plus usitée. Le marteau du timbre est porté par une lame métallique formant ressort, fixée à sa partie supérieure, et reliée à l'une des bornes d'arrivée du courant. Cette lame est appliquée en vertu de son élasticité contre une vis-butoir mise en communication avec la seconde borne par un fil enroulé sur les noyaux d'un électro-aimant. Une partie de la lame métallique est disposée de manière à former armature de cet électro-aimant. Si on fait passer un courant dans l'appareil, l'électro-aimant attire la lame, mais, le contact avec la vis-butoir étant rompu, le courant cesse de passer et la lame revient s'appliquer sur le butoir. Le courant actionne de nouveau l'électro-aimant, et ainsi de suite. La lame métallique effectue ainsi une série d'oscillations rapides, et le marteau vient frapper le timbre à chaque oscillation.

Il est à peu près impossible de calculer l'intensité du courant nécessaire pour actionner une sonnerie déterminée. Cette intensité dépend en effet de la longueur du fil enroulé sur l'électro-aimant, de la nature du fer qui constitue les noyaux, de la raideur du ressort qui forme l'armature, etc. La source de courant la plus communément employée est la pile Leclanché, à cause de sa facilité d'entretien. L'intensité du courant nécessaire pour les sonneries usuelles ne dépassant jamais $1^A,5$, on emploie une batterie formée d'éléments groupés en tension. Le nombre d'éléments varie suivant le mode de construction des sonneries, leur résistance, et la longueur de la ligne. Pour de petites installations, telles que les installations d'appartements, deux ou trois éléments suffisent en général. Comme conducteur, on emploie à peu près exclusivement du fil de cuivre de $\frac{9}{10}$, isolé à l'aide de gutta et d'une ou deux couches de coton.

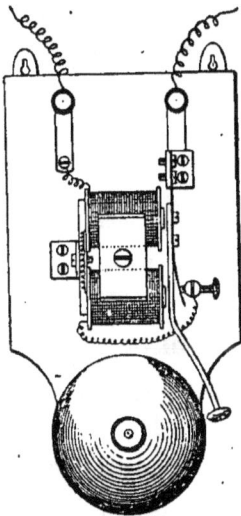

Fig. 245.

Lorsqu'on veut pouvoir produire un signal en un endroit déterminé, mais de points différents, on dispose en ces points des interrupteurs à ressort, montés comme l'indique la figure 246. En appuyant sur l'un quelconque des boutons, on fait agir la sonnerie.

Lorsque deux sonneries doivent être installées en tension, l'impossibilité d'obtenir l'isochronisme parfait des battements des deux lames mobiles produit des irrégularités dans le fonctionnement. Il est préférable dans ce cas de disposer les connexions de telle sorte

que l'interruption intermittente du circuit soit faite par une seule
des deux lames; il suffit pour cela de fixer le fil joignant les deux
sonneries d'un côté à la borne reliée directement à l'électro-aimant
du premier appareil, de l'autre à la vis-butoir du second.

Il est souvent nécessaire que la personne appelée par la sonnerie
puisse savoir quel est l'endroit d'où est parti l'appel. On dispose
dans ce but, à proximité de la sonnerie, un *tableau indicateur*
formé d'une boîte dont le couvercle est percé d'autant de trous
qu'il y a de postes d'appel. Lorsqu'on presse un des boutons, un
voyant en carton (1) apparaît derrière le trou correspondant, et

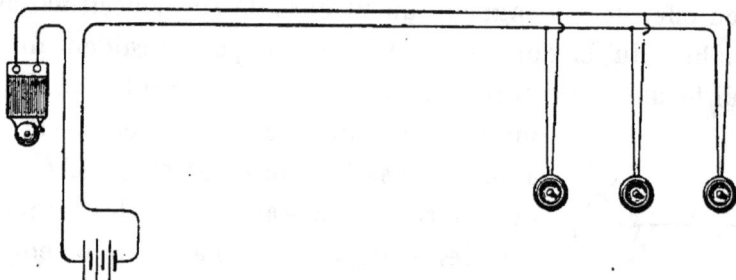

Fig. 246.

indique ainsi d'où est parti le signal. La figure 247 représente le
mode de montage d'une installation de ce genre. A chaque poste
correspondent sur le tableau indicateur deux petits électro-aimants
à un seul noyau, placés parallèlement à une faible distance l'un
de l'autre. Entre ces deux noyaux est disposé un petit barreau aimanté mobile autour d'un axe et prolongé par une tige légère terminée par un voyant en carton. L'ensemble est mis en équilibre à
peu près indifférent autour de l'axe de rotation, le tableau étant
accroché contre un mur vertical. Les connexions sont faites comme
l'indique la figure. Lorsqu'on presse un des boutons d'appel, la
sonnerie tinte et en même temps le courant passe dans un des
noyaux de la paire correspondante; l'enroulement est fait de telle
sorte que le barreau soit attiré, et ce mouvement a pour effet d'a-
mener le voyant en regard de la fenêtre. Pour faire disparaître
le signal, il suffit de presser le bouton à ressort placé à la partie
inférieure du tableau. On voit immédiatement sur la figure que le

(1) Ce voyant est fréquemment désigné sous le nom de *lapin*.

courant passe alors dans le deuxième noyau, dont l'enroulement est fait de telle sorte qu'il attire à son tour le barreau. Le voyant s'écarte de la fenêtre, et reste en équilibre dans cette nouvelle position.

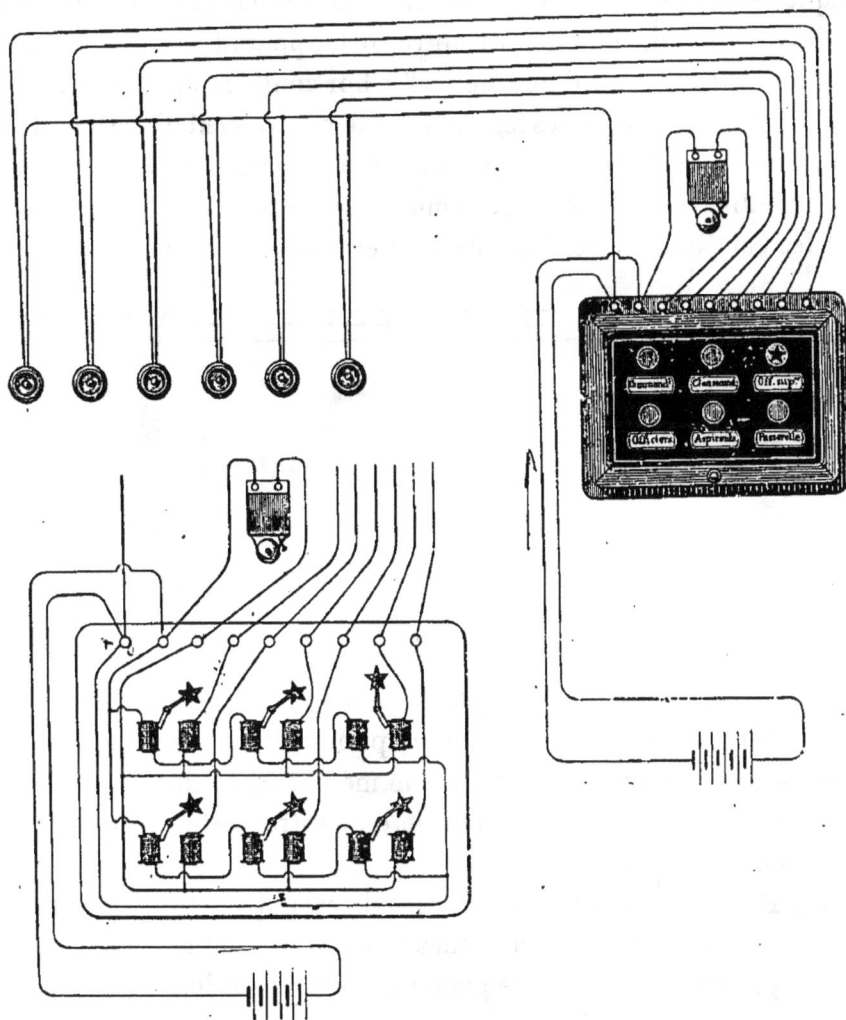

Fig. 247.

Tel est le principe des tableaux dits *à disparition électrique,* dont l'usage est très fréquent dans les installations à terre. A bord des navires, et dans les endroits exposés aux trépidations, ces tableaux ne peuvent être employés, une très légère impulsion étant suffisante pour déplacer les voyants. On se sert alors de tableaux *à disparition mécanique,* dans lesquels l'apparition du voyant est seule déterminée par le passage du courant dans un électro-aimant, la disparition étant obtenue à la main au moyen de dispositions mécaniques variées. Par exemple, le voyant est maintenu en temps ordinaire par un déclic fixé à l'armature d'un électro-aimant; lorsque le courant passe, le mouvement de cette armature déclanche le voyant qui, sollicité par un ressort, apparaît derrière la fenêtre. Tous les voyants d'une même file horizontale sont ramenés simultanément en dehors des fenêtres par le mouvement d'une tringle manœuvrée par un bouton, qui les remet en prise avec les déclics.

Les combinaisons d'appel par sonnerie sont assez multiples, suivant les conditions à réaliser. Nous citerons par exemple le cas où

Fig. 248.

l'on veut avoir deux postes disposés de manière à envoyer un signal et à recevoir la réponse. On emploiera alors le montage représenté par la figure 248; on voit immédiatement que le bouton de chaque poste actionne la sonnerie de l'autre poste, la ligne ne comportant que trois fils.

140. Paratonnerres. — L'atmosphère qui entoure le globe terrestre est le siège de phénomènes électriques dont le mode d'action n'a pas été encore complètement élucidé, mais dont l'existence constante est mise en évidence par des expériences nombreuses. Il arrive d'ailleurs dans certains cas que ces phénomènes acquièrent une intensité suffisante pour donner lieu à des manifestations accessibles à nos sens; la foudre, les aurores boréales ne sont autres que des manifestations de ce genre.

On a constaté par l'expérience que les différentes couches concentriques qui constituent l'atmosphère ne sont jamais au même potentiel. De même que dans un corps mauvais conducteur de la

chaleur la température est en général inégalement répartie, de
même une masse d'air, qui constitue un corps peu conducteur de
l'électricité, n'a pas le même potentiel en tous ses points. Cette variation de potentiel entre les différentes couches d'air est assez rapide, et peut très bien atteindre 300 volts par mètre d'altitude. On
voit donc que les nuages formés par la condensation de la vapeur
d'eau constituent des masses dont la partie supérieure peut être à
un potentiel extrèmement différent de celui de la partie inférieure,
cette différence pouvant atteindre plusieurs centaines de milliers
de volts. Si on suppose ces nuages déchirés et ballottés par les vents,
on voit qu'il peut arriver que des masses nuageuses ayant ainsi
des potentiels très différents soient amenées à se rapprocher assez
pour qu'il y ait entre elles échange d'électricité, c'est-à-dire *décharge*. Cette décharge se manifeste par une étincelle de grande
longueur qui jaillit entre les deux nuages (*éclair*), accompagnée
d'un bruit plus ou moins fort (*tonnerre*) (1). Cette étincelle suit dans
l'air le chemin qui lui offre le moins de résistance, chemin qui dépend par conséquent de l'état des diverses couches d'air et n'est
pas en général une ligne droite. De même, si un nuage ainsi
chargé d'une certaine quantité d'électricité vient à se rapprocher
du sol, il peut arriver que la décharge ait lieu entre ce nuage et
le sol, en suivant toujours le chemin le moins résistant. On dit
alors que la foudre *tombe*. On comprend par suite pourquoi la
foudre tombe plutôt en général sur les endroits élevés, édifices,
arbres, cheminées, qui sont plus rapprochés des nuages que le
niveau moyen du sol.

La haute température développée par le passage du courant électrique pendant la décharge et la secousse qui en résulte peuvent
amener la destruction ou la désorganisation des objets qui se trouvent sur son passage. On comprend donc qu'on se soit préoccupé
des moyens de mettre à l'abri de ces décharges les édifices qui

(1) Il arrive en général que le bruit du tonnerre n'est entendu qu'un certain temps
après l'apparition de l'éclair qu'il accompagne. Cela tient à ce que la vitesse de propagation du son est environ un million de fois plus faible que celle de la lumière. On
peut considérer la propagation de la lumière comme instantanée, et par suite, sachant
que le son se propage avec une vitesse de 340 mètres par seconde, il est facile de calculer approximativement la distance à laquelle on se trouve des nuages entre lesquels
s'est opérée la décharge.

par leur élévation ou leur situation isolée y sont fortement exposés. Les moyens de protection que l'on emploie reposent sur les deux faits d'observation suivants.

1° Lorsque deux corps placés dans le voisinage l'un de l'autre ont des potentiels différents, si l'un de ces corps présente en regard de l'autre une saillie ou une arête vive, le courant de décharge passera de préférence par cette saillie ou cette arête vive ; le phénomène est d'ailleurs d'autant plus net que la saillie est plus aiguë. Si par conséquent un des corps en présence est muni d'une pointe effilée, la décharge s'effectuera de préférence par l'intermédiaire de cette pointe.

2° La décharge s'effectue toujours par le chemin qui offre la moindre résistance au passage du courant.

Il résulte de là que si un corps est muni d'une pointe effilée conductrice reliée au sol par une chaîne également conductrice, toute décharge frappant ce corps s'effectuera sur la pointe, et l'électricité s'écoulera dans le sol, considéré comme un conducteur de dimensions indéfinies, sans atteindre les autres points du corps. Les pointes ainsi disposées portent le nom de *paratonnerres*; elles ont été imaginées par Franklin. Un paratonnerre ne protège, bien entendu, qu'un espace assez restreint autour de lui ; on admet généralement que la zone de protection efficace est limitée par un cône ayant pour sommet la pointe du paratonnerre et dont l'angle au sommet est égal à 90° (1). Il est nécessaire de tenir compte de ce fait pour la répartition des paratonnerres destinés à protéger les édifices.

Lorsqu'un édifice est formé de matériaux bons conducteurs, ce qui est le cas des charpentes métalliques, ces matériaux forment eux-mêmes des conducteurs suffisants pour permettre à l'électricité de s'écouler dans le sol, à condition bien entendu qu'ils soient reliés au sol d'une manière efficace. On a constaté en effet qu'un animal placé dans l'intérieur d'une cage métallique, et touchant même les parois de cette cage, était parfaitement à l'abri des décharges électriques les plus puissantes. C'est ainsi que la tour de

_____

(1) On admet quelquefois 125° comme angle au sommet du cône de protection, ce qui revient à dire qu'une section droite quelconque du cône a pour rayon le double de sa distance au sommet.

300 mètres élevée à l'occasion de l'Exposition de 1889 n'a pas été
munie de paratonnerres; on s'est contenté de mettre la charpente
en communication avec le sol et de placer quelques pointes autour de la galerie supérieure, pour protéger les personnes qui,
appuyées sur cette galerie, pourraient se trouver en saillie sur le
reste de la construction.

Un navire, formant une saillie isolée sur la surface de la mer,
et muni en général de mâts d'assez grande hauteur, constitue un
ensemble éminemment exposé aux coups de la foudre. Il est par
suite nécessaire de le munir de paratonnerres, dont l'installation
a été réglementée par la circulaire du 29 octobre 1887. On doit
d'abord, pendant la construction d'un navire, s'attacher à établir,
entre toutes les parties métalliques un peu importantes, un contact suffisant pour que le navire, une fois terminé, ne forme en
réalité qu'un seul conducteur. En outre, tous les mâts verticaux
doivent être munis d'un paratonnerre. Pour s'assurer que cette
protection est suffisante, on trace, sur une vue longitudinale et une
vue transversale du navire, des lignes inclinées à 45° sur la verticale, partant de la pointe des paratonnerres et prolongées jusqu'à ce qu'elles se rencontrent entre elles ou avec la flottaison.
Si certaines parties du navire sortent du contour ainsi obtenu, on
les munit de paratonnerres, et on trace de nouvelles lignes à 45°
de manière à modifier convenablement le contour de protection.

Pour les mâtures en bois, on place à la partie supérieure une
tige effilée en cuivre (1). Cette tige est reliée à la coque en fer ou
au doublage en cuivre (la mer servant ici de conducteur de dimensions infinies) par un câble en cuivre rouge d'une section de
$50^m/_m^2$, descendant le long d'un galhauban.

Pour les mâtures en fer, le bas mât sert de conducteur, et est
relié à la tige par des bandes superposées en cuivre rouge incrus-
tées dans les mâts supérieurs en bois. La section de ces bandes
doit être d'au moins $50^m/_m^2$ pour le plan intérieur, et $100^m/_m^2$ pour
le plan extérieur. Le cuivre peut être remplacé par du fer zingué,
en ayant soin de multiplier les sections par 1,5.

_____

(1) On employait autrefois une tige en cuivre terminée par une pointe de platine. On
se contente maintenant de faire la tige en cuivre, en tournant son extrémité en forme
de cône ayant pour hauteur deux fois le diamètre de la tige.

141. Télégraphie électrique. — La vitesse considérable de
propagation de l'électricité (400 000 kilomètres environ par
seconde) la rend éminemment propre à la transmission des signaux à grande distance. Les appareils construits dans ce but ont
reçu le nom de *télégraphes* électriques. L'ensemble d'une ligne
télégraphique comprend : un générateur de courant, un appareil
transmetteur, un appareil récepteur, et une ligne conductrice réunissant ces deux appareils.

Le générateur de courant habituellement employé est une batterie d'éléments Callaud ou Leclanché. Depuis quelques années, on

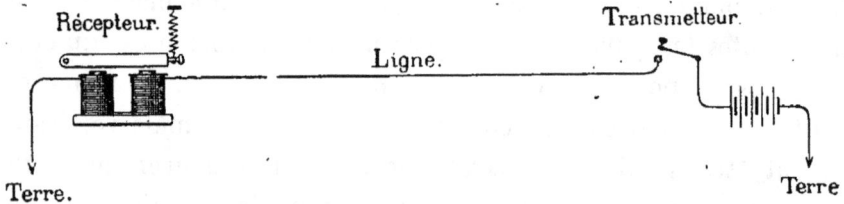

Fig. 249.

tend à substituer aux piles, dans les grands postes télégraphiques,
des batteries d'accumulateurs.

L'appareil transmetteur est un simple interrupteur permettant
d'envoyer à volonté le courant dans la ligne. L'appareil récepteur
est constitué essentiellement par un électro-aimant et une armature en fer doux. Lorsque le courant passe dans l'électro-aimant,
l'armature est attirée ; lorsque le courant est rompu, un ressort
antagoniste la ramène à sa position initiale. A chaque mouvement
du récepteur correspond donc un mouvement similaire de l'armature, à l'autre extrémité de la ligne. En faisant usage d'alphabets
conventionnels, on peut ainsi transmettre à volonté des signaux
quelconques.

La ligne peut être formée par un double fil constituant un
circuit continu. Mais actuellement on emploie presque toujours
comme conducteur de retour le sol terrestre, que l'on peut assi-
miler à un conducteur de résistance négligeable, en raison de
ses grandes dimensions. Les deux extrémités de la ligne sont alors
fixées à une plaque noyée dans le sol (fig. 249).

Les lignes aériennes sont formées le plus ordinairement de fil de fer zingué de 5, 4 ou quelquefois 3 millimètres de diamètre, supporté par des cloches isolantes en porcelaine. On emploie aussi des fils en cuivre ou en bronze silicieux. Pour que la ligne fonctionne dans de bonnes conditions, l'isolement doit être d'environ 300 000 ohms au moins par kilomètre. Dans ces conditions, il y a néanmoins de petites pertes par dérivation le long de la ligne; on admet généralement que le courant reçu au poste récepteur est environ le tiers du courant envoyé par le poste transmetteur.

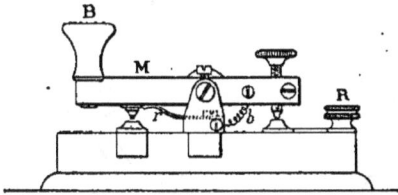

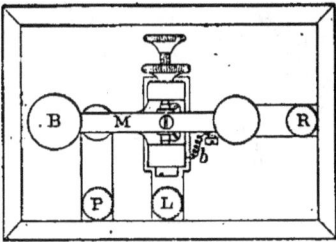

Les lignes souterraines sont formées de câbles à sept fils de cuivre (fils de $\frac{5}{10}$ ou $\frac{7}{10}$ suivant les cas) entourés d'une enveloppe isolante, et généralement enfermés dans des tuyaux. Les lignes sous-marines sont constituées par des câbles en cuivre recouverts de matière isolante et d'une enveloppe métallique formée de fils d'acier enroulés en hélice.

Fig. 250.

L'intensité des courants envoyés au poste de départ varie en général entre 12 et 20 milliampères. Le courant reçu et agissant effectivement sur le récepteur est diminué comme nous l'avons dit par l'influence des dérivations et n'est guère que le tiers du courant initial. Connaissant la résistance de la ligne et l'intensité du courant initial que l'on veut employer, il est facile de calculer les données de la batterie d'éléments de pile ou d'accumulateurs nécessaire pour desservir la ligne.

Un des appareils télégraphiques les plus simples, et dont l'emploi est encore très fréquent, est l'appareil Morse. Le transmetteur, qui porte le nom de *manipulateur*, se compose d'un levier métallique M (fig. 250) muni d'une poignée en bois B. Ce levier peut osciller autour d'un axe horizontal, en communiquant toujours avec la ligne par l'intermédiaire du fil *b* et de la borne L; il porte en dessous de la poignée B une petite pointe émoussée qui se trouve en regard d'un contact métallique; ce contact est en communication par la borne P avec un des pôles de la pile, dont l'autre pôle est relié à la terre. Au repos, le levier maintenu par le ressort *r* est en relation, au moyen de la borne R, avec le récepteur du même poste, et l'on peut ainsi recevoir les signaux transmis par la ligne. Quand on appuie sur la poignée B, on interrompt d'une part la communication entre la ligne et le récepteur, et d'autre part on relie la pile à la ligne; le courant est ainsi envoyé au poste placé à l'autre extrémité. Suivant qu'on appuie plus

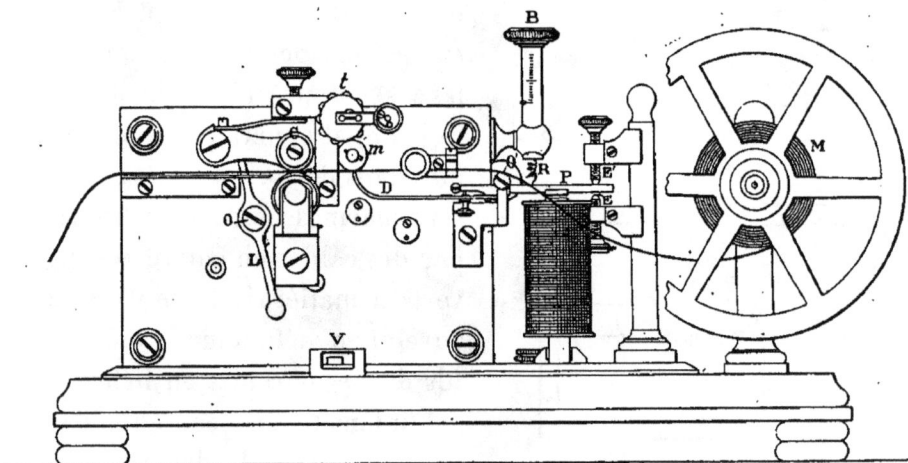

Fig. 251.

ou moins longtemps sur la poignée du manipulateur, on produit une émission de courant de plus ou moins de durée; ces deux modes d'émission, brève et longue, constituent la base de l'alphabet Morse.

Le récepteur (fig. 251) se compose d'un électro-aimant (1) dont le fil communique d'une part avec la ligne, de l'autre avec la terre. L'armature mobile P de cet électro-aimant est portée par un levier oscillant autour d'un axe horizontal O'. L'autre extrémité D du levier, appelée *couteau*, vient appuyer une bande de papier contre une molette *m*, imprégnée d'encre grasse, quand l'armature est attirée, c'est-à-dire quand le courant passe dans l'électro-

---

(1) Cet électro-aimant est formé de deux noyaux dont un seul est visible sur la figure. La résistance du fil enroulé sur ces noyaux est de 500 $^\omega$ environ.

aimant. Lorsque le courant est rompu, un ressort R dont on peut régler la tension au moyen du bouton B ramène l'armature dans la position de repos; la course de l'armature est limitée par deux butoirs E et E'. Un mécanisme d'horlogerie, qui peut être arrêté ou mis en marche au moyen d'un verrou V, sert à entraîner d'un mouvement uniforme la bande de papier entre deux cylindres de cuivre C, C', à surface rugueuse. Un levier L tournant autour d'un axe O sert à soulever le cylindre supérieur quand on veut introduire la bande de papier ou empêcher momentanément son déroulement.

La molette m est également mise en mouvement par le mécanisme d'horlogerie; elle frotte contre un tampon en drap t, chargé d'encre grasse et soutenu par un étrier. La bande de papier est enroulée sur un tambour mobile M porté par deux tourillons.

Lorsqu'on appuie sur le manipulateur d'un poste, le couteau du poste opposé presse le papier sur la molette qui y imprime une trace rectiligne dont la longueur dépend de la durée du contact. Pour une émission de faible durée, on a le *point;* pour une émission un peu plus longue, on a le *trait*. L'alphabet Morse est formé par des combinaisons de traits et de points. Ainsi la lettre A est représentée par ▪ ▬, la lettre B par ▬ ▪ ▪ ▪, etc.

Une sonnerie électrique est placée à chaque poste, et sert à avertir qu'il y a une dépêche à recevoir. Comme le courant de ligne serait trop faible pour actionner cette sonnerie, on le fait passer dans un électro-aimant auxiliaire formant relai qui, par le mouvement de son armature, déclanche un contact qui met la sonnerie dans le circuit de la pile du poste. La figure 252 indique le schéma des communications d'un poste. En temps ordinaire le commutateur doit être placé de manière que la borne S soit en communication avec la ligne. La sonnerie peut alors être mise en mouvement par un courant envoyé par l'autre poste. Lorsqu'elle tinte, l'opérateur place le commutateur sur la borne T, et le récepteur fonctionne alors, les bornes R et L étant en communication comme nous l'avons déjà dit. Lorsqu'il veut à son tour envoyer une dépêche, il presse sur le manipulateur, ce qui actionne la sonnerie de l'autre poste; il envoie ensuite les signaux voulus à l'aide du manipulateur.

On dispose à l'origine de la ligne un *parafoudre* destiné à préserver les appareils des effets de la foudre. Sur le parcours de la ligne est intercalée une plaque métallique adentée en regard de laquelle il existe à faible distance une deuxième plaque semblable reliée à la terre. Les courants violents produits par induction dans le fil de ligne sous l'influence de l'électricité atmosphérique s'é-

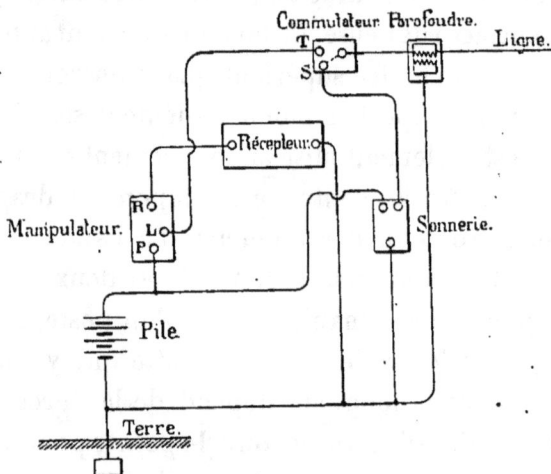

Fig. 252.

coulent dans le sol sous forme d'étincelles éclatant entre les dents des plaques, sans traverser les appareils.

142. Téléphonie. — On désigne sous le nom de *téléphone* un appareil permettant de transmettre les sons à distance au moyen du courant électrique. Un système téléphonique comprend un appareil transmetteur destiné à transformer les sons, c'est-à-dire les vibrations, en courants, et un appareil récepteur destiné à transformer les courants en vibrations, c'est-à-dire en sons. Ces deux appareils sont reliés, bien entendu, par une ligne conductrice.

On distingue deux classes de téléphones. Dans les *téléphones magnétiques*, les vibrations produisent le courant qui agit sur le récepteur; dans les *téléphones à pile,* ces vibrations ne font que modifier le courant produit par la source, et ce sont ces modifications dans l'intensité du courant qui agissent sur le récepteur.

La théorie du téléphone magnétique repose sur les phénomènes d'induction. Étant donné un aimant fixe, placé dans l'in-

térieur d'une bobine sur laquelle est enroulé un fil de cuivre,
si on modifie l'intensité de son champ magnétique en déplaçant
devant ses pôles une armature de fer doux, on développera dans
le fil des courants induits. Une plaque de fer doux vibrant devant l'aimant produira donc une série de courants induits dont
le sens et l'intensité dépendront du sens et de l'amplitude du mouvement de la plaque. Inversement, si les courants induits ainsi
développés sont envoyés dans un appareil identique au premier,
ils modifieront le champ magnétique de l'aimant de cet appareil et produiront des déplacements de l'armature en fer doux,
c'est-à-dire des vibrations de la plaque.

Le type des téléphones magnétiques est le téléphone de Bell.
Dans cet appareil, le transmetteur et le récepteur sont identiques.

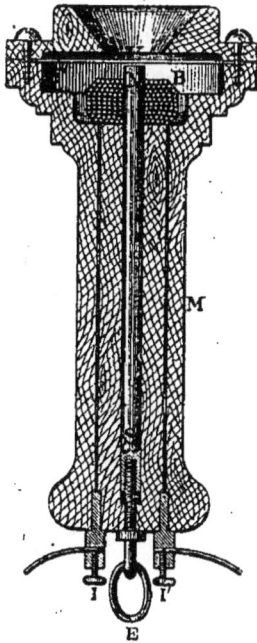

Ils se composent d'un barreau aimanté N S
(fig. 253). Autour d'un des pôles de cet aimant
est enroulée une bobine de fil B, dont les extrémités communiquent avec les bornes I et I'.
Une lame mince de fer V est placée en regard
du pôle qui porte la bobine, aussi près que
possible du barreau, sans pourtant que les
vibrations puissent jamais produire un contact. Une vis commandée par l'anneau E permet de régler la position de l'aimant. L'appareil est renfermé dans une gaine de bois M
formant un manche qu'on peut tenir à la
main et présentant un pavillon évasé destiné
à renforcer les sons. Les bornes du transmetteur et du récepteur sont reliées par un double
fil. On pourrait aussi employer un fil de ligne
unique, la deuxième borne étant mise à la
terre; mais pour les transmissions télépho-

Fig. 253.

niques il est toujours préférable d'employer une double ligne.

L'appareil étant ainsi disposé, si on parle devant le transmetteur
en approchant la bouche du pavillon, la plaque de fer du récepteur reproduira des vibrations et par suite des sons semblables à
ceux reçus par le transmetteur, et il suffira d'approcher l'oreille
du pavillon pour percevoir nettement ces sons.

Le téléphone magnétique est suffisant lorsque le circuit de ligne n'a qu'une faible résistance. Mais dès que la ligne atteint une résistance un peu considérable, les courants induits du téléphone magnétique ne sont plus assez intenses, et on est obligé d'employer le téléphone à pile. Dans ces appareils, le transmetteur est distinct du récepteur, et a reçu le nom de *microphone*, le nom de téléphone restant dans ce cas plus particulièrement réservé au récepteur, qui est généralement un téléphone magnétique.

Les transmetteurs microphoniques, imaginés par Hughes en 1878, reposent sur le fait d'expérience suivant. Dans un circuit comprenant en un certain point un contact imparfait, la résis-

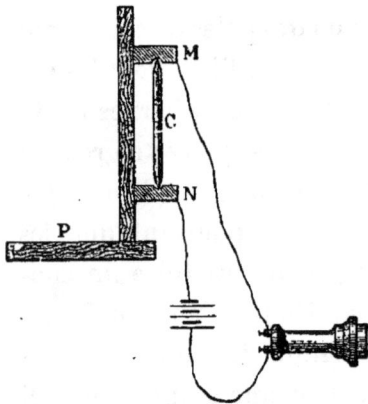

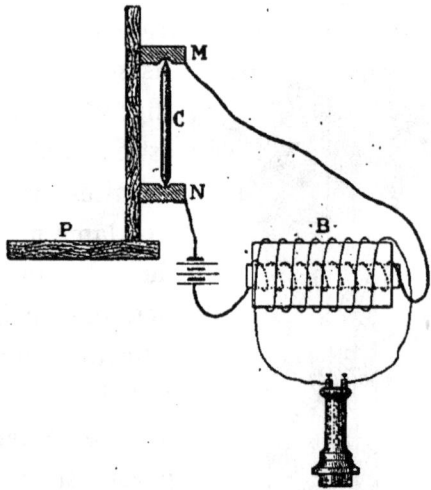

Fig. 254.   Fig. 255.

tance de contact, et par suite l'intensité du courant dans le circuit, varie suivant le degré de pression auquel sont soumises les pièces en contact : le phénomène est surtout sensible lorsqu'on emploie le charbon pour former les pièces en contact.

Le microphone de Hughes, basé sur ce principe, est formé d'un crayon de charbon C à double pointe (fig. 254), maintenu verticalement entre deux supports M et N également en charbon, fixés à une table vibrante P. Le crayon C n'est pas serré entre les supports M et N et peut prendre de légers déplacements. En M et N viennent s'attacher les extrémités d'un circuit comprenant une pile et un téléphone magnétique ordinaire. Les vibrations sonores imprimées à la table produisent des variations de résistance dans les contacts de charbon. L'intensité du courant subit alors des variations qui actionnent le téléphone récepteur.

Lorsqu'on a affaire à des lignes longues ou à des circuits très résistants, il faut que les courants aient une force électromotrice élevée pour pouvoir vaincre cette résistance. On arrive à ce résultat en employant un transformateur, qui transforme le courant fourni par la pile en un courant à plus haute tension. Ce transformateur, appelé *bobine d'induction*, est constitué simplement par une bobine B (fig. 255) sur laquelle sont enroulés deux circuits, un à gros fil et un à fil fin. Le courant de la pile circule dans le gros fil (circuit primaire); le téléphone récepteur est intercalé sur le circuit à fil fin (circuit secondaire).

Les conducteurs téléphoniques placés dans l'intérieur des habitations sont formés de fils de cuivre de $\frac{9}{10}$ isolés comme les fils de sonnerie. Pour les parties aériennes des lignes, on se sert soit de de fils d'acier zingué de 2 $^m/_m$ de diamètre, soit de fils de bronze phosphoreux, chromé ou silicieux. Pour les lignes souterraines, on emploie des câbles formés de trois fils de cuivre de $\frac{5}{10}$.

143. Poste téléphonique Ader. — Il existe un grand nombre de modèles de postes téléphoniques. Nous décrirons comme exemple le poste Ader, qui est assez fréquemment employé. Le poste complet comprend un transmetteur avec sa pile et sa bobine d'induction, deux récepteurs (un pour chaque oreille), une sonnerie, et une pile auxiliaire pour actionner la sonnerie du poste opposé.

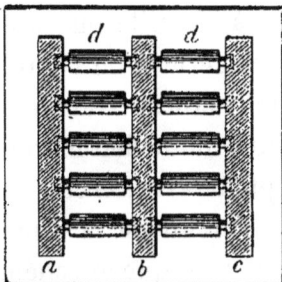

Fig. 256.

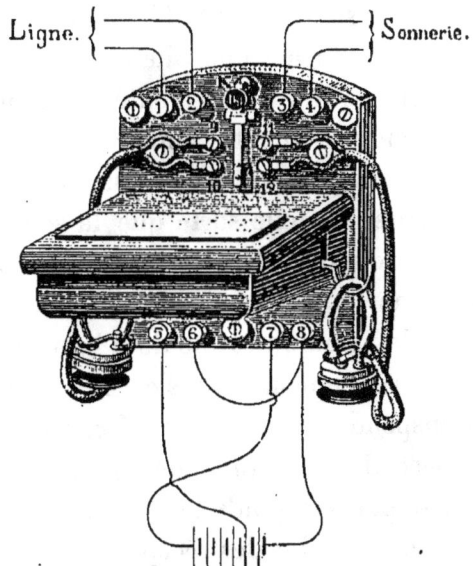

Fig. 257.

Le transmetteur (fig. 256) est formé de trois traverses en charbon a, b, c, disposées parallèlement. Dix cylindres d, également en charbon, et terminés à leurs bouts par des tourillons, sont supportés librement par les traverses munies de trous à cet effet. Les traverses extrêmes a et c communiquent avec les bouts du circuit renfermant la pile et le fil primaire de la bobine d'induction. Les trois traverses sont fixées sous une lame vibrante en bois, qui constitue le couvercle d'une boîte en forme de pupitre, devant laquelle on parle (fig. 257). Cette boîte renferme la bobine d'induction.

Les récepteurs Ader (fig. 258) sont des téléphones magnétiques analogues à celui de Bell, dans lesquels l'aimant est recourbé et forme poignée de l'instrument.

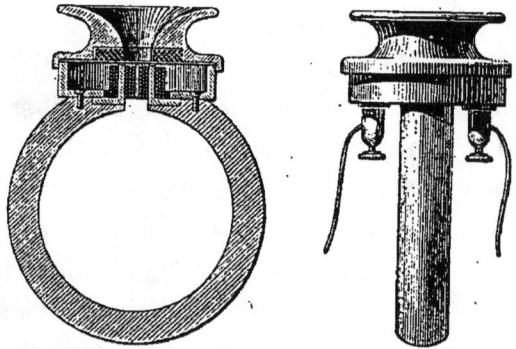

Fig. 258.

La pile employée doit être une pile à faible résistance intérieure. La pile Leclanché à agglomérés convient bien pour ce service. On emploie en général deux éléments en tension, mais comme cette pile serait trop faible pour actionner la sonnerie du poste opposé, on forme une pile auxiliaire de quatre éléments en tension qui peuvent être ajoutés aux précédents lorsqu'il s'agit de faire fonctionner cette sonnerie.

Les deux postes étant réunis par une ligne, les communications sont faites de telle sorte que la sonnerie de chaque poste est en temps ordinaire libre de fonctionner à un appel, et dès que l'on décroche les récepteurs pour les appliquer à l'oreille on interrompt la communication de la ligne avec la sonnerie et on l'établit avec les récepteurs. Dans ce but, l'un des deux crochets auxquels on suspend les récepteurs (fig. 257) constitue un levier mobile, et sert de commutateur. Quand le récepteur est accroché, il abaisse par son poids le levier, qui ferme le circuit de la sonnerie et ouvre celui des récepteurs. La figure 259 indique le schéma des communications; les bornes portent les mêmes numéros que sur la figure 257 et le circuit inducteur du microphone est in-

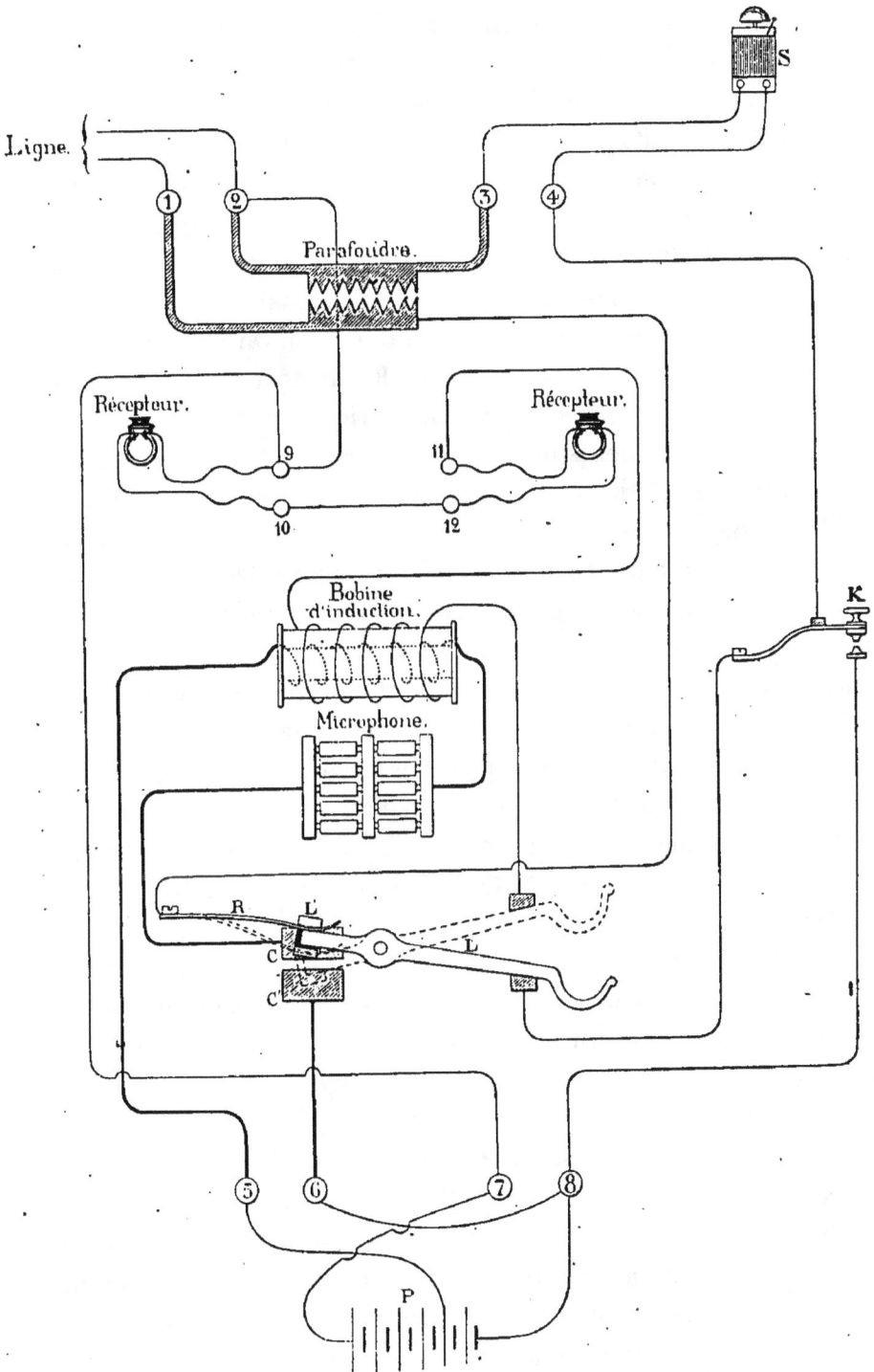

Fig. 259.

diqué par un trait plus gros. Le levier mobile L porte sur sa face latérale une pièce frottante en laiton L', isolée par une plaque d'ébonite. La première position du levier L est représentée en traits pleins (le récepteur étant supposé accroché) ; la seconde est représentée en traits ponctués. Dans le premier cas, on voit qu'un courant envoyé par la ligne et venant du poste opposé actionne la sonnerie S. Si on presse alors le bouton de l'interrupteur K, on envoie dans la ligne le courant des 6 éléments de la pile P et la sonnerie du poste opposé est actionnée. Ce signal sert de réponse pour dire qu'on peut entrer en communication. On décroche alors les récepteurs, et la tension du ressort R amène le levier L dans la deuxième position. Le circuit de la sonnerie est rompu, et celui des deux premiers éléments de la pile du poste est alors fermé sur le microphone et sur le fil primaire de la bobine par l'intermédiaire des contacts C et C', mis en communication par la lame L'. Quant aux récepteurs, ils sont intercalés sur la ligne par l'intermédiaire du ressort R, qui ne cesse d'appuyer sur le levier L. La conversation finie, on replace les récepteurs sur leurs crochets, ce qui ouvre le circuit du microphone et ferme celui de la sonnerie, qui se trouve prête pour un nouvel appel.

144. Amorces électriques. — Les amorces électriques sont employées dans la Marine pour l'inflammation de certaines torpilles. Le système repose sur l'emploi d'un fil très fin dans lequel on fait circuler un courant. Ce fil, de $\frac{1}{30}$ de millimètre de diamètre, est en platine iridié (15 % d'iridium). Sa résistance est de 350 à 400 ohms par mètre courant. Il est enroulé en hélice et on engage dans les spires qu'il forme une petite floche de fulmicoton. Les extrémités du fil de platine sont reliées chacune à un fil de cuivre. L'ensemble est placé au centre d'un étui en fer-blanc rempli de poudre.

Le courant des piles de bord ou des piles vigilantes est suffisant pour produire l'explosion de l'amorce par suite de l'élévation de température du fil de platine. Le courant de la pile à eau de l'appareil d'essai, au contraire, est trop faible pour déterminer un échauffement sensible ; on peut ainsi se servir sans danger de cet appareil pour essayer à l'avance si l'amorce est en bon état, c'est-à-dire si le circuit n'est pas rompu.

CHAPITRE XIII

Installations électriques à bord des navires.

---

145. Dynamos. — Nous avons déjà dit (§ 67) qu'on employait exclusivement à bord des navires des dynamos compound accouplées directement avec un moteur à vapeur à allure modérée, dépassant rarement 350 tours par minute. La distribution du courant est faite en dérivation, à la tension uniforme de 80 volts ; il existe cependant encore des navires sur lesquels l'installation est faite à 70 volts.

En service courant, l'allure du moteur doit être réglée de manière à donner exactement une différence de potentiel de 80 volts (ou 70) entre les bornes placées sur le tableau de distribution principal, et non entre les bornes de la dynamo (circulaire du 3 août 1893). Dans ce but, ainsi que nous l'avons indiqué, l'enroulement des dynamos est réglé de manière qu'elles soient hypercompound, la différence de potentiel aux bornes étant de 80 volts à vide et croissant de 1 volt par 200 ampères d'augmentation du débit.

Dans quelques cas spéciaux, par exemple pour des dynamos affectées au rôle exclusif de génératrices de courant pour les appareils de manœuvre électrique des tourelles, on a été amené à employer des voltages plus élevés. Mais, dans les installations actuellement en cours, on n'établit plus de source de courant distincte pour les appareils de manœuvre de l'artillerie, et le courant nécessaire à ces appareils est emprunté aux dynamos de voltage uniforme desservant tout le navire.

L'intensité maxima du courant nécessaire dépend évidemment de la puissance électrique absorbée par les divers appareils alimentés, c'est-à-dire du nombre et de la nature de ces appareils. Pour ne pas avoir de machines trop encombrantes, et surtout pour empêcher qu'une avarie ne puisse désemparer toute l'installation, on fractionne l'appareil générateur de courant en un certain nombre de dynamos identiques, de telle sorte qu'elles puissent se servir mutuellement de rechange. Le voltage de régime étant défini à priori, la puissance de ces dynamos est souvent indiquée par la valeur seule du débit maximum en ampères. Les types les plus fréquemment usités sont ceux de 200, 400 et 600 ampères, qui suffisent largement aux exigences actuelles du service à bord des bâtiments de toute grandeur. On ne doit recourir qu'exceptionnellement à des types intermédiaires (instruction du 16 avril 1895).

Jusqu'à la mise en service des régulateurs de vitesse très sensibles dont nous avons donné un exemple au § 62, il était indispensable d'éviter avec soin les groupements en quantité, auxquels aurait pu conduire parfois l'emploi de plusieurs dynamos. Les variations brusques produites dans le débit par l'allumage ou l'extinction d'un projecteur, la mise en marche ou l'arrêt d'un treuil de hissage des munitions, étaient en effet trop considérables pour que le régulateur pût amortir instantanément la variation de vitesse du moteur, et eussent entraîné des variations brusques de l'éclat des lampes à incandescence alimentées par la même source. Aussi, dans les installations faites jusqu'à présent, on a réglé le fractionnement de l'appareil générateur de courant de manière à rendre inutiles les couplages en quantité, et on a même disposé les tableaux de distribution de manière à rendre impossible tout couplage de ce genre. L'emploi de dynamos de 400 ampères est avantageux à ce point de vue dans la plupart des cas, car il permet d'affecter une dynamo à l'alimentation exclusive des projecteurs. En effet, les grands navires recevant en général six projecteurs de 60 $^c/_m$, l'intensité maxima nécessaire pour ces projecteurs sera $6 \times 75 = 450$ ampères. Or il arrive bien rarement que les six arcs soient allumés ensemble, et les induits sont d'ailleurs le plus souvent assez largement calculés pour pouvoir supporter momentanément cette augmentation d'intensité. Une seconde dynamo de 400 ampères sera alors affectée spécialement à l'éclairage par incandescence, qui sur les plus grands navires n'exige pas plus de 250 ampères, et pourra alimenter en même temps des électro-moteurs de faible puissance ou fonctionnant à régime constant, ce qui a lieu par exemple pour des ventilateurs. Une troisième dynamo servira de rechange, ou bien pourra être affectée au service de ceux des électro-moteurs qui, par suite de leur nature ou de leur puissance, donnent lieu à des variations étendues et brusques de débit. Les trois dynamos étant identiques, on pourra d'ailleurs les permuter à volonté.

Avec les régulateurs extrêmement sensibles que l'on construit depuis quelques années, le débit peut au contraire varier dans de larges limites sans que le nombre de tours du moteur, et par suite le voltage, subisse de variation sensible. On peut en outre, comme nous l'avons vu au § 53, construire les dynamos de telle sorte que les variations du débit ne nécessitent pas la modification du calage des balais. Dans ces conditions, le couplage en quantité ne présente pas d'inconvénient, et, dans les installations actuellement en cours, les dynamos sont attelées en quantité sur les barres du tableau de distribution principal, qui alimente indistinctement tous les appareils utilisant le courant. On conserve le fractionnement de l'appareil générateur en trois ou quatre sources identiques, et on emploie seulement le nombre de groupes nécessaire pour qu'ils puissent fournir par leur réunion le débit total dont on a besoin.

Les dynamos sont installées autant que possible dans les parties protégées du bâtiment, au-dessous du pont cuirassé s'il en existe un. Lorsque la hauteur d'entrepont n'est pas trop faible, on les établit sur un massif en bois de 8 à 10 $^{c}/_{m}$ d'épaisseur, fixé sur la tôle du pont avec interposition d'une feuille de feutre brayé de $10^{m}/_{m}$ d'épaisseur environ. Une circulaire du 28 janvier 1893 prescrit de disposer sur les moteurs des écrans pour empêcher les projections d'huile sur la dynamo. À proximité de chaque dynamo, on installe souvent sur une planchette un volt-mètre avec bouton à ressort, permettant au mécanicien de contrôler fréquemment la marche de l'appareil, et de s'assurer que le voltage conserve bien la valeur voulue.

146. Canalisations. — L'indépendance complète des divers appareils étant indispensable, la distribution est toujours faite en dérivation. Le système adopté est le système à deux fils sans boucle (circulaire du 17 novembre 1890). Sur certains paquebots, on a employé pour le retour du courant la coque métallique du navire. On peut réaliser ainsi une notable économie sur la canalisation, mais cette disposition présente divers inconvénients et n'est jamais admise dans les installations à bord des navires de l'État.

La canalisation comprend un certain nombre de circuits partant du tableau de distribution. Nous allons indiquer le mode d'installation actuellement adopté (instruction du 16 avril 1895).

Les appareils utilisant le courant électrique à bord des navires sont :

1° les lampes à incandescence nécessaires pour l'éclairage intérieur ;

2° les lampes à incandescence nécessaires pour l'éclairage extérieur (feux de navigation, de signaux, etc.) ;

3° les foyers à arc des projecteurs ;

4° les moteurs pour le service des munitions ;

5° les moteurs pour la manœuvre des pièces d'artillerie ;

6° les moteurs pour les divers services auxiliaires du bord (ventilateurs, treuils à escarbilles, cabestans auxiliaires, etc.).

En ce qui concerne l'éclairage intérieur, il convient tout d'abord d'établir une distinction bien tranchée entre les compartiments protégés, c'est-à-dire situés sous les ponts blindés ou à l'abri des murailles cuirassées, et les compartiments non protégés, constituant généralement les étages supérieurs affectés au logement de l'état-major et de l'équipage. Pour ces derniers, on peut se contenter d'une canalisation relativement simple, mais pour les compartiments protégés il convient de prendre toutes les dispositions pour assurer, autant que possible, la continuité de l'éclairage, malgré les troubles de diverses sortes qui peuvent survenir dans le fonctionnement des sources et les avaries que peuvent subir certaines portions de la canalisation.

Pour le service des compartiments protégés, on établit deux circuits dits *d'éclairage permanent*. Ces deux circuits sont distincts, et aussi indépendants que possible sur tout leur parcours. Dans

chaque compartiment un peu important, on répartit les lampes à
peu près également par moitié sur le circuit de tribord et sur celui
de babord, de telle sorte que la suppression d'un circuit ne puisse
pas produire l'extinction complète dans les étages protégés. En
raison de leur importance particulière, les lampes des fanaux servant à l'éclairage des soutes à munitions doivent être autant que
possible au nombre de deux par fanal, une sur chaque circuit. Si
le fanal ne contient qu'une lampe, cette dernière doit être pourvue
d'un commutateur bipolaire, permettant de la desservir au moyen
de l'un ou l'autre des deux circuits (circulaire du 21 avril 1894).
La figure 260 représente le schéma de cette disposition. Chaque

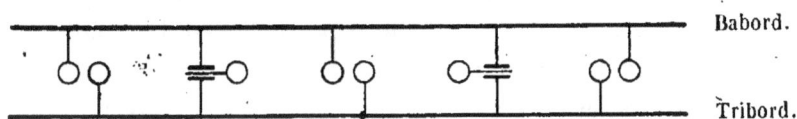

Fig. 260.

circuit comprend en réalité deux câbles, reliés l'un au pôle positif
et l'autre au pôle négatif de la source ; mais, sur les dessins schématiques, il est commode de représenter chaque circuit double
par un trait unique.

Pour l'éclairage des étages supérieurs non protégés, on établit
un certain nombre de circuits, dits *circuits de nuit*. Ces canalisations sont établies suivant les convenances locales, de manière à
faciliter le service tout en réduisant le nombre de circuits distincts
au minimum. Pour un grand bâtiment, par exemple, on pourra
affecter une canalisation simple ou double à chaque étage, et installer un circuit complémentaire sur les gaillards, desservant les
lampes des divers kiosques, roofs, chambres de navigation, etc.,
ainsi que les feux de coupée et les réflecteurs dont nous parlerons
au § 150.

Pour les feux de l'éclairage extérieur, on distingue les feux de
navigation et les feux de signaux, dont nous verrons plus loin le
détail. Les premiers, en raison de leur importance, sont toujours
desservis par un circuit spécial indépendant. Les autres sont souvent greffés sur les circuits de nuit de l'éclairage intérieur. Il
peut arriver cependant que, pour des motifs particuliers, on soit

amené à leur attribuer un circuit distinct. C'est ce qui a lieu par exemple lorsque ces feux doivent être desservis au mouillage par une batterie d'accumulateurs (§ 91).

Chaque projecteur est desservi par un circuit spécial. Sur les grands navires, on établit même quelquefois un double circuit pour les projecteurs installés dans les hunes, chacun de ces projecteurs étant relié à un commutateur bipolaire qui permet de le brancher sur l'un ou l'autre des deux circuits.

Les moteurs affectés au service des munitions, installés le plus souvent dans les compartiments protégés du navire, sont alimentés par deux circuits distincts, tribord et bâbord, disposés de la même manière que les circuits d'éclairage permanent. Chacun de ces circuits est calculé de manière à pouvoir desservir la totalité des moteurs (1). Ceux-ci sont munis de commutateurs bipolaires permettant de les brancher à volonté sur l'un ou l'autre circuit.

Les moteurs servant à la manœuvre des pièces d'artillerie ont fait jusqu'à présent l'objet d'installations et de canalisations spéciales. Mais, ainsi que nous l'avons indiqué plus haut, ils rentreront désormais dans la distribution générale, et seront par suite desservis par les mêmes circuits que les moteurs destinés au service des munitions.

Enfin, pour les moteurs affectés au service des divers appareils auxiliaires du bord, on établit un ou plusieurs circuits non protégés, de la même manière que pour l'éclairage des étages supérieurs. Il n'y a exception que pour les moteurs de ventilateurs, qui, étant en général installés au-dessous du pont blindé et fonctionnant normalement à régime constant, sont avantageusement branchés sur l'un ou l'autre des circuits protégés de l'éclairage permanent, et pour les moteurs de faible puissance qui peuvent être greffés sans inconvénient sur des circuits d'éclairage. Tels sont par exemple les moteurs actionnant les mécanismes de manœuvre des projecteurs (§ 151) qui sont alimentés par le circuit même du projecteur qu'ils desservent. De même, les moteurs em-

---

(1) Il faut cependant remarquer que, les moteurs ne fonctionnant jamais simultanément à pleine charge, il suffit de faire le calcul en se basant sur une certaine fraction, les trois quarts par exemple, de la somme des intensités maxima nécessaires pour ces moteurs.

ployés pour la commande du servo-moteur du gouvernail, dont il y a intérêt à protéger les canalisations, sont greffés sur les circuits d'éclairage permanent.

En résumé, les divers circuits que comprennent les installations actuelles sont les suivants :

1° deux circuits protégés d'éclairage permanent ;

2° un ou plusieurs circuits de nuit ;

3° un circuit de navigation ;

4° un circuit de signaux (si les feux de signaux ne sont pas greffés sur les circuits de nuit) ;

5° les circuits de projecteurs ;

6° deux circuits protégés pour les moteurs affectés au service de l'artillerie ;

7° un ou plusieurs circuits pour les moteurs des appareils auxiliaires.

Pour faciliter la recherche et la réparation des avaries, on recouvre les conducteurs d'une couche de peinture de teinte conventionnelle, permettant de différencier d'un coup d'œil les divers circuits. Les fils reliés au pôle positif sont recouverts d'une couche de peinture uniforme. Les fils reliés au pôle négatif sont de la même couleur que les fils positifs du même circuit, mais ils ne sont peints que par anneaux espacés par des anneaux non peints, par analogie avec la convention admise pour les tuyautages.

Chacun des conducteurs principaux des circuits d'éclairage doit être calculé assez largement pour permettre d'augmenter ultérieurement de 10 % le nombre des lampes qu'il dessert. En outre, les sections doivent être calculées de telle sorte que, toutes les lampes étant supposées allumées et absorbant une intensité de $0^A,5$, la chute de potentiel entre le tableau et la lampe la plus éloignée soit limitée à 3 volts (circulaire du 3 août 1893). La densité de courant ne doit pas excéder 2 ampères par millimètre carré.

Les conducteurs sont tous en cuivre de haute conductibilité, ayant une résistance spécifique au plus égale à 1,8 microhms-centimètres à la température de 15° C. L'isolement est fort ou très fort (§ 121) suivant la nature des compartiments traversés. Les conducteurs sont installés autant que possible dans des planchettes en bois rainé, ou, lorsqu'il est nécessaire de mieux les garantir, dans des tuyaux en fer ou en laiton (circulaire du 17 novembre 1890).

147. Tableaux de distribution. — Pour faciliter le service des sources d'électricité, on a été amené à spécialiser les organes de distribution du courant et à relier les dynamos d'un même groupe à un tableau spécial dit *tableau de répartition*, lequel dessert à son tour les divers circuits de distribution, soit directement, soit par l'intermédiaire de tableaux secondaires qui constituent les tableaux de distribution proprement dits.

Chaque circuit à desservir possède, sur le tableau de répartition, un commutateur particulier, bipolaire, permettant de le mettre en communication avec l'une quelconque des sources. Il résulte de là qu'un même circuit ne peut être relié simultanément à plusieurs sources; on évite ainsi d'une manière absolue le couplage en quantité de plusieurs dynamos.

Lorsque le nombre des sources desservant un tableau de répartition n'excède pas deux, les commutateurs usuels à lame mobile, à deux directions, peuvent suffire, à la condition qu'ils possèdent une position intermédiaire de repos. Lorsque le nombre des sources atteint ou dépasse trois, il faut recourir à des commutateurs à curseur, établis de manière que l'on puisse aisément passer d'une dynamo à une autre sans prendre contact avec les sources intermédiaires. Le plus souvent, ces commutateurs sont constitués d'une manière analogue à celui représenté par la figure 222. A chaque source correspondent deux paires de peignes, une pour chaque pôle; le levier mobile est formé de deux tiges parallèles, isolées l'une de l'autre, reliées chacune à un des conducteurs principaux du circuit à desservir, et portant un curseur composé de deux pièces pleines isolées l'une de l'autre, communiquant chacune avec une des tiges; le curseur étant amené à la position voulue, il suffit d'abaisser la poignée pour mettre le circuit en communication avec la source.

Les tableaux de répartition comportent un ampère-mètre sur le circuit de chacune de sources, et un volt-mètre disposé pour mesurer à volonté le voltage de l'une quelconque des dynamos Tous les câbles provenant d'une source ou formant le départ d'un circuit sont munis de plombs fusibles. La figure 261 représente la disposition schématique de ces tableaux de répartition.

Les tableaux secondaires sont en nombre variable. On s'attache généralement à desservir les groupes de projecteurs au moyen de tableaux de distribution spéciaux, afin de rendre la manœuvre de ces appareils aussi indépendante que possible des autres services électriques. Chaque projecteur a comme nous l'avons dit un circuit distinct, formé de deux câbles de 19 fils $\frac{16}{10}$ pour les projecteurs de 60 °/$_m$. L'un de ces conducteurs aboutit à un interrupteur unipolaire

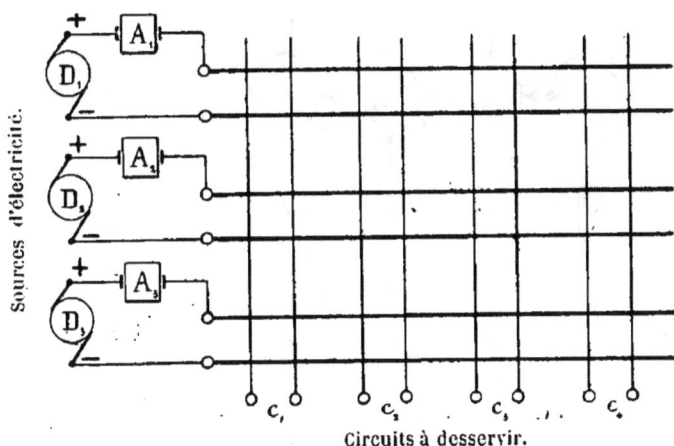

Fig. 261.

à déclanchement rapide, et traverse un ampère-mètre gradué de 0 à 100 ampères; l'autre conducteur aboutit à la bande métallique constituant le retour commun. La figure 262 représente le schéma de cette disposition.

Les circuits d'éclairage permanent et les circuits protégés d'électro-moteurs sont desservis directement par les tableaux de répartition. Pour les autres circuits, en nombre variable, on établit un tableau de service secondaire groupant les organes de distribution et de contrôle. A chaque circuit distinct correspond un commutateur unipolaire à trois touches, permettant d'intercaler momentanément sur un ou plusieurs circuits un ampère-mètre unique, suivant la disposition représentée par la figure 235. Les retours des divers circuits se font sur une bande métallique commune.

Un volt-mètre permet de contrôler la différence de potentiel entre les bornes du tableau.

Dans le cas où l'on adjoint aux dynamos une batterie d'accumulateurs pour assurer le service des signaux en toute circonstance (§ 91), le tableau de service de l'incandescence reçoit quelques modifications. Voici par exemple la disposition adoptée pour certains navires sur lesquels la batterie d'accumulateurs, composée normalement de 48 éléments, est destinée uniquement au service des

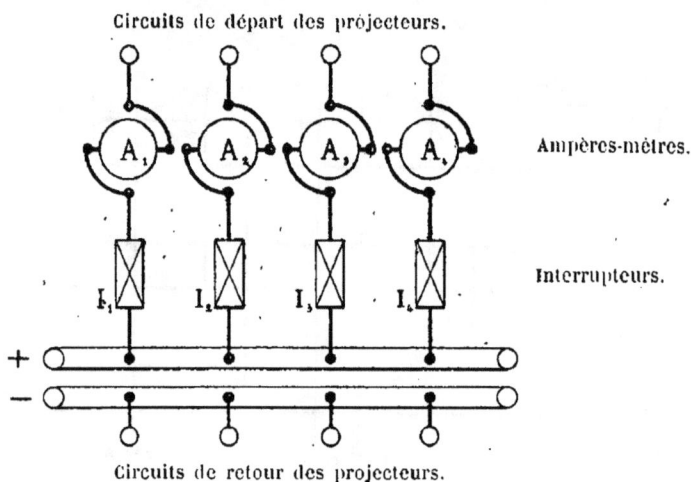

Fig. 262.

signaux et à celui de quelques feux intermittents de l'éclairage extérieur.

A portée de la batterie est disposé un tableau spécial dit *tableau de service des accumulateurs*, comportant les appareils de mesure et de manœuvre nécessaires aux opérations de charge et de décharge. Ce tableau est en relation directe avec le tableau de service de l'incandescence, dont il reçoit le courant nécessaire au chargement et auquel il fournit le courant de décharge destiné à l'alimentation exclusive du circuit de signaux.

Pour la charge, les éléments sont répartis en deux demi-batteries $B_1 B_2$ de 24 éléments chacune (fig. 263), pourvues de rhéostats de réglage $R_1 R_2$ (§ 81). A la décharge, tous les éléments sont groupés en série, et les mêmes rhéostats sont utilisés pour régler le voltage. Sur le circuit de charge est intercalé un disjoncteur automatique

(§ 81), muni d'une sonnerie avertisseuse ; ce disjoncteur est placé, soit sur un panneau spécial dans le voisinage des dynamos, soit sur le tableau de service de l'incandescence. Un ampère-mètre unique, pourvu d'une graduation symétrique de part et d'autre du zéro, de manière à pouvoir être traversé par le courant dans un sens ou dans l'autre, sert indifféremment pour chacune des deux demi-bat-

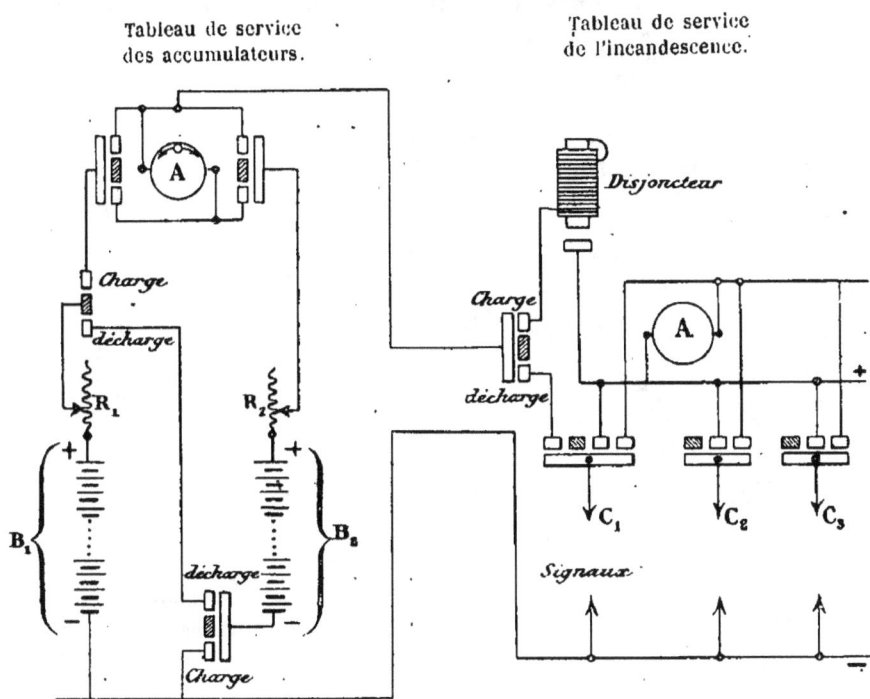

Fig. 263.

teries pendant la charge et pour la batterie totale pendant la décharge.

Le tableau de service des accumulateurs comporte ainsi :

1° deux commutateurs unipolaires à trois directions, dont une de repos, pour la mesure du courant ;

2° deux commutateurs unipolaires à trois directions, dont une de repos, pour le couplage des batteries ; ces deux commutateurs sont jumelés, comme devant être toujours manœuvrés simultanément.

Un commutateur unipolaire à trois directions, dont une de repos, sert à disposer le circuit de jonction des deux tableaux de service pour la charge ou pour la décharge; il est placé soit sur le tableau d'incandescence, soit sur le panneau du disjoncteur automatique.

Le commutateur desservant sur le tableau d'incandescence le circuit des signaux est muni d'une quatrième touche permettant l'alimentation de ce circuit au moyen des accumulateurs (fig. 263).

Le tableau de service des accumulateurs comporte également un volt-mètre avec clef à double contact. La figure 264 représente le schéma du groupement des appareils sur ce tableau.

Nous avons dit au § 91 qu'on faisait quelquefois usage de petites batteries d'accumulateurs spéciales pour l'alimentation des lampes destinées à l'éclairage de nuit des lignes de mire des canons. Pour la charge de ces batteries, on dispose un petit tableau spécial greffé sur le tableau de service de l'incandescence. Ce tableau (fig. 265) comporte un am-

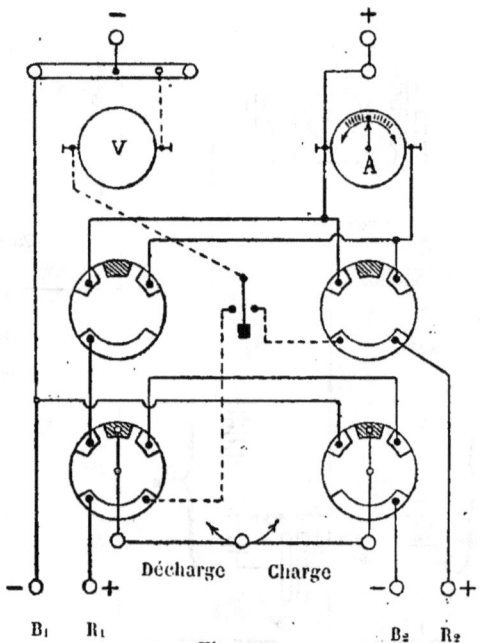

Fig. 264.

père-mètre, un volt-mètre, un disjoncteur automatique et un rhéostat de réglage. Il permet de charger 15 accumulateurs associés en série. On n'installe plus d'ailleurs actuellement des batteries de ce genre, et on rattache les lampes qu'elles étaient destinées à alimenter aux circuits de l'éclairage permanent.

D'une manière générale, les tableaux de distribution doivent être installés autant que possible à une distance de 3 ou 4 mètres au moins des dynamos, pour que le voisinage des inducteurs n'exerce pas d'influence perturbatrice sur les aimants permanents des appareils de contrôle (§ 129). Pour permettre la vérification fréquente des volt-mètres, qui sont des appareils industriels dont les indications peuvent rapidement devenir erronées par suite d'une

modification dans la puissance des aimants directeurs, on déliv
aux bâtiments un volt-mètre de précision, qui sert à contrôler
temps à autre les graduations des appareils placés sur les tablea
(circulaire du 27 septembre 1893).

148. Groupement des dynamos. — Les dynamos peuve
être réunies dans un même poste ou réparties dans des locaux d
tincts. La première disposition, la seule en usage pendant lor
temps, facilite le service et simplifie le système de distributio
mais elle a le grave inconvénient d'exposer la totalité des sour
à cesser simultanément leur fonctionnement dans le cas d'u

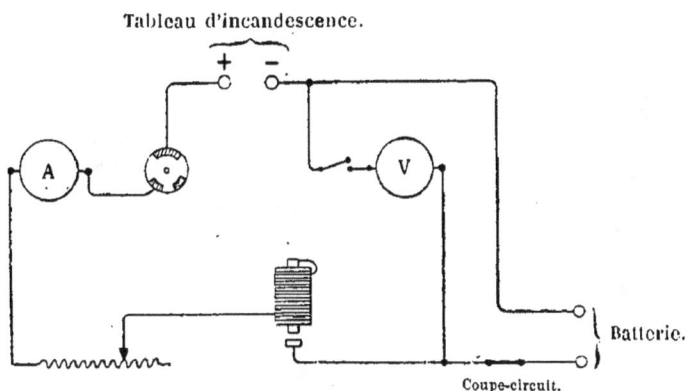

Fig. 265.

avarie grave dans le compartiment qu'elles occupent, circonstan
qui peut se présenter pendant le combat. Pour cette raison, da
toutes les installations récentes, les dynamos sont séparées tou
les fois qu'on le peut en deux groupes distincts, éloignés l'un
l'autre, et rendus aussi indépendants que possible au point de v
des canalisations.

Les figures 266, 267 et 268, représentent le schéma du group
ment des sources et des canalisations dans trois cas principa
pris comme types, et se rapportant aux circonstances que l'
rencontre le plus généralement sur les navires modernes.

La figure 266 est relative à un navire possédant trois dynam
de 400 ampères en un seul groupe. L'installation comporte
tableau de répartition pour trois sources et sept circuits, un table
secondaire desservant six projecteurs de 60 °/ₘ, et un tableau
service de l'incandescence. En cas de fonctionnement général,

peut attribuer une dynamo aux projecteurs, une dynamo aux moteurs protégés, et une dynamo à l'incandescence, cette dernière ne développant qu'une partie de sa puissance. En cas d'avarie de l'une des trois dynamos, on peut réunir l'incandescence, limitée au strict nécessaire, aux projecteurs, en ne faisant fonctionner ceux-ci qu'à un régime modéré de 45 à 50 ampères environ.

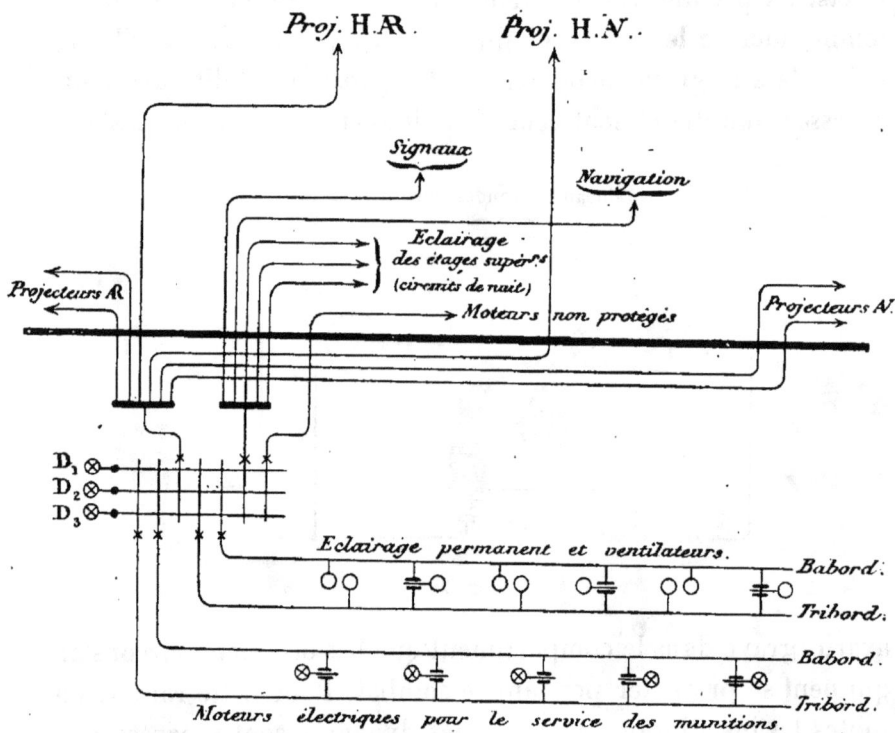

Fig. 266.

La figure 267 est relative à un navire possédant trois dynamos de 400 ampères réparties en deux groupes. Il y a alors deux tableaux de répartition. Le premier, recevant le courant des deux dynamos qui forment le groupe principal, dessert six circuits, savoir :

le circuit de tribord de l'éclairage permanent ;

le circuit de tribord des moteurs protégés ;

un tableau de service pour 4 projecteurs de 60 °/m ;

le tableau de service de l'incandescence ;

un circuit de moteurs non protégés ;

un circuit auxiliaire permettant d'alimenter le second tableau de répartition à l'aide de l'une quelconque des sources reliées au premier.

Le second tableau de répartition reçoit le courant soit directement de la troisième dynamo, soit indirectement de l'une quelconque des deux autres par l'intermédiaire du circuit auxiliaire. Il dessert cinq circuits, savoir :

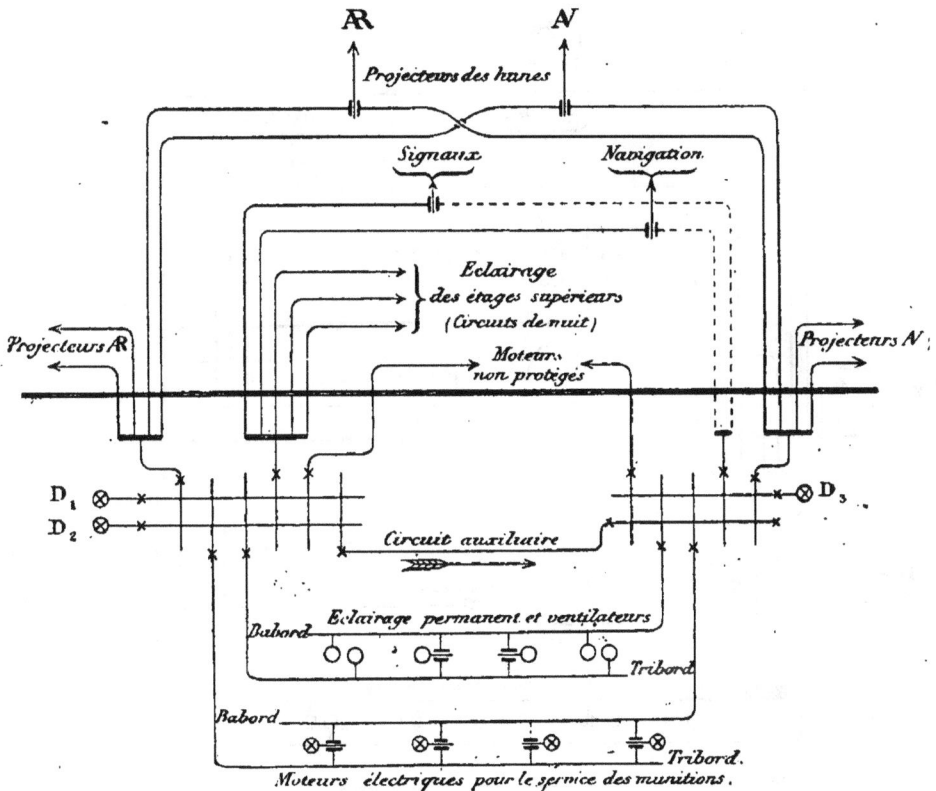

Fig. 267.

le circuit de babord de l'éclairage permanent ;

le circuit de babord des moteurs protégés ;

un tableau de service pour 4 projecteurs de 60 °/$_m$;

un circuit de moteurs non protégés ;

un circuit de secours permettant de desservir les feux de navigation et de signaux en cas d'avarie au tableau de service de l'incandescence (ce dernier circuit peut être supprimé s'il conduit à une complication trop grande).

Les projecteurs des hunes sont disposés de manière à pouvoir être alimentés indifféremment par l'un ou l'autre des deux tableaux de répartition.

La séparation des dynamos en deux groupes bien distincts et complètement indépendants permet de réaliser de sérieux avan-

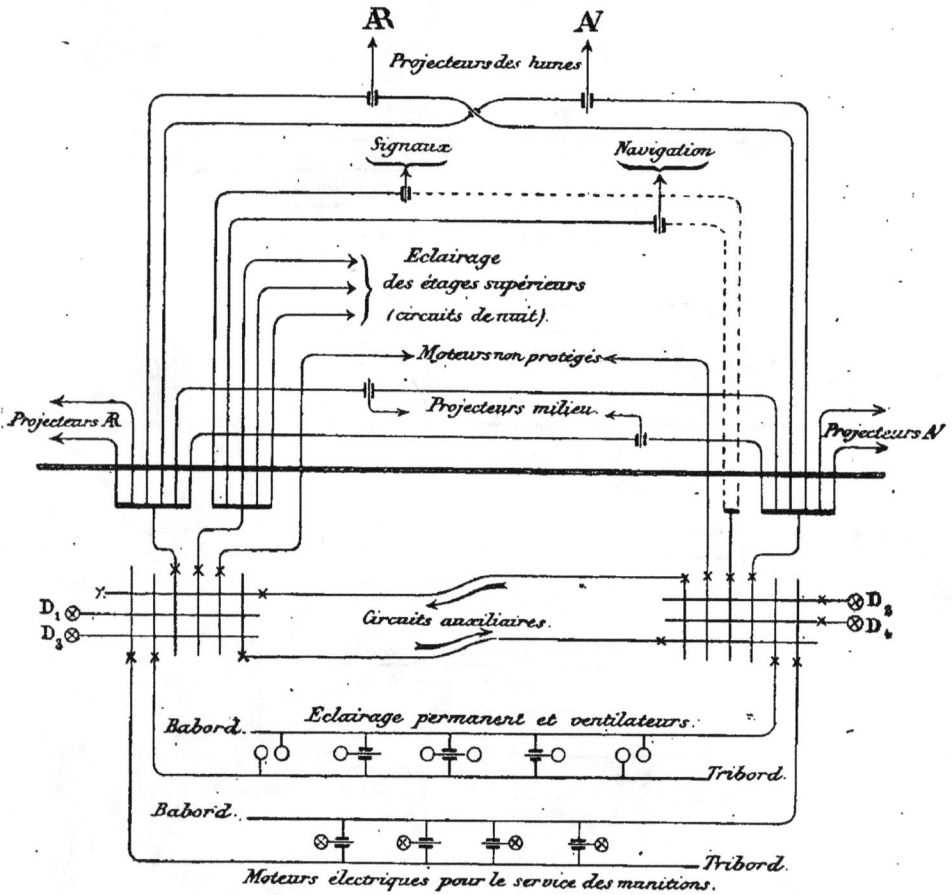

AR · · · · · AV

Projecteurs des hunes

Signaux · · · Navigation

Eclairage
des étages supérieurs
(circuits de nuit).

Moteurs non protégés

Projecteurs AR · · · Projecteurs milieu · · · Projecteurs AV

D₁ · · · D₂
D₃ · · · D₄

Circuits auxiliaires.

Babord. · · · Eclairage permanent et ventilateurs.

Tribord.

Babord. · · · Tribord.

Moteurs électriques pour le service des munitions.

Fig. 269.

tages au point de vue de la sécurité du fonctionnement des appareils. Un accident grave dans l'un des postes n'atteint qu'un groupe de dynamos et ne paralyse pas complètement l'éclairage des compartiments protégés. Les circuits d'éclairage permanent, desservis par des tableaux de répartition distincts, sont complètement indépendants. Enfin, avec la disposition du circuit auxiliaire, reliant les deux tableaux de répartition, on peut établir un roulement régulier.

entre les deux dynamos du groupe principal, pour le service ordinaire, et alimenter le circuit de babord de l'éclairage permanent à l'aide de ces dynamos dans les mêmes conditions que les autres circuits d'éclairage.

La figure 268 est relative à un navire possédant quatre dynamos de 400 ou 600 ampères, réparties en deux groupes d'égale importance. Il y a deux tableaux de répartition recevant chacun le courant de deux dynamos. Ces tableaux sont en outre reliés par deux circuits auxiliaires; chacun de ces circuits part de l'un des postes comme circuit à desservir et aboutit à l'autre comme source de courant. Avec cette disposition, un circuit quelconque peut être alimenté à volonté par l'une quelconque des quatre dynamos. L'un des tableaux de répartition dessert six circuits, savoir :

le circuit de tribord de l'éclairage permanent;

le circuit de tribord des moteurs protégés;

un tableau de service pour six projecteurs de 60 $^c/_m$;

le tableau de service de l'incandescence;

un circuit de moteurs non protégés;

un circuit auxiliaire de jonction.

Le second tableau de répartition dessert également six circuits, savoir :

le circuit de bâbord de l'éclairage permanent;

le circuit de bâbord des moteurs protégés;

un tableau de service pour six projecteurs de 60$^c/_m$;

un circuit de secours pour les feux de navigation et de signaux;

un circuit de moteurs non protégés;

un circuit auxiliaire de jonction.

Le navire possède huit projecteurs de 60$^c/_m$. Les deux projecteurs des hunes et les deux projecteurs du milieu peuvent être alimentés indifféremment à l'aide d'un quelconque des deux tableaux secondaires.

En général, trois dynamos suffisent à l'alimentation de l'ensemble des circuits, la quatrième servant de rechange. En cas de combat, il est avantageux de mettre en marche les quatre dynamos en leur distribuant les divers circuits à desservir; si l'une d'elles subit une avarie, il est facile de répartir immédiatement entre les autres les circuits qu'elle alimentait. En service courant, on peut produire l'éclairage total avec une seule dynamo, en se servant de l'un des circuits auxiliaires.

149. Éclairage intérieur (1). — L'éclairage intérieur est obtenu exclusivement au moyen de lampes à incandescence de 10 bougies, ayant 80 volts comme voltage normal, inscrit sur le culot (2). On admet dans les calculs qu'elles absorbent normalement une intensité de $0^A,5$. Toutes les lampes sont montées sur culot à vis, avec support à douille élastique.

Le nombre et la répartition de ces lampes sont bien entendu subordonnés aux dispositions intérieures du bâtiment (3). Les hauteurs d'entrepont étant en général voisines de 2 mètres, on peut, en se basant sur la règle que nous avons donnée au § 114 ($0^B,5$ par mètre cube), admettre une intensité lumineuse de 1 bougie par mètre carré de surface de pont. Ainsi, un compartiment bien dégagé ayant une surface de plancher de 28^{m2} devra recevoir 3 lampes. Ceci n'a d'ailleurs rien d'absolu, car il faut tenir compte des objets qui peuvent porter ombre, des endroits qu'il convient d'éclairer plus particulièrement, etc.

Chaque lampe possède en général un interrupteur et un coupe-circuit fusible. On peut cependant, dans certains cas, se contenter d'attribuer un seul interrupteur et un seul coupe-circuit à un groupe de lampes dont le fonctionnement doit être simultané. Mais le nombre de lampes ainsi associées ne doit pas dépasser 5.

L'appareillage pour l'éclairage intérieur comprend un certain nombre de modèles (fig. 269 à 285), dont les types ont été fournis par la maison Sautter, Harlé et Cie. Le tableau suivant donne la désignation des différents modèles réglementaires, avec l'indication des signes conventionnels employés pour les représenter sur les plans d'éclairage :

(1) Circulaires du 17 novembre 1890, 15 décembre 1890, 1er mai 1891, 15 mai 1893, 7 juin 1893, 3 août 1893, 21 avril 1894, 25 avril 1895, 1er juin 1895, 2 juillet 1895, 24 septembre 1895, 27 septembre 1895, 30 juin 1896; instruction du 16 avril 1895.

(2) Dans les installations à 70 volts, les lampes sont bien entendu étalonnées à 70 volts.

(3) L'éclairage intérieur des torpilleurs est limité à quatre lampes de 10 bougies, trois dans les chaufferies et une dans le kiosque de navigation. Dans le cas où la source de courant a une puissance suffisante, on peut ajouter deux lampes dans le compartiment de la machine.

MODÈLES D'APPAREILLAGE.	SIGNES CONVENTIONNELS.	
Bras droit, avec abat-jour opale, nickelé (fig. 269)............⟩ Bras droit articulé, avec globe, nickelé (fig. 270).............⟨	o	B
Pendentif simple, avec globe, nickelé (fig. 271)................⟩ Pendentif orné, avec globe, nickelé (fig. 272)..................⟨	o	P.
Lampe mobile, avec abat-jour en porcelaine, nickelée............	o	Lm
Applique ornée à une branche, avec globe, nickelée (fig. 273)...... Applique à genouillère, avec globe, nickelée...:............ Applique ornée à une branche, avec abat-jour opale, nickelée (fig.274).	o	A₁
Applique ornée à deux branches, avec globe, nickelée (fig. 275).....	o-o	A₂
Tige droite avec abat-jour opale, nickelée (fig. 276).............	o	S₁
Suspension à deux branches, avec abat-jour opale, nickelée.........⟩ Lustre orné à deux branches, avec abat-jour opale, nickelé........⟨	o-o	S₂
Suspension à trois branches, avec abat-jour opale, nickelée (fig.277).⟩ Lustre orné à trois branches, avec abat-jour opale, nickelé (fig. 278).⟨	o-o o	S₃
Bras droit bronzé, avec abat-jour métallique (fig. 279)............	o	Bb
Tige droite avec abat-jour métallique, bronzée (fig. 280)...........	o	T₁
Suspension à deux branches, avec abat-jour métallique, bronzée (fig. 281)................................	o-o	T₂
Lanterne wagon fixe, avec grillage, nickelée (fig. 282)............	o	W
Lanterne wagon mobile, avec grillage, nickelée (fig. 283)..........	o	Wm
Lanterne de muraille, peinte (fig. 284)........................⟩ Lanterne d'angle, nickelée....................................⟨	o	M
Lanterne à main à grillage, nickelée..........................⟩ Lanterne à main pour soutes à charbon, en cuivre poli (fig. 285)...⟨	o	Σ
Lanterne de niveau d'eau, en cuivre poli........................	o	N
Lanterne à réflecteur métallique, pour coupées et plateformes d'embarquement....................................	o	C

La lanterne de niveau, destinée à l'éclairage des tubes de niveau d'eau des chaudières, ne diffère de la lanterne à main que par un support substitué à la poignée à main.

Les lanternes wagons mobiles et les lanternes à main sont munies d'un câble souple (2 conducteurs de 14 fils $\frac{4}{10}$) terminé par une poignée que l'on peut greffer sur des prises de courant placées aux points les plus convenables. Les lanternes à main sont spécialement destinées à l'éclairage des soutes. Leur emploi exclusif est prescrit pour l'éclairage des soutes à charbon, de manière à prévenir les explosions de grisou. Les prises de courant doivent être toujours placées dans ce cas à l'extérieur des soutes.

Les lanternes à réflecteur pour l'éclairage des coupées et plateformes d'embarquement présentent la même disposition que

Fig. 269.

Fig. 270.

Fig. 271.

Fig. 272.

Fig. 273.

les réflecteurs dont nous parlerons tout à l'heure, à propos de

l'éclairage extérieur. Elles en diffèrent seulement en ce qu'elles
ne reçoivent qu'une seule lampe à incandescence. Par exception,

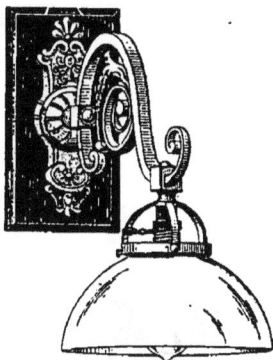

Fig. 274.

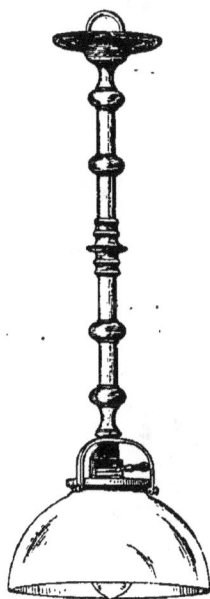

Fig. 275.

Fig. 276.

on emploie quelquefois dans ces lanternes une lampe de 20 bougies, au lieu d'une lampe de 10 bougies comme celles de l'éclairage intérieur.

Les lampes de l'éclairage intérieur reçoivent chacune un numéro d'ordre, inscrit sur une plaque émaillée fixée à côté de la lampe. Le coupe-circuit correspondant, s'il existe, reçoit également le même numéro d'ordre.

Fig. 277.

Fig. 278.

En vue d'isoler autant que possible les divers appareils de la coque, tous les appareils d'éclairage fixes, ainsi que les commutateurs, les prises de courant et les coupe-circuits, sont fixés sur des rondelles de feutre ou de caoutchouc de 10$^m/_m$ d'épaisseur environ.

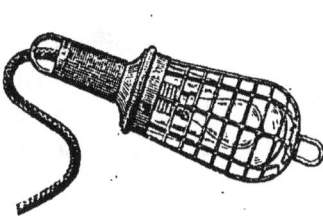

Fig. 285

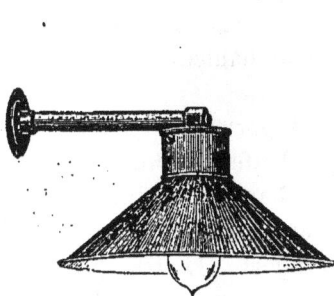

Fig. 279.

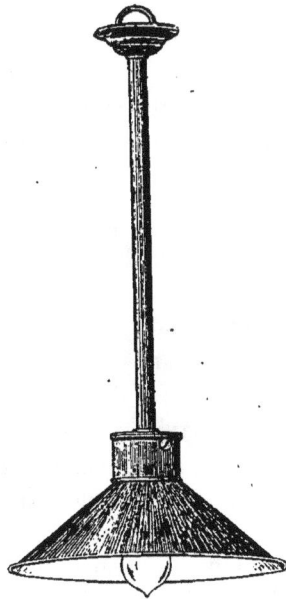

Fig. 280.

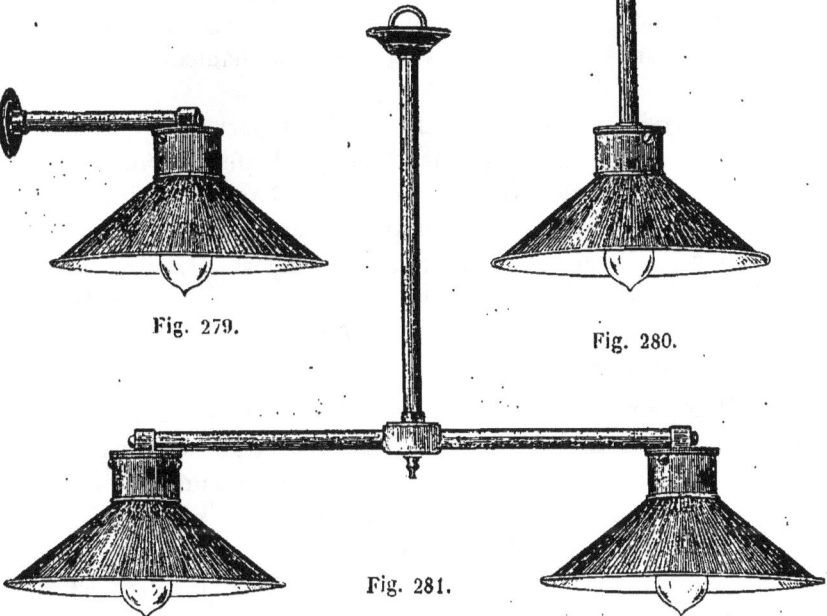

Fig. 281.

Fig. 282.

Fig. 284.

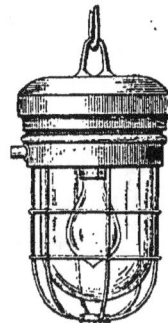

Fig. 283.

§ 150. — NOTE RECTIFICATIVE

Un décret du 21 février 1897 modifie en certains points les dispositions du décret du 1er septembre 1884 concernant les règles établies pour prévenir les abordages. Les indications données au § 150 sont modifiées en conséquence de la manière suivante :

Feux de route. — Le feu de hune doit être installé à une hauteur au-dessus du plat-bord qui ne soit pas inférieure à 6m10, et, si la largeur du navire dépasse 6m10, à une hauteur au-dessus du plat-bord au moins égale à cette largeur, sans qu'il soit néanmoins nécessaire que cette hauteur au-dessus du plat-bord dépasse 12m19.

Un navire à vapeur faisant route peut porter un feu blanc additionnel de même construction que le feu de hune. Ces deux feux doivent être placés dans le plan longitudinal, de manière que l'un soit plus élevé que l'autre d'au moins 4m57, et dans une position telle, l'un par rapport à l'autre, que le feu inférieur soit sur l'avant du feu supérieur. La distance verticale entre les deux feux doit être moindre que leur distance horizontale.

Feux de remorque. — Tout navire à vapeur remorquant un autre navire doit porter, outre ses feux de côté, deux feux blancs placés verticalement à 1m83 au moins l'un de l'autre. Lorsqu'il remorque plus d'un navire, il doit porter un feu blanc additionnel à 1m83 au-dessus ou au-dessous des deux précédents, si la longueur de la remorque, mesurée entre l'arrière du remorqueur et l'arrière du dernier navire remorqué, dépasse 183 mètres. Chacun de ces feux doit être de la même construction et placé dans la même position que le feu de hune, à l'exception du feu additionnel qui peut être à une hauteur de de 4m27 au moins au-dessus du plat-bord.

Feux accidentels. — Un navire qui, pour une cause accidentelle, n'est pas maître de sa manœuvre, doit, pendant la nuit, porter à la même hauteur que le feu de hune deux feux rouges disposés verticalement à une distance l'un de l'autre d'au moins 1ᵐ83.

Dans le cas d'un navire occupé à poser ou à relever un câble télégraphique, les trois feux prévus au décret du 1ᵉʳ septembre 1884 sont conservés sans changement.

Un navire rattrapé par un autre doit montrer à celui-ci, de la partie arrière du navire, un feu blanc placé autant que possible à la même hauteur que les feux de côté. Ce feu peut être fixe et placé dans un fanal ; dans ce cas, le fanal doit être muni d'écrans et disposé de telle sorte que le secteur éclairé ait une amplitude de 67°5 de chaque bord à partir de l'arrière.

Feux de mouillage. — Un navire de moins de 45ᵐ72 de longueur, lorsqu'il est au mouillage, doit porter un feu blanc à l'avant, dans l'endroit où il peut être le plus apparent, mais à une hauteur n'excédant pas 6ᵐ10 au-dessus du plat bord.

Un navire de 45ᵐ72 ou plus de longueur, lorsqu'il est au mouillage, doit porter un feu blanc à la partie avant, à une hauteur au-dessus du plat-bord de 6ᵐ10 au moins et de 12ᵐ19 au plus ; et à l'arrière ou près de l'arrière un second feu pareil, qui doit être à une hauteur telle qu'il ne se trouve pas à moins de 4ᵐ57 plus bas que le feu de l'avant.

Les dispositions prescrites par le décret du 21 février 1897 sont applicables à partir du 1ᵉʳ juillet 1897.

150. Éclairage extérieur (1). — L'éclairage extérieur des navires comprend des lampes à incandescence (feux de navigation, de signaux, etc.) et des lampes à arc (projecteurs).

L'éclairage extérieur par incandescence est obtenu au moyen de lampes de 10, 20, 30 et 50 bougies. Ces lampes étant en général assez éloignées du tableau de distribution, on admet pour elles une perte de charge maxima de 5 volts, et on leur donne uniformément 75 volts comme voltage normal, inscrit sur le culot (2), sauf pour les lampes de 10 bougies qui sont étalonnées à 80 volts comme celles de l'éclairage intérieur, de manière à simplifier les approvisionnements. Les chiffres admis dans les calculs pour l'intensité normale sont respectivement $0^A,5$ pour les lampes de 10 bougies, 1^A pour celles de 20 bougies, $1^A,5$ pour celles de 30 bougies, et $2^A,2$ pour celles de 50 bougies.

Les feux de navigation comprennent les feux prescrits par le décret du 1er septembre **1884** concernant les règles établies pour prévenir les abordages. Ces feux sont les suivants (3) :

1° Deux feux de côté, l'un vert (tribord), l'autre rouge (babord);

2° Un feu de hune, blanc;

3° Un feu de remorque, blanc.

---

(1) Décret du 1er septembre 1884; circulaires du 31 mars 1891, 30 avril 1891, 3 septembre 1892, 28 septembre 1892, 5 avril 1893, 15 mai 1893, 3 août 1893, 5 août 1893, 30 septembre 1893, 28 novembre 1893, 12 décembre 1893, 18 janvier 1894, 21 juin 1894, 25 avril 1895, 1er juin 1895, 23 juillet 1895, 24 septembre 1895, 27 septembre 1895, 25 novembre 1895, 30 juin 1896, 30 septembre 1896, 31 octobre 1896, 29 janvier 1897; instructions du 16 avril 1895 et du 31 décembre 1896.

(2) Ou 65 volts, si l'installation est faite à 70 volts.

(2) Les feux de côté et de hune doivent être tenus allumés par tous les temps, depuis le coucher du soleil jusqu'à son lever, lorsque le navire est en marche, à la vapeur. Si le bâtiment navigue à la voile, sans le secours de la machine, les feux de côté doivent être seuls allumés.

Les feux de côté doivent être pourvus d'écrans se projetant en avant d'au moins 91 centimètres, de telle sorte que leur lumière ne puisse pas être aperçue de tribord devant pour le feu rouge, de babord devant pour le feu vert. L'amplitude du secteur éclairé par chaque feu est de 112°,5 à partir d'une parallèle à l'axe du navire dirigée vers l'avant.

Le feu de hune est un feu blanc placé sur l'avant du mât avant, à une hauteur d'au moins six mètres au-dessus du plat-bord, et, si la largeur du navire est de plus de six mètres, à une hauteur au-dessus du plat-bord au moins égale à la largeur du navire. Le secteur éclairé a une amplitude de 225° et est disposé symétriquement par rapport à l'axe du navire.

Tout navire à vapeur qui remorque un autre bâtiment doit porter, outre ses feux de côté et de hune, un deuxième feu blanc identique au feu de hune, placé verticalement au-dessous de ce feu, à 91 centimètres de distance au moins.

Ces feux sont installés dans des fanaux dits *fanaux-phares*, disposés pour être éclairés indifféremment à l'huile de pétrole ou à l'électricité. Lorsqu'ils sont éclairés à l'électricité, ils reçoivent des lampes d'intensité variable suivant la catégorie du navire (1), conformément aux indications du tableau suivant :

	Feux blancs et rouges.	Feux verts.
Bâtiments de la 1re catégorie	30 B	50 B
Bâtiments de la 2e —	20 B	30 B

L'intensité lumineuse est augmentée dans les feux verts, parce que le verre vert a la propriété d'absorber les rayons lumineux beaucoup plus que les verres rouges ou blancs.

En raison de l'importance de ces feux, on leur attribue comme nous l'avons vu un circuit spécial, et on dispose sur ce circuit un appareil de sûreté, dit *avertisseur d'extinction,* destiné à prévenir le personnel de quart dès qu'un des feux vient à s'éteindre. L'avertisseur d'extinction est une sorte de tableau indicateur muni d'une sonnerie et de quatre lampes témoins. Ces lampes témoins sont des lampes de 10 bougies, montées de manière à être allumées ou éteintes en même temps que le feu correspondant. Elles sont placées chacune derrière une fenêtre garnie d'un verre, rouge pour le feu de babord, vert pour le feu de tribord, blanc dépoli pour le feu de hune, clair pour le feu de remorque. La sonnerie forme un circuit distinct, alimenté par deux éléments Leclanché, de manière à prévenir de l'extinction même en cas d'arrêt de la dynamo. Les dispositions de détail varient légèrement suivant les appareils; la figure 286 représente un des systèmes que l'on peut employer. Sur le circuit de chaque feu sont

---

(1) Au point de vue de l'éclairage électrique extérieur, les bâtiments sont divisés en deux catégories. La première catégorie comprend les cuirassés d'escadre et de croisière, les garde-côtes, les canonnières cuirassées, les croiseurs de 1re, 2e et 3e classe, les contre-torpilleurs d'escadre, les croiseurs porte-torpilleurs, et les transports d'escadre. La 2e catégorie comprend les avisos-torpilleurs, les torpilleurs de haute mer, les avisos de 1re et de 2e classe, les avisos-transports, les canonnières, et les transports de 1re et de 2e classe.

intercalés un interrupteur et un électro-aimant. Lorsqu'on manœuvre l'interrupteur de manière à allumer le feu, l'armature de
l'électro-aimant est attirée, et vient buter sur un contact, de ma-

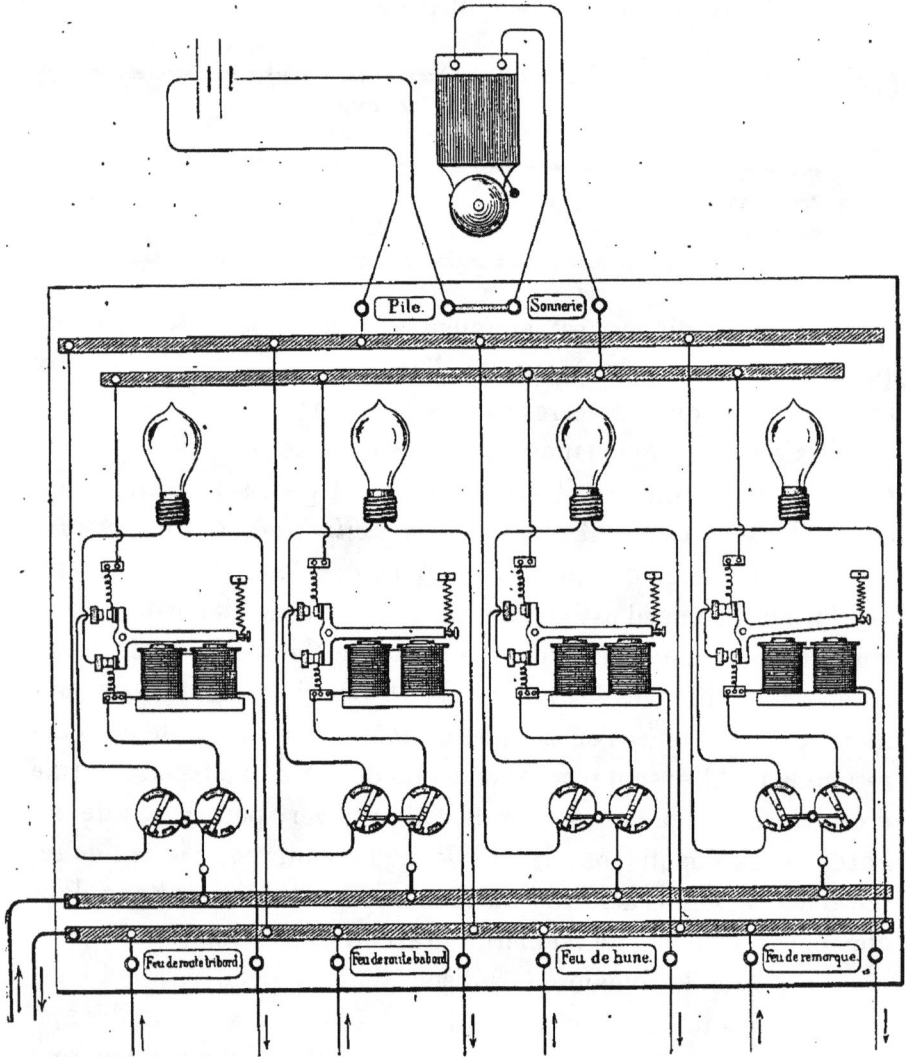

Fig. 286.

nière à faire passer le courant dans la lampe témoin correspondante. Si le feu vient à s'éteindre, l'armature est ramenée par un
ressort; la lampe témoin s'éteint, et le courant passe dans la sonnerie.

Les fils destinés à relier l'avertisseur d'extinction aux feux de navigation sont enfermés dans des tuyaux et aboutissent à des prises de courant installées à proximité de l'emplacement de chaque fanal. Ces prises de courant sont disposées de manière à former boîte étanche, précaution indispensable pour que l'eau de mer qui peut balayer le pont ou y séjourner ne puisse pas établir de court circuit. La figure 287 représente un des systèmes employés dans ce but. Les deux conducteurs reliés à la douille qui porte la lampe pénètrent dans un couvercle en bronze par un trou muni d'une rondelle de caoutchouc serrée par un écrou, et aboutissent à deux plaques de laiton affleurant une plaque de bois fixée à l'intérieur du couvercle. Les fils venant de l'avertisseur d'extinction aboutissent dans une boîte en bronze à deux contacts à ressort. Lorsque le couvercle est en place, ces contacts pressent sur les plaques de laiton, et le courant passe dans la lampe. Les boulons à oreille qui servent à fixer le couvercle sont disposés suivant un triangle isocèle, et non suivant un triangle équilatéral, de telle sorte que l'on ne puisse hésiter sur la position à lui donner. Lorsque le feu n'est pas allumé, la boîte en bronze est fermée par une tape pleine, sur laquelle est inscrite la désignation du feu.

Les feux de signaux comprennent :

1° Les signaux clignotants;

2° Les signaux à éclipses;

3° Les signaux à éclats;

4° Les signaux spéciaux;

5° Les feux de position;

6° Les feux de direction;

7° Les feux accidentels.

Les *signaux clignotants* sont effectués au moyen de quatre fanaux doubles; la partie supérieure de chaque fanal est munie d'un verre rouge, et la partie inférieure d'un verre blanc. Les lampes employées dans ces fanaux sont les suivantes :

	Feu rouge.	Feu blanc.
Bâtiments de la 1re catégorie. . . .	30 B	20 B
Bâtiments de la 2e —	20 B	10 B

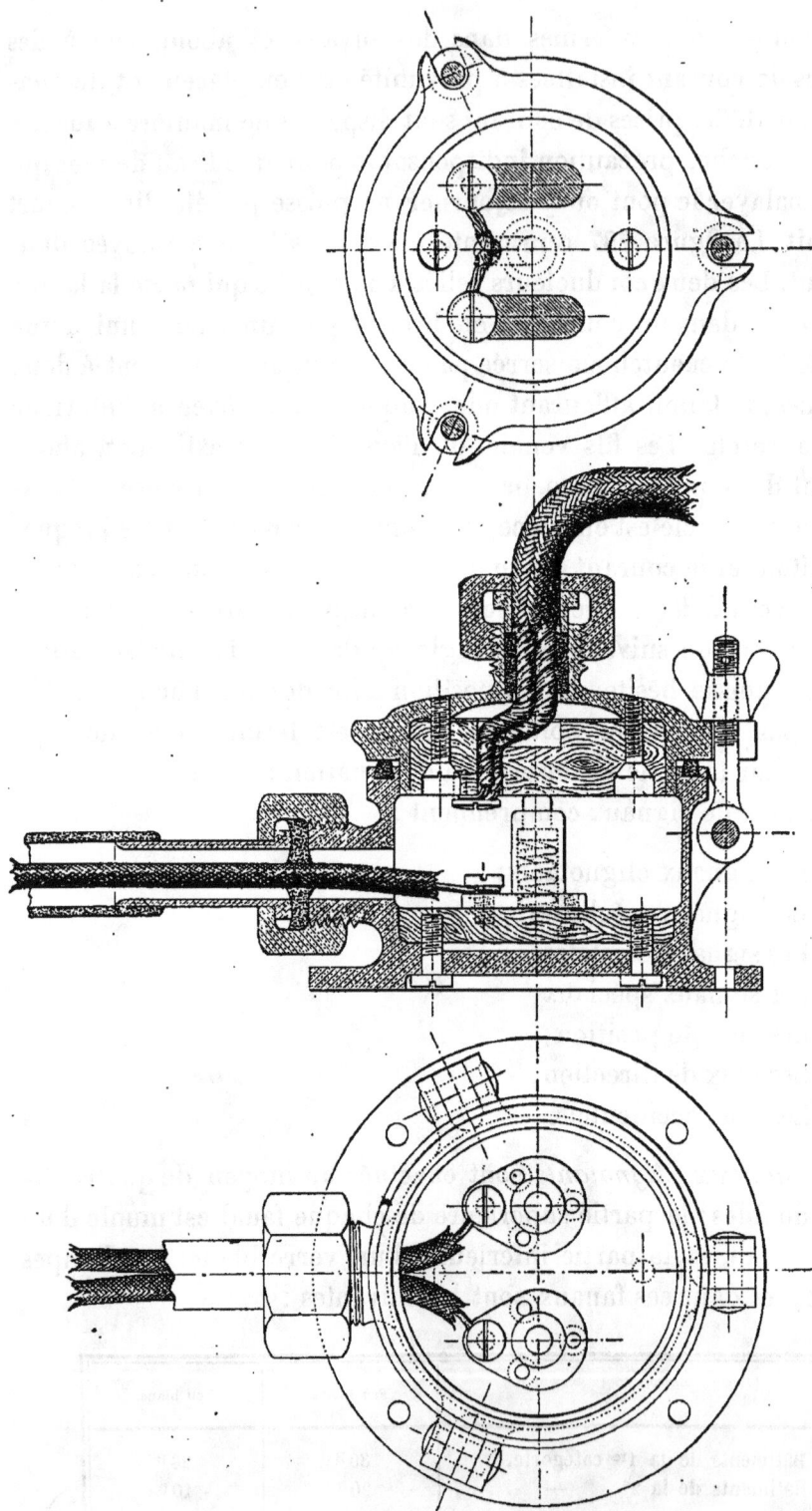

Fig. 287.

Les quatre fanaux sont frappés à la suite l'un de l'autre, séparés par un intervalle de 4^m,50 environ, sur une drisse que l'on peut hisser à l'un des mâts. Le long de la drisse est genopé un câble souple formé de la réunion de neuf conducteurs isolés les uns des autres et enfermés dans une même gaine. Huit de ces conducteurs $\left(7 \text{ fils } \frac{5}{10}\right)$ servent à amener le courant aux lampes, et le neuvième $\left(7 \text{ fils } \frac{11}{10}\right)$ sert de fil de retour commun. Le câble à neuf conducteurs, dont la longueur est de 50 mètres, aboutit à une prise de courant étanche reliée à des commutateurs spéciaux permettant d'effectuer rapidement les diverses combinaisons d'allumage qui constituent les signaux (1). Ces commutateurs sont groupés sur un tableau dit *manipulateur de signaux*, dont nous indiquerons tout à l'heure la disposition.

Les *signaux à éclipses* (combinaisons d'éclats blancs longs et brefs) et les *signaux à éclats* (combinaisons d'éclats blancs et d'éclats rouges) sont produits au moyen du fanal supérieur de la colonne des signaux clignotants. L'allumage et l'extinction du feu blanc dans le premier cas, l'allumage alternatif des deux feux du fanal dans le second cas, sont commandés par des commutateurs placés sur le manipulateur de signaux.

Les *signaux spéciaux* sont effectués au moyen de cinq fanaux, dont deux à verre rouge, deux à verre vert, et un à verre blanc. Les lampes employées sont les suivantes :

(1) Les deux feux d'un même fanal ne sont jamais allumés simultanément. Chaque signal est un nombre de quatre chiffres, composé à l'aide des chiffres 1, 2, 3, 4, 5, représentés chacun par une combinaison distincte :

1. — Blanc fixe.
2. — Rouge fixe.
3. — Blanc clignotant.
4. — Rouge clignotant.
5. — Blanc et rouge alternatif.

Le signal clignotant est effectué au moyen d'éclats séparés par des éclipses d'une durée de trois secondes. La durée de l'éclat doit être égale à deux ou trois fois la durée de l'éclipse. Ces durées peuvent être augmentées suivant les difficultés de vue, mais le rapport de la durée de l'allumage à la durée de l'éclipse doit rester le même.

Le signal scintillant alterné est obtenu au moyen d'éclats alternativement blancs et rouges, ayant une durée de 2ˢ à 2ˢ,5.

	Feux rouges.	Feux verts.	Feux blancs.
Bâtiments de la 1ʳᵉ catégorie.	30 ᴮ	50 ᴮ	20 ᴮ
Bâtiments de la 2ᵉ —	20 ᴮ	30 ᴮ	10 ᴮ

On prend quatre quelconques de ces fanaux, et on les frappe le long d'une drisse de la même manière que les signaux clignotants (1). Un câble souple à cinq conducteurs (dont un servant de retour commun), ayant une longueur de 50 mètres, relie les fanaux à une prise de courant étanche reliée elle-même à un commutateur spécial, appelé *combinateur*, que l'on installe en général soit dans la chambre des cartes, soit dans le kiosque de majorité s'il en existe un. Cet appareil (fig. 288) se compose d'une caisse rectangulaire dans laquelle sont disposées horizontalement cinq plaques métalliques, isolées les unes des autres; chaque plaque est percée de 15 trous, et les trous des diverses plaques sont superposés de manière qu'on puisse y enfoncer une broche métallique F. Les trous de la plaque inférieure L, qui sert de prise de courant, ont tous un diamètre égal à celui de la broche. Les quatre autres plaques sont munies chacune de huit trous ayant le diamètre de la broche et de sept trous ayant un diamètre plus grand. On voit immédiatement qu'on peut disposer ces trous de telle sorte qu'à chacune des 15 positions de la broche corresponde une combinaison d'allumage. Par exemple, dans le cas représenté par le schéma qui indique les communications, ce sont les lampes 2 et 3 qui sont allumées. La broche est garnie de languettes formant ressort de manière à assurer un bon contact avec la plaque L et les diverses plaques. Au repos, la broche est placée dans un tube support M, fixé contre la boîte. Un deuxième tube reçoit une broche de rechange. De petites fiches *f*, *f*, formées d'une sorte de clou à tête plate garnie de 1, 2, 3 ou 4 pointes en relief, servent à préparer d'avance, dans un ordre déterminé, un certain nombre de signaux. Le combinateur est relié, par un câble à deux conducteurs,

(1) Les mâts reçoivent en général chacun deux potences, de manière qu'on puisse à volonté hisser à chaque mât la colonne des signaux clignotants et celle des signaux spéciaux. On dispose dans ce but, par le travers de chaque mât, deux prises de courant étanches sur lesquelles on peut greffer les câbles à conducteurs multiples de ces signaux.

soit à une prise de courant étanche, soit le plus souvent à un interrupteur placé sur le manipulateur de signaux.

Les *feux de position* sont formés de deux fanaux doubles identiques à ceux qui sont employés pour les signaux clignotants, et
recevant les mêmes lampes. Ils sont hissés l'un au-dessus de l'autre

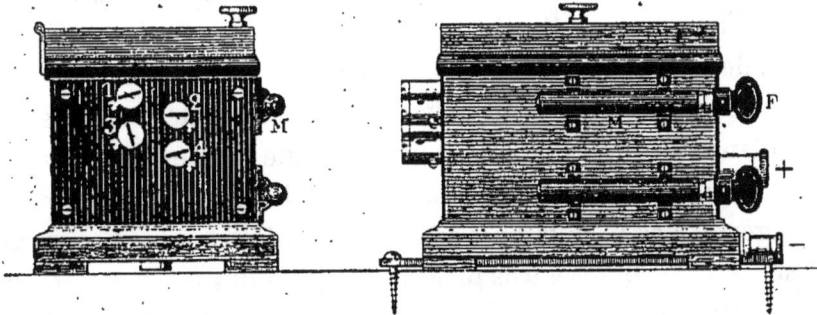

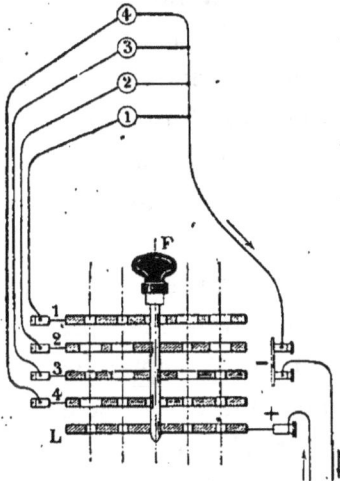

Vue du dessus, le couvercle enlevé.

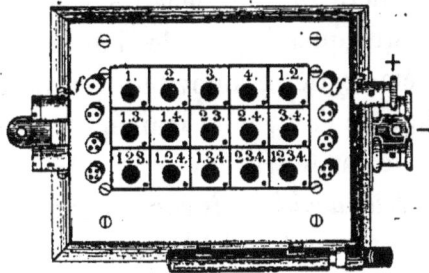

Dynamo.

Fig. 288.

à la corne du mât arrière, et reliés par un câble à cinq conducteurs
à une prise de courant étanche à cinq contacts. Le câble partant
de cette prise de courant aboutit à un commutateur spécial, permettant d'effectuer les quatre combinaisons d'allumage (1).

(1) Chaque signal est formé de deux feux, les deux lampes d'un même fanal n'étant
jamais allumées simultanément. Les combinaisons sont les suivantes :

Deux feux blancs..................... — la machine marche en avant.
Deux feux rouges..................... — la machine marche en arrière.
Feu supérieur blanc, feu inférieur rouge — la machine est stoppée.
Feu supérieur rouge, feu inférieur blanc — le bâtiment est au mouillage.

Les *feux de direction*, qui ne sont installés que sur les bâtiments destinés à naviguer en escadre, sont disposés dans un fanal à trois feux, appelé *ratière*, et sont destinés à permettre à chaque bâtiment de signaler à celui qui le suit immédiatement ses changements de route. La ratière se compose d'une boîte cylindrique en tôle de fer ou de laiton à trois compartiments superposés, munis chacun d'une fenêtre étroite verticale donnant un secteur d'éclairement de 12° environ. La fenêtre supérieure porte un verre rouge; la fenêtre inférieure un verre vert, la fenêtre intermédiaire un verre blanc. Chaque compartiment reçoit une lampe de 30 bougies sur les bâtiments de la 1re catégorie, de 20 bougies sur ceux de la 2e catégorie. Les trois lampes sont commandées par un commutateur spécial (1). Des regards placés à l'opposé des fenêtres permettent de vérifier si l'allumage des feux se fait normalement. La ratière est installée à poste fixe à l'arrière du bâtiment, dans l'axe, de manière que les fenêtres soient dirigées vers l'arrière. On a prévu quelquefois pour les bâtiments amiraux l'installation d'une deuxième ratière, amovible, pouvant être disposée à volonté d'un bord ou de l'autre, de manière à faire des signaux de changement de route par le travers.

Les *feux accidentels* comprennent divers feux destinés à indiquer que le bâtiment qui les montre n'est momentanément pas maître de sa manœuvre. Aux termes du décret du 1er septembre 1884, tout navire à voiles ou à vapeur qui, pour une cause accidentelle, n'est pas libre de ses mouvements, doit, si c'est pendant la nuit, mettre à la place assignée au feu de hune des bâtiments à vapeur trois feux rouges disposés verticalement à une distance l'un de l'autre d'au moins 91 centimètres. Ces feux sont installés dans des fanaux sphériques pouvant être éclairés indifféremment à la bougie

----

(1) Les combinaisons d'allumage sont les suivantes :

Blanc fixe.
Blanc clignotant (éclats brefs).
Vert clignotant (éclats brefs ou longs).
Rouge clignotant (éclats brefs ou longs).
Blanc-vert alterné.
Blanc-rouge alterné.
Vert-rouge alterné (éclats brefs).
Blanc-vert-rouge alterné.

ou à l'électricité; dans ce dernier cas, ils reçoivent chacun une lampe de 30 bougies sur les bâtiments de la 1ʳᵉ catégorie, de 20 bougies sur ceux de la 2ᵉ catégorie; les trois lampes sont reliées à une prise de courant étanche et commandées simultanément par un interrupteur unique.

Dans le cas particulier d'un navire occupé à la pose d'un câble télégraphique, pour lequel l'impossibilité de manœuvrer subsiste pendant toute la durée de cette opération, le feu rouge intermé-

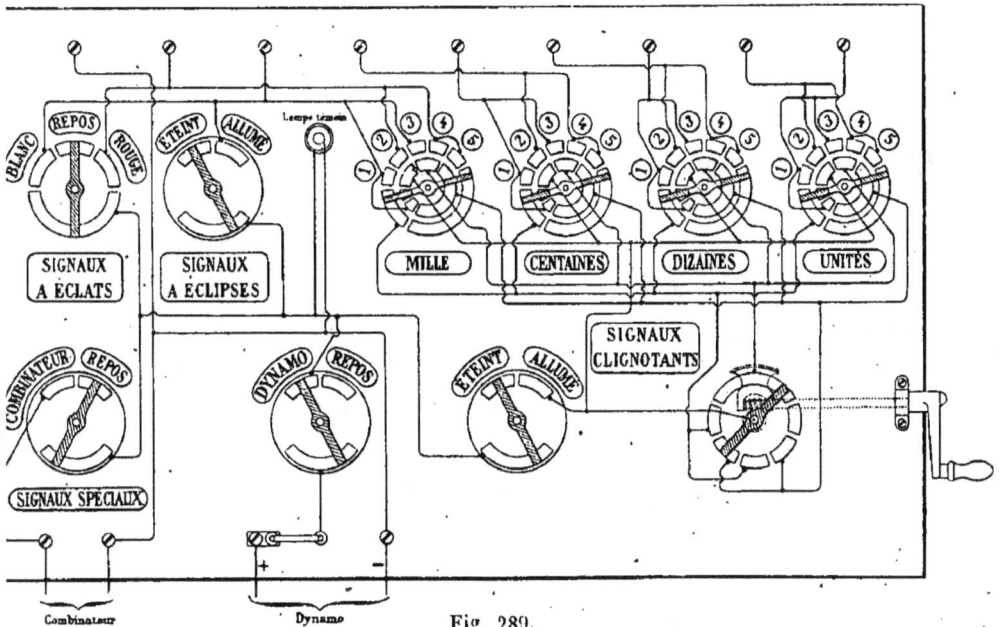

Fig. 289.

diaire du signal précédent est remplacé par un feu blanc produit par une lampe de 20 bougies sur les bâtiments de la 1ʳᵉ catégorie, de 10 bougies sur ceux de la 2ᵉ catégorie. Les trois feux doivent être alors espacés l'un de l'autre de 1ᵐ,82 au moins.

La manœuvre de tous les feux de signaux est obtenue au moyen de commutateurs groupés sur un tableau appelé *manipulateur de signaux*. Ce manipulateur est scindé en deux tableaux, l'un desservant les signaux clignotants, à éclipses et à éclats, ainsi que le combinateur des signaux spéciaux, l'autre affecté aux feux de position et de direction et aux feux accidentels.

Le premier manipulateur, dont la figure 289 représente la schéma, est installé soit dans le kiosque de majorité, s'il en existe un, soit dans une armoire en bois fixée par exemple au pied d'un des mâts. Il comprend : .

1° Un interrupteur général de courant et une lampe témoin de 10 bougies, disposée de manière à montrer lorsqu'elle s'allume que les connexions sont bien établies et que le manipulateur est prêt à fonctionner ;

2° Quatre commutateurs de préparation des signaux clignotants ;

3° Un commutateur de clignotement et d'alternance ;

4° Un interrupteur permettant d'allumer ou d'éteindre d'un seul coup l'ensemble du signal préparé ;

5° Un commutateur permettant de produire les signaux à éclipses ;

6° Un interrupteur permettant de produire les signaux à éclats ;

7° Un interrupteur desservant le combinateur des signaux spéciaux.

Le commutateur de clignotement et d'alternance est formé d'une lame mobile se déplaçant sur ses touches d'un mouvement continu. La rotation est commandée par une roue striée, une vis tangente et une manivelle ; elle doit tourner sans interruption pendant toute la durée de manœuvre des signaux, le nombre de tours de la manivelle étant d'environ 40 par minute. Dans ces conditions, la lame mobile exécute un tour complet en 24 secondes environ, et on voit sur la figure qu'elle produit les clignotements et les alternances lorsque les lames des commutateurs de préparation sont placées sur les touches 3, 4 ou 5.

Le second manipulateur, dont la figure 290 représente la disposition, est installé dans la chambre des cartes, à portée de l'officier de quart. Il comprend :

1° Un interrupteur général et une lampe témoin, comme le premier manipulateur ;

2° Un commutateur des feux de position ;

3° Un commutateur des feux de direction ;

4° Un interrupteur des feux accidentels.

En outre des feux de navigation et de signaux, l'éclairage extérieur comprend divers feux qui sont employés éventuellement dans les circonstances que nous allons indiquer.

Le *feu de mouillage* est un feu blanc que tous les bâtiments au mouillage doivent porter la nuit. Ce feu doit être placé le plus en vue possible, à une hauteur au-dessus du plat-bord n'excédant pas

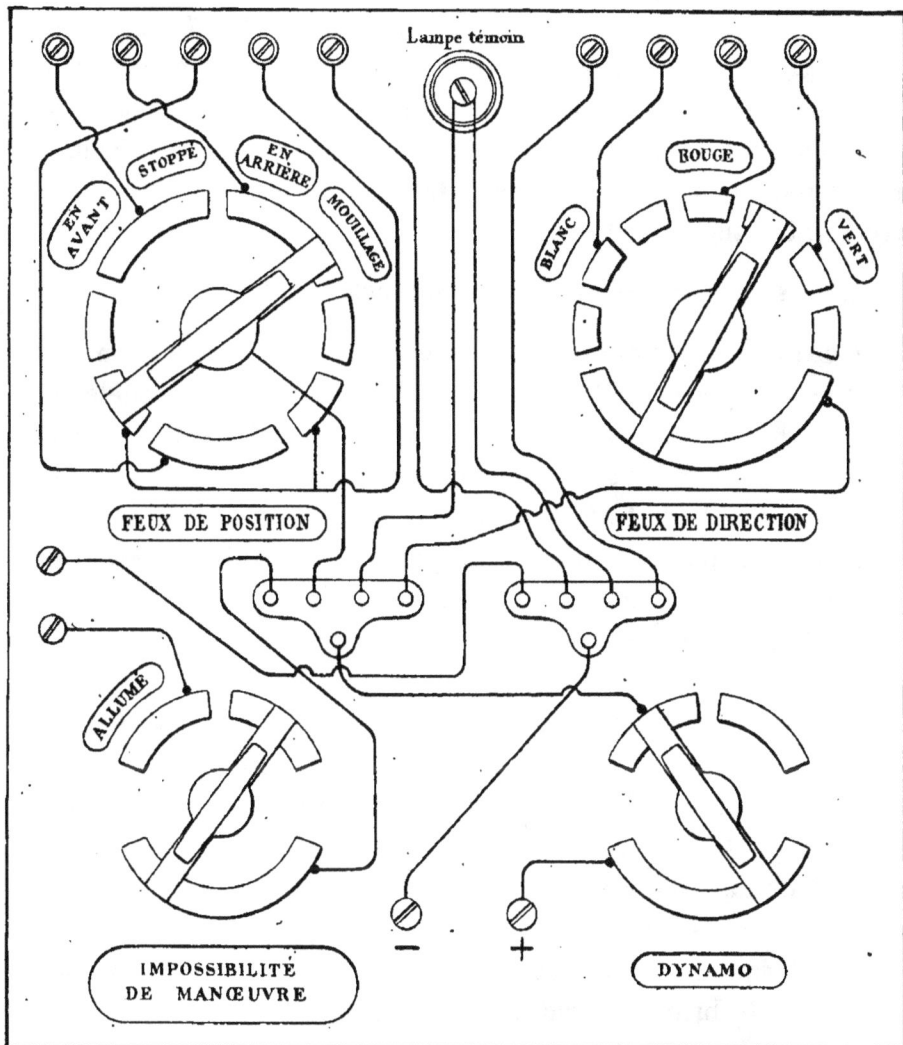

Fig. 290.

6 mètres. On l'installe en général dans un fanal placé à l'extrémité avant du bâtiment. Ce fanal reçoit une lampe de 10 bougies.

Le bâtiment stationnaire commandant une rade porte en outre au mouillage, comme signe distinctif, un feu rouge placé en tête du mât de l'avant. Ce feu est produit par une lampe de 30 bougies.

Pour l'éclairage des travaux de nuit (embarquement de charbon, de matériel, etc.), on emploie des lampes portatives de grande intensité lumineuse, qui portent le nom de *réflecteurs*. Le type réglementaire (fig. 291) se compose d'une lanterne étanche en verre épais, protégée par un solide grillage, et contenant 7 lampes de 50 bougies. Cette lanterne est fixée par un emmanchement élastique à l'intérieur d'un réflecteur conique en tôle d'acier zingué de $2^m/_m$ d'épaisseur, muni de manilles permettant de le suspendre horizontalement ou verticalement. Les bâtiments de la 1re catégorie reçoivent actuellement deux de ces réflecteurs, munis chacun de 50 mètres de câble souple à deux conducteurs $\left(7 \text{ fils } \dfrac{11}{10}\right)$. On dispose ordinairement pour ces feux deux prises de courant, une au pied de chaque mât. On a essayé sur le *Tonnerre* un modèle de réflecteur à arc, fourni par la maison Sautter, Harlé et Cie, comprenant une lampe à arc de 25 ampères environ.

Les bâtiments destinés à naviguer en escadre doivent recevoir certains feux spéciaux, qui sont les *feux de poupe*, les *feux de sillage*, et, éventuellement, le *feu de commandement*.

Dans la navigation en escadre, en plus des feux de route, le commandant en chef porte trois feux blancs à la poupe. Les chefs de division en portent deux; les autres bâtiments en portent un seul. Les feux de poupe sont obtenus chacun au moyen d'une lampe de 10 bougies, installée dans un fanal relié à une prise de courant étanche.

Les feux de sillage sont installés dans un fanal flottant appelé *bouée lumineuse*. Cette bouée est constituée par un tronc de cône en tôle formant caisson étanche, disposé de manière à être filé, par temps de brume, à 200 mètres environ sur l'arrière des cuirassés et des croiseurs. La petite base du tronc de cône est formée par un réflecteur étamé, la grande base par une glace plane; entre le réflecteur et la glace sont placées quatre lampes de 30 bougies. La bouée est munie de flotteurs en bois et en liège, et d'une manille permettant de la remorquer, la grande base étant dirigée vers l'arrière. Le long de cette remorque est fixé un câble à deux conducteurs qui vient se greffer sur une prise de courant étanche installée à l'arrière du bâtiment.

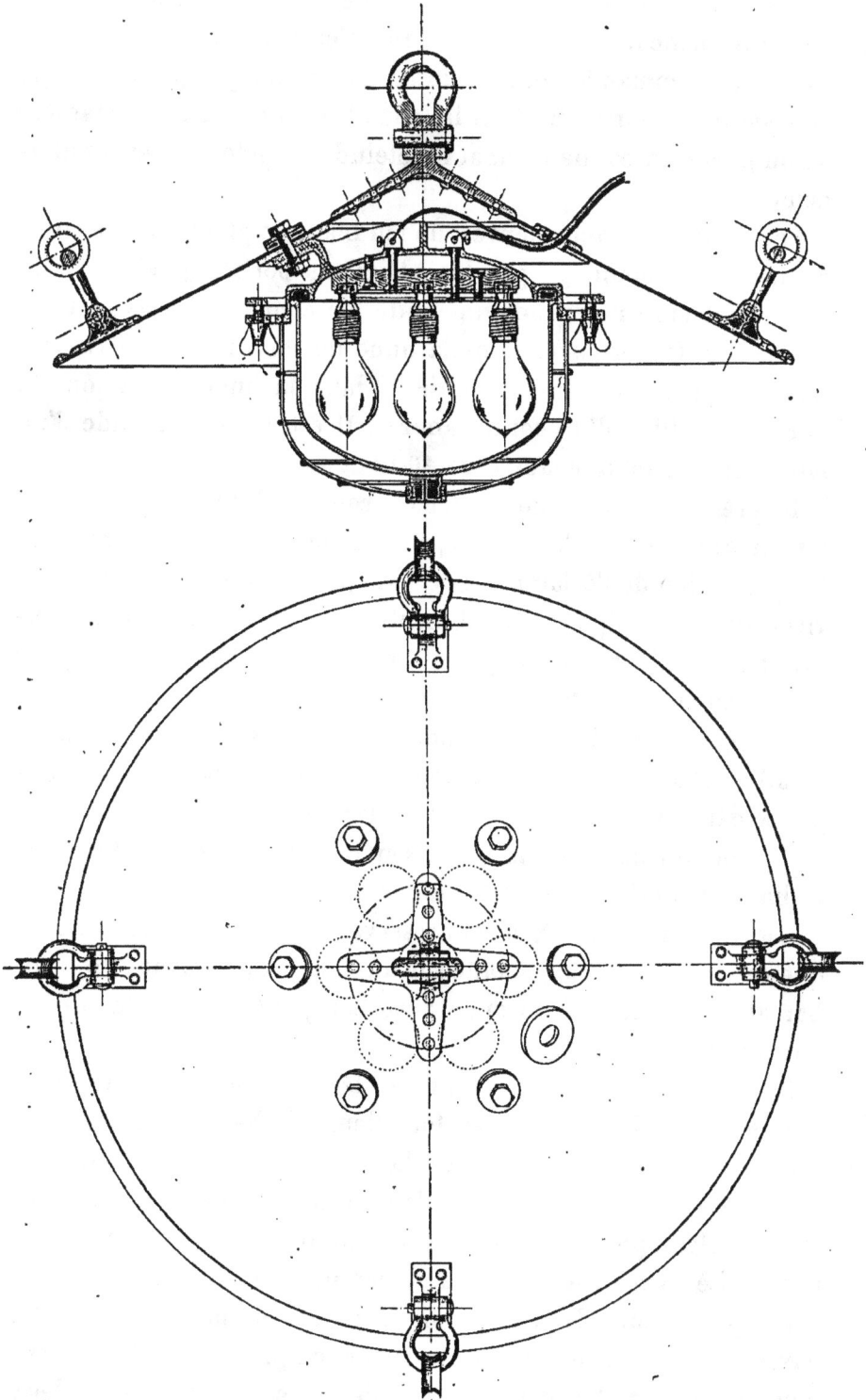

Fig. 291.

Les feux de poupe et de sillage sont en général installés sur un même branchement d'un des circuits d'éclairage des étages supérieurs, et commandés par un interrupteur unique placé dans le kiosque de majorité ou dans la chambre des cartes, de manière qu'on puisse en cas de combat les éteindre rapidement et simultanément.

Le feu de commandement est un feu blanc employé comme signe distinctif au mouillage par les bâtiments portant pavillon d'un officier général, indépendamment du feu commun à tous les bâtiments. Ce feu est placé dans la hune de misaine si le bâtiment porte le pavillon d'un vice-amiral, dans la hune d'artimon s'il porte le pavillon d'un contre-amiral. Il est produit à l'aide d'un fanal renfermant une lampe de 10 bougies.

D'après ce qui précède, en tenant compte des feux qui ne sont jamais allumés simultanément, l'intensité totale nécessaire pour l'alimentation de l'éclairage extérieur par incandescence est d'environ 40 ampères pour les bâtiments de la 1re catégorie, non compris les réflecteurs (30 ampères), et d'environ 25 ampères pour les bâtiments de la 2e catégorie.

Les projecteurs installés à bord des navires ont été décrits en détail au chapitre IX. Il en existe deux types, le type à miroir Mangin construit par la maison Sautter, Harlé et Cie, et le type à miroir parabolique construit par la maison Bréguet. Ils sont définis par le diamètre de la partie utile du miroir.

Les projecteurs de 0^m,30 sont réservés aux canots à vapeur. Chaque canot en reçoit un, monté sur un socle fixe à l'avant de l'embarcation. L'intensité normale absorbée par la lampe du projecteur est de 12 ampères.

Les projecteurs de 0^m,40 sont affectés aux torpilleurs de haute mer et à certains avisos. Les torpilleurs de haute mer reçoivent un projecteur, pouvant être installé soit sur le kiosque avant, soit sur le kiosque arrière. Les circuits sont disposés de telle sorte que le projecteur puisse fonctionner à l'un ou l'autre de ces postes. L'intensité normale absorbée par la lampe est de 45 ampères.

Les projecteurs de 0^m,60 sont installés sur la généralité des navires (y compris les avisos-torpilleurs de plus de 500 tonneaux). Pour les grands bâtiments, les projecteurs sont divisés en deux groupes; les uns, formant la *ligne haute*, sont installés sur des plateformes portées par les mâts et servent à guider le tir de l'artillerie; les autres, formant la *ligne basse*, sont répartis à peu de distance de la flottaison de manière à donner des feux rasants en vue de la défense contre les torpilleurs. La hauteur au-dessus de la flottaison des axes des projecteurs de la ligne basse varie de 4 à 6 mètres suivant les bâtiments; pour la ligne haute, elle est de 25 mètres environ sur les cuirassés, 20 mètres sur les grands croiseurs pourvus d'une mâture militaire, 9 mètres sur les croiseurs d'escadre ayant une mâture de paquebot.

Le nombre des projecteurs de $0^m,60$ varie suivant l'importance et le rôle des bâtiments (circulaires du 26 novembre 1890, 22 février 1892, 23 mars 1892, 28 avril 1892). Les règles suivies le plus généralement sont les suivantes :

	Ligne basse.	Ligne haute.
Cuirassés d'escadre.................. ⎞ Croiseurs d'escadre de 1re et 2e classe...... ⎬	4	2
Cuirassés garde-côtes :	4	1
Croiseurs de station de plus de 2,500 tonneaux. ⎞ Croiseurs d'escadre de 3e classe .... ⎬	4	»
Croiseurs de station de 2,500 tonneaux et au-dessous ⎞ Avisos-torpilleurs. ..., ... ⎬	2	»

Certains cuirassés ont une ligne basse composée de six projecteurs au lieu de quatre. Pour les croiseurs de station, bien qu'ils n'aient pas de ligne haute installée à poste fixe, la hune de deux des mâts doit être disposée en vue de recevoir à l'occasion un projecteur.

Les projecteurs de $0^m,60$ marchent à deux régimes, soit à l'intensité réduite de 45 ampères pour tous les projecteurs du bord, soit à l'intensité normale de 65 ampères pour ceux de la ligne basse, de 75 ampères pour ceux de la ligne haute. Pour permettre de passer d'un régime à l'autre, le rhéostat intercalé sur le circuit pour absorber l'excédent de force électro-motrice (§ 94) est scindé en deux parties, un commutateur permettant de donner à la résistance la valeur correspondant à l'intensité à obtenir.

Tous les projecteurs de $0^m,60$ sont munis d'un appareil de commande électrique à distance, comprenant un manipulateur, placé au poste d'observation, et un système d'électro-moteurs, que nous décrirons au paragraphe suivant, actionnant les transmissions nécessaires pour produire l'orientation du projecteur, soit en hauteur, soit en direction.

Les projecteurs peuvent être soit installés à demeure, soit rendus mobiles si les dispositions locales leur imposent un poste de navigation différent du poste d'éclairage. Les divers modes d'installation se ramènent à six types suffisamment variés pour se prêter aux exigences d'aménagement de tous les navires modernes. Ces types sont les suivants :

1° Projecteurs montés sur socle fixe ;

2° Projecteurs roulants, sur socle conique ;

3° Projecteurs roulants, sur socle rectangulaire ;

4° Projecteurs montés sur chariot à simple coulisse, roulant sur rails inférieurs ;

5° Projecteurs suspendus sous chariot à simple coulisse, roulant sur rails aériens ;

6° Projecteurs montés sur chariot à double coulisse, roulant sur rails inférieurs.

Dans les trois premiers types, les électro-moteurs de commande sont renfermés dans le socle (fig. 292) ; dans les trois derniers, ils sont logés dans une caisse rectangulaire en tôle fixée à l'arrière du chariot. Les projecteurs montés sur chariot, appelés souvent *projecteurs de sabord*, sont disposés de manière à pouvoir être poussés en dehors de la muraille du bâtiment ou rentrés à l'intérieur pour la navigation ordinaire. Le type à double coulisse ne doit être employé que lorsque la saillie hors de la muraille du chariot portant le projecteur dépasse sensiblement 2 mètres.

154. Électro-moteurs. — L'emploi des moteurs électriques tend à se généraliser de plus en plus à bord des navires ; ils sont en général peu encombrants et d'installation facile, et se substituent avantageusement dans beaucoup de cas aux moteurs à vapeur. On évite ainsi l'installation de tuyautages de vapeur produisant une élévation de température du compartiment et provoquant des condensations sur les parois. La seule précaution à prendre est de disposer les électro-moteurs de telle sorte que l'huile de graissage des organes en mouvement ne puisse être projetée sur l'armature ou les inducteurs, ce qui produirait une détérioration rapide des isolants. Dans ce but, on enveloppe les électro-moteurs par des capots de protection en tôle mince (circulaire du 1er août 1894).

Les applications que l'on peut réaliser à l'aide des électro-moteurs à bord des navires sont extrêmement variées. Une des plus simples est la commande des ventilateurs d'aération. Le ventilateur est accouplé directement sur l'arbre de l'électro-moteur; le sens de rotation étant invariable, il n'y a pas besoin d'inverseur de marche. L'allure étant très sensiblement constante, le moteur peut être avantageusement, comme nous l'avons dit, alimenté par des circuits d'incandescence.

On peut aussi employer les moteurs électriques pour actionner des pompes. Il est surtout commode de faire usage de pompes centrifuges, dont l'arbre peut être attelé directement à celui de l'électro-moteur, ce qui supprime toute transmission intermédiaire. Ici encore, le sens de rotation étant constant, il n'y a pas d'inverseur de marche, et l'organe de commande du moteur se réduit à un commutateur et un rhéostat de démarrage.

Citons également, parmi les moteurs à sens de rotation invariable, ceux qui sont quelquefois employés sur les grands bâtiments pour actionner les transmissions des machines-outils de l'atelier des mécaniciens.

Pour les autres moteurs, il est nécessaire de pouvoir disposer de deux sens de marche, et souvent de vitesses variables. On a alors des organes de commande permettant d'envoyer le courant dans l'armature dans un sens ou dans l'autre, par l'intermédiaire de résistances progressivement décroissantes. L'excitation des inducteurs du moteur est faite en dérivation, et de telle sorte que le sens du courant d'excitation soit constant; l'inversion du sens du courant envoyé à l'armature produit dans ce cas l'inversion du sens de marche du moteur (§ 134). Pour que le moteur s'arrête franchement lorsque les organes de commande sont ramenés à la position de repos, ceux-ci sont agencés de manière à produire dans cette position la mise en court circuit des balais du moteur. C'est ainsi que sont disposés par exemple les moteurs employés pour le pointage en direction des tourelles mobiles, pour les treuils de hissage des munitions et des escarbilles, pour les cabestans auxiliaires, pour la commande du tiroir du servo-moteur du gouvernail, pour l'orientation des projecteurs.

Les dispositions de détail des organes de commande des moteurs sont bien entendu très variables suivant la nature des fonctions que ceux-ci sont appelés à remplir. Nous décrirons à titre d'exemple l'installation réalisée par MM. Sautter, Harlé et Cⁱᵉ pour la commande des mécanismes d'orientation des projecteurs.

Les deux mouvements d'orientation et d'inclinaison sont commandés par un électro-moteur logé dans le socle qui supporte le projecteur (1). Cet électro-moteur (fig. 292) est formé d'un noyau inducteur unique M, muni de deux paires d'épanouissements polaires entre lesquels tournent deux induits A et A' indépendants l'un de l'autre. Un de ces induits commande le mouvement d'orientation, l'autre le mouvement d'inclinaison du projecteur. Sur l'arbre de l'induit A est calé un pignon denté P engrenant avec une roue R. Une vis V, montée sur le même arbre que cette roue, entraîne, par l'intermédiaire des roues dentées B, C et C'; le plateau Q qui supporte le projecteur. L'induit A' actionne de même, par l'intermédiaire du pignon P', de la roue R', et de la vis tangente V', l'arbre fileté T. Le long de cet arbre, et selon son sens de rotation, monte ou descend une douille J filetée intérieurement, qui commande les mouvements d'inclinaison du projecteur par l'intermédiaire des leviers L, L', L'', articulés en l, l', l''. Les mouvements du projecteur peuvent également être obtenus à la main, au moyen des volants H et H', clavetés sur les arbres des roues R et R'. Sur l'arbre reliant les roues B et C est placé un embrayage D commandé par le levier extérieur E. On peut ainsi débrayer la commande mécanique du mouvement d'orientation, lorsqu'il est nécessaire de déplacer rapidement le projecteur à la main.

Le manipulateur, qui peut être placé en un point quelconque du navire, se compose d'une caisse cylindrique portant le commutateur d'arrêt et de mise en marche, les deux commutateurs

_____

(1) Dans le cas des projecteurs montés sur chariot, les électro-moteurs sont logés comme nous l'avons vu dans une caisse placée à l'arrière du chariot et reliés au projecteur par une transmission mécanique.

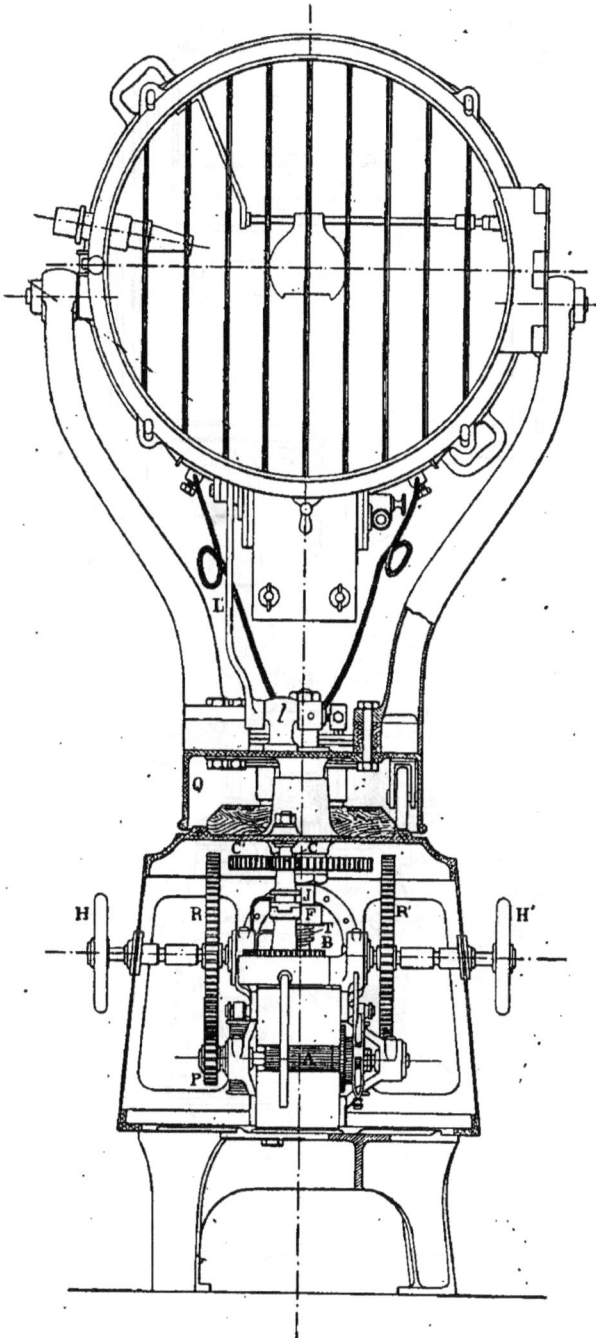

Fig. 292.

d'orientation et d'inclinaison, et renfermant les résistances nécessaires pour obtenir des vitesses différentes dans les mouvements.

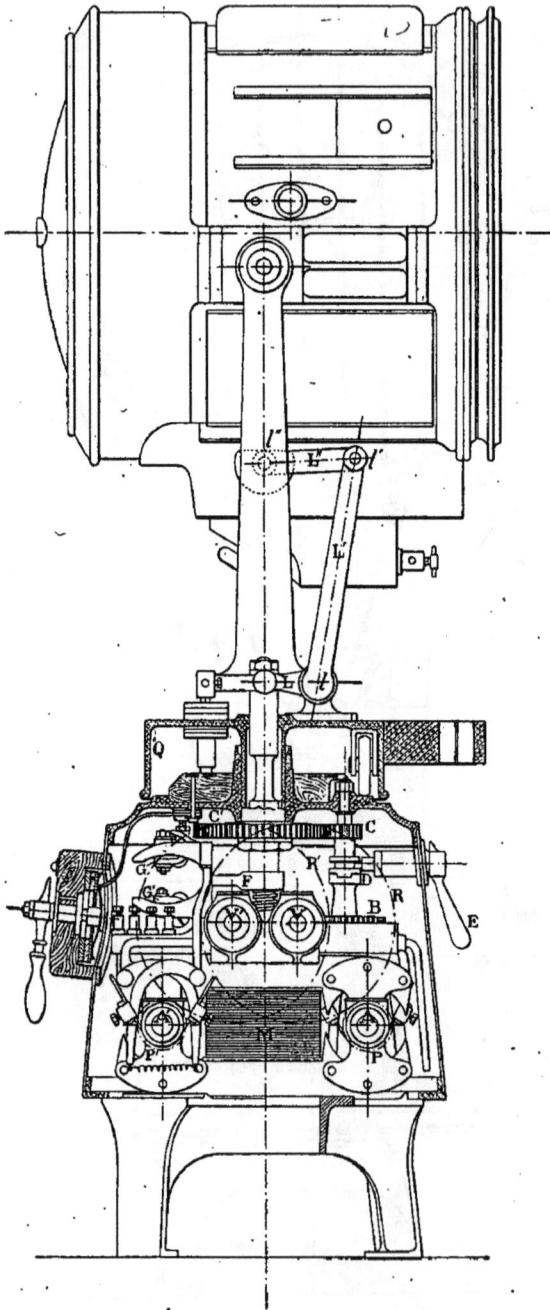

Fig. 292.

La figure 293 indique le schéma des communications. Les deux commutateurs de commande sont identiques ; chacun d'eux se

compose de deux cercles en cuivre superposés, divisés chacun
en plusieurs segments. Un cylindre creux K, sur lequel est fixée
une poignée de manœuvre, peut tourner sur son axe à l'intérieur
des cercles; il porte deux lames de cuivre S et S', isolées l'une de
l'autre, qui permettent de mettre en communication deux segments de cercle superposés, par exemple a et c, b et g (les cercles
ont été représentés concentriques l'un à l'autre, pour rendre la
figure plus claire). Le cylindre K contient un fort ressort spiral
qui le ramène à sa position moyenne, quand on abandonne la
poignée de manœuvre. Dans cette position, la lame S, en contact
avec c, est placée à cheval sur les segments a et b, ainsi que la
lame S', en contact avec f.

Cela étant, lorsque l'interrupteur I est placé dans la position de
marche, on voit que le courant passe dans le circuit inducteur M
des électro-moteurs, par l'intermédiaire des bornes 4 et 1, et que
la polarité de cet inducteur reste constante quel que soit le sens
de manœuvre des commutateurs. Le courant passe également dans
chacun des commutateurs, en traversant les résistances r et r', le
segment f, la lame S', les segments a et b, la lame S, le segment c et
la borne —. Dès que le cylindre K est écarté de sa position moyenne,
dans un sens ou dans l'autre, la lame S abandonne le segment b,
par exemple, et établit seulement le contact entre a et c. De même
la lame S' abandonne a et établit le contact entre b et f. L'induit
correspondant se met alors en mouvement. Si on continue à déplacer le cylindre K, la lame S' établit le contact entre b et g, et la
vitesse s'accélère, le courant n'ayant plus à traverser que la résistance r. Lorsque la lame S' établit le contact entre b et h, la vitesse est maxima, les résistances r et r' étant mises toutes deux hors
circuit. En déplaçant dans l'autre sens la poignée de manœuvre,
on change le sens de rotation de l'induit, puisqu'on y inverse le
sens du courant. Si on veut donner au projecteur des déplacements
de très faible amplitude, on imprime à la poignée des secousses
légères et répétées, dans le sens du mouvement que l'on veut produire; on obtient ainsi des déplacements répétés très faibles, équi-
valant à un déplacement continu très lent. Dès qu'on abandonne la poignée, le moteur s'arrête, l'induit étant mis en court
circuit par a S b et a S' b.

Le mouvement de rotation du projecteur autour de son axe vertical peut, sans aucun inconvénient mécanique, se prolonger indé-

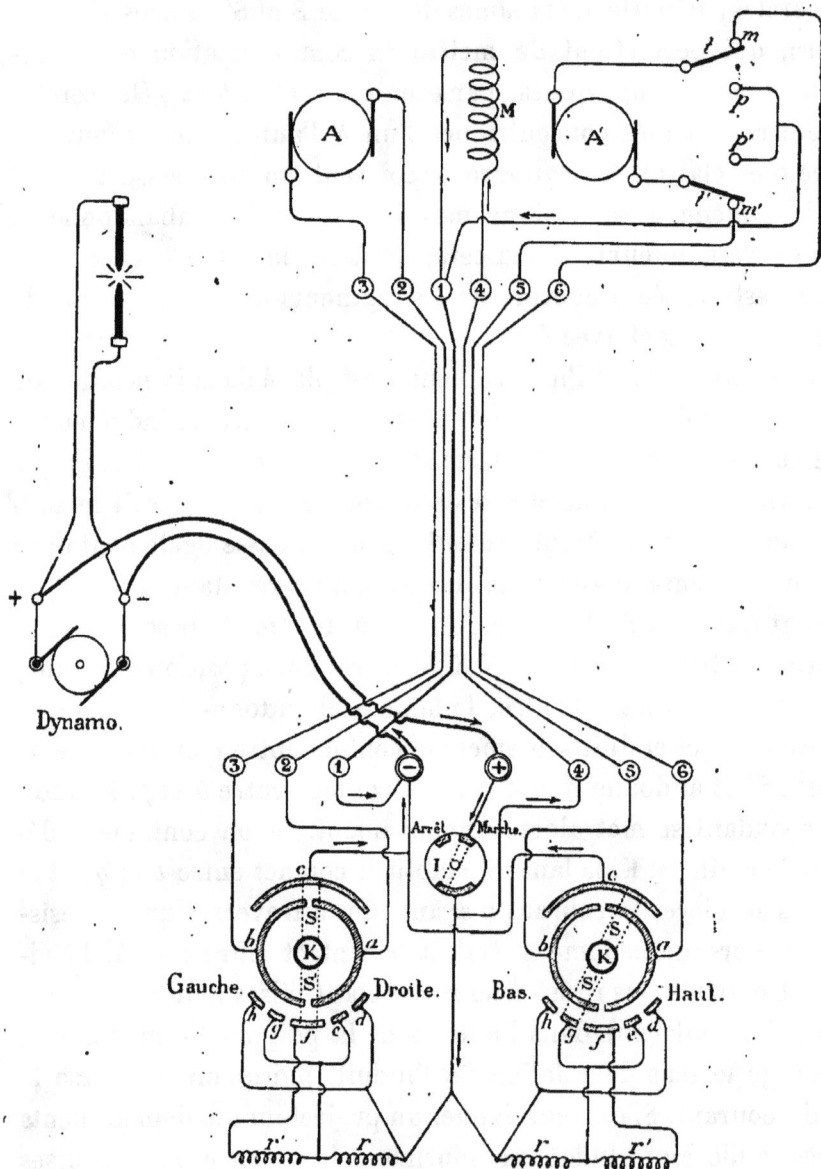

Fig. 293.

finiment. Il n'en est pas de même du mouvement d'inclinaison,
qui doit être maintenu automatiquement entre deux limites fixées
à l'avance (en général 30° au-dessous de l'horizontale et 20° au-
dessus). Pour obtenir ce résultat, la douille filetée J (fig. 292) porte

un doigt F qui monte ou descend avec elle. En des points déterminés de sa course, ce doigt F rencontre des leviers G et G' mobiles autour d'un axe horizontal. La queue du levier G porte deux contacts m et p (fig. 293) montés sur un même bloc mais isolés l'un de l'autre ; la queue du levier G' porte deux contacts m' et p' installés de la même manière. Les balais de l'induit A', qui commande le mouvement d'inclinaison, sont reliés à deux leviers t et t'; chacun de ces leviers peut pivoter autour d'un axe horizontal, et un ressort le force à basculer dans un sens ou dans l'autre dès qu'il dépasse la position horizontale. Supposons qu'au début les leviers t et t' soient dans la position représentée par la figure 293, appuyant sur les contacts m et m', et qu'on maintienne la poignée du commutateur de commande de A' de telle sorte que les lames S et S' établissent le contact entre a et c d'une part, b et g de l'autre. L'induit A' tournera en faisant descendre la douille J. A un certain moment, le doigt F viendra buter contre le levier G', et l'entraînera vers le bas. Ce mouvement fait monter le bloc portant les contacts m' et p', et par suite le levier t'. Dès que le levier t' dépasse la position horizontale, le ressort le fait basculer, et il quitte brusquement le contact m' pour venir appuyer sur le contact p'. Le courant est ainsi coupé, et l'induit A' est mis en court circuit par t m a c 1 p' t'. L'arrêt se fait instantanément bien que la poignée soit toujours dans la position de marche. Si on déplace la poignée dans l'autre sens, le court circuit est rompu, puisque a cesse d'être en contact avec c, et l'induit A' tourne en sens inverse (le courant passant alors par a m t A' t' p' 1). Le doigt F remonte, et le levier G', sollicité par un ressort, reprend sa position normale en ramenant t' au contact de m', ce qui laisse continuer le mouvement de l'induit A', le trajet t' m' b c 1 se substituant au trajet t' p' 1.

Le manipulateur est relié au socle du projecteur par un câble à six conducteurs, repérés à leurs extrémités ; le conducteur n° 1 est formé de 7 fils $\frac{12}{10}$, les autres conducteurs de 7 fils $\frac{7}{10}$. Un câble à deux conducteurs $\left(7 \text{ fils} \frac{12}{10}\right)$ relie le manipulateur à la source de courant. Le câble à deux conducteurs de la lampe est installé à part comme pour un projecteur ordinaire.

La puissance absorbée par les électro-moteurs dépend de la puissance utile que doit fournir l'appareil qu'ils actionnent, du rendement propre de l'électro-moteur, et du rendement de la transmission intermédiaire, s'il en existe, entre l'armature et l'appareil actionné par elle. Le rapport entre la puissance utile et la puissance à fournir aux bornes de l'électro-moteur est donc très variable, et nous nous contenterons de donner à ce sujet quelques indications générales pouvant servir de base pour l'établissement des projets d'installation et le calcul de la puissance des dynamos génératrices.

Pour les ventilateurs, si l'on désigne par D le débit en mètres cubes par heure, et par H la pression en millimètres d'eau de l'air refoulé, la puissance en watts à fournir aux bornes du moteur varie suivant le type et le mode d'installation du ventilateur entre 0,007 DH et 0,016 DH. La tension aux bornes étant comprise entre 75 et 78 volts, on peut admettre pour chaque ventilateur une dépense maxima de courant, en ampères, égale à 0,0002 DH.

Pour les pompes centrifuges, si l'on désigne par D le débit en tonneaux par heure, et par H la somme des hauteurs d'aspiration et de refoulement, exprimées en mètres, la puissance à fournir, en watts, varie entre 8 DH et 14 DH. Comme dépense maxima de courant, en ampères, on peut admettre 0,18 DH.

Pour les ateliers de mécaniciens, la dépense de courant nécessaire dépend du nombre de machines-outils, c'est-à-dire de la catégorie du bâtiment. Sur les bâtiments amiraux, recevant deux tours et une machine à percer, il faut prévoir une dépense maxima de 35 à 40 ampères, en cas de fonctionnement simultané de toutes les machines-outils. Sur les bâtiments ne recevant qu'un tour petit modèle et une machine à percer, la dépense est de 20 ampères environ.

Pour les moteurs actionnant des appareils de levage (treuils à munitions et à escarbilles, cabestans), on peut admettre en moyenne un rendement de 50 % pour l'ensemble du moteur et de la transmission intermédiaire, soit une dépense approximative de courant de $0^A,25$ par kilogrammètre de puissance utile. Ainsi, pour un cabestan devant exercer sur une amarre un effort de 6000^k avec une vitesse d'enroulement de $0^m,10$ par seconde, il faudra prévoir une dépense de 150 ampères environ.

La puissance à fournir aux moteurs actionnant les mécanismes d'orientation des tourelles mobiles dépend d'un grand nombre d'éléments dont quelques-uns sont essentiellement variables et ne peuvent être évalués que d'une façon assez incertaine. Il faut tenir compte en effet du poids de la masse tournante, du mode d'agencement du pivot et des guides, de l'inclinaison maxima du navire pour laquelle on veut avoir encore la possibilité de manœuvrer les tourelles. L'appréciation de la grandeur et de la répartition des efforts de frottement dans les différents cas est très difficile, et il importe de remarquer que ces frottements doivent vraisemblablement tendre à s'accroître peu à peu, par suite des déformations de la charpente du pivot et des guides sous l'influence des efforts développés par le tir des pièces ou par les mouvements de roulis et de tangage. Il semble donc qu'il y ait intérêt à calculer très largement la puissance nécessaire pour le mouvement d'orientation des tourelles. L'expérience acquise est d'ailleurs encore de trop courte durée pour qu'on puisse donner des chiffres précis à cet égard. Nous donnons à titre de renseignement les valeurs constatées aux essais, le navire étant droit, pour la puissance absorbée par l'orientation de divers types de tourelles :

	Poids approximatif de la masse tournante.	Consommation en marche à pleine vitesse.	Consommation maxima au démarrage.
Tourelle de $138^m/_m,6$ à 2 canons (Jauréguiberry).	65^{tx}	3840^w	13600^w
Tourelle de $194^m/_m$ (Pothuau)	71	3285	5600
Tourelle de $274^m/_m,4$ (Jauréguiberry)	270	6400	27200
Tourelle de $305^m/_m,$ (Jauréguiberry)	331	8000	33000

La puissance du moteur destiné à actionner le tiroir du servomoteur du gouvernail dépend de la surface de ce tiroir et de la pression tendant à l'appliquer sur sa glace, c'est-à-dire de la pression de régime du moteur à vapeur. Avec la pression de régime actuellement réglementaire de 8^k, en supposant que la transmission mécanique entre l'électro-moteur et le tiroir soit aussi réduite que possible, on peut compter sur une dépense du courant de 6 à 10 ampères en marche, de 12 à 25 ampères au moment du démarrage, suivant la puissance du servo-moteur du gouvernail.

Enfin, pour les moteurs actionnant les mécanismes d'orientation d'un projecteur de 60°/$_m$, la dépense maxima de courant est de 10 ampères environ.

152. Sonneries. — Sur la plupart des bâtiments, on est amené

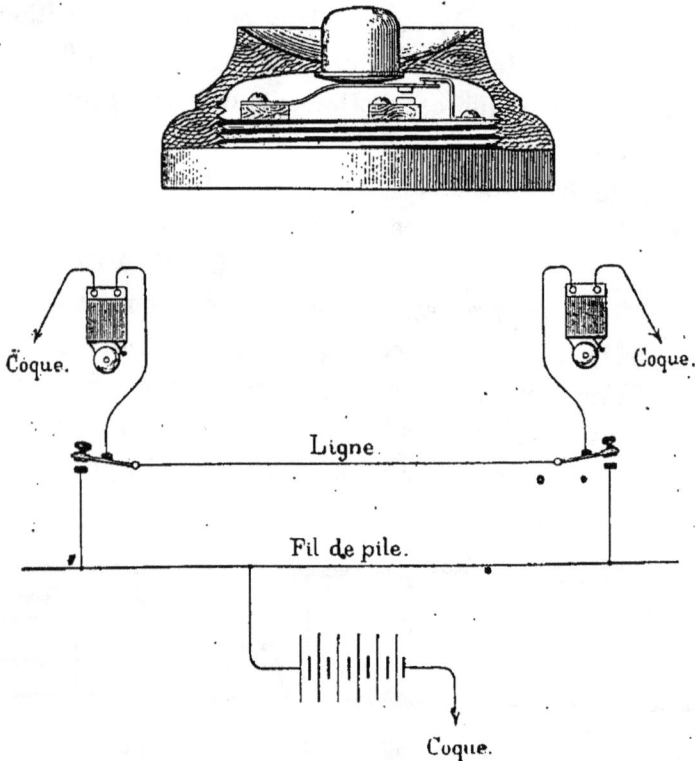

Fig. 294.

à installer un réseau assez important de sonneries électriques (1). Une circulaire du 20 février 1893 a réglementé les conditions de cette installation. La source de courant est constituée par une batterie unique d'éléments Leclanché à agglomérés cylindriques. Cette batterie est installée au-dessous du pont cuirassé s'il en existe

_____

(1) Chaque chambre d'officier doit recevoir une sonnerie électrique reliée à un tableau indicateur placé dans la timonerie. (Circulaire du 22 décembre 1891.)

un, dans un compartiment aussi sec que possible. Dans l'installation de la canalisation, on doit s'efforcer, autant qu'on le peut, de placer dans les parties protégées du navire les circuits de sonnerie dont il doit être fait usage pour le combat ou la navigation. Les mêmes précautions ne sont pas nécessaires pour les sonneries destinées au service intérieur ordinaire.

Les conducteurs sont formés d'un fil de cuivre de $\frac{9}{10}$, recouvert d'une couche de caoutchouc (naturel ou vulcanisé), d'un ruban caoutchouté et d'un enduit. Pour simplifier l'installation, on utilise la coque métallique du navire comme conducteur de retour. Dans le même but, on emploie toutes les fois que cela est possible le même fil pour envoyer et recevoir le signal, en substituant aux boutons ordinaires des boutons *à équerre* ou à double contact, comme le représente la figure 294.

153. Transmetteurs d'ordres. — Les transmetteurs d'ordres à commande mécanique employés autrefois pour les communications entre la passerelle de manœuvre et les machines motrices ont été remplacés depuis quelques années par des transmetteurs électriques. Le principe de ces appareils est le suivant. L'installation générale étant faite à 80 volts, on peut monter en tension deux lampes de 40 volts (1) entre les conducteurs principaux d'un circuit. Une de ces lampes étant installée au poste transmetteur, et l'autre au poste récepteur, si la première est allumée, la seconde l'est aussi forcément.

Les transmetteurs d'ordres employés pour les communications avec les machines motrices présentent des dispositions variées suivant le nombre d'indications qu'ils sont destinés à transmettre. Le type le plus simple se compose de 11 groupes de deux lampes, correspondant aux onze commandements principaux qu'il est nécessaire de pouvoir faire rapidement (circulaire du 12 novembre 1891). Le poste transmetteur (fig. 295) est formé d'une boîte cylindrique en bronze à 12 compartiments. Onze de ces compartiments, dont le fond est muni d'un réflecteur étamé, re-

---

(1) On emploie pour cet usage des lampes de 5 bougies, dont les données sont indiquées au tableau de la page 241. L'ampoule de ces lampes est de forme cylindrique pour faciliter leur installation dans les cases des transmetteurs d'ordres.

çoivent chacun une lampe à incandescence. Le douzième compartiment renferme un interrupteur commandant une sonnerie montée en tension avec une sonnerie identique placée au poste

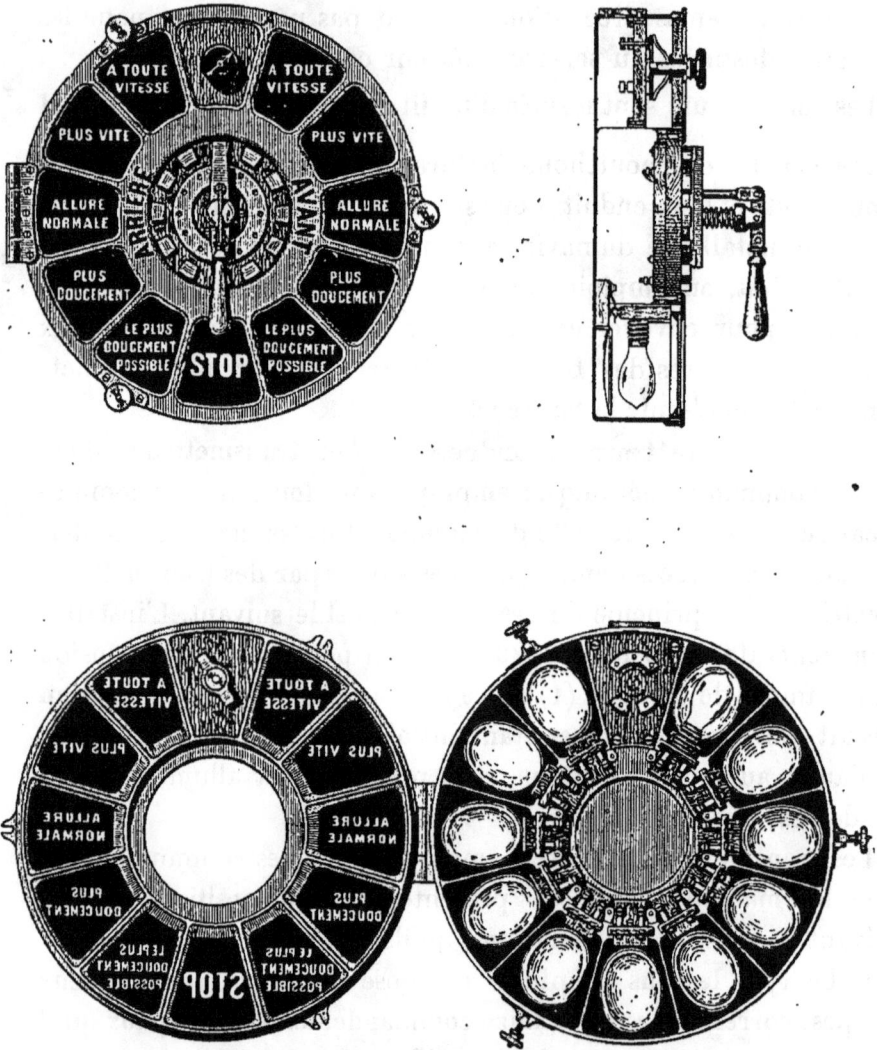

Fig. 295.

récepteur, de telle sorte que si l'une des sonneries tinte, on est sûr que l'autre fonctionne également. La boîte est fermée par un couvercle en bronze muni de 11 fenêtres correspondant chacune à un compartiment. Ces fenêtres sont fermées par des vitres dépolies, noircies de manière à ne laisser voir par transparence que les lettres composant les divers commandements. La partie centrale de la boîte est occupée par un commutateur à 11 directions permettant d'envoyer le courant dans l'un quelconque des groupes de lampes. Le poste récepteur ne diffère du poste transmetteur que par la suppression du commutateur à 11 directions. Chacune des lampes de ce poste est montée en tension avec la lampe correspondante du poste transmetteur.

On installe en général, pour chacune des machines principales, un poste récepteur et deux postes transmetteurs. Ces deux derniers sont placés, l'un sur la passerelle, l'autre dans le poste de combat installé au-dessous du pont cuirassé ; ils sont montés en dérivation, de telle sorte que le poste récepteur puisse être commandé à volonté soit par l'un soit par l'autre. La figure 296 représente le schéma des connexions. Au repos, l'interrupteur de sonnerie du poste récepteur doit toujours être placé sur le repère M (marche), et celui du poste transmetteur sur le repère A (arrêt). Pour faire un commandement, on commence par placer l'interrupteur de sonnerie du poste transmetteur sur le repère M ; les deux sonneries tintent. Le mécanicien de quart place alors l'interrupteur du poste récepteur sur le repère A, ce qui arrête les sonneries et indique qu'il est prêt à recevoir le commandement. On met ensuite, au poste transmetteur, le commutateur dans la position voulue ; le commandement apparaît dans les deux postes en lettres lumineuses. Lorsque le commandement est exécuté, le mécanicien place son interrupteur de sonnerie sur le repère M. On est ainsi averti au poste transmetteur, où l'on n'a plus qu'à ramener l'interrupteur de sonnerie sur le repère A et le commutateur sur la touche morte pour que tout soit de nouveau disposé pour un autre signal.

Pour la navigation d'escadre, on emploie depuis quelque temps des transmetteurs à 16 lampes, permettant d'indiquer aux machines le nombre de tours à atteindre, en avant ou en arrière, ainsi que l'avance ou le retard à réaliser à l'aide du compteur Valessic. Les lampes sont partagées en trois groupes. Un premier groupe de 3 lampes correspond aux indications : *en avant, stop, en arrière*. Un second groupe, formé de 8 lampes, éclaire des fenêtres portant les numéros 40 - 30 - 20 - 10 - 8 - 4 - 2 - 1, ce qui permet, par l'allumage simultané d'un nombre convenable de lampes, d'indiquer un

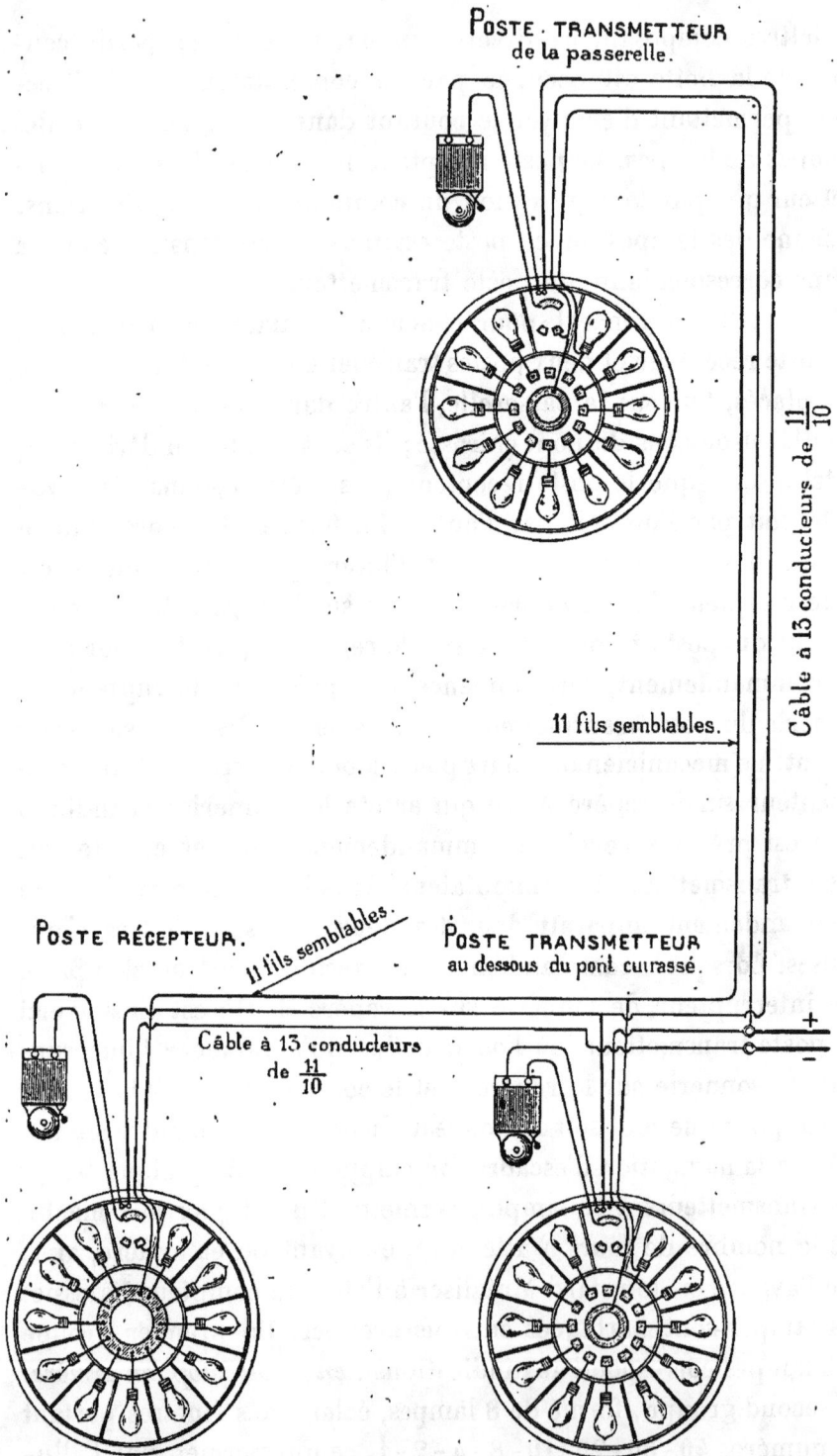

POSTE TRANSMETTEUR
de la passerelle.

Câble à 13 conducteurs de $\frac{11}{10}$

11 fils semblables.

POSTE RÉCEPTEUR.

11 fils semblables.

POSTE TRANSMETTEUR
au dessous du pont cuirassé.

Câble à 13 conducteurs
de $\frac{11}{10}$

+

—

Fig. 296.

nombre quelconque de tours compris entre 1 et 115. Le troisième groupe est composé de 5 lampes, correspondant aux indications : *gagnez - 20 - 10 - 5 - perdez*, ce qui permet de transmettre l'ordre de gagner ou perdre au compteur un nombre de secondes variant, de 5 en 5, de 5 à 35 secondes. Les touches du commutateur d'allumage sont disposées de manière que son déplacement sur un cadran circulaire produise l'allumage du nombre de lampes nécessaire pour représenter l'ordre en regard duquel on le place.

On emploie également les transmetteurs électriques pour les

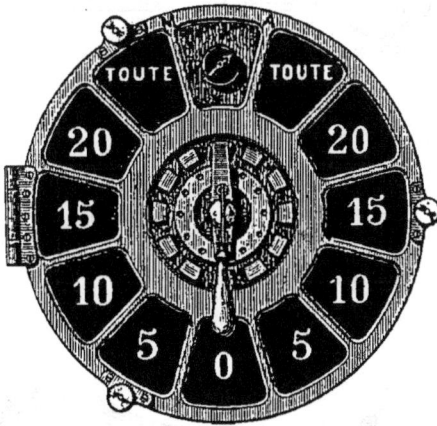

Fig. 297.

commandements de barre, lorsque, par suite d'une avarie dans la transmission auxiliaire, il est nécessaire de faire gouverner directement au moyen du servo-moteur de l'arrière. Les appareils ne diffèrent du type à 11 lampes décrit plus haut que par les commandements inscrits sur le couvercle, qui est alors disposé comme le représente la figure 297.

154. Loch Fleuriais. — Le loch électrique imaginé par M. le contre-amiral Fleuriais a été substitué avec avantage à l'ancien bateau de loch. Il se compose d'un moulinet (fig. 298) formé de quatre demi-sphères égales A B C D, en bronze, fixées aux extrémités de quatre bras rayonnant autour d'un axe EF. Cet axe tourne librement dans des coussinets en gaïac portés par une fourche G en bronze, fixée au navire par une remorque de 50 à 60 mètres de longueur. L'expérience démontre que lorsque le navire se dé-

place la vitesse de rotation de l'axe EF est sensiblement proportionnelle à la vitesse de translation du navire, au moins tant que

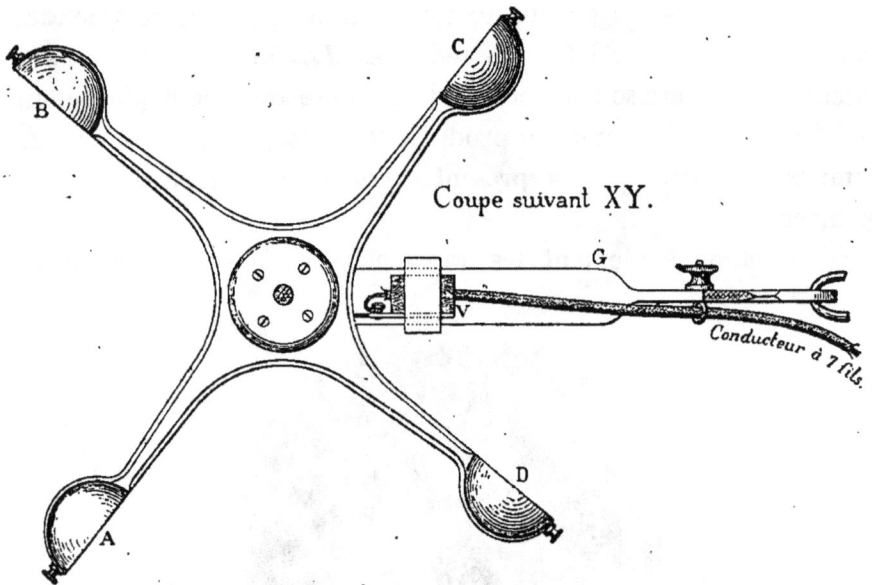

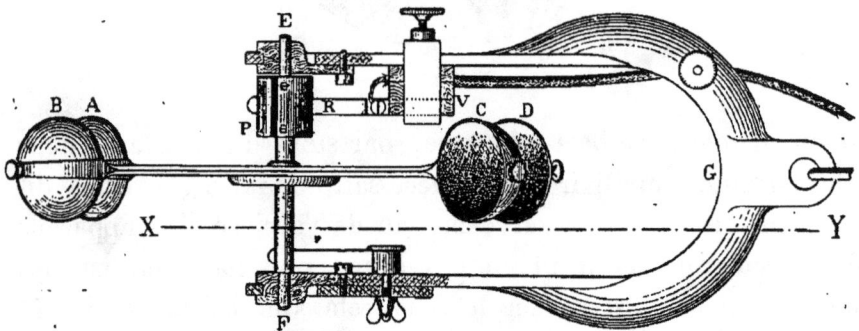

Coupe suivant XY.

Conducteur à 7 fils.

Fig. 298.

celle-ci ne dépasse pas 7ᵐ,50 à 8ᵐ par seconde. Pour permettre à
un observateur placé sur le navire d'apprécier la vitesse de rotation du moulinet, on emploie le dispositif suivant. Le long de la
remorque est genopé un conducteur isolé $\left(7 \text{ fils } \dfrac{4}{10}\right)$ qui vient se
fixer à la fourche par l'intermédiaire d'une mâchoire en bois V.
Ce conducteur aboutit à une lame métallique R frottant sur un

cylindre en bois P; dans ce cylindre est encastrée, suivant une génératrice, une bande de cuivre reliée par une vis à l'axe EF. Le conducteur est relié par son autre extrémité à un des pôles d'une pile formée de deux éléments Leclanché en tension, dont l'autre pôle est relié à la coque métallique du navire. Sur le parcours du conducteur sont intercalés un interrupteur et un téléphone magnétique (fig. 299). Lorsque l'interrupteur est sur le plot M, le circuit est fermé puisque la lame R est en contact avec l'eau de mer. Mais si par la rotation du moulinet la bande de cuivre du cylindre P vient se placer sous la lame R, il y a modification brusque de la

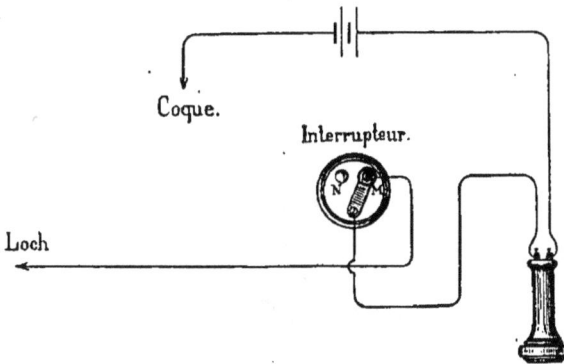

Fig. 299.

résistance du circuit, puisque la surface conductrice en contact avec l'eau de mer s'augmente de toute la surface du moulinet. Il y a donc variation brusque dans l'intensité du courant, et cette variation donne naissance à une vibration de la lame du téléphone. En appliquant le téléphone à l'oreille et en comptant au moyen d'une ampoulette le nombre des battements pendant une période de temps déterminée (en général 30 secondes), on peut apprécier le nombre de tours du moulinet, et par suite, à l'aide d'un tableau préparé à l'avance, la vitesse du navire.

Au repos, on ramène l'interrupteur sur la touche morte N, pour ne pas laisser constamment la pile en circuit fermé.

On a essayé également des lochs fondés sur le même principe, mais combinés de manière à pouvoir mesurer avec une approximation suffisante des vitesses supérieures à 8 mètres par seconde. La fourche porte une pièce appelée *cerf-volant*, en forme de double

plan incliné et infléchie vers l'avant, ayant pour but de maintenir l'appareil à une certaine profondeur et de l'empêcher de sauter
hors de l'eau. Il y a deux moulinets identiques, montés sur un
même axe, dont une portion est filetée et engrène avec une roue

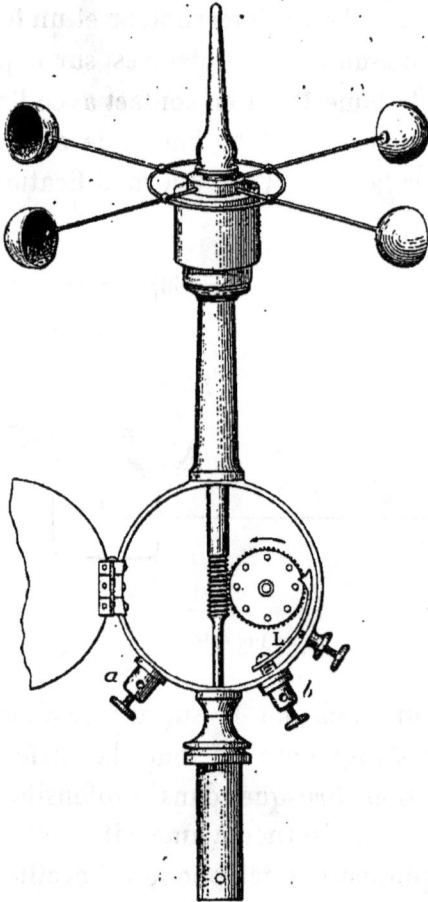

Fig. 300.

striée portant un certain nombre de contacts qui passent successivement sous la lame frottante à laquelle aboutit le conducteur.

155. Anémomètre Fleuriais. — Cet appareil, fondé sur le
même principe que le précédent, sert à mesurer la vitesse du vent.
Il se compose d'un moulinet horizontal (fig. 300), placé à la tête
d'un mât, et dont l'axe vertical porte une partie filetée engrenant
avec une roue striée. Cette roue porte huit touches métalliques,
qu'elle amène successivement par sa rotation en contact avec un

ressort L relié à la borne *b*. La borne *a* est fixée à la boîte métallique qui renferme l'appareil et est par suite en communication
avec les touches de la roue striée. L'anémomètre est mis en circuit avec une pile et un téléphone de la même manière que le
loch, de sorte que le circuit est fermé chaque fois qu'une des
touches passe sous le ressort L. Les engrenages et le diamètre du
moulinet sont calculés de telle sorte qu'il y ait en quatre secondes
autant de contacts que le vent parcourt de mètres à la seconde.

On se sert en général de la même pile et du même téléphone
pour l'anémomètre et pour le loch, en reliant la borne *b*, par
exemple, à la coque, et la borne *a* à un troisième plot disposé sur
la planchette de l'interrupteur.

TABLES

Résistance spécifique des métaux et alliages usuels.

NATURE DES CONDUCTEURS.	Résistance spécifique en microhms-centimètres à 0° C.	Accroissement moyen de résistance par degré centigrade.
Argent recuit.	1,492	0,00377
Argent écroui.	1,620	0,00385
Cuivre recuit.	1,584	0,00388
Cuivre écroui.	1,621	0,00410
Aluminium recuit.	2,889	0,00390
Zinc comprimé.	5,580	0,00365
Platine recuit	8,981	0,00247
Fer recuit.	9,636	0,00500
Nickel recuit.	12.356	0,00500
Étain comprimé.	13,103	0,00365
Plomb comprimé.	19,465	0,00387
Mercure liquide.	94,340	0,00072
Maillechort	20,8 à 30	0,00044
Platinoïde (1).	33,000	0,00022
Nickeline (2).	44,800	0,00033
Acier au manganèse (3). .	75,000	0,00136
Ferro-nickel.	78,300	0,00093

(1) Maillechort additionné de 1 à 2 % de tungstène métallique.
(2) Maillechort additionné de 0,25 % de manganèse.
(3) Acier contenant 0,85 % de carbone et 13,75 % de manganèse.

Résistance spécifique des principaux corps isolants à la température ordinaire.

NATURE DES ISOLANTS.	Résistance spécifique en millions de megohms-centimètres.
Huile d'olive.	1
Benzine.	14
Mica	84
Verre ordinaire.	91
Gutta-percha.	450
Papier ordinaire.	3000
Caoutchouc vulcanisé. . . .	7500
Gomme laque.	9000
Ébonite.	28000
Paraffine.	34000

Conducteurs de cuivre employés pratiquement.

Nombre de fils.	Diamètre des fils en millimètres.	Section en millimètres carrés.	Résistance en ohms par kilomètre à 15° C.	Intensité maxima en ampères.	
				fils nus.	fils à isolement moyen.
1	0,8	0,50	34,75	5,5	3
1	0,9	0,64	28,29	6,5	4
1	1,0	0,78	22,91	7,5	4,5
1	1,1	0,95	18,94	9	5
1	1,14	1,02	17,63	9,5	5,5
1	1,2	1,13	15,91	10	6
1	1,3	1,33	13,56	11,5	7
1	1,4	1,54	11,69	13,5	7,5
1	1,5	1,77	10,18	14	8
1	1,6	2,01	9,30	15,5	9
1	1,7	2,27	7,93	17	10
1	1,8	2,54	7,07	19	11
1	1,9	2,84	6,35	20,5	12
1	2,0	3,14	5,73	22	13
1	2,2	3,80	4,73	25,5	15
1	2,5	4,91	3,66	31	18,5
1	2,7	5,73	3,14	34,5	20,5
1	3,0	7,07	2,54	40,5	24
1	3,4	9,08	1,98	49	29
1	4,0	12,56	1,43	62,5	37,5
1'	5,0	19,63	0,916	87,5	52,5
1	6,0	28,27	0,636	115,5	69
3	1,2	3,39	5,29	23,5	13,5
7	0,4	0,88	20,46	8,5	5
7	0,5	1,37	13,09	12	7
7	0,6	1,97	9,09	15,5	9
7	0,7	2,69	6,63	19,5	11,5
7	0,8	3,51	5,11	24	14
7	0,9	4,45	4,04	29	17
7	1,0	5,49	3,27	34	20
7	1,1	6,65	2,70	39	23
7	1,14	7,14	2,52	41	24,5
7	1,2	7,91	2,27	44,5	26,5
7	1,3	9,28	1,93	50	30

Conducteurs de cuivre employés pratiquement (*suite*).

Nombre de fils.	Diamètre des fils en millimètres.	Section en millimètres carrés.	Résistance en ohms par kilomètre à 15° C.	Intensité maxima en ampères.	
				fils nus.	fils à isolement moyen.
7	1,4	10,77	1,67	56	33,5
7	1,5	12,36	1,45	62	37
7	1,6	14,07	1,34	68,5	41
7	1,7	15,89	1,13	75	45
7	1,8	17,78	1,01	81,5	49
7	2,0	21,98	0,815	96	57,5
19	1,14	19,38	0,93	87	52
19	1,2	21,47	0,84	94	56
19	1,3	25,08	0,71	106	63,5
19	1,4	29,26	0,61	119	71
19	1,5	33,44	0,535	131,5	78,5
19	1,6	38,19	0,471	145	87
19	1,7	43,13	0,417	159	95
19	1,8	48,26	0,372	173	103,5
19	2,0	59,66	0,300	202,5	121,5
37	1,4	56,98	0,315	195,5	117
37	1,5	65,12	0,275	216,5	129,5
37	1,6	74,37	0,242	239	143
37	1,8	93,98	0,190	285	171
37	2,0	116,18	0,155	334	200
37	2,2	140,64	0,128	386	231,5
37	2,5	181,62	0,099	468	280,5
37	2,6	196,44	0,092	496	295
37	2,7	212,01	0,084	525,5	315
37	3,0	261,54	0,068	615	369
61	2,5	299,38	0,059	680,5	408
61	2,7	349,26	0,052	764	454,5
61	2,9	402,91	0,044	850	510

NOTA. — Les chiffres imprimés en caractères gras se rapportent aux conducteurs dont l'emploi est recommandé à bord des navires, en vue de simplifier les approvisionnements. (Circulaire du 25 avril 1895. — Instruction du 16 avril 1895).

ÉLECTRICITÉ PRATIQUE.

Diamètre des fils pour rhéostats en maillechort.

Diamètre en millimètres.	Intensité maxima en ampères.	Diamètre en millimètres.	Intensité maxima en ampères.	Diamètre en millimètres.	Intensité maxima en ampères.
0,1	0,15	2,3	16,8	4,5	46,2
0,2	0,4	2,4	17,9	4,6	47,7
0,3	0,8	2,5	19,0	4,7	49,2
0,4	1,2	2,6	20,2	4,8	50,8
0,5	1,7	2,7	21,4	4,9	52,4
0,6	2,2	2,8	22,6	5,0	54,0
0,7	2,8	2,9	23,8	5,1	55,6
0,8	3,4	3,0	25,1	5,2	57,3
0,9	4,1	3,1	26,4	5,3	59,0
1,0	4,8	3,2	27,7	5,4	60,7
1,1	5,6	3,3	29,0	5,5	62,4
1,2	6,4	3,4	30,3	5,6	64,1
1,3	7,2	3,5	31,6	5,7	65,8
1,4	8,0	3,6	33,0	5,8	67,5
1,5	8,9	3,7	34,4	5,9	69,3
1,6	9,8	3,8	35,8	6,0	71,1
1,7	10,7	3,9	37,2	6,1	72,9
1,8	11,6	4,0	38,7	6,2	74,7
1,9	12,6	4,1	40,2	6,3	76,5
2,0	13,6	4,2	41,7	6,4	78,3
2,1	14,7	4,3	43,2	6,5	80,1
2,2	15,7	4,4	44,7		

Diamètre des fils pour rhéostats en ferro-nickel.

Diamètre en millimètres.	Intensité maxima en ampères.	Diamètre en millimètres.	Intensité maxima en ampères.	Diamètre en millimètres.	Intensité maxima en ampères.
0,1	0,05	1,8	3,8	3,5	10,3
0,2	0,14	1,9	4,1	3,6	10,7
0,3	0,26	2,0	4,4	3,7	11,2
0,4	0,40	2,1	4,8	3,8	11,6
0,5	0,55	2,2	5,1	3,9	12,1
0,6	0,7	2,3	5,5	4,0	12,6
0,7	0,9	2,4	5,8	4,1	13,0
0,8	1,1	2,5	6,2	4,2	13,5
0,9	1,3	2,6	6,6	4,3	14,0
1,0	1,6	2,7	7,0	4,4	14,5
1,1	1,8	2,8	7,4	4,5	15,0
1,2	2,0	2,9	7,8	4,6	15,5
1,3	2,3	3,0	8,2	4,7	16,0
1,4	2,6	3,1	8,6	4,8	16,5
1,5	2,9	3,2	9,0	4,9	17,0
1,6	3,2	3,3	9,4	5,0	17,5
1,7	3,5	3,4	9,8		

TABLE DES MATIÈRES

CHAPITRE PREMIER

COURANT ÉLECTRIQUE.

	Pages.
Définitions	1
Étude du courant électrique	5
Unités électriques	6
Loi de Ohm	7
Travail et puissance d'un courant	8
Effet calorifique du courant	9
Montage des conducteurs	10

CHAPITRE II

MAGNÉTISME.

Définitions	12
Loi des actions magnétiques	13
Aimantation temporaire du fer doux	14
Aimantation permanente de l'acier	15

CHAPITRE III

ACTIONS MUTUELLES DES AIMANTS ET DES COURANTS ÉLECTRIQUES. — INDUCTION.

Action des courants sur les aimants	17
Action des aimants sur les courants	18
Aimantation par les courants	18
Électro-aimants	19
Induction	20

CHAPITRE IV

MESURES ÉLECTRIQUES.

Mesure des intensités. Galvanomètres	25
Shuntage des galvanomètres	28

	Pages.
Ampère-mètres	30
Ampère-mètres enregistreurs	33
Mesure indirecte de l'intensité	34
Mesure des résistances	34
Mesures d'isolement	38
Boîtes d'essai portatives	40
Mesure des forces électro-motrices	43
Appareil d'essai	45

CHAPITRE V

PILES.

Étude générale de la pile	46
Accouplement des piles	50
Pile de Volta	54
Polarisation des électrodes	54
Dépolarisation	55
Pile Daniell	56
Pile Callaud	57
Pile Bunsen	58
Pile Leclanché	59
Pile au bichromate de potasse	62
Pile Renard	63
Pile à eau	64
Indicateur de pôles	65

CHAPITRE VI

GÉNÉRATEURS MÉCANIQUES D'ÉLECTRICITÉ.

Théorie des machines électro-magnétiques	67
Théorie de l'armature en anneau	71
Induit Gramme	74
Théorie de l'armature en tambour	77
Induit Siemens	78
Armature des machines multipolaires	79
Enroulement en polygone étoilé	83
Induit Brown	87
Armature en disque	89
Induit Desroziers	90
Calage des balais	94
Inducteurs	96
Excitation des inducteurs	97
Dynamos en série	98
Dynamos en dérivation	99
Régulateurs de champ	101

Pages.

Dynamos compound. 102
Balais. 105
Moteurs des dynamos. 108
Régulateurs de vitesse. 109
Accouplement élastique. 114
Couplage des dynamos. 115
Conduite des machines. 117
Machines à courant alternatif. 118

CHAPITRE VII

DESCRIPTION DES DIFFÉRENTS TYPES DE DYNAMOS EMPLOYÉS DANS LA MARINE.

Voltage adopté dans la Marine. 120
Machines de la maison Sautter, Harlé et Cie. 122
Machines de la maison Bréguet. 143
Machines de la Société l'Éclairage électrique. 150
Machines de la Société Alsacienne. 152
Machines de la Société des machines magnéto-électriques Gramme. . . . 155
Machines de la Compagnie continentale Edison. 156
Machines de la maison Fabius Henrion. 158
Machines de la maison Lombard-Gérin et Cie. 159
Alternateurs. 160

CHAPITRE VIII

ACCUMULATEURS.

Piles secondaires. 166
Accumulateurs au plomb. 167
Étude générale des accumulateurs. 169
Charge et décharge des accumulateurs. 172
Montage et entretien des accumulateurs. 177
Accumulateurs Julien. 180
Accumulateurs de la Société pour le travail électrique des métaux. . . 181
Accumulateurs Tudor. 183
Accumulateurs Atlas. 183
Accumulateurs Gadot. 184
Accumulateurs Dujardin. 185
Accumulateurs Tommasi. 185
Accumulateurs Commelin-Desmazures. 186
Emploi des accumulateurs à bord des navires. 187

CHAPITRE IX

ÉCLAIRAGE ÉLECTRIQUE.

Éclairage par l'électricité. 190

Pages.

Photométrie. 190
Etude de l'arc voltaïque. 193
Charbons à lumière. 196
Régulateurs automatiques. 198
Régulateur Gramme. 199
Régulateur Sautter-Harlé (ancien). 201
Régulateur Siemens. 204
Régulateur Bardon. 206
Régulateur Pilsen. 209
Régulateur Brianne 210
Régulateur Sautter-Harlé (nouveau). 212
Projecteur Mangin (Sautter, Harlé et Cie). 213
Lampe à main. 221
Lampe Gramme. 222
Lampe mixte inclinée Sautter-Harlé. 224
Lampe mixte horizontale Bréguet. 226
Lampe mixte horizontale Sautter-Harlé. 230
Bougie Jablochkoff. 234
Lampes à incandescence. 237
Lampes Gabriel et Angenault. 240
Support des lampes à incandescence. 242
Répartition des foyers lumineux. 244
Appareillage. 245

CHAPITRE X

DISTRIBUTION DE L'ÉNERGIE ÉLECTRIQUE.

Distribution en série. 248
Distribution en dérivation. 251
Distribution mixte. 253
Distribution à trois fils. 254
Nature des conducteurs. 255
Calcul des conducteurs. 257
Calcul des rhéostats 265
Pose des conducteurs. 266
Appareils de distribution. 269
Appareils de sécurité. 271
Appareils avertisseurs. 273
Vérification de l'isolement. 274
Tableau de distribution. 277
Distribution indirecte de l'électricité. 280
Effets physiologiques du courant électrique. 282

CHAPITRE XI

TRANSMISSION DE L'ÉNERGIE MÉCANIQUE PAR L'ÉLECTRICITÉ.

Réversibilité des machines électro-magnétiques. 284

Pages.

Transmission de l'énergie mécanique. 285
Étude des moteurs électriques. 287
Perceuses électriques. 296
Asservissement des moteurs électriques. 300
Application des moteurs électriques à la navigation. 302

CHAPITRE XII

APPLICATIONS DIVERSES DE L'ÉLECTRICITÉ.

Sonneries électriques. 305
Paratonnerres. 309
Télégraphie électrique. 313
Téléphonie. 317
Poste téléphonique Ader. 320
Amorces électriques. 323

CHAPITRE XIII

INSTALLATIONS ÉLECTRIQUES A BORD DES NAVIRES.

Dynamos. 324
Canalisations. 327
Tableaux de distribution. 331
Groupement des dynamos. 336
Éclairage intérieur. 341
Éclairage extérieur. 347
Électro-moteurs. 363
Sonneries. 373
Transmetteurs d'ordres. 374
Loch Fleuriais. 378
Anémomètre Fleuriais. 381

TABLES

Résistances spécifiques des métaux et alliages usuels. 385
Résistances spécifiques des principaux corps isolants à la température or-
  dinaire. 385
Conducteurs de cuivre employés pratiquement. 386
Diamètre des fils pour rhéostats en maillechort 388
Diamètre des fils pour rhéostats en ferro-nickel. 388

www.ingramcontent.com/pod-product-compliance
Lightning Source LLC
Chambersburg PA
CBHW061104220326
41599CB00024B/3913